喷微灌技术及设备

袁寿其　李红　王新坤　刘俊萍　等 编著

中国水利水电出版社
www.waterpub.com.cn

内 容 提 要

 本书全面介绍了喷微灌技术及设备，全书共分 8 章，包括绪论、轻小型移动式喷灌机组设备、轻小型喷灌机组优化设计、大中型喷灌机、喷灌工程规划设计、多功能轻小型灌溉机组、微灌条件下土壤水分—溶质分布及施肥技术和微灌工程规划设计等内容。

 本书可供从事喷微灌技术和节水灌溉工程研究及应用工作的工程技术人员及高等学校相关专业的师生参考。

图书在版编目（ＣＩＰ）数据

 喷微灌技术及设备 / 袁寿其等编著. -- 北京 : 中国水利水电出版社，2015.3
　ISBN 978-7-5170-3062-1

　Ⅰ．①喷… Ⅱ．①袁… Ⅲ．①喷灌机—基本知识②微灌机械—基本知识 Ⅳ．①S277.9

 中国版本图书馆CIP数据核字(2015)第059578号

书　　名	**喷微灌技术及设备**
作　　者	袁寿其　李红　王新坤　刘俊萍　等 编著
出版发行	中国水利水电出版社
	（北京市海淀区玉渊潭南路 1 号 D 座　 100038）
	网址：www．waterpub．com．cn
	E-mail：sales@waterpub．com．cn
	电话：（010）68367658（发行部）
经　　售	北京科水图书销售中心（零售）
	电话：（010）88383994、63202643、68545874
	全国各地新华书店和相关出版物销售网点
排　　版	中国水利水电出版社微机排版中心
印　　刷	北京瑞斯通印务发展有限公司
规　　格	184mm×260mm　16 开本　19.5 印张　462 千字
版　　次	2015 年 3 月第 1 版　2015 年 3 月第 1 次印刷
印　　数	0001—1500 册
定　　价	**58.00 元**

前 言

QIANYAN

我国是一个水资源严重短缺的国家，人多水少、水资源时空分布不均是我国的基本国情和水情，水资源供需矛盾突出仍然是可持续发展的主要瓶颈。农业是用水大户，近年来农业用水量约占经济社会用水总量的 62%，部分地区高达 90% 以上。农田灌溉水有效利用系数 0.52，与世界先进水平 0.7~0.8 有较大差距，水资源利用方式比较粗放，农业用水效率不高，节水潜力很大。大力发展节水农业，提高用水效率，是促进水资源可持续利用、保障国家粮食安全、加快转变经济发展方式的重要举措。

《国家农业节水纲要（2012—2020 年）》指出：把节水灌溉作为经济社会可持续发展的一项重大战略任务。在水资源短缺、经济作物种植和农业规模化经营等地区，积极推广喷灌、微灌、膜下滴灌等高效节水灌溉和水肥一体化技术。到 2020 年，在全国初步建立农业生产布局与水土资源条件相匹配、农业用水规模与用水效率相协调、工程措施与非工程措施相结合的农业节水体系。全国农田有效灌溉面积达到 10 亿亩，新增节水灌溉工程面积 3 亿亩，其中新增高效节水灌溉工程面积 1.5 亿亩以上，农田灌溉水有效利用系数达到 0.55 以上。全国旱作节水农业技术推广面积达到 5 亿亩以上，高效用水技术覆盖率达到 50% 以上。

喷灌和微灌技术突破了传统地面灌溉方法的局限性，使灌溉质量不再受地形、土壤等条件的影响，灌水时间、灌水部位、灌水均匀度、灌水定额等都能够科学地加以控制，能够实现"精确灌溉"。它不但能大幅度提高灌溉水利用率，还能更好地与机械化作业程度高的现代农业相配合，具有节水节肥、增产增收、便于管理等优点，是我国目前和今后一段时间推广应用的主要节水灌溉方式之一。

近年来，尤其是"九五""十五""十一五""十二五"期间，依托国家重大项目开展节水灌溉新产品与新技术的联合攻关，我国开发出一批新型低成本、低能耗、精确喷灌及微灌关键装备，形成了高效喷微灌灌水技术、水肥一体化等适合中国国情的综合节水技术模式。

江苏大学流体机械工程技术研究中心从 20 世纪 70 年代起即开始喷灌设备的研制与开发，其国家重点学科——流体机械及工程以研究水泵与喷灌设备为特色，建有国家水泵及系统工程技术研究中心，新型节水灌溉装备与技术是其重要的特色研究方向。长期以来其科研创新团队承担了大量国家、省、市和企业项目，取得了丰硕的成果。

本书结合江苏大学节水灌溉装备与技术创新团队近年来承担的 863 计划"新型喷滴灌系统关键设备的研制与产业化开发（2004AA2Z4010）""变量喷洒低能耗轻小型灌溉机组（2006AA100211）"及"精确喷灌技术与产品（2011AA100506）"等项目的部分研究成果，全面介绍了喷微灌技术及设备。全书包括绪论、轻小型移动式喷灌机组设备、轻小型喷灌机组优化设计、大中型喷灌机、喷灌工程规划设计、多功能轻小型灌溉机组、微灌条件下土壤水分—溶质分布及施肥技术和微灌工程规划设计等，希望本书的出版能为研制开发新型喷微灌设备提供设计理论和技术基础，对我国喷灌与微灌工程技术的推广应用作出贡献。

全书由江苏大学主持编写，撰稿人员有李红（第一章），袁寿其、李红、刘建瑞、朱兴业、刘俊萍、陈超、向清江（第二章），朱兴业、王新坤、蔡彬、刘俊萍（第三章）、汤跃、陈超、汤玲迪（第四章）、蔡彬（第五章）、袁寿其、李红、王新坤（第六章），褚琳琳（第七章），闫浩芳、王新坤（第八章）。全书由袁寿其、李红、王新坤、刘俊萍统稿。

本书撰写过程中参考和引用了大量国内外相关文献，在此对这些文献的作者表示感谢。本书出版得到了 863 计划项目"精确喷灌技术与产品（2011AA100506）"及江苏省高校优势学科建设工程的资助，也一并表示感谢。最后，向对本书相关研究工作作出贡献的全体课题组成员和参加编写工作的人员表示真诚的感谢。

由于喷微灌技术及设备内涵丰富、发展迅速，有待进一步研究的内容很多，加之撰写时间仓促，书中不当之处，恳请读者批评指正。

袁寿其

2014 年 10 月于江苏大学

目 录

MULU

前言

第一章 绪论 ……………………………………………………………………… 1

一、喷微灌技术的基本概念及特点 ……………………………………… 1

二、喷微灌系统的组成及分类 …………………………………………… 3

三、发展喷微灌技术及设备的意义 ……………………………………… 5

四、喷微灌技术及设备的发展概况与前景 ……………………………… 6

参考文献 ……………………………………………………………………… 10

第二章 轻小型移动式喷灌机组设备 ………………………………………… 12

第一节 概述 ………………………………………………………………… 12

一、喷灌用水泵 …………………………………………………………… 12

二、喷灌管材及附属设备 ………………………………………………… 12

三、喷头 …………………………………………………………………… 13

第二节 自吸离心泵 ………………………………………………………… 15

一、概述 …………………………………………………………………… 15

二、自吸离心泵设计 ……………………………………………………… 17

三、影响自吸离心泵性能的因素 ………………………………………… 21

四、自吸离心泵典型结构 ………………………………………………… 22

第三节 射流式自吸离心泵 ………………………………………………… 24

一、射流式自吸离心泵结构与工作原理 ………………………………… 25

二、射流式自吸离心泵设计 ……………………………………………… 25

三、射流式自吸离心泵水力设计实例 …………………………………… 33

四、喷嘴的射流原理及结构设计 ………………………………………… 40

五、回流阀的工作原理 …………………………………………………… 41

第四节 射流式喷头 ………………………………………………………… 42

一、射流喷头的种类及结构形式 ………………………………………… 42

二、全射流喷头设计理论 ………………………………………………… 44

三、全射流喷头结构优化及设计方法 …………………………………… 48

四、新型射流喷头结构设计 ……………………………………………… 54

五、全射流喷头与摇臂式喷头对比 ……………………………………… 57

六、全射流喷头运转试验研究 ……………………………………………… 61
第五节　变量喷洒喷头 …………………………………………………………… 64
一、概述 ……………………………………………………………………… 64
二、变量喷洒理论及实现方法 …………………………………………… 66
三、变量喷洒喷头结构设计 ……………………………………………… 68
四、变量喷洒喷头设计方法 ……………………………………………… 72
五、变量喷洒喷头结构优化 ……………………………………………… 74
六、变量喷洒喷头性能试验及评价 ……………………………………… 78
七、变量喷洒组合技术及应用 …………………………………………… 83
第六节　反作用式喷头 …………………………………………………………… 89
一、概述 ……………………………………………………………………… 89
二、反作用式喷头的结构 ………………………………………………… 89
三、反作用式喷头的水量分布 …………………………………………… 89
四、R33 反作用式喷头工作原理 ………………………………………… 90
五、间断式散水盘对喷头水量分布影响的研究 ……………………… 92
第七节　喷头试验及试验方法 …………………………………………………… 96
一、喷头试验类型及试验仪器 …………………………………………… 96
二、喷头的试验及方法 …………………………………………………… 101
三、试验设计和试验报告 ………………………………………………… 104
参考文献 …………………………………………………………………………… 107

第三章　轻小型喷灌机组优化设计 …………………………………………… 111
第一节　概述 ……………………………………………………………………… 111
第二节　轻小型喷灌机组管路水力计算方法 ………………………………… 114
一、水头损失基本公式 …………………………………………………… 114
二、轻小型喷灌机组水力计算方法 ……………………………………… 115
第三节　轻小型喷灌机组优化设计 …………………………………………… 118
一、轻小型喷灌机组能耗计算方法 ……………………………………… 118
二、轻小型喷灌机组能耗评价指标 ……………………………………… 120
三、轻小型喷灌机组优化数学模型 ……………………………………… 120
四、轻小型喷灌机组遗传算法优化 ……………………………………… 121
五、轻小型喷灌机组优化配置与节能降耗 …………………………… 124
第四节　河南栾川县抗旱应用实例 …………………………………………… 126
一、基本情况 ……………………………………………………………… 126
二、轻小型灌溉机组的示范应用 ………………………………………… 126
三、轻小型灌溉机组田间喷灌结果和分析 …………………………… 126
参考文献 …………………………………………………………………………… 128

第四章　大中型喷灌机 ··· 130

第一节　卷盘式喷灌机 ·· 130
一、概述 ·· 130
二、卷盘式喷灌机工作原理 ·· 131
三、卷盘式喷灌机运行特性 ·· 131
四、卷盘式喷灌机调速特性 ·· 132
五、卷盘式喷灌机能耗 ·· 133
六、卷盘式喷灌机灌溉系统设计 ·· 133

第二节　圆形喷灌机 ··· 134
一、概述 ·· 134
二、圆形喷灌机组成 ··· 136
三、圆形喷灌机规划和布置 ·· 136
四、圆形喷灌机灌溉系统设计 ··· 137
五、圆形喷灌机水力计算 ··· 139

第三节　平移式喷灌机 ·· 140
一、概述 ·· 140
二、平移式喷灌机结构 ·· 141
三、平移式喷灌机规划与布置 ··· 141
四、平移式喷灌机灌溉系统设计 ·· 142
五、平移式喷灌机水力计算 ·· 143

参考文献 ·· 144

第五章　喷灌工程规划设计 ··· 145

第一节　喷灌工程规划设计技术要求 ·· 145
一、背景资料 ·· 145
二、设计说明书 ··· 145
三、设计图纸 ·· 146
四、设计预算书 ··· 148

第二节　喷灌系统设计方法 ·· 149
一、喷灌技术参数 ·· 149
二、喷灌系统灌溉制度 ·· 151
三、喷灌系统管道布置 ·· 152
四、喷灌系统管道水力计算 ·· 154
五、喷灌工程设计要点 ·· 162
六、喷灌工作制度确定 ·· 167

第三节　镇江南山茶场喷灌工程规划设计实例 ······························· 170
一、喷灌工程规划设计基本资料 ·· 170
二、喷灌工程规划设计及灌溉制度拟定 ·· 171

参考文献 ·· 173

第六章　多功能轻小型灌溉机组 ·· 174

  第一节　概述 ·· 174

  第二节　喷滴灌两用灌溉机组 ·· 175

    一、喷滴灌两用灌溉系统研究现状及发展趋势 ·· 175

    二、轻小型喷滴灌两用灌溉机组结构设计 ·· 175

    三、喷滴灌双工况自吸泵设计 ··· 177

    四、基于迭代法的轻小型喷滴灌两用机组水力计算方法 ························· 181

    五、轻小型喷滴灌两用灌溉机组优化配置实例 ·· 192

    六、轻小型喷滴灌两用机组运行及喷洒试验 ·· 197

  第三节　移固两用喷灌机组 ·· 208

    一、普通轻小型移动式喷灌机组 ··· 208

    二、移固两用喷灌机组结构设计 ··· 209

    三、移固两用喷灌机组优化配置 ··· 218

    四、移固两用喷灌机组田间试验验证 ·· 223

  参考文献 ··· 228

第七章　微灌条件下土壤水分—溶质分布及施肥技术 ··················· 229

  第一节　微灌条件下水分分布 ·· 229

    一、滴灌条件下水分分布 ··· 229

    二、微喷灌条件下水分分布 ··· 231

    三、涌泉灌条件下水分分布 ··· 233

  第二节　微灌条件下盐分分布 ·· 234

    一、滴灌条件下盐分分布 ··· 234

    二、微喷灌条件下盐分分布 ··· 237

  第三节　微灌施肥条件下氮素分布 ·· 239

    一、滴灌条件下氮素分布 ··· 239

    二、微喷灌条件下氮素分布 ··· 240

  第四节　微灌施肥技术 ··· 241

    一、微灌施肥特点 ·· 241

    二、微灌施肥方法 ·· 241

    三、肥料选择 ·· 241

  参考文献 ··· 243

第八章　微灌工程规划设计 ·· 246

  第一节　微灌工程规划 ··· 246

    一、微灌工程规划任务与原则 ·· 246

    二、微灌工程规划设计基本资料搜集 ·· 248

    三、水量平衡计算 ·· 252

    四、微灌工程总体布置 ·· 255

第二节　微灌系统设计 ··· 256

  一、微灌系统布置 ··· 256

  二、灌水器选择 ··· 262

  三、微灌灌溉制度制定 ··· 263

  四、微灌系统工作制度确定 ··· 268

  五、微灌系统流量计算 ··· 269

  六、微灌管道水力计算常用公式 ··· 272

第三节　基于遗传算法的微灌毛管水力解析及优化设计 ························· 274

  一、已知进口压力的毛管水力解析 ··· 275

  二、单向毛管极限长度优化 ··· 279

  三、双向毛管极限长度优化 ··· 280

第四节　树状管网遗传算法优化设计 ·· 285

  一、自压树状管网优化 ··· 285

  二、机压树状管网优化 ··· 289

第五节　微灌系统过滤装置优化选型与配置 ····································· 293

  一、优化选型与配置方法 ··· 294

  二、优化算例 ··· 296

  三、小结 ··· 297

参考文献 ·· 297

第一章 绪 论

一、喷微灌技术的基本概念及特点

（一）喷灌

喷灌是利用水泵加压或自然落差将水通过压力管道送到田间，经喷头喷射到空中，形成细小的水滴，均匀喷洒在农田上，为作物正常生长提供必要水分条件的一种先进灌水方法。喷灌是当今先进的节水灌溉技术之一，由于其便于机械化、自动化控制实施灌溉过程，在全世界得到迅速地发展，广泛运用于世界各国农业灌溉中[1]。

1. 喷灌的优点

（1）节约用水。灌溉水的损失，一是发生在从水源到田间的输水过程中，二是发生在田间灌水过程中。我国农田灌溉水有效利用系数为 0.52，其中有一半多的水量浪费在灌溉过程中。喷灌通常采用管道输水、配水，水量损失很小，而且灌溉时能使水比较均匀地洒在地面，不产生明显的深层渗漏和地面径流，灌溉水利用系数可以达到 0.8 以上。

（2）增加农作物产量、提高农作物品质。喷灌作为节水灌溉技术之一，具有增加农作物产量、提高农作物品质的特点。喷灌对增加农作物产量的作用是多方面的。首先，喷灌可以适时适量地满足农作物对水分的要求，能够实现精细控制土壤水分、保持土壤肥力，适应换茬作物对水分的不同要求。喷灌像降雨一样湿润土壤，不破坏土壤团粒结构，为作物根系生长创造了良好的土壤状况，一般大田作物可增产 10%～20%，经济作物可增产 30%左右，蔬菜可增产 1～2 倍。喷灌输水多采用地埋的形式，大大减少了渠道和田埂占地，一般可以提高耕地利用率 5%～7%。喷灌可以调节田间小气候，增加地面空气湿度，调节温度和昼夜温差，不但可避免干热风、霜冻对作物的危害，而且可显著提高作物的品质。

（3）节省劳力。喷灌的机械化程度高，可大大减轻灌水的劳动强度和提高作业效率，免去年年修筑田埂和田间渠道的重复劳动，节省大量的劳动力，相比传统的地面灌溉方式可以提高劳动效率 20～50 倍。

（4）适应性强。喷灌一个突出的优点是可用于各种类型的土壤和作物，受地形条件的限制小。例如：在砂土地或地形坡度达到 5%等地面灌溉有困难的地方都可采用喷灌。在地下水位高的地区，地面灌溉使土壤层过湿，易引起土壤盐碱化，用喷灌来调节上层土壤的水分状况，可避免盐碱化的发生。由于喷灌对地形要求低，可以节省大量农田地面平整的工程量。

2. 喷灌的缺点

（1）喷洒作业受风影响。喷灌作业时，风不但会吹走大量水滴，增加水量损失，降低喷洒效率，而且会改变水舌的形状和喷射距离，降低喷灌均匀度，影响灌水质量，故风力大于 3 级时不宜进行喷灌作业。

（2）设备投资高。由于喷灌需要一定的设备和管材，同时系统工作压力较高，对设备耐压的要求也较高，因而喷灌系统的投资较高。如固定管道式喷灌系统需投资 900～1200 元/亩，半固定管道式喷灌系统需投资 300～450 元/亩，卷盘式喷灌机需投资 400～600 元/亩，大型喷灌机组需投资 500～800 元/亩。

（3）耗能。地面灌溉只要将水通过渠道或管道输送到田间即可实现自流灌溉，喷灌则要利用水的压力使水流破碎成细小的水滴并喷洒在规定范围内，显然喷灌需要多消耗一部分能量。从节省能源的角度考虑，喷灌可向低压化方向发展，并结合喷灌和滴灌技术，发展微喷灌，达到节能目的。

（二）微灌

微灌是一种新型的节水灌溉技术，包括滴灌、微喷灌、涌泉灌等。它可根据作物需水要求，通过管道系统与安装在末级管道上的特制灌水器，将水和作物生长所需的养分以较小的流量均匀、准确地直接输送到作物根部附近的土壤表面或土层中实施灌溉。微灌以少量的水湿润作物根区附近的部分土壤，因此是局部灌溉。

1. 微灌的优点

（1）节约水量。由于微灌出水流量很小，可以实现精细灌溉，随时满足作物的需水要求，不会产生深层渗漏，而且大部分微灌是局部灌溉，只湿润作物根部附近的土壤表面，作物棵间蒸发损失小，因此可以更节约用水。

（2）灌水均匀。微灌系统能够做到有效地控制每个灌水器的出水量，灌水均匀度高，均匀度一般可达 80%～90%。

（3）增产。微灌能适时适量地向作物根部供水、施肥、施药，提高水、肥、药的利用效率，减少病虫害的发生，抑制杂草生长，保持土壤团粒结构，为作物生长提供良好的生长条件，有利于增产，提高产品质量。与其他灌水方法相比较，一般可增产 15%～40%。

（4）适应性强。微灌的灌水强度可根据土壤的入渗特性选用相适应的灌水器，通过调节，不产生地表径流和深层渗漏。微灌可以在任何复杂的地形条件下有效地工作，甚至对某些在很陡的土地或乱石滩上的作物也可以采用微灌。

2. 微灌的缺点

（1）灌水器易堵塞。灌水器中的水流通道堵塞是滴灌应用中最主要的问题。堵塞使毛管管路出水不均，严重时会使整个系统无法正常工作，甚至报废。引起堵塞的原因有物理因素、生物因素和化学因素，如水中的泥沙、有机物质、微生物和化学沉淀物等。因此，滴灌对水质要求较高，一般均应过滤，必要时还需经过沉淀和化学处理。目前已研制出少数大流道小流量、抗堵塞性能较好的滴头品种，随着研究的深入，滴头堵塞问题将会得到逐步解决。

（2）盐分积累。当在含盐量高的土壤上进行滴灌或是利用咸水滴灌时，盐分会积累在湿润区的边缘，若遇小雨，这些盐分可能会被冲到作物根区，从而引起盐害。这时需进行冲洗，必要时辅以喷灌或地面灌溉。在没有充分冲洗条件的地方或是秋季无充足降雨的地方，则不要在高含盐量的土壤上进行滴灌或利用咸水滴灌。

（3）一次性投入较大。与地面灌相比，滴灌系统所需设备和材料较多，成本较高。

二、喷微灌系统的组成及分类

1. 喷灌系统的组成

喷灌系统是指从水源取水到田间喷洒灌水整个系统的总称[1-3]。一般由水源工程、水泵和动力机、管道系统、喷头以及附属工程和附属设备组成。

（1）水源工程。喷灌系统一般需要修建引水、蓄水、提水和输配电等水源工程。河流、湖泊、渠道塘库、井泉等均可作为喷灌水源。水源应满足喷灌在水量和水质方面的要求。

（2）水泵和动力机。除利用自然水头以外，喷灌系统的工作压力均由水泵提供。喷灌系统常用的水泵有离心泵、自吸泵、长轴井泵、深井潜水电泵等。在有电力供应的地区应尽量采用电动机与水泵配套，在用电困难的地方可用柴油机、手扶拖拉机等作为动力机与水泵配套。动力机转速和功率的大小根据水泵的配套要求而定。

（3）管道系统。管道系统的作用是将压力水输送并分配到田间，管道应能承受一定的压力并通过一定的流量。管道系统一般分为干管、支管，干管起配水作用，支管是工作管道，支管上按一定间距安装竖管，压力水通过干管、支管、竖管，经喷头喷洒在田面上。管道可分为地埋管道和地面移动管道，地埋管道埋于地下，地面移动管道则按灌水要求沿地面铺设。大中型喷灌机组的工作管道往往和行走部分结合为一个整体。

（4）喷头。喷头是喷灌系统的专用设备，一般安装在竖管上，或者安装在支管上，形式多种多样。其作用是将压力水通过喷嘴喷射到空中，形成细小的水滴，洒落在土壤表面。

（5）附属工程和附属设备。如从河流、湖泊、渠道取水，则应设拦污设施；必要时应设置进排气阀、调压阀、安全阀等，以保证喷灌系统的安全运行；为保证喷灌系统安全过冬，灌溉季节结束后应排空管道中的水，需设泄水阀；为观察喷灌系统的运行状况，在水泵进出水管路上应设置真空表、压力表和水表；利用喷灌系统喷洒肥料和农药时，应有相应的调配和注入设备。移动喷灌机组在田间作业时，应按喷灌的要求规划田间作业道路和供水设施。以电动机为动力时应架设供电线路，配置配电箱和电气控制箱等[4]。

2. 喷灌系统的分类

喷灌系统的类型很多，其分类方法也有多种。按系统获得压力的方式可分为机压喷灌系统和自压喷灌系统；按系统设备组成可分为管道式喷灌系统和机组式喷灌系统。

（1）机压喷灌系统和自压喷灌系统。

1）机压喷灌系统。机压喷灌系统是以机械加压获得工作压力的系统，在没有自然水头可利用时，为使喷灌水流具有一定的压力，必须用水泵加压，同时配备电动机、柴油机等动力设备。水泵的流量要满足灌溉要求，其扬程除应保证喷头工作压力外，还要考虑克服管道沿程和局部水头损失，以及水源和喷头之间的高差。

2）自压喷灌系统。即当水源位置高于田面，且有足够的落差时，利用水源具有的自然水头，用管道将水引到灌区实现喷灌的一种灌溉系统。自压喷灌充分利用了天然水头，减少了系统的运行费用，是一种值得大力推广的喷灌方式。但自压喷灌受地形条件影响，存在一些特殊的问题，如当地形高程变化较大时，规划设计中应考虑进行压力分区，有时还要考虑设置减压和调压设施，用于保证系统安全运行和节约投资。

（2）管道式喷灌系统和机组式喷灌系统。

1）管道式喷灌系统。水源、喷灌用水泵与各喷头间由一级或数级压力管道连接，由于管道是这类系统中设备的主要组成部分，故称之为管道式喷灌系统。根据管道的可移动程度，又可分为固定管道式喷灌系统、半固定管道式喷灌系统和移动管道式喷灌系统三种。

固定管道式喷灌系统的各组成部分除喷头外，在整个灌溉季节或常年都是固定的，水泵和动力构成固定的泵站，干管和支管多埋于地下。这种喷灌系统运行操作方便，易于管理，生产效率高，工程占地少，且便于实行自动化控制，适用于灌水次数频繁、经济价值较高的蔬菜和经济作物区，以及城市园林、花卉、绿地的喷灌。其主要缺点是设备利用率低，耗材多，投资大，管道投资常占50%以上，甚至达80%左右。

半固定管道式喷灌系统的泵站和干管固定不动，支管和喷头是可移动的，故称为半固定管道式喷灌系统。与固定管道式系统相比，由于支管可以移动并重复使用，减少了用量，降低了投资；与移动管道式系统相比，由于机、泵、干管不移动，方便了运行操作，提高了生产效率。因此，半固定管道式喷灌系统的设备用量、投资造价和管理运行条件均介于固定管道式与移动管道式之间，是值得推荐和重点发展的形式。其适用于矮秆大田粮食作物，其他作物适用面也比较宽，但不适宜对高秆作物、果树等使用。

移动管道式喷灌系统从水泵、动力机、各级管道直到喷头都可以拆卸移动，轮流使用于不同地块。这种喷灌系统设备利用率高，设备用量与投资造价较低，适用于各种作物，但当为高秆密植作物，土质黏重或地形复杂的情况下，将给设备的拆卸移动带来困难。

2）机组式喷灌系统。以喷灌机（机组）为主体的喷灌系统，称为机组式喷灌系统。其按喷灌机运行方式可分为定喷式和行喷式两类。

定喷式喷灌机组是指喷灌机工作时，在一个固定的位置进行喷洒。在田间布设一定规格的输水明渠或暗渠，每隔一定距离设置供抽水用的工作池，喷灌机沿渠（管）移动，在每个预定的抽水点（工作池）处作定点喷洒，达到灌水定额后，移动到另一个位置进行喷洒，在灌水周期内灌完计划灌溉面积。其包括手推（抬）式喷灌机、拖拉机悬挂式（或牵引式）喷灌机、滚移式喷灌机等。根据所用的机组不同，又可分为单喷头机组的系统和多喷头机组的系统。

行喷式喷灌机组是在连续移动过程中进行喷洒喷灌。这种喷灌系统机械化、自动化程度高，运行操作方便，工作效率高，喷洒时受风的影响小，喷洒均匀度较高，但一般耗能较多，一次性投资较高，维修保养需较高的技术水平。其包括拖拉机双悬臂式喷灌机、中心支轴式喷灌机、平移式喷灌机、卷盘式喷灌机等。

按配用动力的大小，喷灌机组又分为大、中、小、轻等多种规格。目前，我国应用较多的是轻小型喷灌机，它具有结构简单、使用灵活、价格较低等优点，缺点是移动频繁，特别是在泥泞的道路上移动困难。此外，中心支轴式喷灌机、平移式喷灌机和卷盘式喷灌机等大中型喷灌机也有较多的应用。

3. 微灌系统的组成

典型的微灌系统通常由水源工程、首部枢纽、输配水管网和灌水器四部分组成。

（1）水源工程。江河、渠道、湖泊、水库、井、泉等均可作为微灌水源。

（2）首部枢纽。包括水泵、动力机、过滤设备、施肥（药）装置、控制器、控制阀、进排气阀、量测仪表等。其作用是从水源取水增压并将灌溉水处理成符合微灌要求的水流送给输配水管网。

（3）输配水管网。包括干管、支管、毛管及安全、控制和调节装置。其作用是将首部枢纽处理过的水安全合理地输送分配到灌水器。

（4）灌水器。即直接灌水的部件，包括滴头、滴灌管（带）、微喷头、涌泉头和小管出流器等。其作用是消减管道内的水压力，将水流变为水滴、细流或喷洒状施入土壤。

4. 微灌系统的分类

根据灌水器的出水形态，微灌一般分为滴灌、微喷灌和小管出流灌等类型。

（1）滴灌。滴灌是利用滴头、滴灌管（带）等灌水器，以滴水或细小水流的方式，湿润作物根区附近部分土壤的灌水技术。滴头流量一般不大于 12L/h，常用的滴头流量为 1～4L/h。滴头置于地面时，称为地表滴灌；滴头置于地面以下，将水直接施到地表下的作物根区，称为地下滴灌；把滴灌管（带）铺设在农膜下的灌溉方式称为膜下滴灌。

（2）微喷灌。微喷灌是利用微喷头、微喷带（管）等灌水器，将压力水以喷洒状的水流形式喷洒在作物根区附近土壤表面的一种灌水方式，简称微喷。微喷头流量一般不大于 250L/h，常用的微喷头流量为 20～240L/h。

（3）小管出流灌。小管出流灌是利用稳流器稳流和小管分散水流，以小股水流灌到土壤表面的一种灌水方法。小管出流灌灌水器的流量一般与微喷灌的相当。

三、发展喷微灌技术及设备的意义

目前，水资源短缺是制约我国经济和社会发展的关键因素，节约水资源对于国民经济的发展具有重要意义。农业用水一直以来为全国用水之首。我国的农业灌溉水利用系数较低，远远低于以色列、美国等国家。因此，农业节水是缓解水资源短缺有效和必然的途径。2014 年 5 月 21 日，李克强总理主持召开国务院常务会议，部署加快推进节水供水重大水利工程建设，指出："在今明年和'十三五'期间分步建设纳入规划的 172 项重大水利工程。工程建成后，将实现新增年供水能力 800 亿 m^3 和农业节水能力 260 亿 m^3、增加灌溉面积 7800 多万亩，使我国骨干水利设施体系显著加强。"

2014 年 9 月 29 日，国务院新闻办公室举行新闻发布会，水利部副部长李国英介绍了中国节水灌溉发展状况。李国英强调，中国政府提出"把节水灌溉作为一项革命性措施来抓"。新世纪以来，连续 11 个中央 1 号文件和中央水利工作会议，都要求把节水灌溉作为重大战略举措，《国家农业节水纲要（2012—2020 年)》，对节水灌溉提出了明确的发展目标和要求。在中央和地方一系列政策措施出台和不断加大投入的情况下，我国节水灌溉发展进入前所未有的快车道。截至 2013 年年底，全国有效灌溉面积达到 9.52 亿亩，其中节水灌溉工程面积 4.07 亿亩，约占有效灌溉面积的 43%。高效节水灌溉面积 2.14 亿亩，约占有效灌溉面积的 22%，其中低压管道输水 1.11 亿亩、喷灌 0.45 亿亩、微灌 0.58 亿亩[5]。

由此可见，农业节水潜力巨大。喷灌和微灌技术就是为解决水资源不足、提高灌溉效率而发展起来的灌溉技术之一。在多项节水措施中，节水灌溉设备是农业节水的重要保障，同时节水灌溉设备是农业机械中重要的一类。因此，大力发展喷微灌技术及设备是节约水资源、实现社会可持续发展的必然要求[1,5-6]。

四、喷微灌技术及设备的发展概况与前景

(一)喷灌的发展概况与前景

1. 国外喷灌技术的发展历程与趋势

国外应用喷灌技术和喷灌工程,比我国要早,也要先进很多[7]。喷灌最初出现在 19世纪末,首先是在德国、意大利及美国等国家,第一代喷灌机出现在 1917 年,但在 1920年以前喷灌应用仅限于灌溉蔬菜、苗圃、果园。国外最早采用喷灌大多是从固定式系统开始。20 世纪 30 年代出现了旋转式喷头和喷灌车,30 年代以后才逐渐在美国南部以及英、法、德、意等国得到一些发展。第二次世界大战以后,端拖式(1948 年)、滚移式(1951年)、中心支轴式(1955 年)、卷盘牵引式(1966 年)以及平移自走式(20 世纪 60 年代末)等大中型喷灌机也相继问世,从而使喷灌技术迅速发展并走向世界各地。

当前,国外喷灌技术表现出以下趋势[8-11]:

(1)喷灌设备与喷灌系统多样化发展。不同的国家和地区适用不同的喷灌设备和喷灌系统,因此,各国都根据本国的特点因地制宜地发展多种多样的喷灌设备和喷灌系统。美国大力推广中心支轴式和平移式喷灌机,这两种喷灌机适合美国的农场现状,现在已在很多国家推广应用。俄罗斯主要发展双悬臂式喷灌机,近年来,又从美国引进"伐利"大型中心支轴式喷灌机,仿制为"费列加特"中心支轴式喷灌机以及"沃尔然卡"滚轮式大型喷灌机。德国、法国、澳大利亚等国则重点发展绞盘式喷灌机。

(2)扩大单机和系统控制面积,提高机组适应能力。国外为了提高喷灌机的生产效率,减少设备投资,节省劳力和运行管理费用,努力扩大单机控制面积。美国内布拉斯加州乐克德公司研制了一台中心支轴式喷灌机,该机由 30 个塔架组成,长 1182m,在镀锌支管上安装有 421 个低压喷雾喷嘴,喷嘴尺寸随着中心支轴距离增加而加大,控制面积为6556 亩,为世界最大的中心支轴式喷灌机。为了适应大型喷灌机的编组运行(一般为 2～10 台),提高生产效率和土地利用率,目前美国的喷灌系统已由 20 世纪 50 年代 240～960亩大小的单个地块,发展到 12000～60000 亩的大面积喷灌区。在扩大控制面积的同时,尽力提高机组的适应能力,喷灌机组的爬坡能力由 6% 提高到 30%;桁架结构也由过去的钢结构发展为铝合金结构,机架重量减轻 60%。

(3)尽力节省能源。由于世界能源危机,近年来,一些国家不得不放慢了喷灌发展的速度。据美国内布拉斯加州调查,灌溉耗能占农业生产中耗能的 43%,而喷灌耗能又是其他耕作措施耗能的 10 倍。因此喷灌要取得发展,必然要走节能的道路。目前采用的节能措施主要有以下两项:

1)发展低压喷头。美国将喷灌高压喷头换为工作压力为 0.245MPa 的低压喷头,每喷出 1000 m^3 水能耗节省 9.6 美元。苏联研制的双悬臂式喷灌机,喷头工作压力为0.1MPa。1982 年在美国加州国际灌排设备展览会上,各国研制的低压喷头和喷滴灌结合的喷头达 100 多种,特别是新研制的异形喷嘴(方形、长方形喷嘴),在低压力时仍有较好的雨量分布,受到人们注目。20 世纪 90 年代后,各国生产的大型行喷式喷灌机几乎都改用了低压喷头。

2)开辟新能源,如风能、沼气能、太阳能等。就喷灌而言,最有利用前途的是风能。

美国、澳大利亚等都开始利用风能。美国大平原地区有 1.2 亿亩的灌溉面积，在 20 世纪末有一半以上采用了风力泵。

（4）广泛使用轻质管道和塑料管道。为了减少材料消耗，减轻机组重量，降低劳动强度，提高工作效率和降低喷灌管道的投资造价，国外广泛使用轻质管道和塑料管道。奥地利鲍尔公司是一家生产喷灌和其他农牧业设备的公司，它生产的薄壁镀锌钢管壁厚为 0.7mm，最大工作压力为 1.1～2.0MPa，一节长 6m，一个人可以扛两三节，而且由于内外镀锌和采用快速接头，连接方便、迅速，使用寿命较长，适宜在喷灌系统中做移动支管。而在国内外使用量更大的薄壁铝管，壁厚也可做到 1.0mm，较薄壁钢管更为轻便。塑料管道、管件和塑料喷头大量采用，在很多国家塑料管道的用量占管道总用量的 2/3 以上。由于价格低廉的塑料管道大量使用，很多发达国家的灌溉系统已经取消了渠道而全部采用管道输水，如以色列、法国、西班牙等国家，输水管网遍布全国，农户只需购买节水灌溉设备，与管网系统连接，压力水即可进入田间。

（5）采用自动化技术。随着计算机的发展，在喷灌系统中采用微机控制等自动化技术，从而节省了劳力，提高了喷洒质量和生产效率，保证了机组运行的可靠性。喷灌系统采用的自动化技术一般有以下几种：

1）自动启闭。对固定、半固定式喷灌系统或者按照预先排定的轮灌周期，自动依次启闭喷头，或者根据田间土壤湿度计的信号，自动启闭喷头。

2）同步控制。对中心支轴式和平移式喷灌机，为保持各塔架之间支管成一条直线，设有同步自动控制系统。对平移式喷灌机，为保证中心塔架沿直线行走，设有激光或其他方式的自动导向系统。

3）联合调度。对不同压力区、不同喷灌区或多台喷灌机组采用联合调度运行，实行自动化控制，以达到合理、经济的目的。

4）防霜冻。在喷灌系统中设防霜冻警报系统，当气温降低到某一限定值时，发出警报并自动开启喷灌系统。

为了提高喷洒质量，国外还采用了慢喷灌、间歇喷灌、脉冲喷灌和细滴喷灌等新技术。

（6）发展综合利用，向国民经济各部门渗透。对喷灌设备进行综合利用，搞多项目作业，发挥喷灌设备多功能的经济效益。例如施化肥、农药和除草剂；防霜冻，防干热风；工业和运动场除尘，混凝土施工养护，工厂防暑降温；园艺花卉、草坪喷灌；城市喷泉，等等。

（7）重视喷灌基础理论和新技术的开发研究。注意多学科配合和协作开展喷灌基础理论的研究，为喷灌设备的水力性能和机械性能不断完善与提高打下基础，并为合理地进行喷灌系统规划设计提供可靠的准则和依据。美国、俄罗斯、日本等国多年来一直重视基础理论研究，并取得了一些成果，如射流裂变原理、雨滴打击能量、管网水力特性、土壤入渗理论，等等。

2. 国内喷灌技术的发展历程与趋势

我国喷灌技术研究始于 20 世纪 50—60 年代，但真正起步却是 20 世纪 70 年代之后。喷灌技术在我国的发展大致经历了以下四个阶段[12,13]：

第一阶段，科学研究和试验尝试阶段。这一阶段开始于 1954 年的上海，我国首次采用折射式喷头进行蔬菜喷灌。20 世纪 60 年代我国又开发研制成功了蜗轮蜗杆式喷头，适用于武汉等地的蔬菜喷灌。其后，在湖北、湖南、广东、江西、福建、四川、辽宁等省也先后试验将喷灌应用于经济作物和大田作物的灌溉。

第二阶段，技术发展和设备研制的高潮阶段。这一阶段从 20 世纪 70 年代中期到 80 年代中期，前后大约 10 年左右，这也是我国喷灌技术快速发展的阶段。其中，1976 年中国科学院和水电部将喷灌列为重点研究项目，1978 年国家计划委员会将喷灌列为重点推广项目，国务院也将喷灌列为全国 60 个重点推广项目之一。期间，先后引进了世界上当时几乎所有的喷灌机品种，此外还引进了铝焊管生产线、薄壁钢管生产线、ZY 摇臂式喷头生产线等。

第三阶段，徘徊和低潮阶段。这一阶段开始于 20 世纪 80 年代中期，主要原因在于我国农业体制发生了根本变化，全面实行了家庭联产承包责任制，原有的喷灌工程不能适应这种体制的改革，使喷灌技术发展受到了很大的冲击。此外，一些地区用竹筒、石管作喷灌压力管道，因陋就简，低水平生产制造喷灌机和设备，导致已有工程失败和喷灌机具不能运行，给喷灌技术发展造成较大的负面影响。

第四阶段，恢复和稳步发展阶段。20 世纪 90 年代中期全球性缺水呼声日益高涨，我国也面临着北方地下水位严重下降及水资源环境恶化的困境。为此，国家将发展节水灌溉作为一项基本国策，喷灌作为节水农业的一部分被列入国家发展规划，从而进入了稳步发展的阶段[14-19]。

根据我国节水型社会建设规划，至 2015 年将新增喷灌面积 481.67 万 hm^2，占全国总灌溉面积的 19.5%。节能降耗是永恒的主题，我国喷灌技术的发展趋势是向多功能、节能、低压等综合方向发展。

（二）微灌的发展概况与前景[20]

1. 国外微灌发展历程与趋势

滴灌是由地下灌溉演变而来的。1860 年，德国人采用陶土管作为渗水管进行了地下灌溉试验，管间距 5m，埋深约 0.8m，管外包 0.3～0.5m 厚的过滤层。试验表明，作物产量成倍增加，受到人们的关注，该试验坚持了 20 多年。1920 年，多孔管被发明，水经管壁上的孔口流入土壤。1935 年以后，人们围绕不同材料制成的多孔管进行了很多试验，目的在于检验能否不利用管道系统的水压力，而仅靠土壤水分张力来调节流入土壤中的流量。苏联（1923 年）和法国也做了类似的试验，结果都未取得更大的进展。

随着工业化的发展，在塑料管问世以后，滴灌系统逐步形成。20 世纪 40 年代初，英国首先用打孔塑料管制成了一种简单的滴灌系统，当时只用于花卉灌溉。因打孔管的孔眼大小不均匀，并且孔眼大小会随时间而发生变化，造成较大的流量偏差，由此促使了安装在管上的滴头替代打在管壁上的简单孔口。最初的滴头很简单，是由发丝管绕在毛管上形成的。20 世纪 50 年代后期，以色列研制出了长流道注塑滴头。20 世纪 60 年代，以色列将滴灌系统用于田间果树和温室作物灌溉，并取得了显著经济效益，从此滴灌成为了一种新型灌溉方式。20 世纪 70 年代，许多国家开始对滴灌重视起来，滴灌也从此进入商业应用，成为农业生产中一种新型灌溉方法。

为克服滴灌易阻塞的缺点，澳大利亚、苏联先后研制成功了微喷灌。随后，美国的涌泉灌、中国的小管出流灌也相继问世。这些灌溉方式也远远超过滴灌原有的范畴，进而形成了局部灌溉的新概念，但这些灌溉方式的基本特点相同，即运行压力低、灌水流量小、灌水频繁、能精确地控制水量、灌水均匀、只湿润根区部分土壤。因此，将滴灌、微喷灌、涌泉灌和小管出流灌等统称为微灌。

20世纪80年代以后，研究人员开始探讨更为节水的地下滴灌技术，简称SDI技术。目前SDI技术在澳大利亚昆士兰、美国加州和夏威夷等地已应用于玉米、甘蔗、蔬菜、果树及城市绿化中的乔灌木灌溉等。

国际灌排委员会（ICID）微灌工作组分别于1981年、1986年、1991年、2000年进行过四次世界微灌使用情况的调查，最近一次的调查结果显示，1981—2000年的19年间世界微灌面积增加了759%。美国微灌面积已达105万hm^2，占世界总微灌面积的28%，占美国总灌溉面积的比例已达4.91%。

为了促进微灌技术的交流，国际上先后召开了八届微灌大会。第一届于1971年9月在以色列特拉维夫召开；第二届于1974年在美国加利福尼亚的圣选戈召开；第三届于1985年在加利福尼亚的弗雷斯诺召开，会议主题是"前进中的滴灌技术"；第四届于1988年在澳大利亚召开；第五届1995在美国佛罗里达州召开，会议主题是"微灌改变世界：保护资源、保护环境"；第六届于2000年在南非召开，会议主题是"微灌技术在农业发展中的使用"；第七届于2006年在马来西亚首都吉隆坡召开，会议主题是"微灌在优化作物产量和资源保护方面的进展"；第八届于2011年在伊朗首都德黑兰召开，会议主题是"通过对微灌技术和管理的改革来提高作物生产力"。从历届微灌大会主题的变化可以看出，1995年以后人们对微灌的认识已从过去仅仅是一种农业灌溉技术发展为具有环境保护功能的灌溉技术，更为现代农业的重要组成部分。2000年以后，人们已将微灌的重点放在了促进第三世界农业的发展中，在发展完善已形成的微灌技术的同时，将重点转移到了降低微灌系统投资、拓展微灌的使用范围上。

2. 国内微灌发展历程与趋势

我国滴灌技术的发展及应用始于1974年引进墨西哥滴灌设备。当年墨西哥总统埃切维里亚向周恩来总理赠送了一批以色列耐特费姆公司生产的滴灌设备（使用总面积约5hm^2），经山西省昔阳县大寨村、河北省遵化县沙石峪村和北京市密云水库管理局果园试验表明，滴灌增产效益显著。随后，中国水利水电科学研究院和国内有关科研单位与大专院校等先后开展了对滴灌理论、技术和设备的研究，到20世纪80年代末和90年代初，先后研制了管间式滴头、微管滴头、孔口滴头、分水式滴头、折射微喷头、砂过滤器、网式过滤器、旋流水砂分离器、进排气阀和塑料管及管件等设备；提出了等滴量滴灌系统的概念，并创造性地通过简单的消能微管得以实现；对国际上通用的塑料管水头损失公式——哈桑威廉公式进行了改进，提出了毛管极限长度的计算公式；制定了部分微灌技术和设备标准；同时在微灌作物耗水量、灌溉制度、微灌设计参数等方面取得了一批有价值的成果。20世纪90年代后，我国对节水灌溉越来越重视，先后引进了国外先进的滴灌管、滴灌带和脉冲微喷灌设备生产技术，同时在引进、消化、吸收和自主开发的基础上，研制开发了内镶式滴灌管（带）、压力补偿滴头、旋转和折射微喷头，快速接头、抗老化管材、过滤设备、施肥设备及水质处理等方面取得了长足进步，缩小了与国外的差距。特别是从"九五"计划开始，国家实施建设 300 个节水增产重点县，安排了一大批节水增效示范项目，对节水灌溉的投入力度逐步加大，有力地促进了微灌的迅速发展。2000 年以后，我国微灌进入了新的快速发展时期，特别是新疆棉花膜下滴灌的迅猛发展，极大地带动了全国微灌面积的增加。截至 2009 年年底，据有关资料统计，全国微灌面积已达 166.6 万 hm^2。

微灌设备产品是以塑料为主要材料的低压节能节水灌溉设备，主要由滴灌管、滴灌带、过滤器、微喷头、滴头等构成。我国的微灌设备经过引进、消化、吸收，然后进行改进研发推广。目前全国已有多家企业，分布在华中、华北、新疆等地，生产灌水器、输水管材、净化装置、施肥装置和控制装置等 5 大类产品，已形成系列化，可满足各类用户的要求。国内发展较早的一些微灌设备生产企业相继从国外引进了一些先进生产线，同时结合具体情况，自行开发研制了一些生产线，如新疆天业生产的滴灌带是新疆大田棉花膜下滴灌工程的主要供应商。微喷头方面自行研制的以折射式微喷头为主，后引进以色列DAN 公司微喷头技术，使我国的微喷头产品有了较大发展。微灌过滤设备和施肥设备以及管道连接件、防老化管材等主要由国内自行研制生产。总体上来说，我国微灌产品近年来的发展较快，品种、规格不断增加，部分引进技术或生产线生产的微灌设备性能已达到 20 世纪 90 年代中期国际水平，但大部分自行研制微灌产品的质量与国外同类产品相比仍存在较大差距，性能较低，产品质量还不能完全达到要求[21]。

微灌技术是一种将机械化、自动化灌溉有机结合起来的现代农业技术，是促进区域农业经济发展、增加农民收入、加快农业现代化步伐的重大技术之一，是现代化农业的重要组成部分，已处于不可替代的重要地位。此外，微灌在沙漠化治理、水土保持、改善生态环境等方面也具有良好的应用推广价值。随着微灌技术的进步，其应用领域将越来越大，应用范围将越来越广，在未来现代农业生产中将发挥越来越大的作用[22]。

参 考 文 献

［1］ 李树君. 中国战略性新兴产业研究与发展［M］. 北京：机械工业出版社，2013.
［2］ 李世英. 喷灌喷头理论与设计［M］. 北京：兵器工业出版社，1995.
［3］ 周世峰. 喷灌工程学［M］. 北京：北京工业大学出版社，2004.
［4］ 赵竞成，任晓力. 喷灌工程技术［M］. 北京：中国水利水电出版社，2003.
［5］ 国新办举办中国节水灌溉发展状况新闻发布会——李国英介绍有关情况并答记者问［EB/OL］. (2014-09-30). http：//www.mwr.gov.cn/slzx/slyw/201409/t20140930_575453.html.
［6］ 王新坤. 微灌系统遗传算法优化设计理论与应用［M］. 北京：中国水利水电出版社，2010.
［7］ 陈池. 国内外喷灌系统研究简史与发展趋势［J］. 排灌机械，1999，17 (2)：45-47.
［8］ 郭慧滨，史群. 国内外节水灌溉发展简介［J］. 节水灌溉，1998，(5)：23-25.
［9］ 徐征和，孙吉刚. 关于喷灌工程节能问题的探讨［J］. 中国农村水利水电，2000，(2)：28-29.
［10］ 吴景社，李久生，李英能，等. 21 世纪节水农业中的高新技术重点研究领域［J］. 农业工程学报，2000，16 (1)：9-13.
［11］ 殷春霞，许炳华. 我国喷灌发展五十年回顾［J］. 中国农村水利水电，2003，(2)：9-11.
［12］ 苏德风，李世英. 我国节水灌溉设备现状与展望［J］. 排灌机械，1997，15 (3)：22-26.

[13] 康绍忠，李永杰. 21世纪我国节水农业发展趋势及其对策 [J]. 农业工程学报，1997，3（4）：1-7.

[14] 李英能. 我国现阶段发展节水灌溉应注意的几个问题 [M]. 水利部农村水利司，等. 农业节水探索，北京：中国水利水电出版社，2001，159-163.

[15] 潘中永，刘建瑞，施卫东，等. 轻小型移动式喷灌机组现状及其与国外的差距 [J]. 排灌机械，2003，21（1）：25-28.

[16] 卢国荣，李英能. 加入WTO后我国喷灌设备发展的前景与对策 [J]. 节水灌溉，2002，（4）：29-31.

[17] 侯素娟，梁芝兰，李世英. 我国喷灌设备制造行业发展思路 [J]. 排灌机械，2002，20（6）：26-28.

[18] 李英能. 对我国喷灌技术发展若干问题的探讨 [J]. 节水灌溉. 2001（1）：1-3.

[19] 兰才有，仪修堂，薛桂宁. 我国喷灌设备的研发现状及发展方向 [J]. 排灌机械，2005，23（1）：1-6.

[20] 姚彬. 微灌工程技术 [M]. 郑州：黄河水利出版社，2011.9.

[21] 唐莲，孙学平，张卫兵. 微灌技术及设备的进展 [J]. 宁夏农学院学报，2003，（24）：2，82-85，90.

[22] 国务院关于促进农业机械化和农机工业又好又快发展的意见 [EB/OL].（2010-07-05）. http：//www.gov.cn/zwgk/2010-07/09/content_1649568.htm.

第二章 轻小型移动式喷灌机组设备

第一节 概　述

喷灌设备又称喷灌机具，是用于喷灌的动力机、水泵、管材、喷头等机械和电气设备的总称，简称"机、泵、管、头"。

一、喷灌用水泵

水泵是喷灌工程中的重要设备之一，其作用是给灌溉水加压，使喷头获得必要的工作压力。除少数利用自然高程差的农业自压喷灌工程或借用城镇自来水系统的园林喷灌工程外，其余大多数喷灌工程都需要配置水泵。喷灌工程常用的水泵是中小型离心泵、自吸式离心泵和潜水电泵。

水泵应根据灌区水源条件、动力资源状况及喷灌系统的设计流量和设计水头等因素，通过技术经济对比，择优确定。

二、喷灌管材及附属设备

（一）管道

管道是喷灌系统的主要组成部分。按其使用条件可分为固定管道和移动管道两类。对喷灌用管道的要求是：能承受设计要求的工作压力和通过设计流量，且不造成过大的水头损失，经济耐用，耐腐蚀，便于运输和施工安装。对于移动式管道还要求轻便、耐撞击、耐磨和能经受风吹日晒。由于管道在喷灌工程中需要的数量较多，占投资比重大，因此，必须因地制宜、经济合理地选用管材和附件。

1. 固定管道

喷灌中常用的固定管道种类有：铸铁管、钢管、钢筋混凝土管、塑料管（硬管）等。

（1）铸铁管。可承受内水压力大，工作可靠，使用寿命长，其缺点是价格较高、管壁厚、重量大、不能经受较大的动载荷。铸铁管的接头多，有油麻石棉水泥承插接头、膨胀性填塞料接头和法兰接头等形式。在长期输水后，由于管内壁产生锈瘤，使内径逐渐变小，阻力增大，从而降低其过水能力。

（2）钢管。其优点是承压能力大，工作压力一般都大于 1MPa，具有较强的韧性，能承受动载荷，管件齐全。缺点是价格高、易腐蚀。

（3）钢筋混凝土管。分为自应力钢筋混凝土管和预应力钢筋混凝土管两种，其优点是寿命长、不易生锈腐蚀、安装施工简便。缺点是自重大、运输不便、耐撞击性差等。

（4）塑料管（硬管）。其优点是耐腐蚀，使用寿命长，重量小，搬运容易，管壁光滑，水力性能好，过水能力稳定，有一定的韧性。缺点是高温容易软化，低温变脆，工作压力不稳定，膨胀系数大等。喷灌中通常选用以下塑料管材。聚氯乙烯管（PVC 管）抗冲击强度高，表面硬度大，生产加工简单，但耐热性差。聚乙烯管（PE 管）具有很高的抗冲击强度，重量轻，柔韧性较强，低温性能好，但强度较低，不耐磨，耐高温性较差。

2. 移动管道

喷灌系统的移动管道由于需要经常移动，除要满足喷灌用的一般要求外，还必须轻便、拆装方便，耐磨、耐撞击，能经受风吹日晒。常用的移动管有铝合金管和镀锌薄壁钢管。铝合金管强度较高，重量轻，耐腐蚀，搬运方便，在正常情况下使用寿命可达 15～20 年左右。缺点是价格较高，管壁薄，容易碰瘪。镀锌薄壁钢管重量轻，能承受较大的工作压力，韧性强，不易断裂，耐腐蚀性强，水力性能好。缺点是价格较高，抗冲击力差，耐磨性不及钢管。国产镀锌薄壁钢管的镀锌工艺不太过关，镀层不均匀，易腐蚀，故目前使用较少。

（二）附属设备

管道附属设备是指管道系统中的控制件和连接件，它们是管道系统不可缺少的配件。

1. 控制件

控制件是根据要求来控制管道系统中水流的流量和压力，保证管道系统的安全运行。喷灌工程中常用的控制件有闸阀、球阀、蝶阀、截止阀、电磁阀、安全阀、进排气阀、减压阀、止回阀、排污阀、限流阀、水锤消除器、浮球阀等。阀门种类很多，可以根据不同的需要选择不同的阀门。例如球阀用来控制喷头的开启或关闭；安全阀是为了防止发生水锤事故；减压阀是当管道内的水压超过规定的工作压力时，自动打开降低压力；空气阀的作用是当管道内存有空气时，自动打开通气口等。

2. 连接件

连接件的作用是根据需要将管道连接成管网，也称为管件，如弯头、三通、四通、异径管、堵头等。不同的管材使用不同的管件，如铸铁管有承插和法兰两种连接方式，所用管件各不相同。塑料管的管件通常由生产厂家研制配套供应，钢管管件通常都是根据需要自行焊接。

三、喷头

喷头的结构和水力性能在很大程度上决定了喷灌系统的灌溉质量。合理的喷头结构不仅对喷灌水量的均匀分布有重要作用，而且能够降低喷头工作压力，降低能耗。喷头的种类很多，可按不同的方式对喷头进行分类。

1. 按工作压力分类

按工作压力可分为低压喷头、中压喷头和高压喷头，见表 2-1。

表 2-1　　　　　　喷　头　分　类

类别	工作压力 /kPa	射程 /m	流量 /(m³/h)	特点及应用
低压喷头	＜200	＜15.5	＜2.5	射程近、水滴打击强度低，主要用于苗圃、菜地、草坪园林、自压喷灌的低压区或行喷式喷灌机
中压喷头	200～500	15.5～42.0	2.5～32.0	喷灌强度适中，适用范围广，如果园、菜地、大田及各类经济作物
高压喷头	＞500	＞42.0	＞32.0	喷洒范围大，但水滴打击强度也大，多用于对喷洒质量要求不高的大田作物、牧草等

2. 按结构形式分类

按结构形式可将喷头分为旋转式、固定式和孔管式三种。

（1）旋转式喷头。旋转式喷头又称为射流式喷头，其特点是边喷洒边旋转，水从喷嘴喷出时形成一股集中的水舌，故射程较远，流量范围大，喷灌强度较低，是目前我国农田灌溉中应用最普遍的一种喷头形式。其有摇臂式喷头、全射流喷头和阻尼式喷头等不同形式。其中摇臂式喷头应用最多。

图 2-1　摇臂式喷头

1）摇臂式喷头的转动机构是一个装有弹簧的摇臂，在摇臂的前端有一个偏流板和一个勺形导水片。喷水前偏流板和导水片置于喷嘴正前方，开始喷水时水舌通过偏流板或直接冲击到导水片上，并从侧面喷出，水流的冲击力使摇臂转动并把摇臂弹簧拉紧，然后在弹簧力的作用下摇臂又回位，使偏流板和导水片进入水舌，在摇臂惯性力和水舌对偏流板冲击力的作用下，敲击喷体，使喷管转动 3°～5°，于是又进入第二个循环，如此往复，使喷头不断地旋转喷洒。其实物如图 2-1 所示。

2）全射流喷头是我国自主研制的一种新型喷头结构[5-8]，其实物如图 2-2 所示。全射流喷头的主要优点是无撞击部件，结构较简单；主要缺点是射流控制元件的信号接嘴水流不稳定，对灌溉水的水质要求较高。从目前情况看，该类型喷头的使用量较小。

图 2-2　全射流喷头

3）阻尼式喷头是 20 世纪末研制出的一种喷头结构，其实物如图 2-3 所示。阻尼式喷头利用喷射出水流产生的反作用力旋转，喷头的旋转支承轴处设置了阻尼机构使旋转速度减缓并旋转均匀。阻尼式喷头的主要优点是旋转均匀，对材料的机械强度和耐冲击性要求低，雾化程度好；主要缺点是阻尼机构技术难度高，喷头价格较高，在粮食作物灌溉上使用较少。该类喷头具有在旋转过程中振动小、旋转速度均匀等优点，可取代现有的低压摇臂式喷头。阻尼式喷头属于低压喷头，主要适用于草坪、蔬菜、花卉、苗圃等经济作物。

（2）固定式喷头。固定式喷头又叫漫射式或散水式喷头。它的特点是在整个喷灌过程中，喷头的所有部件都是固定不动的，水流以全圆周或扇形同时向外喷洒。其优点是结构简单，工作可靠；缺点是水流分散，射程小（5～10m），喷灌强度大（15～20mm/h以上），水量分布不均，喷孔易被堵塞。因此，其使用范围受到很大限制，多用于公园、苗圃、菜地、温室等。按其结构形式可分为折射式、缝隙式和离心式三种。

图2-3　阻尼式喷头

（3）孔管式喷头。该喷头由一根或几根较小直径的管子组成，在管子的顶部分布有一些小的喷水孔，喷水孔直径一般为1～2mm。喷水孔分布形式有单列和多列式两种。孔管式喷头的优点是结构简单。缺点是喷灌强度较高，水舌细小，受风的影响大；孔口小，抗堵塞能力差；工作压力低，支管内实际压力受地形起伏的影响大。一般用于菜地、苗圃和矮秆作物的喷灌。

第二节　自吸离心泵

一、概述

自吸离心泵与离心泵的区别为：起动前，自吸离心泵首次起动时向泵体内要注入一定量的启动循环水；而离心泵每次启动时则需将进水管内及泵体内同时注满水，或者用辅助装置对进水管进行抽气。装置上，自吸离心泵在进水管下端只装滤网而无底阀；而离心泵在进水管下端必须装底阀或者在出口处配有抽气装置。运行时，同样性能参数的泵，一般自吸离心泵要比离心泵的效率低，汽蚀性能较差。

气液混合式自吸离心泵工作时必须完成三个过程：一是将叶轮内的气体往复带出叶轮；二是有效地进行气液分离；三是分离出来的水不断地返回到叶轮中去重新工作。

根据水和气体混合的部位不同，气液混合式自吸离心泵分为内混式和外混式。其中：气液分离室中的水回流到叶轮进口处，气体和水在叶轮进口处混合的称为内混式自吸离心泵；气液分离室中的水回流到泵叶轮出口处，气体和水在叶轮外缘处混合的称为外混式自吸离心泵。

（一）内混式自吸离心泵

内混式自吸离心泵由双层气液分离室泵体、叶轮、S形进水管、喷嘴、回流阀、排气阀、出水管等组成，如图2-4所示。泵起动后，泵体内的水通过回水流道射向叶轮进口，在叶轮内进行充分的气液混合，经压水室扩散管出口排到分离室进行气液分离，如此往复循环，直到把吸入

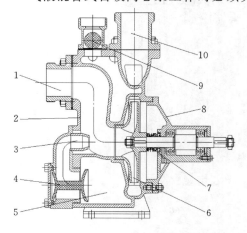

图2-4　内混式自吸离心泵结构图
1—进水管；2—泵体；3—喷嘴；4—回流阀；
5—储水室；6—叶轮；7—机械密封；
8—轴承体；9—排气阀；10—出水管

管路内及泵体内的气体排尽，进入正常工作。这时，排气阀在水压作用下关闭，回流阀同样在进口低压和压水室高压压差作用下自动关闭，其工作原理如图2-5所示。

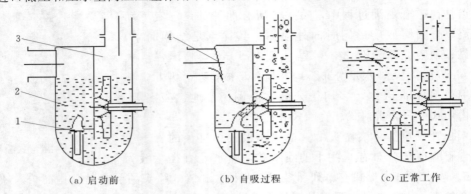

（a）启动前　　　　　　　（b）自吸过程　　　　　　（c）正常工作

图2-5　内混式自吸离心泵工作原理图

1—回流阀；2—吸入室；3—压出室；4—逆流阀

（二）外混式自吸离心泵

外混式自吸离心泵的结构形式与内混式结构类似，由S形进水弯管、双层泵体等组成，如图2-6所示，外混式回流阀自动关闭自吸离心泵如图2-7所示。双层泵体的内层为压水室，内外体形成的空腔下部为储水室，上部为气液分离室，储水室下部有一孔（称回流孔）和压水室相通。压水室的扩散管有两种，短扩散管比普通离心泵的短，出口位于

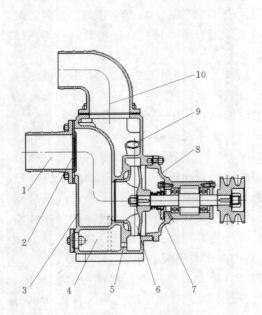

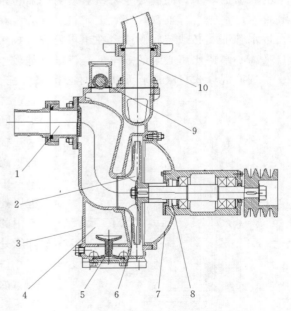

图2-6　外混式自吸离心泵结构图

1—进水管；2—吸入阀；3—泵体；4—储水室；5—回流孔；6—叶轮；7—机械密封；8—轴承体；9—扩散管；10—出水管

图2-7　外混式回流阀自动关闭自吸离心泵结构图

1—进水管；2—叶轮；3—泵体；4—储水室；5—回流孔堵塞阀；6—回流孔；7—轴承体；8—机械密封；9—排气阀；10—出水管

分离室的中部；长扩散管直达泵上部出口，这种扩散管要在侧壁上开回水口（内混式也有长扩散管），并在分离室顶部有排气阀。泵起动后，压水室的水经扩散管流入气液分离室进行气液分离，气体从排出管排出，气液分离室中的水回流到叶轮外缘，再进行气液混合，不断循环把吸入管路及泵体内的气体排尽，泵进入正常工作状态，其工作原理如图2-8所示。

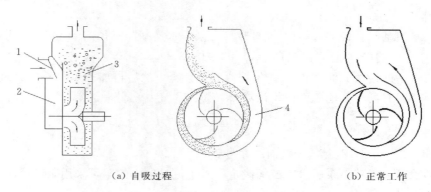

（a）自吸过程　　　　　　　　　（b）正常工作

图 2-8　外混式自吸离心泵工作原理图
1—逆流阀；2—吸入室；3—压出室；4—外流道

二、自吸离心泵设计

（一）内混式自吸离心泵[1,2]

1. 叶轮设计

（1）叶轮出口直径 D_2。内混式自吸离心泵泵体设有气液分离室及储水室、回流孔等复杂结构，泵水力损失比普通离心泵大，要达到相同的扬程，叶轮出口直径 D_2 应在一般离心泵的设计基础上适当加大。叶轮出口直径 D_2 的计算公式为：

$$D_2 = K \cdot D_2' \tag{2-1}$$

式中　D_2'——按离心泵计算的叶轮出口直径，mm；

　　　K——叶轮外径修正系数，与自吸离心泵结构设计合理性有关。对 $n_s < 100$ 的自吸离心泵，建议取 $K = 1.03 \sim 1.08$。

（2）叶轮叶片出口宽度 b_2。叶轮叶片出口宽度 b_2 计算公式为：

$$b_2 = C_b \frac{\sqrt{2gH}}{n} \tag{2-2}$$

式中　C_b——叶轮叶片出口宽度系数，采用统计公式计算，$C_b = 1.30 \left(\dfrac{n_s}{100}\right)^{3/2}$。

　　　叶轮叶片出口宽度 b_2 的确定除从性能要求考虑外，还应考虑制造的工艺性，尤其对于小流量、低比转数泵可适当加大 b_2 值。对 $n_s = 40 \sim 80$ 之间的泵可用下式计算。

$$b_2 = \left(2 - \frac{n_s}{80}\right) C_b \sqrt{\frac{2gH}{n}} \tag{2-3}$$

　　　如泵的流量小，按常规计算的叶片出口宽度只有 $2 \sim 3$mm，在铸造工艺上难于实现。因此，可以采用加大 b_2 的设计方法，堵塞部分叶轮流道面积，加宽叶片出口宽度，解决铸造工艺问题。

（3）叶片出口安放角 β_2。对于低比转数叶轮，出口安放角可取较大值，一般取 β_2 为 $30°\sim40°$。设计时加大 b_2 和 β_2，在满足泵性能的情况下使叶轮外径减小，同时减小了圆盘摩擦损失，对缩短自吸时间是有利的，这是因为增强了对循环水的扰动强度，有利于快速气液混合及分离。

（4）叶片数 Z。叶片数 Z 一般取 $5\sim7$ 片。

2. 泵体设计

（1）压水室基圆直径 D_3。内混式自吸离心泵压水室基圆直径 D_3 计算公式为：

$$D_3 = (1.03\sim1.08)D_2 \tag{2-4}$$

（2）压水室的最大截面面积 F_8。先按离心泵计算，然后再加大 $20\%\sim30\%$ 进行设计，对减少自吸时间有利。其他截面面积计算公式为：

$$F_i = \frac{F_8}{8}i \tag{2-5}$$

式中 $i=1,2,\cdots,8$ 为第 i 个截面的序号。

截面形状可参考离心泵压水室截面确定。对于流量较小的泵可采用矩形截面，工艺性好，对性能没有明显影响。

（3）隔舌安放角 φ_0 的位置。泵在正常工作时，隔舌与叶轮是把从叶轮进入压水室中的水分开；在自吸过程中，隔舌是把由叶轮搅拌的混合气液分开，使之进入气液分离室。隔舌的位置可根据扩散管布置的情况而定，一般取隔舌与 F_8 截面所夹的圆心角 φ_0 为 $10°$ $\sim30°$。

隔舌与叶轮外缘的单边间隙一般在 $0.5\sim1\text{mm}$ 之间。因此，隔舌是一个一端切于压水室螺旋线，另一端交于直径为 $D_2+(1\sim2)\text{mm}$ 圆上的一个短弧，隔舌的位置如图 2-9 所示。

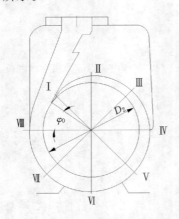

图 2-9 隔舌位置及扩散管形状

（4）扩散管。扩散管有短扩散管和开有回流孔的长扩散管两种。短扩散管的扩散角一般取大于 $12°$，扩散管出口到泵出口的距离为扩散管出口直径的 $2\sim3$ 倍，叶轮圆周速度对于大泵取大值。扩散管出口倾斜布置，倾角 $\alpha=15°\sim25°$，既能使水有效地循环，又不会使泵效率下降很多。

在长扩散管上开有一个回流孔，如图 2-9 所示。回水口面积一般不小于泵的出口面积，上回流孔可为四边形窗口，开在叶轮旋转方向的一侧或向着泵的进口方向扩展，上回水孔下缘一般不低于泵的进口下缘。上回水孔设计合理与否将直接影响自吸性能和泵的效率，如图 2-10 所示。

（5）储水室和气液分离室。内混式自吸离心泵泵体为双层泵体，泵体一般设计为长方形。两层泵壳间的空间体积是储水室和气液分离室。储水室的容积可取泵设计流量的 $2/3\sim1/2$，流量小时取大值。储水面一般在泵的进口下缘，实际水面距下回水阀入口的距离一般应在 $160\sim230\text{mm}$ 左右，流量大的泵距离取大值。距离过小，气液分离慢（产生气体回流），影响泵的自吸性能。储水室上部空腔作为气液分离室，一般气液分离室的容积与储水室容积相近。在气液分离室上方设一个排气阀孔。

3. 回流阀

内混式自吸离心泵在完成自吸后进入正常工作时，回流孔自动关闭（堵塞），否则泄漏损失比较大。回流阀可以设计成碗式橡胶阀或橡胶钢球阀等。回流阀在自吸过程中，由于回水流道两侧压差小，回流阀是开启的；进入正常工作后，回水流道两侧压差增大，由于压差作用将回流阀自动关闭。回流阀的大小、弹性比要与储水室回流的压力、阀座的距离相匹配，否则回流阀是不会自动关闭的，所以回流阀的设计是非常重要的。

内混式自吸离心泵的回流阀，不论是碗式橡胶阀、橡胶钢球阀或是其他类型的回流阀都应确保关闭后的密封性，否则对泵的效率会产生不同程度的影响。

回流孔的过流能力与自吸性能密切相关，因此，回流孔当量直径的大小十分重要。回流孔的最小截面当量直径 d 计算公式为：

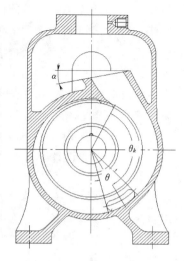

图 2-10 回流孔及短扩散管位置

$$d = (1 - 1.5)\sqrt[3]{Q/n} \qquad (2-6)$$

式中 Q——泵的流量，m^3/s；

n——泵的转速，r/min。

回流孔位置一般布置在泵的下方压水室的侧面，从隔舌起沿大断面向小断面方向转 $115° \sim 160°$ 之间，其中心角位置如图 2-10 所示。回流孔中心对隔舌的位置角 θ_K 的计算公式为：

$$\theta_K = (115° \sim 160°) - \frac{\theta}{2} \qquad (2-7)$$

4. 排气阀

排气阀是橡胶钢球自动关闭式阀，内混式自吸离心泵与外混式自吸离心泵可相互通用，个别泵也有采用人工控制旋塞式阀。阀体内径为球径的 $1.2 \sim 1.4$ 倍，泵流量大的取大值，阀体内腔高可取球径的 70% 左右。在关闭排气口时，阀体与球的接触面应能很好贴合并不伤害球的表面。

（二）外混式自吸离心泵[1,2]

1. 叶轮设计

外混式自吸离心泵与离心泵比较，存在回流损失，因此水力效率较低。叶轮可按离心泵设计后，采用经验系数加以修正。

（1）叶轮出口直径 D_2。外混式自吸离心泵叶轮出口直径 D_2 的公式与式（2-1）相同，叶轮出口直径修正系数 K 一般取 $1.01 \sim 1.05$。

对于已经确定了的叶轮，自吸时间与泵的转速有关。泵在自吸过程中转速低则自吸时间长，转速高则自吸时间短。自吸时间与叶轮对回流水扰动的强度、叶轮进口形成的真空度有关，转速过高会因叶轮进口压力降到汽化压力时，泵发生汽蚀而不能实现自吸。自吸时间与转速的特性关系并不能简单地认为可以用提高叶轮出口圆周速度 u_2 来提高泵的自吸性能。叶轮出口圆周速度 $u_2 = \pi D n / 60$，为了使泵水力损失最小，可推导出圆周速度 $u_2 = \sqrt{2gH} / n\sqrt{2\sin\beta_2 \eta_h}$。由此可以看出，$u_2$ 是受设计参数 H、n、η_h 和结构参数 β_2 等条件所制约，并不是任意而定的。

（2）叶片出口宽度 b_2 和叶片出口安放角 β_2。外混式自吸离心泵叶轮叶片出口宽度可按内混式自吸离心泵方法计算，按式（2-2）和式（2-3）设计。

叶片出口安放角 β_2 可按离心泵方法计算，对于低比转数自吸离心泵适当加大 β_2，β_2 一般取 $35°\sim40°$，设计方法和内混式自吸离心泵相同。

2. 泵体设计

外混式自吸离心泵泵体的设计非常重要，在叶轮设计确定后，外混式自吸离心泵能否实现自吸、自吸时间长短、泵效率高低都取决于泵体的设计。

（1）压水室基圆直径 D_3。外混式自吸离心泵压水室基圆直径 D_3 可按离心泵方法确定，计算公式为：

$$D_3 = (1.03\sim1.05)D_2 \tag{2-8}$$

（2）压水室的最大截面面积 F_8。离心泵压水室的最大截面面积 F_8' 计算后，考虑到自吸性能及效率，外混式自吸离心泵压水室的最大截面面积 F_8 按下式进行修正：

$$F_8 = K_{f8}F_8' \tag{2-9}$$

式中　K_{f8}——修正系数，可在 $1.1\sim1.3$ 之间选定。

压水室其他截面面积计算公式为：

$$F_i = F_8' \frac{\varphi}{360° - \varphi_0} \tag{2-10}$$

式中　F_i——第 i 个截面面积，mm^2；

　　　φ——从隔舌至 i 截面的旋转角，$(°)$；

　　　φ_0——隔舌与最大截面间夹角角，$(°)$。

（3）隔舌位置。隔舌的型式与离心泵不同，隔舌不再是螺旋线与基圆的交点，而是一端切于螺旋线、另一端与修正后的基圆直径 D_3' 相交的一个短弧。隔舌的位置如图 2-9 所示，修正后的基圆直径 D_3'（mm）由下式计算：

$$D_3' = D_2 + (1.0\sim2.0) \tag{2-11}$$

叶轮与隔舌的间隙 δ 一般取 $0.5\sim1.0mm$，该值过小则噪声大，该值过大则自吸性能下降。

（4）扩散管。外混式自吸离心泵的扩散管有短管或长管两种，均不如离心泵扩散管水力效率高。

短扩散管如图 2-10 所示。扩散角取 $12°$ 左右或再大些，扩散管出口与泵出口距离相当于扩散管出口直径的 $2\sim3$ 倍，对于叶轮圆周速度大的泵取大值。扩散管出口过水断面中心处的法线对着泵出口边缘（扩散管出口方向不可正对泵出口），扩散管出口倾斜布置，倾角 $\alpha = 15°\sim25°$，既能使水有效地循环，又不会使泵效率下降很多。

长扩散管上开有回流孔，如图 2-9 所示。由于扩散管可设计得足够长，也可按离心泵扩散管的扩散角度的较大值选取扩散角。扩散管与泵的出口间可以有一段与泵的出口直径相同的等直径段，扩散管可设计为弯形，应取 4 个以上断面进行过水断面变化规律校核，其变化应平缓。

上回流孔过水断面面积不小于泵的出口面积，回水口形状可设计成矩形，开口方向为泵的旋转方向并偏向叶轮进口方向。

（5）回流孔。回流孔的形状、面积及位置。在确定了叶轮与压水室设计的情况下，回流孔孔径大回流的液体多，自吸时间短，泵效率和扬程低，反之自吸时间长。

回流孔通常都设计成长腰形孔，如图 2-10 所示。设计当量圆形孔面积由 A 代替，d 由式（2-6）计算。回流孔的面积 $A = \pi d^2 / 4$，在样机研制中可根据试验结果对 A 进行调整。

回流孔位置一般布置在泵的下方压水室的侧面。从隔舌起沿大断面向小断面方向转 $115° \sim 160°$ 之间，如图 2-10 所示。回流孔中心对隔舌的位置角 θ_K 由式（2-7）计算。

（6）堵回流孔。外混式自吸离心泵的回流孔，泵在正常运行时一般不堵。为了提高泵的效率，也可采用在自吸完成后自动堵塞回流孔或人工堵回流孔的结构形式。

以安装弹性阀（用橡胶制作）结构为例，泵在自吸过程中，弹性阀在弹力作用下处于开启状态，当泵自吸过程完成后进入正常工作，此时储水室的压力大于弹性阀的力，弹性阀将回流孔堵塞，消除了回流水力损失。

（7）储水室和气液分离室。泵体下腔是储水室，泵体上腔是气液分离室。从自吸性能来说，泵体上下腔大一些好；但从结构的合理性来说，在达到性能要求的情况下，应越小越好。

设计时要使储水室内的循环水有一定高度，即保证回流孔有一定的淹没深度。储水面要在压水室上，并且要能保障停机后剩余的水量足够再次起动所必需的水量。

外混式自吸离心泵的储水量应大于设计流量（m^3/s）的一半，即 $V_c \geqslant Q/2$，气液分离室的体积 $V_q \leqslant V_c$。泵的进口下缘要高于压水室的最高点以保证回流孔的淹没深度。

（8）排气阀。排气阀的设计同内混式自吸离心泵。

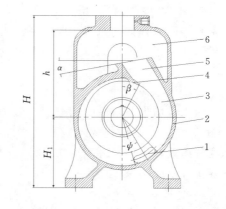

图 2-11 气液混合式自吸离心泵几何参数
1—回流孔；2—泵体；3—流道；4—隔舌；
5—扩散管外；6—气液分离室

三、影响自吸离心泵性能的因素

1. 泵体进口到出口中心线的高度 h

h 影响气液分离室的大小和储液量的多少，如图 2-11 所示，尽量取大值对自吸性能有利。h 计算公式为：

$$h = \frac{D_2}{2} + \frac{D_s}{2} + C \qquad (2-12)$$

式中　D_2——叶轮出口直径，mm；

　　　D_s——泵体进口直径，mm；

　　　C——余量，取 $10\sim100$mm，n_s 大的泵取大值。

2. 叶轮与隔舌的间隙 e

为使叶轮出口的气液混合气体全部排入气液分离室，隔舌起到刮板作用，隔舌与叶轮间隙对自吸性能影响大，其间隙要比普通离心泵小。e 越小气液混合气体排出的越多，自吸时间越短。外混式泵一般取 $e=0.5\sim1$mm；内混式泵可取稍大些，$e=0.5\sim2$mm，$e>2$mm 时自吸性能有下降的趋势。

3. 叶片出口宽度 b_2 及压水室截面面积 F_i

适当加大 b_2，有利于气体的充分混合，能减少自吸时间。而且加大 b_2 能减少边界效应对流量的影响，又能改善铸造工艺。压水室各截面的面积 F_i 设计时也应适当加大（约加大 20%）。另外，从自吸性能考虑，矩形断面最为有利。

4. 泵体扩散管出口

倾斜切角度 α 越大，自吸时间也越短，但泵的效率会下降。

5. 泵体回流孔面积

回流孔的面积有一个最佳值，试验表明，回流孔的面积在最佳设计值时，自吸时间最短。否则，即使再加大回流孔面积，不但达不到减少自吸时间的目的，而且会造成泵的 $NPSH_r$ 增大，汽蚀性能下降，泵的效率和扬程也相应下降。

6. 泵体回流孔的位置

泵体回流孔的位置不同，自吸性能不同。通常从隔舌起沿大断面向小断面方向转 $115°\sim160°$ 之间设计，如图 2-10 所示。回流孔中心对隔舌的位置角 θ_K 由式（2-7）计算。

7. 储水室和气液分离室容积

储水室增大，自吸时间缩短，但泵的体积较大。一般取储水室容积不小于泵设计流量（m^3/s）的一半。除了储水容积足够外，必须有一定的储水高度。气液分离室容积越大，气液分离效果越好，分离越快，但容积大到一定程度，效果不明显。试验表明，气液分离室容积等于或略大于储水室容积。

8. 叶轮后盖板的车削

对于外混式自吸离心泵，当叶轮外径的圆周速度小于 20m/s 时，自吸效果较差，可采用车削叶轮后盖板的方法提高自吸能力，但车削量不能太大，否则会较大程度地降低泵的性能。当叶轮外径的圆周速度等于 20m/s 时，$D_2'=0.9D_2$；当圆周速度等于 15m/s 时，$D_2'=0.8D_2$。并在上隔舌处的位置加筋板，以免带气泡的水在切割掉的后盖板处循环，影响自吸性能。

四、自吸离心泵典型结构

（一）半开式叶轮自吸离心泵

装有半开式叶轮的自吸离心泵，采用外混式自吸方式，泵的性能参数为：$Q=50$m³/h，$H=32$m，$n=2900$r/min，$\eta=63\%$。其有三种叶轮形式：闭式叶轮、有前口环的半开式叶轮和半开式叶轮，如图 2-12 所示。分别对其进行试验，试验结果为：

（1）闭式叶轮和有前口环的半开式叶轮最大自吸高度可达 9m，而半开式叶轮为 6m。

（2）以吸上高度 5m 为准，闭式叶轮自吸时间为 71s，有前口环的半开式叶轮为 36s，半开式叶轮为 59s。即有前口环半开式叶轮的自吸速度快于半开式叶轮和闭式叶轮。

（3）在设计流量下，闭式叶轮的扬程和效率最高，有前口环的半开式叶轮次之，半开式叶轮最低。

（4）有前口环的半开式叶轮和半开式叶轮最高效率点向小流量方向偏移，半开式叶轮比有前口环半开式叶轮偏移的比例大。

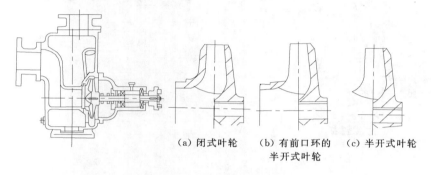

（a）闭式叶轮　　　（b）有前口环的　　　（c）半开式叶轮
　　　　　　　　　　　半开式叶轮

图 2-12　外混式自吸离心泵

（二）自吸离心泵典型结构

几种典型的其他结构形式的自吸离心泵分别如图 2-13～图 2-17 所示。

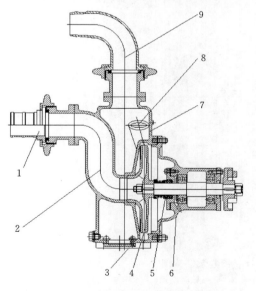

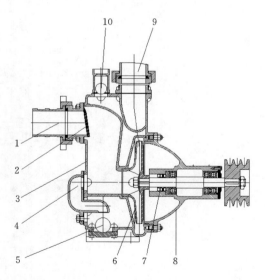

图 2-13　外混式自吸离心泵结构图　　　　图 2-14　内混式自吸离心泵结构图
1—进水管；2—S 形吸入管；3—回流孔；　　1—进水管；2—吸入阀；3—泵体；4—射流
4—叶轮；5—机械密封；6—轴承体；　　　管；5—回流阀；6—叶轮；7—填料密封；
7—泵体；8—出水窗；9—出水口　　　　　　8—轴承体；9—出水管；10—排气阀

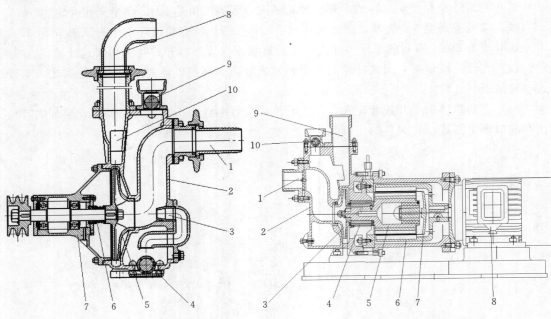

图 2-15　内混式自吸离心泵结构图

1—进水管；2—泵体；3—喷嘴；4—回流阀；

5—叶轮；6—机械密封；7—轴承体；

8—出水管；9—排气阀；10—扩散管

图 2-16　磁力驱动自吸离心泵结构图

1—进水管；2—泵体；3—叶轮；4—滑动轴承；5—内磁钢转子；

6—外磁钢转子；7—隔离套；8—电动机；9—出水管；

10—放气阀

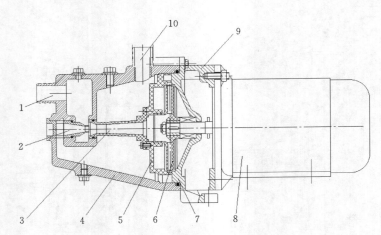

图 2-17　射流式自吸离心泵结构图

1—进水管；2—喷嘴；3—文丘里管；4—泵体；5—导流座；6—叶轮；7—泵盖；

8—电动机；9—托架；10—出水管

第三节　射流式自吸离心泵

现有的自吸离心泵因自吸原理的限制，结构复杂，铸造困难，工艺性差，体积大，成本高，操作不方便，泵的效率低。射流式自吸离心泵是在普通离心泵的进口处增设一个带"文丘里"管的自循环射流器，使得普通离心泵能够实现自吸启动[3]。

射流式自吸离心泵结构简单、新颖、体积小、自吸时间短、效率高。射流式自吸离心泵的泵体、导叶、叶轮等主要零件可以采用铝合金压铸或非金属材料制造，重量轻，操作方便，主要适用于无电源地区和丘陵地区农作物的喷灌及排涝等场所。随着节水农业的迅速发展，市场对自吸离心泵的需求量日益增大，同传统自吸离心泵相比，射流式自吸离心泵前景更加广阔。

一、射流式自吸离心泵结构与工作原理

1. 结构

射流式自吸离心泵主要由动力机、离心泵、自循环射流器、进出口管等组成，如图 2-18 所示。自吸结构设计成射流式、环形涡室，叶轮出口处增设导叶，形成导叶、涡室组合式压水室结构。压水室第六断面处设一个回流孔，该回流孔与泵吸入口由射流器系统贯通形成自循环，实现了普通离心泵的自吸启动。

2. 工作原理

射流式自吸离心泵在工作时，泵体内首次灌满水（下次再启动时不用灌水），在叶轮高速旋转的离心力作用下，叶轮出口处水以强大的动能流入导叶，因为导叶面积大于叶轮出口面积，所以叶轮出口动能变为压能，当导叶内的气液进入大于导叶面积几十倍泵的气液分离室 Q 时，高速的气液与泵腔内水进行混合并气液分离，气体从泵腔排出口排出，水从泵腔 q 处高速流入射流器的喷嘴，由于喷嘴形成的高压射流造成叶轮入口处较大的真空度，低压水被吸入进口处，两股水在泵的进口处混合并交换能量后，再次进入气液

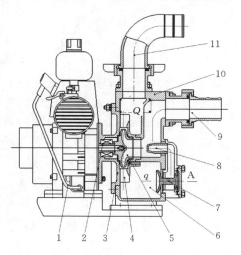

图 2-18 射流式自吸离心泵机组结构图
1—汽油机；2—机械密封；3—后盖；4—导叶；
5—叶轮；6—储水室；7—碗式阀；8—喷嘴；
9—进水管；10—泵体；11—出水管

分离运动，如此循环往复将管路内的气体抽尽，水被吸上来，泵完成自吸过程。这时，自循环射流器上的阀自动关闭，射流器停止工作，回流孔的回流也停止，因此提高了泵的效率[4]。

二、射流式自吸离心泵设计

1. 叶轮的水力设计

叶轮是射流式自吸离心泵的心脏，叶轮的设计是保证泵性能好坏的关键。射流式自吸泵叶轮的水力设计与普通离心泵的水力设计略有不同，由于泵体设有射流器回流孔，增加了泵的水力损失，同时泵的性能会下降，所以采取叶轮出口直径 D_2 及叶片出口宽度 b_2 比计算值适当增大的设计方法，来满足射流式自吸泵性能要求。叶片进口段设计成扭曲形，后半段则趋于圆柱叶片，有利于提高泵的效率及缩短自吸时间。叶轮的结构型式有闭式叶轮、半开式叶轮等。

（1）叶轮进口直径。叶轮进口直径又称叶轮吸入直径。射流式自吸泵叶轮进口速度 v_0 一般为 $3\sim4m/s$，一般射流式自吸泵的汽蚀性能要求不高，所以可选较小的 D_j。

在确定叶轮进口直径 D_j 时，先计算叶轮进口当量直径 D_0，计算公式为：

$$D_0 = K_0 \sqrt[3]{Q/n} \qquad (2-13)$$

式中　Q——泵的流量，m^3/s；

　　　n——泵的转速，r/min；

　　　K_0——系数，根据统计资料选取：主要考虑效率时 $K_0 = 3.5\sim4.0$，兼顾效率和汽蚀时 $K_0 = 4.0\sim4.5$，主要考虑汽蚀时 $K_0 = 4.5\sim5.5$。

叶轮进口直径 D_j 计算公式为：

$$D_j = \sqrt{D_0^2 + d_h^2} \qquad (2-14)$$

式中　d_h——叶轮轮毂直径，mm。

对于射流式自吸离心泵的叶轮轮毂直径，通常 $d_h = 0$。

（2）叶轮出口直径。叶轮出口直径是影响泵扬程的最重要的因素之一，而压水室的水力损失大致和叶轮出口的绝对速度的平方成正比，为了减小压水室的水力损失，应当减小叶轮出口的绝对速度，而叶轮出口的绝对速度又跟叶轮出口处的圆周速度密切相关。就射流式自吸离心泵而言，叶轮出口处的圆周速度是影响泵的自吸性能和泵效率的关键参数，提高叶轮的圆周速度使气液充分的混合，从而缩短泵的自吸时间。在泵转速一定的情况下，可以通过增大叶轮外径来提高叶轮出口处的圆周速度，所以计算叶轮出口直径 D_2 时，先计算叶轮出口处的圆周速度 u_2，计算公式为：

$$u_2 = K_{u_2} \sqrt{2gH} \qquad (2-15)$$

式中　K_{u_2}——圆周速度系数，可根据 n_s 按图 2-19 选取。

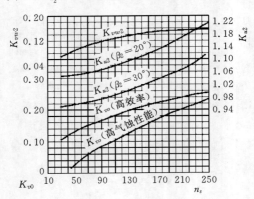

图 2-19　离心泵叶轮的速度系数

由于泵体设有射流器回流孔，增加了泵的容积损失及水力损失，同时泵的扬程会降低，故将叶轮出口直径 D_2 适当增大 $4\%\sim6\%$ 来设计。加大后的叶轮出口直径 D_2' 按下式计算：

$$D_2' = \frac{60u_2}{\pi n}[1 + (4\%\sim6\%)] \qquad (2-16)$$

从式（2-16）可以看到，增大叶轮出口直径 D_2'，叶轮出口圆周速度 u_2 增大，不但保证了泵的扬程，同时也提高了泵的自吸性能。

（3）叶片出口宽度。对射流式自吸离心泵而言，适当增加叶片出口宽度 b_2 有利于增加叶轮外缘上的气液混合厚度，即加大气液混合面积，从而加速了气液分离，缩短泵的自吸时间。通过理论分析与试验研究，提出了叶片出口宽度 b_2' 在经验公式计算的基础上再适当加大 $6\%\sim10\%$，此设计方法使叶片间气水分离界面增大，提高了泵的自吸性能。由于此界面是波动的，会产生局部涡流，使液体中的气泡增多，叶轮高速转动带走的气体也就增多,有利于改善自吸性能。

加大后的叶片出口宽度 b_2' 为:

$$b_2'=\frac{Q}{\eta_v D_2'\pi\psi_2 v_{m2}}[1+(6\%\sim10\%)] \tag{2-17}$$

式中　Q——泵的设计流量,m^3/s;

$\quad\quad\eta_v$——泵的容积效率,%;

$\quad\quad D_2'$——叶轮出口直径的计算值,m;

$\quad\quad\psi_2$——叶片出口排挤系数,一般取 $\psi_2=0.8\sim0.9$;

$\quad\quad v_{m2}$——叶片出口轴面速度,m/s。

叶片出口轴面速度 v_{m2} 计算公式为:

$$v_{m2}=K_{vm2}\sqrt{2gH} \tag{2-18}$$

式中　K_{vm2}——叶片出口轴面速度系数,可根据 n_s 按图 2-19 选取。

(4) 叶片数的选择和计算。

叶片数对泵的扬程、效率、汽蚀性能都有一定的影响。选择叶片数,一方面考虑尽量减少叶片的排挤和表面的摩擦,另一方面又要使叶道有足够的长度,保证液流的稳定性和叶片对液体充分产生作用。当叶轮进口当量直径 $D_0=D_1$ 时,叶片数 Z 可由下式计算:

$$Z=6.5\left(\frac{D_2'+D_1}{D_2'-D_1}\right)\sin\frac{\beta_1+\beta_2}{2} \tag{2-19}$$

式中　β_1——叶片进口安放角,(°);

$\quad\quad\beta_2$——叶片出口安放角,(°)。

(5) 叶片进出口安放角的选择和计算。

1) 叶片进口安放角 β_1 的选择和计算。叶片进口安放角 β_1 与叶片进口正冲角 $\Delta\beta$ 有关,一般叶片进口安放角 β_1 与叶片进口正冲角 $\Delta\beta$ 的关系可由下式表示:

$$\beta_1=\beta_1'+\Delta\beta \tag{2-20}$$

式中　$\Delta\beta$——叶片进口正冲角,冲角的范围通常为 $\Delta\beta=3°\sim15°$;

$\quad\quad\beta_1'$——叶片液流角,即叶片进口边上液体相对速度 w 与圆周速度 u 之间的夹角。

采用正冲角能提高抗汽蚀性能,且对效率影响不大;采用正冲角,能增大叶片进口角 β_1,减小叶片的弯曲,从而增加叶片进口过流面积,减小叶片的排挤,减小叶片进口的 v_1 和 w_1;同时采用正冲角,也能改善泵在大流量下的工作条件。

叶片液流角 β_1' 按下式计算,如图 2-20 所示,由叶片进口速度三角形得:

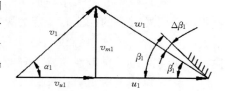

图 2-20　叶片进口速度三角形图

$$\tan\beta_1'=\frac{v_{m1}}{u_1-v_{u1}} \tag{2-21}$$

式中　u_1——计算点液体的圆周速度,m/s;

$\quad\quad v_{u1}$——计算点液体的圆周分速度,m/s;

v_{m1}——计算点液体的轴面速度，m/s。

叶片进口轴面速度按下式确定：

$$v_{m1} = \frac{v'_{m1}}{\psi_1} = \frac{Q}{\eta_v F_1 \psi_1} \tag{2-22}$$

式中　v'_{m1}——计算点稍前液体的轴面速度，m/s；

F_1——计算点的过水断面积，m^2；

ψ_1——计算点处的叶片排挤系数。

其中：

$$\psi_1 = 1 - \frac{Zs_{u1}}{D_1\pi} = 1 - \frac{\delta_1 Z}{D_1\pi}\sqrt{1 + \left(\frac{\cot\beta_1}{\sin\lambda_1}\right)^2} \tag{2-23}$$

$$u_1 = \frac{\pi D_1 n}{60} \tag{2-24}$$

式中　Z——叶片数，取值范围为 5～7 片；

D_1——叶片进口直径，mm；

s_{u1}——计算点处叶片圆周方向的厚度，mm；

δ_1——计算点叶片的真实厚度，mm；

λ_1——计算点轴面截线和轴面流线的夹角，取值范围为 60°～90°。

叶片进口直径 D_1 按下式计算：

$$D_1 = K_1 D_j \tag{2-25}$$

式中　K_1——系数，取值范围为 0.7～0.9，低比转数泵取大值，否则取小值。

2）叶片出口安放角 β_2 的选择和计算。叶片出口安放角 β_2 是叶片表面切线方向与反旋转方向圆周切线间的夹角。它是叶轮的主要几何参数，对泵的性能有较大影响。一般取值为 18°～35°。

2. 压水室水力设计

射流式自吸离心泵压水室可以采用环形压水室（导叶蜗壳组合式压水室）、螺旋形压水室等。压水室的作用为：一是将叶轮中流出来的液体输送到泵排出口；二是保证液体在压水室内的流动是轴对称性的，使叶轮内具有稳定的相对运动，以减少水力损失；三是降低液流速度，使速度能转化为压能，消除液体从叶轮流出的速度环量。

射流式自吸离心泵采用环形压水室，结构简单，制造工艺性好。由于压水室内的储水容积小等问题对泵的性能有一定的影响。通过试验研究：压水室内的储水容积比计算容积增大 4 倍左右，泵体中心线与叶轮的中心线相差 15～30mm 时，泵排气通畅，气液分离快，自吸时间短，自吸性能好。导叶蜗壳组合式压水室如图 2-21 和图 2-22 所示。

（1）环形压水室水力设计。

1）环形压水室进口宽度 b_3。环形压水室进口宽度 b_3 通常大于前后盖板的厚度与叶片出口宽度 b'_2 之和。增大 b_3 可以使叶轮流出的旋转液体通畅地流入压水室，减小因圆盘摩擦而损失的部分功率，提高泵的效率。环形压水室进口宽度 b_3 按下式计算：

$$b_3 = b'_2 + 2S + C \tag{2-26}$$

式中　S——叶轮盖板厚度，mm；

C——常数，取值范围为 3～10。

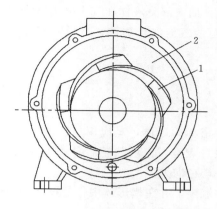

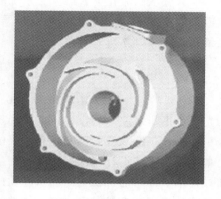

图 2-21　导叶蜗壳组合式压水室结构图　　图 2-22　导叶蜗壳组合式压水室三维图

1—导叶；2—蜗壳

C 值的大小与比转数、叶轮大小、介质黏度和含有固体颗粒有关。比转数小、叶轮小、介质黏度低和颗粒小时，取小值，否则取大值。

2）环形压水室基圆直径 D_3：

$$D_3 = (1.03 \sim 1.08)D_2' \qquad (2-27)$$

3）环形压水室各断面面积内的平均速度 v_3 相等且为：

$$v_3 = K_3 \sqrt{2gH} \qquad (2-28)$$

式中　K_3——速度系数，K_3 值可根据 n_s 按图 2-23 选取。

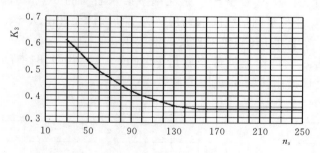

图 2-23　压水室速度系数

因此，环形压水室各断面面积相同，通过第八断面的流量 Q_8 为：

$$Q_8 = \frac{\varphi_8}{360}Q = \frac{360 - \varphi_0}{360}Q$$

式中　φ_0——压水室隔舌安放角，（°）。

计算压水室第八断面面积 F_8 为：

$$F_8 = \frac{Q_8}{V_3} \qquad (2-29)$$

4）泵体自循环射流器回流孔位置与面积的设计。回流孔中心位置设计在泵体第六断面，回流孔的面积根据泵的流量、转速等主要性能参数而定。根据理论分析与试验研究结果，本系列产品回流孔的面积确定为 $F_回 = 200 \sim 360 \text{mm}^2$。叶轮在高速转动下，压水室内液体有一少部分从回流孔进入射流器系统的喷嘴，而大部分液体在气水分离室进行气水分离，流道内的速度 v_3 加快，叶轮外缘与导叶流道的气液混合加快，自吸时间缩短。回流孔用当量圆孔直径 d 按下式计算：

$$d = K\sqrt[3]{\frac{Q}{n}} \tag{2-30}$$

式中　K——系数，一般取值为 $1.5\sim2.0$。

（2）螺旋形压水室水力设计。螺旋形压水室俗称蜗形体，是应用最广的一种压水室，如单级单吸泵、单级双吸泵等。优点是泵的高效区较宽，车削叶轮后泵效率变化比较小；缺点是单蜗壳泵在非设计工况运转时会产生不平衡径向力。

在设计蜗形体时通常认为液体从叶轮中均匀流出，并在蜗形体中作等速运动，蜗形体起收集液体的作用，在扩散管中将液体的动能变为压能。

螺旋形压水室的几何参数包括基圆直径 D_3、蜗室进口宽度 b_3、隔舌安放角 φ_0。

1）基圆直径 D_3。

$$D_3 = (1.03\sim1.10)D_2' \tag{2-31}$$

大泵取小值，小泵取大值。如果基圆取得太小，在大流量工况时泵隔舌处易产生汽蚀，引起振动。

2）蜗室进口宽度 b_3。

蜗室进口宽度 b_3 一般按下式计算：

$$b_3 = b_2' + 2S + C \tag{2-32}$$

3）隔舌液流角 α_3。隔舌液流角 α_3 是在蜗室第八断面的 0 点（即蜗室螺旋线的起始点）处，螺旋线的切线与基圆切线间的夹角。为了使液体无冲击从叶轮流出进入蜗室，一般取隔舌液流角 α_3 等于叶轮出口绝对速度的液流角 α_2'。

4）隔舌安放角 φ_0。理论上隔舌安放角 φ_0 应该在蜗室第八断面的基圆 D_3 上的 0 点处，隔舌安放角 φ_0 根据比转数 n_s 选取，见表 2-2。

表 2-2　　　　　　　　　　　　隔舌安放角

n_s	40	60	80	130	180	220	280	360
$\varphi_0/(°)$	10	15	20	25	30	38	45	45

在选取泵隔舌安放角 φ_0 时，应考虑结构的合理性，一般应使泵隔舌处的圆角半径 r 为 $2\sim2.5$mm 左右。如果泵较小，则可适当加大隔舌安放角 φ_0。这里特别提出对自吸泵隔舌处圆周半径与叶轮半径之间的距离为 $1\sim3$mm，大泵取大值，小泵取小值。

5）蜗室断面面积的确定。蜗室断面面积对泵的性能影响较大，对同一个叶轮，如果蜗室断面面积过小，则扬程—流量曲线变陡，最高效率点向小流量方向移动，效率降低；如果蜗室断面面积过大，则扬程—流量曲线比较平坦，但最高效率点向大流量方向移动，效率也降低。

对于一般比转数 n_s 较小的泵，当 $n_s<60$ 时，对蜗室面积变化较为敏感，比转数越小，影响越大；当 $n_s>90$ 时，蜗室面积在一定范围内变化，对泵性能的影响并不明显，比转数越大，影响越小。

蜗室断面面积的大小，由所选取的蜗室流速决定。蜗室中的液流速度 v_3 按下式计算：

$$v_3 = K_3 \sqrt{2gH} \tag{2-33}$$

式中　K_3——速度系数，根据 n_s 按图 2-23 选取。

蜗室中速度确定后，可按下式计算蜗室第八断面面积 F_8：

$$F_8 = \frac{Q_8}{v_3} \tag{2-34}$$

由于液体是从叶轮中均匀流出的，故蜗室各断面面积也均匀变化，可按下式分别计算各断面面积

$$\left. \begin{array}{l} F_7 = \dfrac{7}{8}F_8 \quad F_6 = \dfrac{6}{8}F_8 \quad F_5 = \dfrac{5}{8}F_8 \\[2mm] F_4 = \dfrac{4}{8}F_8 \quad F_3 = \dfrac{3}{8}F_8 \quad F_2 = \dfrac{2}{8}F_8 \\[2mm] F_1 = \dfrac{1}{8}F_8 \end{array} \right\} \tag{2-35}$$

6）扩散管。液体从蜗室进入扩散管，在扩散管中，一部分动能变为压能。扩散管末端为泵的排出口，一般与排出口管路相连接，所以，排出口直径应该按国家标准规定的管径选取。为了尽量减少在扩散时的水力损失，扩散管的扩散角一般取 6°～10°。

（3）导叶水力设计。

径向导叶采用对称型大包角结构，有利于压水室里液体具有稳定的相对运动，以消除液体的速度环量，减小径向力。从叶轮中流出来的高速液体流向导叶，液体在导叶中进行快速气水分离，有利于提高泵的自吸性能。

1）导叶基圆直径 D_{3d}。

$$D_{3d} = (1.03 \sim 1.08)D_2' \tag{2-36}$$

导叶基圆与叶轮出口之间的径向间隙为 3～5mm，间隙增大会降低泵的效率。

2）导叶进口宽度 b_{3d}。

$$b_{3d} = b_2' + (5 \sim 10) \tag{2-37}$$

3）导叶进口安放角 α_3。

$$\tan\alpha_3 = (1.1 \sim 1.3)\tan\alpha_2' \tag{2-38}$$

$$\tan\alpha_2' = \frac{v_{m2}}{v_{u2}} \tag{2-39}$$

式中　α_2'——叶轮出口绝对液流角，（°）；

　　　v_{u2}——叶轮出口圆周分速度，m/s。

4）导叶叶片数 Z_d。

$$Z_d = \frac{\pi\sin2\alpha_3}{\ln\left[(b_{3d}+\delta_3)\dfrac{\cos\alpha_3}{R_3}+1\right]} \tag{2-40}$$

式中　δ_3——导叶叶片进口厚度，mm；

　　　R_3——导叶基圆半径，mm。

导叶的叶片数应考虑不要与叶轮叶片数相等或互为倍数，通常取叶片数为 5～7 个。

5）导叶叶片喉部面积 F_3 及喉部高度 a_3。实践证明，导叶叶片喉部断面接近正方形时，其效果最好。采用速度系数法确定喉部面积十分简单，故射流式自吸离心泵的导叶叶片喉部面积用速度系数法确定为：

$$F_3 = \frac{Q}{Z_d v_3} \qquad (2-41)$$

式中　v_3——导叶叶片喉部速度，m/s。

其中：

$$v_3 = K_3 \sqrt{2gH} \qquad (2-42)$$

式中　K_3——导叶叶片喉部速度系数，可根据 n_s 按图 2-23 选取。对于导叶可近似取 $0.8K_3$。

喉部高度 a_3 为：

$$a_3 = \frac{Q}{Z_d v_3 b_{3d}} \qquad (2-43)$$

6）导叶扩散段。流道双向扩散，出口面积 $F_4 = a_4 b_4$，则：

$$a_4 = b_4 = \sqrt{\frac{Q}{Z_d v_4}} \qquad (2-44)$$

式中　Q——泵的设计流量，m³/s；

　　　　v_4——导叶出口速度，m/s。

7）导叶出口直径 D_4。

$$D_4 = (1.3 \sim 1.5)D_3 \qquad (2-45)$$

8）反导叶进口直径 D_5 及出口直径 D_6。取反导叶进口直径 D_5 一般小于导叶出口直径 D_4，出口直径 D_6 一般和叶轮进口直径 D_j 相当，或适当向轴线方向延伸。

9）反导叶进口宽度 b_5。

$$b_5 = \frac{b_4}{(1.05 \sim 1.15)} \qquad (2-46)$$

10）取反导叶叶片数与导叶的叶片数相同。

（4）储液室容积与气液分离室容积。

1）储液室容积。泵体内储液室容积与设计流量之比 $V/Q < 0.35$ 时，泵的自吸性能不好；当 $V/Q = 0.35 \sim 1.3$ 时，自吸时间随储水量的增加而缩短；当 $V/Q > 1.3$ 时，自吸时间反而有所增加。可见泵体储液容积过大及过小均不好，而是选取最佳值，在保证性能情况下尽量节省材料。自吸泵储液室容积与泵的设计流量之比 V/Q 一般必须大于 0.5，建议当 $n_s < 50$ 时，一般取 V/Q 值为 1.25 左右；当 $50 < n_s < 150$ 时，一般取 V/Q 值为 0.7 左右。

2）气液分离室容积。一般情况下，当 $n_s < 120$ 时，自吸泵的气液分离室容积可小于储液室容积；当 $n_s > 120$ 时，气液分离室容积应大于或等于储液室容积。如在储液室较小情况下，可通过增大气液分离室的设计来提高自吸性能。通过试验统计，估算气液分离室容积值的公式为：

$$q_2 = (0.0059n_s + 0.191 \pm \varepsilon)q_1 \qquad (2-47)$$

式中　ε——修正系数，一般取值为 $-0.05 \sim 0.05$；

q_1——储液室容积，m^3；

q_2——气液分离室容积，m^3。

其中，当 n_s 较小时，ε 取较大值；当 n_s 较大时，ε 取较小值。

三、射流式自吸离心泵水力设计实例

射流式自吸离心泵在普通离心泵的进口处增设一个带"文杜里管"的自循环射流器，使该射流器与压水室第六断面的回流孔贯通形成自循环，当泵运转时，不仅可以完成自吸过程，而且当自吸过程结束后自动将自循环射流器上的阀关闭，射流器同时停止工作[5-11]。

（一）环形压水室射流式自吸离心泵水力设计实例

40SPB26-1.8Q 型射流式自吸离心泵设计参数为：流量 $Q=12.5m^3/h$，扬程 $H=26m$，介质密度（清水）$\rho=1000kg/m^3$，转速 $n=3600r/min$，配套动力（汽油机），$P_{配套}=2.6kW$。

1. 叶轮的水力设计

（1）比转数　　$n_s=\dfrac{3.65n\sqrt{Q}}{H^{3/4}}=\dfrac{3.65\times3600\sqrt{12.5/3600}}{26^{3/4}}=67$。

（2）泵效率 η 的计算。

1）根据经验公式计算泵的容积效率 η_v。

$$\eta_v=\left[1+\frac{0.09}{\left(\dfrac{Q}{n}\right)^{1/6}n_s^{2/3}}\right]^{-1}=\left[1+\frac{0.09}{\left(\dfrac{3.472\times10^{-3}}{3600}\right)^{1/6}67^{2/3}}\right]^{-1}=0.948$$

$$\eta_v=(1+0.68n_s^{-2/3})^{-1}=(1+0.68\times67^{-2/3})^{-1}=0.96$$

2）根据经验公式计算泵的机械效率 η_m。

$$\eta_m=\left(1+\frac{15.05}{n_s^{7/6}}\right)^{-1}=\left(1+\frac{15.05}{67^{7/6}}\right)^{-1}=0.899$$

$$\eta_m-\eta_m'-0.02=\left(1+\frac{970}{n_s^2}\right)^{-1}-0.02=\left(1+\frac{970}{67^2}\right)^{-1}-0.02=0.802$$

3）根据经验公式计算泵的水力效率 η_h。

$$\eta_h=1+0.0835\lg\sqrt[3]{\frac{Q}{n}}=1+0.0835\lg\sqrt[3]{\frac{3.472\times10^{-3}}{3600}}=0.833$$

$$\eta_h=1-\frac{0.42}{\lg D_0-0.172}=1-\frac{0.42}{\lg40-0.172}=0.706\qquad（取 D_0=40mm）$$

综合分析上述计算结果：取 $\eta_v=0.94$，$\eta_m=0.87$，$\eta_h=0.75$。

由此可得总效率 $\eta=\eta_v\eta_m\eta_h=0.94\times0.86\times0.75=0.606$（取 $\eta=0.6$）。

（3）轴功率 P 的确定。

$$P=\frac{\gamma HQ}{1000\eta}=\frac{9800\times26\times3.472\times10^{-3}}{1000\times0.6}=1.47(kW)。$$

$$P_{配套}=KP=1.2\times1.48=1.77kW（取 K=1.2）。$$

取配套功率 $P_{配套}=1.8kW$。

（4）叶轮主要尺寸的确定。

1）叶轮进口直径 D_j。

取 $K_0=4.5$，$D_j=K_0\sqrt[3]{\dfrac{Q}{n}}=4.5\times\sqrt[3]{\dfrac{3.472\times10^{-3}}{3600}}=0.044$（m），取 $D_j=40$mm。

2）叶轮出口的圆周速度 u_2。由 $n_s=67$，查图 2-19 得 $K_{u2}=0.966$，则：

$$u_2=K_{u2}\sqrt{2gH}=0.966\times\sqrt{2\times9.8\times26}=21.81(\text{m/s})$$

3）叶轮出口直径 D'_2。$D'_2=\dfrac{60u_2}{\pi n}[1+(4\%\sim6\%)]=\dfrac{60\times21.81}{\pi\times3600}(1.04\sim1.06)=0.120$ ~0.123(m)，取 $D'_2=120$mm。

4）叶轮出口轴面速度 v_{m2}。由 $n_s=67$，查图 2-19 得 $K_{vm2}=0.112$，则：

$$v_{m2}=K_{vm2}\sqrt{2gH}=0.112\times\sqrt{2\times9.8\times26}=2.53\,(\text{m/s})$$

5）叶片出口宽度 b'_2。$b'_2=\dfrac{Q}{\eta_v D'_2\pi\psi_2 v_{m2}}[1+(6\%\sim10\%)]=0.0050\sim0.0052(\text{m})$，取 $b'_2=6$mm。

6）叶片包角 φ。取 $\varphi=120°$。

7）叶片数 Z。$Z=6.5\left(\dfrac{D'_2+D_1}{D'_2-D_1}\right)\sin\dfrac{\beta_1+\beta_2}{2}$，取 $Z=6$ 片。

2. 压水室的水力设计

(1) 基圆直径 D_3。$D_3=(1.03\sim1.08)D'_2=123.6\sim129.6(\text{mm})$，取 $D_3=125$mm。

(2) 蜗室进口宽度 b_3。$b_3=b'_2+2S+C=6+2\times3+6=18$（mm）。

(3) 隔舌安放角 φ_0。根据比转数 n_s 确定 φ_0，取 $\varphi_0=25°$。

(4) 蜗室各断面面积计算。压水室设计成环形结构，各断面面积相等，断面内的平均速度 v_3 相等且为 $v_3=K_3\sqrt{2gH}=0.45\times\sqrt{2\times9.8\times26}=10.16(\text{m/s})$。

由 $n_s=67$，查图 2-23 得 $K_3=0.45$，则

$$Q_8=\frac{\varphi_8}{360}Q=\frac{360-\varphi_0}{360}Q=\frac{360-25}{360}\times3.472\times10^{-3}=3.23\times10^{-3}(\text{m}^3/\text{s});$$

$$F_8=\frac{Q_8}{v_3}=\frac{3.23\times10^{-3}}{10.16}=3.18\times10^{-4}(\text{m}^2)=318(\text{mm}^2)。$$

压水室储水容积应比计算容积增大 4 倍左右，泵体中心线与叶轮的安装中心线相差 15mm，这种泵体排气畅通，液体易汽水分离，自吸性能好。

(5) 压水室回流孔位置、回流孔直径 d 的计算：

$$d=(1.5\sim2.0)\sqrt[3]{\frac{Q}{n}}=(7.28\sim10.92)\times10^{-3}(\text{m})$$

取 $d=14$mm，压水室回流孔位置在第六断面。

3. 导叶的水力设计

(1) 导叶基圆直径 D_{3d}。$D_{3d}=(1.03\sim1.08)D'_2=123.6\sim129.6$（mm），取 $D_{3d}=125$mm。

(2) 导叶进口宽度 b_{3d}。$b_{3d}=b'_2+(5\sim10)=6+(5\sim10)=11\sim16$（mm），取 $b_{3d}=14$mm。

(3) 导叶进口安放角 α_3。

$$\tan\alpha_2' = \frac{v_{m2}}{v_{u2}} = \frac{K_{m2}\sqrt{2gH}}{\sqrt{\frac{\sin\beta_2}{2\eta_h}}\sqrt{2gH}} = \frac{K_{m2}}{\sqrt{\frac{\sin\beta_2}{2\eta_h}}} = \frac{0.094}{\sqrt{\frac{\sin30°}{2\times0.75}}} = 0.162813;$$

$$\tan\alpha_3 = (1.1\sim1.3)\tan\alpha_2' = (1.1\sim1.3)\times0.162813 = 0.1791\sim0.2117;$$

则 $\alpha_3 = 10.15°\sim11.95°$，取 $\alpha_3 = 12°$。

（4）导叶叶片数 Z_d。已知 $R_3 = 62.5\text{mm}$，$b_{3d} = 14\text{mm}$，$\alpha_3 = 12°$，$\delta_3 = 2.5\text{mm}$。

$$Z_d = \frac{\pi\sin2\alpha_3}{\ln\left[(b_{3d}+\delta_3)\frac{\cos\alpha_3}{R_3}+1\right]} = \frac{\pi\sin2\times12°}{\ln\left[(14+2.5)\frac{\cos12°}{62.5}+1\right]} = 5.56,\text{取 }Z_d = 5。$$

（5）导叶叶片喉部面积 F_3 及喉部高度 a_3。

$$A_3 = \frac{Q}{Z_d v_3} = \frac{Q}{Z_d K_3\sqrt{2gH}} = \frac{3.472\times10^{-3}}{5\times0.36\times\sqrt{2\times9.8\times26}} = 85.45\times10^{-6}(\text{m}^2)\approx85(\text{mm}^2)$$

式中　K_3——导叶叶片喉部速度系数，根据 n_s 按图 2-23 查取，查得 $K_3 = 0.36$。

$$q_3 = \frac{Q}{Z_d v_3 b_{3d}} = \frac{Q}{Z_d b_{3d} K_3\sqrt{2gH}} = \frac{3.472\times10^{-3}}{5\times1.4\times10^{-2}\times0.36\times\sqrt{2\times9.8\times26}} = 6.07(\text{mm}),$$

取 $a_3 = 10\text{mm}$。

（6）导叶扩散段。流道双向扩散，出口面积 $F_4 = a_4 b_4$，则：

$$a_4 = b_4 = \sqrt{\frac{Q}{Z_d v_4}} = \sqrt{\frac{3.472\times10^{-3}}{5\times4.7}} = 12.16(\text{mm}),\text{取 }a_4 = b_4 = 17\text{mm}。$$

导叶出口速度 v_4 则由下式确定，即：

$$v_4 = (0.4\sim0.5)v_3 = (0.4\sim0.5)\times0.36\times\sqrt{2\times9.8\times26} = 3.25\sim4.06(\text{m/s}),\text{取 }v_3 =$$

4.7m/s。

（7）导叶扩散角。

$$\phi = 2\arctan\frac{\sqrt{F_4/\pi}-\sqrt{F_3/\pi}}{L} = 2\arctan\frac{\sqrt{17^2/\pi}-\sqrt{85/\pi}}{44} = 11.4°,(\text{取 }L = 44\text{mm})。$$

（8）导叶出口直径 D_4。

$$D_4 = (1.3\sim1.5)D_{d3} = (1.3\sim1.5)\times125 = 162.5\sim187.5(\text{mm}),\text{取 }D_4 = 173\text{mm}。$$

4. 射流器的设计

在满足自吸离心泵工作流量及压力的前提下，射流器的设计条件为：射流器喷嘴的工作流量 $Q_0 = 5\text{m}^3/\text{h}$，射流器喷嘴的工作扬程 $H = 26\text{m}$。

（1）确定射流器喷嘴出口直径 d_1。

$$d_1 = \sqrt{\frac{4Q_0}{\pi\mu\sqrt{2gH}}} = 1000\sqrt{\frac{4\times1.39\times10^{-3}}{\pi\times0.82\times\sqrt{2\times9.8\times26}}} = 9.78(\text{mm}),\text{取 }d_1 = 10\text{mm}。$$

式中　μ——流量系数，取 $\mu = 0.82$；

Q_0——射流器喷嘴的工作流量，m^3/s；设计的喷嘴形状为圆柱形。

（2）喷管管径 D_P。由于喷管管径 D_P 等于回流孔当量直径 $d(D_P = d)$，故喷管管径 $D_P = 14\text{mm}$，喷管长度为 45mm。

（3）喷嘴锥角 θ。根据经验，最佳喷嘴锥角确定为 $\theta = 15°$，喷嘴圆柱段长度 L

＝2.5mm。

5. 设计结果

表 2-3 给出了 40SPB26-1.8Q 型射流式自吸离心泵的主要几何参数。

表 2-3　　　　　　　　**40SPB26-1.8Q 型射流式自吸离心泵的主要几何参数表**

名称	D_2	b_2	D_3	b_3	D_{3d}	b_{3d}	D_4	b_4	Z	Z_d	β_2
单位	mm								个		(°)
型号 40SPB26-1.8Q	120	6	125	18	125	14	173	17	6	5	30

40SPB26-1.8Q 型射流式自吸离心泵的叶轮水力模型如图 2-24 所示，压水室水力模型如图 2-25 所示，导叶水力模型如图 2-26 所示，喷嘴结构图如图 2-27 所示。

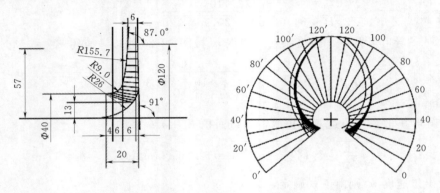

图 2-24　叶轮水力模型

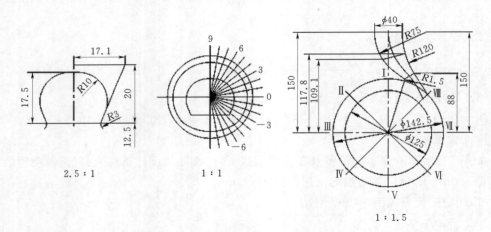

图 2-25　压水室水力模型

（二）螺旋形压水室射流式自吸离心泵水力设计实例

1. 泵设计参数

50SPB25-3D 型射流式自吸离心泵的设计参数为：流量 $Q=25\text{m}^3/\text{h}$，扬程 $H=25\text{m}$，转速 $n=2900\text{r/min}$，$P_{配套}=3\text{kW}$。

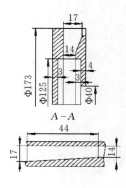

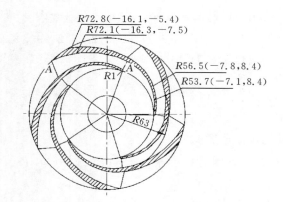

图 2 - 26 导叶水力模型

2. 叶轮的水力设计

（1）计算比转数。

$$n_s=\frac{3.65n\sqrt{Q}}{H^{3/4}}=\frac{3.65\times2900}{25^{3/4}}\sqrt{25/3600}=79$$

（2）计算泵的效率 η。

1）根据经验公式计算泵的容积效率 η_v。

$$\eta_v=\left[1+\frac{0.09}{\left(\dfrac{Q}{h}\right)^{1/6}n_s^{2/3}}\right]=\left[1+\frac{0.09}{\left(\dfrac{6.944\times10^{-3}}{2900}\right)^{1/6}79^{2/3}}\right]^{-1}=0.988$$

$$\eta_v=(1+0.68n_s^{-2/3})^{-1}=(1+0.68\times79^{-2/3})^{-1}=0.96$$

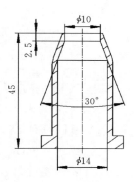

图 2 - 27 喷嘴结构

2）根据经验公式计算泵的机械效率 η_m。

$$\eta_m=\left(1+\frac{15.05}{n_s^{7/6}}\right)^{-1}=\left(1+\frac{15.05}{79^{7/6}}\right)^{-1}=0.916$$

$$\eta_m=\eta_m'-0.02=\left(1+\frac{970}{n_s^2}\right)^{-1}-0.02=\left(1+\frac{970}{79^2}\right)^{-1}-0.02=0.845$$

3）根据经验公式计算泵的水力效率 η_h。

$$\eta_h=1+0.0835\lg\sqrt[3]{\frac{Q}{n}}=1+0.0835\lg\sqrt[3]{\frac{6.944\times10^{-3}}{2900}}=0.844$$

$$\eta_h=1-\frac{0.42}{\lg D_0-0.172}=1-\frac{0.42}{\lg53.5-0.172}=0.730 \quad （取\ D_0=53.5\text{mm}）$$

综合分析上述计算结果，取 $\eta_v=0.98$，$\eta_m=0.88$，$\eta_h=0.75$，由此可得总效率

$$\eta=\eta_v\eta_m\eta_h=0.98\times0.88\times0.75=0.681 \quad （取\ \eta=0.68）$$

（3）泵轴功率 P。泵轴功率为已知，$P_{配套}=3\text{kW}$。

（4）叶轮主要尺寸的确定。

1）叶轮进口直径 D_j。

$$取\ K=4.5，D_j=K\sqrt[3]{\frac{Q}{n}}=4.5\times\sqrt[3]{\frac{6.944\times10^{-3}}{2900}}=0.056（\text{m}），取\ D_j=53.5\text{mm}$$

2）叶轮出口的圆周速度 u_2。由 $n_s=79$，查图 2-19 得 $K_{u2}=0.972$，则

$$u_2=K_{u2}\sqrt{2gH}=0.972\times\sqrt{2\times9.8\times25}=21.52\ (\text{m/s})$$

3）叶轮出口直径 D_2'。

$$D_2'=\frac{60u_2}{\pi n}[1+(4\%\sim6\%)]=\frac{60\times21.52}{\pi\times2900}(1.04\sim1.06)=0.147\sim0.150(\text{m}),\text{取}\ D_2'=150\text{mm}。$$

4）叶轮轴面速度 v_{m2}。

由 $n_s=79$，查图 2-19 得 $K_{vm2}=0.116$，$v_{m2}=K_{vm2}\sqrt{2gH}=0.116\times\sqrt{2\times9.8\times2.5}=2.57\ (\text{m/s})$

5）叶片出口宽度 b_2'。

$$b_2'=\frac{Q}{\eta_v D_2'\pi\psi_2 v_{m2}}[1+(6\%\sim10\%)]=0.0078\sim0.0081(\text{m}),\text{取}\ b_2'=9\text{mm}。$$

6）叶片包角 φ。取 $\varphi=120°$。

7）叶片数 Z。

$$Z=6.5\left(\frac{D_2'+D_1}{D_2'-D_1}\right)\sin\frac{\beta_1+\beta_2}{2},\text{取}\ Z=6\ \text{片}。$$

3. 压水室的水力设计

(1) 基圆直径 D_3。$D_3=(1.03\sim1.08)D_2'=154.5\sim162(\text{mm})$，取 $D_3=160\text{mm}$。

(2) 蜗室宽度 b_3。$b_3=b_2'+2S+C=9+2\times3+3=18\ (\text{mm})$。

(3) 隔舌安放角 φ_0。根据比转数 n_s 确定 φ_0，取 $\varphi_0=20°$。

(4) 蜗室各断面面积计算。压水室设计螺旋形结构形式，第八断面速度 v_3 为

$$v_3=K_3\sqrt{2gH}=0.42\times\sqrt{2\times9.8\times25}=9.30\text{m/s}$$

由 $n_s=79$，查图 2-23 得 $K_3=0.42$，则

$$Q_8=\frac{\varphi_8}{360}Q=\frac{360-\varphi_0}{360}Q=\frac{360-20}{360}\times6.944\times10^{-3}=6.56\times10^{-3}(\text{m}^3/\text{s})$$

$$F_8=\frac{Q_8}{v_3}=\frac{6.56\times10^{-3}}{9.30}=7.05\times10^{-4}(\text{m}^2)=705(\text{mm}^2)$$

由于液体是从叶轮中均匀流出的，故蜗室各断面面积也均匀变化，各断面面积计算如下：

$$F_7=\frac{7}{8}F_8=\frac{7}{8}\times705=616\text{mm}^2\quad F_6=\frac{6}{8}F_8=\frac{6}{8}\times705=528\text{mm}^2$$

$$F_5=\frac{5}{8}F_8=\frac{5}{8}\times705=441\text{mm}^2\quad F_4=\frac{4}{8}F_8=\frac{4}{8}\times705=353\text{mm}^2$$

$$F_3=\frac{3}{8}F_8=\frac{3}{8}\times705=264\text{mm}^2\quad F_2=\frac{2}{8}F_8=\frac{2}{8}\times705=176\text{mm}^2$$

$$F_1=\frac{1}{8}F_8=\frac{1}{8}\times705=88\text{mm}^2$$

泵储水室和气液分离室容积计算从略。

（5）压水室回流孔位置、回流孔直径 d 的计算。

$$d = (1 \sim 1.5)\sqrt[3]{\frac{Q}{n}} = 0.134 \sim 0.201 (\text{m})$$

取 $d = 20\text{mm}$，压水室回流孔位置在第六断面。

4. 射流器的设计

在满足自吸离心泵工作流量及压力的前提下，射流器的设计条件为：射流器喷嘴的工作流量 $Q_0 = 7\text{m}^3/\text{h}(1.94 \times 10^{-3}\text{m}^3/\text{s})$，射流器喷嘴的工作扬程 $H = 25\text{m}$。

（1）确定射流器喷嘴出口直径 d_1。

$$d_1 = 1000\sqrt{\frac{4Q_0}{\pi\mu\sqrt{2gH}}} = 1000\sqrt{\frac{4 \times 1.94 \times 10^{-3}}{\pi \times 0.82 \times \sqrt{2 \times 9.8 \times 25}}} = 11.67\ (\text{mm})，取\ d_1 = 14\text{mm}。$$

式中　μ——流量系数，取 $\mu = 0.82$；

　　　Q_0——射流器喷嘴的工作流量，m^3/s。设计的喷嘴形状为圆柱形。

（2）喷管管径 D_P。由于喷管管径 D_P 等于回流孔当量直径 d（$D_P = d$），故喷管管径 $D_P = 20\text{mm}$，喷管长度为 45mm。

（3）喷嘴锥角 θ。根据经验，最佳喷嘴锥角确定为 $\theta = 15°$，喷嘴圆柱段长度为 $L = 2.5\text{mm}$。

5. 设计结果

50SPB25-3D 型射流式自吸离心泵设计的主要几何参数见表 2-4。

表 2-4　　　　　　50SPB25-3D 型射流式自吸离心泵设计的几何参数表

名称	D_2	b_2	D_3	b_3	φ	φ_0	β_2
单位	mm				(°)		
型号 50SPB25-3D	150	9	160	18	120	20	30

50SPB25-3D 型射流式自吸离心泵的设计参数的叶轮水力模型如图 2-28 所示，压水室水力模型如图 2-29 所示。

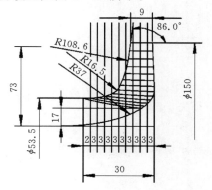
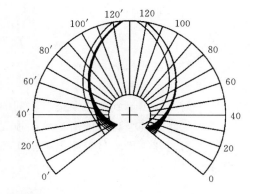

图 2-28　叶轮水力模型

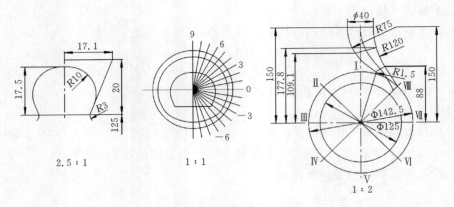

图 2-29　压水室水力模型

四、喷嘴的射流原理及结构设计

射流式自吸离心泵运转时，喷嘴在叶轮进口形成高速射流作用造成进口真空，实现泵的自吸[7]。因此，喷嘴的设计至关重要，喷嘴的几何参数根据经验公式设计。

1. 喷嘴出口直径 d_1

$$d_1 = \sqrt{\dfrac{4Q_0}{\pi\varphi_1\sqrt{2g\alpha\dfrac{\Delta p_0}{\gamma}}}} \qquad (2-48)$$

式中　φ_1——喷嘴入口流速系数，通常取 $\varphi_1 = 0.95 \sim 0.975$；

g——重力加速度，m/s^2；

α——喉管入口修正系数，通常取 $\alpha = 1 \sim 1.05$；

Δp_0——工作压力，kPa；

γ——工作水的重度，N/m^3。

2. 喉管与喷嘴截面积之比 m，喉管与喷嘴截面之比 m，即最优面积方程为

$$m = \dfrac{0.952\varphi_1^2\psi_0}{h + 0.003\psi_1} \qquad (2-49)$$

式中　ψ_1、ψ_0——水浓度系数，通常 $\psi_1 = 0.63$，$\psi_0 = 0.17$；

h——射流器混合后的压力与工作压力比；其值由下式计算

$$h = \dfrac{\Delta p_c}{\Delta p_0} = \dfrac{H_c - [H_s] + h_c}{H + h_c + h_s - h_b} \qquad (2-50)$$

式中　H_c——射流器几何扬程，m；

$[H_s]$——工作泵吸程，m；

h_c——射流器出口到离心泵进口之间的水头损失，m；

h_s——工作泵的吸程上的沿程水头损失，m；

h_b——射流器工作流量管路上的水头损失，管路损失可忽略不计，m。

3. 喉管直径 d_3

$$d_3 = d_1\sqrt{m} \qquad (2-51)$$

根据喷嘴几何参数绘制出射流器喷嘴结构，如图 2-30 所示。

五、回流阀的工作原理

射流式自吸离心泵在完成自吸后进入正常运行时，要求回流阀自动关闭。碗式回流阀是一种结构简单、制作方便的阀门，它依靠外部流场压力的增加，造成阀体在压力作用方向上压缩变形实现阀门的关闭，其开启及关闭状态示意图如图 2-31 所示。作用在阀体上的有效介质压力大约在 $2\sim3\mathrm{N/cm^2}$ 范围内，其轴向作用力示意图如图 2-32 所示。

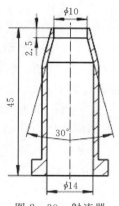

图 2-30　射流器喷嘴结构

碗式回流阀由上下两个盘形和中间一个短圆柱构成，回流阀轴向对称，因而可近似认为在垂直阀轴线方向上各方向的作用力相互抵消，没有外力。图 2-32 中 p_j、p_d 分别为作用于上盘上表面的静压和动压，p_j'、p_d' 分别为作用于上盘下表面和下盘上表面的静压和动压，p_a 为周围环境大气压力。回流阀上下两盘的投影面积记为 A_f，这里认为上下两盘设计的面积相等。

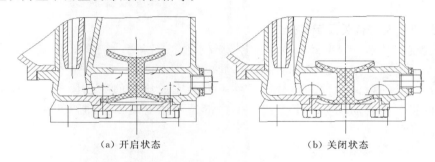

（a）开启状态　　　　　　　　　　（b）关闭状态

图 2-31　碗式回流阀开启和关闭状态图

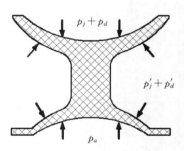

图 2-32　碗式回流阀轴线方向受力图

1. 泵自吸过程受力分析

（1）泵在自吸过程中所有压力通常不超过 0.11MPa，储水室中的压力略微高于周围环境大气压力，故可以近似认为 $p_j=p_j'$，储水室压力一般取 $1.05p_a$。

（2）储水室内流体速度很小，可认为作用于回流阀的动压为零。

（3）由于两个盘投影面积相等，可以认为回流阀侧压力 p_j' 作用于上下盘产生的压力大小相等方向相反，形成阀的内力，对阀的动作不起作用。而作用在阀体上的外力有压水室的流体对上盘有向下的压力 p_j，阀体的下盘底部向上的环境压力 p_a，其合力 F_h' 可表示为

$$F_h'=(p_j-p_a)A_f \tag{2-52}$$

使回流阀在自吸过程中关闭的最小支持力 F_T 为

$$F_T=F_h'=(p_j-p_a)A_f\approx0.05p_aA_f \tag{2-53}$$

2. 正常运行过程受力分析

（1）当水泵正常运行时，储水室与泵的出口相通，储水室压力与泵的出口压力最大偏

差在 2% 左右，压力值基本相同。在回流阀完全关闭回流孔前，p_j 略微大于 p_j'；如若回流阀受压后能完全关闭回流孔，则 $p_j > p_j'$；如若不能完全关闭，则 p_j 略微大于 p_j'。

（2）为防止起动过程失去循环水过多，一般自吸离心泵扩散管的扩散角比普通离心泵要大，长度要长。所以通过回流孔流向气液分离室和储水室的流体流速较慢，即作用在回流阀上的动压较小。

（3）阀门附近流体压力脉动的峰值仅为平均静压的 2.5%，因此可看作稳压，叶轮旋转所形成的压力脉动对于阀门稳定性影响不大。

不管回流阀能否完全关闭回流孔，使回流阀产生变形的合力的计算公式是相同的，合力 F_h 表述为

$$F_h = (p_j - p_a)A_f \tag{2-54}$$

第四节　射流式喷头

一、射流喷头的种类及结构形式

全射流喷头是基于附壁效应的中国原创节水喷头，利用水流的附壁效应改变射流方向、通过水流的反作用力获得驱动力的旋转式喷头。也就是说，喷灌的压力水通过安装在喷管出口处的射流元件时，射流元件不但要完成均匀的喷洒任务，而且还要完成驱动喷头的正、反转动任务。由于所有工作都是利用射流本身的特性实现，所以称作全射流喷头。[12]

1. PSF 型反馈式全射流喷头

1981 年，镇江农业机械学院（现江苏大学）和江苏省启东县吕四机修厂合作，应用两相附壁射流基本理论研制成功 PSF-50 型反馈式全射流喷头。图 2-33 为 PSF 型反馈式全射流喷头结构图，图 2-34 为水射流元件结构图[13,14]。

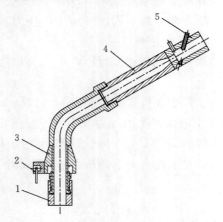

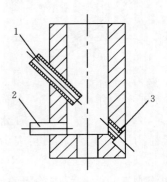

图 2-33　PSF 型反馈式全射流喷头结构图
1—旋转密封机构；2—换向机构；3—喷体；4—喷管；5—水射流元件

图 2-34　水射流元件结构图
1—信号水接嘴；2—反向接嘴；3—信号水入水嘴

2. 连续式全射流喷头

图 2-35 为方截面连续式射流元件立体剖面结构图，这种射流元件流道的中心线设计成与空心轴轴线所在的铅锤平面成某一偏角，喷头正转时，射流元件左右控制孔开启，射流元件相互作用区内两边压力相等，射流沿左壁射出产生反作用力，促使喷头向左转动[15]。

3. PSH 型互控步进式全射流喷头

1984 年，浙江嵊县研究开发了 PSH 互控步进式全射流喷头，图 2-36 为 PSH 型喷头元件结构图[16]。

4. PSZ 型自控全射流喷头

图 2-37 为 PSZ 型喷头元件结构图[17]，它是原浙江省兰溪县农机修造厂研制的一种全射流喷头，其驱动机构主体是一个带有栅状反馈流道的不等位差射流元件。对这种喷头的步进机理，黄志斌提出是因为"超大位差"和"拟负压切换"。

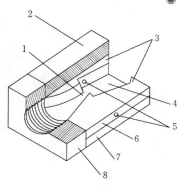

图 2-35 方截面射流元件结构图
1—喷嘴；2—元件上盖板；3—元件板；
4—元件相互作用区；5—控制孔；
6—元件下盖板；7—胶垫；
8—元件接头

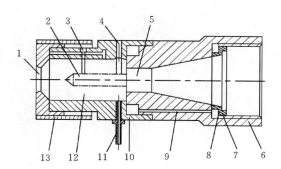

图 2-36 PSH 型互控步进式全射流
喷头元件结构图

1—出口；2—连接换向器的塑料管；
3—主元件；4—防砂圈；5—副元件；
6—会水塑料管；7—喷嘴；8—水斗；
9—主元件相互作用区

图 2-37 PSZ 型自控全射流喷头元件结构图

1—出口；2—容室；3—补齐孔；4—抽负孔；
5—喷嘴；6—元件接头；7—O 形密封圈；
8—防砂圈；9—信号源孔；10—附壁孔；
11—接嘴；12—相互作用区；
13—防砂罩

5. 双击同步全射流喷头

1990 年，浙江嵊县抽水机站韩小杨等人研制了一种双击同步全射流喷头[18]（图 2-38），这种喷头在射流元件出口处设置了一个与摇臂式喷头相同的挡水板。当有压水从喷嘴中射出时，取水间隙由于高出相互作用面控制信号流，经背部流道堵死另一侧的相互作用孔，主射流在大气压的作用下产生附壁效应，折射的水流同时冲击射流元件和置于元件外的挡水板，产生两次推力推动喷头步进，达到双击同步射流元件的作用。瞬间信号流中断，水流又恢复直射，如此周而复始推动喷头步进。

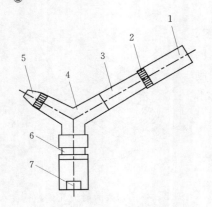

图 2-38　双击同步全射流喷头结构图
1—主喷嘴；2—并帽；3—直管；4—弯体；
5—副喷嘴；6—空心轴；7—接管螺母

6. PXH 型隙控式全射流喷头

2005 年，江苏大学开发出 PXH 型隙控式全射流喷头，图 2-39 为 PXH 型隙控式全射流喷头的装配图，本书中简称其为全射流喷头，图 2-40 为射流元件体的剖面图。这种喷头设计时左右不同位差，喷头工作时首先左边由反向小孔补气，右边靠间隙补气，两边压力相等，水流直射，喷头静止；信号水从信号嘴中取出流入入水孔堵住间隙，左侧压力大于右侧，主射流向右侧附壁，喷头步进转动；此时，信号嘴脱空接到空气，导管中的信号水抽完之后，空气进入入水孔，主射流恢复直射，如此反复循环。当步进到反向小孔被堵死的状态下，右侧压力大于左侧，主射流反向附壁，喷头反向转动。

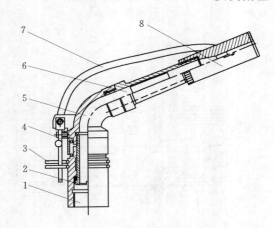

图 2-39　全射流喷头装配图
1—转体连接座；2—空心轴；3—限位环；4—换向机构；
5—喷体；6—喷管；7—反向塑料管；8—射流元件体

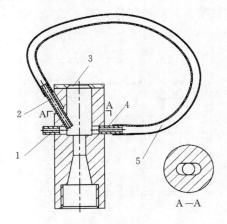

图 2-40　射流元件体
1—反向补气嘴；2—信号水接嘴；3—出口盖板；
4—信号水入水嘴；5—导流管

射流元件体由反向补气嘴、信号水接嘴、出口盖板、信号水入水嘴、导流管组成。研究过程中，主要对射流元件体进行水力分析。在射流元件体的外壁上，一边设有信号水接嘴及位于其下方的反向补气嘴，另一边设有信号水入水嘴，信号水接嘴与信号水入水嘴经导流管相连，射流元件体上端设有出口盖板。利用水流附壁效应，信号水接嘴中信号水的截取及流动，使主射流某一侧间断性形成低压旋涡区，反向补气嘴开启及关闭使主射流另一侧高低压间切换，从而使主射流左右两端形成压差，实现水流的附壁，完成喷头的直射、步进和反向运转。

二、全射流喷头设计理论

（一）射流附壁效应

1. 有限空间射流

图 2-41 为有限空间射流结构图，有限空间射流是指射流自喷嘴或孔口流出后，流入

一有限区域（或周边区域受到约束）的流动。与自由射流相比，由于射流出流后受到固体边壁的约束，射流的扩展受到固壁的限制，并由此产生不可忽视的轴向压力梯度，因此有限空间射流的扩展以及流场各变量的分布呈现出与自由射流不同的规律与形状[19~21]。

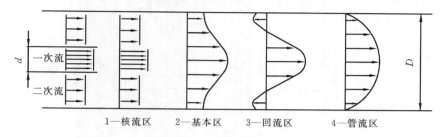

1—核流区　2—基本区　3—回流区　4—管流区

图 2-41　有限空间射流结构图

有限空间射流流动的结构可以分为四个不同的流动区域。在第一区域，射流核心速度保持不变，即有流核存在。在外层，由于固壁边界的影响，被引射流受到固壁的剪切作用，且射流与被引射流之间还由于射流边界层的剪切作用而发生能量、质量的交换，此区称之为核流区。第二区域为基本区，在此区域，随着能量、质量交换的加剧，射流边界层迅速扩展到壁面，核流消失，此区域是有限空间射流流动的最基本区域。第三区域称之为回流区，这是一个可能存在的区域。如果射流在扩展到固壁之前，卷吸了所有的被引射流，则固壁边界层会发生分离，在流动向上产生回流，所以称之为回流区。第四区域为管流区，在环流区内边界层由分离到再附，在再附点之后（无回流产生则在射流扩展到固壁后），射流与被引射流混合接近均匀，流速趋于一致，在下游较远区域呈现出完全管流的流动特性。有限空间射流与自由射流及伴随射流的最大不同在于：由于固壁的约束，有限空间射流存在轴向压力梯度及流动中可能出现回流。

如上所述，有限空间射流在出流后，受射流边界层和壁面边界层的相互作用，涉及具有逆压梯度的边界层流动、边界层分离与再附、有压力梯度下射流的混合与势流的扩展等问题，其流动一般不具有相似性，远比自由射流复杂。

2. 射流附壁

基于以上提到的有限空间射流，图 2-42 为射流的卷吸作用示意图，射流元件内部流动，可看成水流从一个狭小的喷嘴中射向大气。此时，边缘射流的分子与周围静止的空气发生冲撞，使原来静止的气体一起流动，这就是射流流动过程中的卷吸现象。图 2-43 为射流附壁效应原理图，主射流到左右两侧的距离不同，左侧空间大于右侧空间（$S_1 > S_2$），卷吸过程中由于时间很短，可以看成左右两侧被主射流带走的空气分子一样多，由于右侧空间小，补气比左侧要困难，所以右边的空气比左边稀薄，右边气压比左边气压低，当压差达到一定值的时候，主射流向右偏转，就是"射流附壁效应"现象[22-28]。全射流喷头的射流元件利用射流的附壁效应形成水流反作用力来推动喷头的转动。

（二）全射流喷头工作原理及技术参数

全射流喷头的工作原理如下：

直射状态：如图 2-44（a）所示，水流从孔 D 喷射到作用区内，主射流从中心圆孔喷射出来，主射流左右两端相互分隔，两端空气不能流通。水射流元件体左侧的反向补气

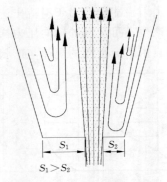

图 2-42 射流的卷吸作用

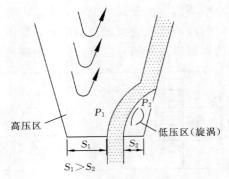

图 2-43 射流附壁效应

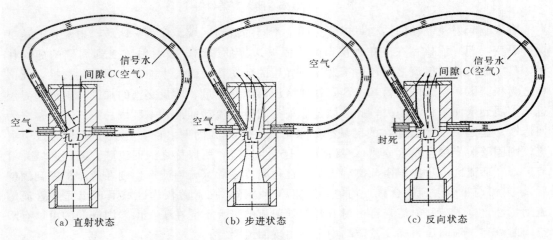

图 2-44 三种状态示意图

嘴开敞着，由此向左腔补气，元件右侧出口处与水束之间的间隙 C 补入空气，因此左右两边压力基本相等，主射流呈直射状态，喷头静止。与此同时，信号水接嘴在水束的左侧边缘上取得信号水，取到的信号水在导流管中向信号水入水嘴方向流动。图中 I 表示信号嘴插拔深度。

步进状态：如图 2-44 （b）所示，信号水接嘴中取出信号水流入入水嘴，间隙 C 越来越小，最终被堵死，右边形成低压旋涡区，左侧压力大于右侧。压差达到一定值时，主射流向右侧附壁，水流通过出口盖板的倒角对喷头产生推动力使喷头向右步进转动。在附壁状态下，由于主射流的弯曲，信号水接嘴脱空取不到任何信号水，只接到空气。导流管中的信号水抽完之后，空气通过导流管进入入水孔，两边压力相等，主射流恢复直射，如此反复循环，喷头自控完成直射—步进—直射—……循环动作。

反向状态：如图 2-44 （c）所示，反向管与换向机构相连，调节限位环可以控制喷头喷洒的角度，喷头步进到换向机构受到限位环限制时，反向补气嘴被堵死，左腔中不再有空气补入，形成低压旋涡区，右腔中仍有空气从间隙 C 补入，右侧压力大于左侧，主射流向左侧附壁，喷头连续反向转动。转动到限位环另一侧，反向补气嘴重新打开，空气进入左腔，与右腔的压力差相平衡，反向运转才终止，恢复直射。如此反复循环，附壁射流式喷头自控完成直射—步进—……—反向—直射—步进……的喷洒作业。

由于射流元件体有效方便地控制信号水接嘴中信号水间断性的截取，限位环有效方便地控制反向补气嘴的开启或关闭，可实现喷头自控完成间断性的步进、反向工作，实现扇形喷洒功能。表 2-5 为全射流喷头主要技术参数，经测试，在达到表 2-5 要求的性能参数前提下，喷头的喷洒均匀性、雨滴大小及雾化指标等要明显优于 PY$_2$ 型金属摇臂式喷头，各种型号喷头在额定工作压力上下 100kPa 范围内可以正常工作，喷头价格比现用农用喷头降低 20% 以上，填补国内空白。

表 2-5		全射流喷头主要技术参数			
喷头型号	喷嘴直径/mm	额定工作压力/kPa	喷头流量/（m³/h）	喷头射程/m	喷灌强度/（mm/h）
10PXH	4	250	1.00	12	2.10
15PXH	6	300	1.70	16	2.20
20PXH	8	350	3.50	20	2.50
30PXH	10	400	7.50	26	3.60
40PXH	14	450	15.60	33	4.60
50PXH	18	500	27.00	40	5.30

（三）重要结构参数

图 2-45 为射流元件体的三维结构示意图，图 2-46 为射流元件体简图，从图中可以看出，射流元件体重要结构参数包括收缩角 γ、基圆孔、补气孔、入水孔、取水孔角度 β、位差 H 和作用区 L，图中 A 线表示基圆孔出口位置。

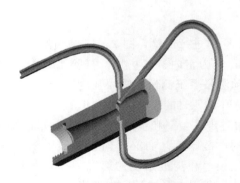

图 2-45　射流元件体三维图

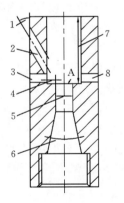

图 2-46　射流元件体图

1—取水孔角度；2—取水孔；3—补气孔；4—位差；
5—基圆孔；6—收缩角；7—作用区；8—入水孔

射流元件收缩角 γ 的确定[29-31]。为了保证喷嘴出口的水流具有较小的紊流程度，喷嘴出口处的流速分布应符合紊流状态下圆管均匀流动的流速分布，即沿流线方向的最大流速应位于圆管的轴线。为此，元件喷嘴的进口段应有圆滑过渡段和出口端的直线段，以使水流经变向、变形和收缩后达到一个调整稳定的作用。在设计过程中，收缩角过大则会导致水流稳定度不够，过小则会增加喷头的总体尺寸。

基圆孔直径 D 的确定：对任一种喷头，确定其喷嘴尺寸的大小尤为重要，喷嘴截面积根据下式计算：

$$A = \frac{Q}{\mu \sqrt{2gH}} \tag{2-55}$$

式中　A——射流元件体喷嘴截面积，m^2；

　　　Q——喷头流量，m^3/s；

　　　μ——流量系数；

　　　g——重力加速度，m/s^2；

　　　H——压力水头，m。

补气孔和入水孔的确定：全射流喷头的补气孔和入水孔仅起到导通作用，因此设计方法相同。

取水孔角度 β 的确定：射流元件的控制部分必须保证有信号流的存在，同时它也决定了信号流的质量，由于主射流表面是气水混合物，信号流中气的存在对主射流附壁有一定的影响，所以在设计时要保证接到的信号流水多气少。

位差 H 的确定：位差的选择是保证水流能否正常附壁并产生足够大的力矩使喷头前进的前提，它决定元件的附壁性能和推力的大小，为了保证尽可能短的附壁位置，位差不宜过大。

作用区 L 的确定：作用区的长短决定射流淹没的长度和掺气量的多少，射流的淹没长度越大，掺气量越多，水流的扰动越剧，边界层中动量交换就越充分，水流的阻力损失就越大。为了保证射流有较好的附壁性能，减少阻力损失，作用区不宜过长。

三、全射流喷头结构优化及设计方法

（一）试验研究

全射流喷头样机在江苏大学室内喷灌试验大厅内进行试验，图 2-47 为喷灌试验大厅实物照片。该试验大厅为直径 44m 的圆形大厅，作为室内试验场地，排除了风力等因素的影响。测试时利用基于 RS485 型总线分布自动测量系统测量点喷灌强度，精度为 0.01s 的秒表测量喷头旋转速度，米尺测量验证喷头的射程，测量数据准确、可靠[32]。

对于旋转式喷头，在工作过程中，旋转运动时步进频率和步进角度都是喷头工作稳定性重要的性能指标。有必要对全射流喷头结构参数对步进频率和步进角度的影响规律进行深入研究，并获得各因素影响的主次顺序。

采用正交试验[33-36]，改变各个结构参数进行对比研究，分析各结构参数对步进频率和步进角度的影响，从而提出喷头最佳结构尺寸。

1. 试验目的

探索喷头结构参数对步进频率和步进角度的影响规律，提出全射流喷头最佳结构尺寸。

2. 试验因素和试验方案

全射流喷头重要结构参数中，基圆孔直径 D

图 2-47　喷灌试验大厅

大小由喷头型号决定，补气孔和入水孔起到导气和导水的作用。因此，选取直接影响步进频率和步进角度的参数位差 H（mm）、作用区 L（mm）、收缩角 γ（°）、取水孔角度 β（°）作为试验因素。根据喷头设计原理，设定因素 A、B、C、D 分别代表 H、L、γ、β。选型号为 10PXH 的喷头在工作压力为 0.25MPa，流量为 $0.82\text{m}^3/\text{h}$ 下进行试验研究。因素水平选取如表 2-6 所示，选用 L_9（3^4）正交表，表 2-7 为试验方案，通过试验得出上述结构参数对步进频率和步进角度的影响规律。

表 2-6　　　　　　　　　　　因素水平表

水平	因素			
	A	B	C	D
1	2.6	18	14	30
2	2.8	20	20	45
3	3.0	22	26	60

表 2-7　　　　　　　　　　　试验方案

试验号	A	B	C	D
1	1	1	1	1
2	1	2	2	2
3	1	3	3	3
4	2	1	2	3
5	2	2	3	1
6	2	3	1	2
7	3	1	3	2
8	3	2	1	3
9	3	3	2	1

图 2-48 为正交实验时射流元件体的实物照片，样机加工过程中，为了提高制造精度，将射流元件体分成上下两节并采用螺纹连接，其中射流元件腰圆孔处采用线切割，加工尺寸与设计尺寸公差控制在 0.02mm 以内。

3．正交试验结果分析

判定喷头性能指标中包括步进频率和步进角度。全射流喷头直射时间与附壁时间之和的倒数即为步进频率：$f = \dfrac{1}{t_1 + t_2}$。设射流附壁点对其转动轴的转动惯量为 J_B，有

$$J_B \frac{d\omega}{dt} = \rho Q r u \sin\beta \qquad (2-56)$$

图 2-48　射流元件体实物

式中　r——附壁点到转轴的距离，m；

$\quad\quad u$——出口平均流速，m/s；

$\quad\quad \beta$——附壁中心线与壁面的夹角，(°)。

当 $t=0$，$\omega=0$ 时，上式解为

$$\omega=\frac{1}{J_B}\rho Qrut\sin\beta \tag{2-57}$$

转角 $\varphi=\int_0^{t_2}\omega dt$　可得旋转角方程为：

$$\varphi=\frac{1}{2J_B}\rho Qrut_2^2\sin\beta \tag{2-58}$$

测试结果如表 2-8 所示，可以看出 6 次试验喷头运行可靠，步进频率接近 1Hz，步进角度超过 1°。1、6、9 号试验较为理想，第 6 号试验 $A_2B_3C_1D_2$ 的试验最优，步进频率为 0.95Hz，步进角度最大，为 2.8°。

表 2-8　　　　　　　　　　　　　　试　验　结　果

试　验　号	步进频率 f/Hz	步进角度 $\varphi/(°)$
1	1.36	1.8
2	1.72	0.7
3	2.20	0.3
4	0.28	1.7
5	0.40	2.1
6	0.95	2.8
7	1.70	0.1
8	1.51	1.8
9	1.30	2.4

采用直接分析法对试验结果进行分析，分析时，每个步进频率都减去 1 后取绝对值。表 2-9 为本次试验的计算结果。由表 2-9 得出各因素水平与指标的关系图，如图 2-49 和图 2-50 所示。

表 2-9　　　　　　　　　　　　　　试　验　结　果　分　析

性　能　指　标		A	B	C	D
步进频率 f/Hz	K_1	2.28	1.78	0.92	1.26
	K_2	1.37	1.83	1.74	1.47
	K_3	1.51	1.55	2.50	2.43
	$\overline{K_1}$	0.76	0.59	0.30	0.42
	$\overline{K_2}$	0.46	0.61	0.58	0.49
	$\overline{K_3}$	0.50	0.52	0.83	0.81
	R	0.30	0.09	0.53	0.39

续表

性 能 指 标		A	B	C	D
步进角度 $\varphi/(°)$	K_1	2.80	3.6	5.30	6.30
	K_2	6.60	4.6	4.80	3.60
	K_3	4.30	5.5	2.50	3.80
	$\overline{K_1}$	0.93	1.2	1.77	2.10
	$\overline{K_2}$	2.20	1.53	1.60	1.20
	$\overline{K_3}$	1.43	1.83	0.83	1.27
	R	1.27	0.63	0.93	0.90

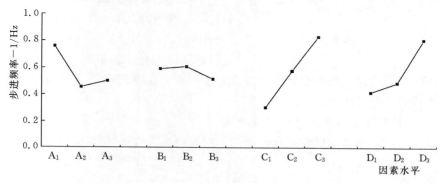

图 2-49 步进频率与因素水平关系

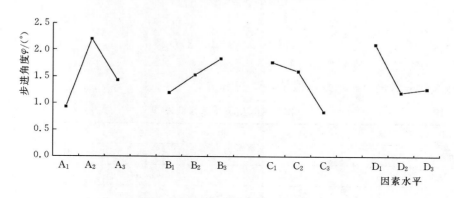

图 2-50 步进角度与因素水平关系

由表 2-9 中极差 R 的大小可知，对步进频率 f 各因素影响的主次顺序为 CDAB，对步进角度 φ 各因素影响的主次顺序为 ACDB。

由表 2-9、图 2-49 和图 2-50 可得如下结论：

（1）因素 A：位差 H 在 2.6～3.0mm 内变化，位差在 2.8mm 时，射流元件处于最佳工作状态，步进频率接近 1Hz，步进角度最大。另外，试验中在基圆孔直径 D 为 4mm 的情况下，位差小于 2.6mm 和大于 3.0mm，改变其他任何参数，喷头不能工作。

（2）因素 B：作用区 L 在 18～22mm 内变化，作用区越大，步进频率越接近 1Hz，步进角度越大。另外，试验中在基圆孔直径 D 为 4mm 的情况下，作用区小于 18mm 和大于

22mm，改变其他任何参数，喷头不能工作。

图 2-51　系列喷头实物

（3）因素 C：收缩角 γ 范围在 14°～26°，收缩角越大，步进频率越偏离 1Hz，步进角度越小，最佳收缩角为 14°。

（4）因素 D：取水孔角度 β 范围在 30°～60°，取水孔角度越大，步进频率越偏离 1Hz，步进角度越小，最佳取水孔角度为 30°。

（二）全射流喷头设计方法[37]

对全射流喷头提出理论与设计方法具有很高的学术价值与实用意义。对 15PXH、20PXH、30PXH、40PXH 和 50PXH 喷头进行相同的正交试验研究，图 2-51 为系列喷头正交实验的实物照片，每种型号喷头制造 9 个样机，总共进行了 45 次试验，得出全射流喷头重要结构参数尺寸。

1. 射流元件位差、作用区长度计算公式

（1）系数公式。在大量试验研究的基础上，总结出了射流元件作用区长度及位差的计算公式。

作用区长度

$$L=(2.1\sim5.5)D \tag{2-59}$$

位差

$$H=(0.18\sim0.63)D \tag{2-60}$$

式中　D——射流元件喷嘴基圆直径。

D 越大，系数越小；系数取值见表 2-10。

表 2-10　　　　　　　　　　作用区长度及位差系数表

喷头型号	10	15	20	30	40	50
D/mm	$\phi4$	$\phi6$	$\phi8$	$\phi10$	$\phi14$	$\phi18$
工作压力/MPa	0.25	0.30	0.35	0.40	0.45	0.50
L/mm	22	24	26	28	34	38
长度系数	5.5	4.0	3.5	3.0	2.4	2.1
H/mm	2.5	2.8	3.2	3.7	3.0	3.0
位差系数	0.63	0.43	0.34	0.28	0.21	0.18

（2）回归公式。利用二次曲线方程进行回归分析得到位差比率（H/D）和作用区长度 L 计算公式，图 2-52 所示为位差比率与喷嘴基圆直径之间关系曲线图，图 2-53 所示为作用区与喷嘴基圆直径之间关系曲线图。对图 2-52 和图 2-53 经过回归处理后得出位差比率与基圆直径之间的函数关系式为

$$H/D=0.0027D^2-0.0943D+1.0072 \tag{2-61}$$

作用区与基圆直径之间的函数关系式为

$$L = -0.0454D^2 + 2.1501D + 13.7285 \tag{2-62}$$

式（2-61）和式（2-62）为本节提出的全射流喷头作用区 L、位差 H 与基圆直径 D 的函数关系式，为以后射流旋转式喷头的设计提供依据。

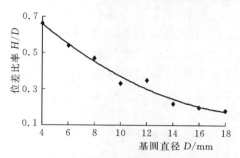

图 2-52 位差比率与基圆关系曲线   图 2-53 作用区长度与基圆关系曲线

2. 出口盖板尺寸

全射流喷头的出口盖板尺寸同样是喷头设计的关键尺寸，直接关系到喷头能否正常工作。出口盖板尺寸由盖板左位差、右位差、内倒角及出口直线段组成。

（1）左位差（步进侧）推荐公式。

$$m = (0.08 \sim 0.38)D \tag{2-63}$$

式中　D——喷嘴基圆直径，D 越大，系数越小。

（2）右位差（反向侧）推荐公式。

$$m + c = (0.12 \sim 0.53)D \tag{2-64}$$

D 越大，系数越小。系数取值见表 2-11。

表 2-11   出口盖板位差系数表

喷头型号	10	15	20	30	40	50
D/mm	$\phi4$	$\phi6$	$\phi8$	$\phi10$	$\phi14$	$\phi18$
工作压力/MPa	0.25	0.30	0.35	0.40	0.45	0.50
左位差位差系数	0.38	0.23	0.21	0.21	0.08	0.08
右位差长度系数	0.53	0.28	0.24	0.24	0.12	0.12

（3）盖板出口直线段的长度。该长度一般控制在 0.5～0.8mm。如果长度太小，盖板易磨损，影响喷头元件的使用寿命；若长度太大，补气间隙补气时气阻太大，元件工作时射流直射不充分，影响射程。

（4）盖板出口左、右内倒角。内倒角大小直接影响到射流步进和反向状态时的弯曲方向，该方向又直接影响喷头步进、反向的驱动力矩的大小。一般情况下，内倒角内侧起始于作用区位差外，终止于盖板出口直线段的下部。

3. 导管长度与步进角度之间的关系

通过大量试验，得到 PXH30 型喷头导管长度与步进角度之间的关系为

$$\varphi = 40l^2 - 35l + 9 \tag{2-65}$$

式中 φ——步进角度，（°）；

l——导管长度，m。

四、新型射流喷头结构设计

附壁射流喷头是我国具有自主知识产权的喷头。因此，继续研制开发新型的射流喷头，推广射流技术是一项有意义的研究。本部分基于射流附壁效应提出连续运转射流喷头、外取水射流喷头、三段式射流喷头和两次附壁射流喷头的结构和工作原理。研制出两种新工作原理、新结构的射流喷头，丰富国内原创的喷灌设备。

1. 连续运转射流喷头

图 2-54 为连续运转射流喷头总装图，在研究过程中，主要对喷头射流元件体进行水力分析。图 2-55 为连续运转射流喷头水力结构图，上方为喷头右侧，下方为喷头左侧。喷头左侧打通了一个与大气连通的补气孔，另外用一根导管将信号嘴1、2连接在一起，起到导通水流

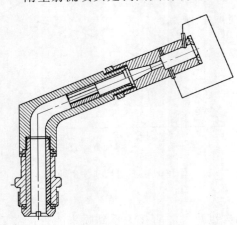

图 2-54　连续运转射流喷头总装图

的作用，它的工作原理为水流的附壁效应。在工作过程中，水射流从孔 D 中流出，进入突扩的作用区内，射流分子与周围静止的空气发生冲撞，与原来静止的空气一起流动，即水射流的卷吸作用。卷吸过程时间很短，可认为左右两侧被主射流带走的空气分子数目相同，因此左右两侧靠近孔 D 处都会形成低压旋涡区。

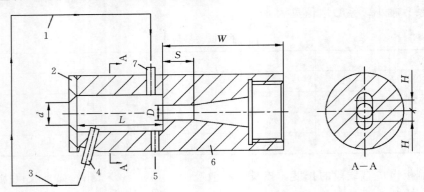

图 2-55　连续运转射流喷头水力结构图
1—连接导管；2—出口盖板；3—信号水；4—信号嘴1；5—补气孔；
6—射流元件体；7—信号嘴2

由于低压旋涡区的存在，左侧能从补气孔中补入空气，使左侧压力升高。同时左侧信号嘴1插入一定的深度取到信号水，利用连接信号嘴1、2的导管将信号嘴1取到的信号水输入到信号嘴2中，保证右侧没有空气的流入。因此，右侧气压比左侧气压低，左侧的压力大于右侧。当水射流流速足够大，使左右压差达到一定值的时候，主射流向右偏转，

形成附壁现象。水射流出口处，出口盖板尺寸比作用区的尺寸小，因此它们之间有倒角的存在，根据作用力与反作用力的理论，水射流对喷头始终有一个驱动力。试验证明工作压力足够大时，主射流向右侧附壁能推动喷头运动，并一直存在着左右压差，形成连续运转射流喷头。

连续运转射流喷头与全射流喷头工作原理的不同点在于：对于全射流喷头，当主射流向右偏转，形成附壁现象时，信号嘴1接不到信号水，导管中的水被主射流抽完之后，左侧与右侧连通，两侧压力相等，主射流恢复直射，如此反复循环，喷头完成间断性步进。连续运转射流喷头使信号嘴1一直接到信号水，左右两侧一直存在压差，从而主射流一直附壁，喷头完成旋转运动。相对而言，由于始终有一个推动力的存在，连续运转射流喷头工作更加稳定、可靠[38-40]。

2. 外取水射流喷头

对于射流喷头，其转体连接座、空心轴、喷体等部件可以通用，主要对喷头射流元件体进行结构改造。图2-56为外取水射流元件体水力结构图，设定图示上方为喷头右侧，下方为喷头左侧。射流元件体由反向补气嘴、信号水接嘴、出口盖板、信号水入水嘴、导流管组成。在射流元件体的外壁上，右侧设有信号水接嘴及位于其下方的信号水入水嘴，左侧设有反向补气嘴，信号水接嘴与信号水入水嘴经导流管相连，射流元件体上端设有出口盖板。利用水流附壁效应，信号水接嘴中信号水的截取及流动，使主射流某一侧间断性形成低压旋涡区，反向补气嘴开启及关闭使主射流另一侧高低压间切换，从而使主射流左右两端形成压差，实现水流的附壁，完成喷头的直射、步进和反向运转。

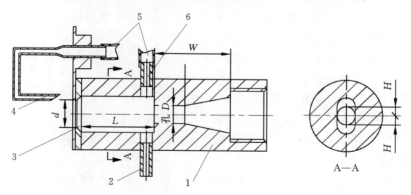

图2-56　外取水射流元件体
1—射流元件体；2—反向补气嘴；3—出口盖板；4—信号水接嘴；5—导流管；
6—信号水入水嘴

工作过程如下：水流从孔D喷射到作用区内，作用区左右两端形成低压旋涡区。喷头左侧由反向补气嘴补气，右侧由信号水接嘴补气，两侧压力相等，水流直射，喷头静止。信号水接嘴中取出信号水流入信号水入水嘴，使右侧没有空气补入，右侧形成低压旋涡区，左侧压力大于右侧，主射流向右侧附壁，水流通过出口盖板的倒角对喷头产生推动力使喷头步进转动。此时，由于水流在作用区内往右侧附壁的水流在出口处向左偏转，信号水接嘴脱空取不到任何信号水，只接到空气，导流管中的信号水抽完之后，空气进入信号水入水嘴，两侧压力相等，主射流恢复直射，如此反复循环，喷头自控完成直射—步进—直射—……循环。反向管与换向机构相连，当步进到反向机构受到限位环限制，将反向补气嘴堵死，左侧形成低压旋涡区，右侧压力大于左侧，主射流反向附壁，喷头反向转动，转动到限位环另一侧，补气嘴重新打开，空气进入左腔，与右腔的压力差相平衡，反向运转终止，恢复直射。如此反复循环，外取水射流喷头自控完成直射—步进—……反向—直射—步进……的喷洒作业。

3. 三段式射流喷头

图 2-57 为三段式射流喷头元件体几何结构图。设定图示上方为喷头右侧，下方为喷头左侧，从图 2-57 中可以看出，用连接导管连接左右信号嘴，中间连接节流嘴使气水分离。

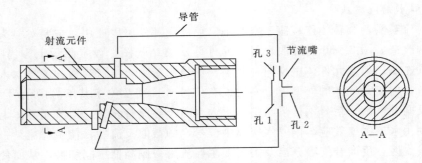

图 2-57　三段式射流喷头元件体

节流嘴为一类似三通的结构，孔 1 与喷头上的左侧信号嘴连接，孔 2 敞开在大气中，孔 3 与右侧信号嘴连接。从左侧信号嘴取出来的信号流为气水混合物，经过节流嘴孔 1 后，气从孔 2 中逸出，水从孔 3 流入右侧信号嘴。此时，信号流全为水而不存在气，因此节流嘴起到气水分离的效果。

三段式射流喷头步进工作原理如图 2-58 所示，当有压水从喷嘴射出时，左侧信号嘴由于紧贴元件体壁面取得信号控制流，经导管流道堵死右侧的相互作用孔，主射流在大气压的作用下产生附壁效应，在附壁过程中将导管中的水流抽干，瞬间信号流中断，水流又恢复直射，如此周而复始推动喷头步进。

工作过程如下：首先，反向小孔开启，由孔 2 向右侧信号嘴补气，左右腔均为大气压，主射流直射，喷头静止。左侧信号嘴从主射流取水，堵住节流嘴上孔 3，孔 2 中的气进不了右侧信号嘴，左腔压力大于右腔，主射流向右附壁，喷头步进。附壁过程将导管中的信号水抽完，空气由孔 2 进入右侧信号嘴，左右腔压力相等，主射流恢复直射状态，如此反复循环。当喷头步进到一定位置，反向小孔被堵，空气从节流嘴孔 2 中进入右侧信号嘴补气，右腔压力大于左腔压力，主射流向左附壁，完成反向转动。

4. 两次附壁射流喷头

对于射流喷头，普遍存在的一个问题是当工作压力、喷射流量较小时，水射流流速太小而推不动喷头做旋转运动。在两次附壁射流喷头的基础上，提出将作用区设计成斜扩形或加大位差可以增加其附壁力的大小，要注意的是过大增加位差则会出现超大位差现象。图 2-59 为两次附壁射流喷头元件体几何结构图，从图 2-59 中可以看出，它由主喷嘴和

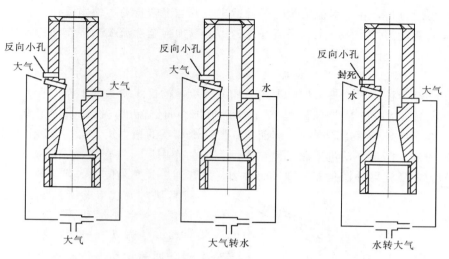

图 2-58 三段式射流喷头工作原理图

附喷嘴两部分组成。在工作过程中，利用全射流喷头提出的工作原理控制附喷嘴使其间断性附壁切换，使主喷嘴中信号水入水孔间断性取得信号水，从而使主喷嘴间断性附壁，完成喷头步进运动。也就是说水流通过两次附壁使喷头实现运转。此喷头优点在于按照理论设计出来的喷头工作稳定可靠，而且能方便控制其旋转角度和步进频率等工作参数。

超大位差是指增大元件的位差，使该元件失去负压切换功能，这时元件为具有超大位差的水射流元件。如图 2-59 中，加大右侧壁的位差至封住信号水入水孔时，主射流也不会作负压切换，这时由于主射流的卷吸作用，使附喷嘴给予主喷嘴的信号水大部分被主射流卷走，少量留在作用区右侧的空间内形成附于主射流右侧表面的涡流。因为附喷嘴给予的信号水加入主射流，致使新形成的主射流在作用区右侧所占据的空间增大，即主射流在作用区右侧的体积增大。若用 V 表示新增加的体积，则 V 是时间 t 的函数 $V=f(t)$，随着时间的推移而增大，当 V 增大到某一数值时，右侧的大气补给量比左侧（通大气）小，主射流

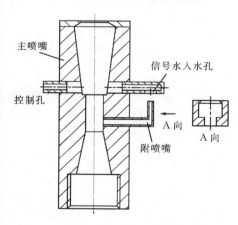

图 2-59 两次附壁射流喷头元件体

向右偏转，附于右侧壁，由于位差加大，水射流对喷头驱动力加大，喷头向右步进。当主射流附于右侧壁时，主射流又迅速恢复直射状态，这样喷头步进向右旋转。

五、全射流喷头与摇臂式喷头对比

驱动力矩大小是保证全射流喷头能否正常稳定工作的基础，对于目前已研制成功的全射流喷头，附壁力不仅要克服其所受的水流冲击阻力和旋转摩擦阻力，还要驱动喷头做旋转运动。在某些特定条件下如压力较小、水流中杂质引起摩擦力增大等的情况下，喷头不能稳定工作。本节研究目的是对比全射流喷头与摇臂式喷头的工作性能参数，并对全射流

喷头进行力学分析，在全射流喷头喷管处适当位置加上转折角，使水流通过转折角时对喷头产生固有驱动力矩，用其来克服所受总阻力，以加强全射流喷头工作的稳定性和扩大喷头工作压力适用范围。

1. 摇臂式喷头的重要性能指标

图 2-60 为摇臂式喷头工作原理图。如图所示，摇臂式喷头的工作过程大致可以分为 5 个阶段：①摇臂脱离射流阶段，射流自喷嘴射出冲向偏流板，摇臂很快脱离射流开始向外摆动，这时摇臂弹簧逐渐受扭，因而给摇臂一个相反的扭力矩。②摇臂减速阶段，摇臂头部脱离射流，断绝了动量来源，但在惯性力矩的作用下，摇臂以减速的方式继续摆动，弹簧的扭力矩随摇臂外摆角度的增大而增加，摇臂到最大摆幅位置，弹簧被扭紧，积蓄了摇臂从射流获得的能量。③摇臂回摆阶段，摇臂停止运动后，摇臂弹簧储存的能量开始作功，摇臂回摆。回摆时，摇臂作回速运动，转速不断增加。④摇臂切入射流阶段，摇臂以一定的角速度切入射流，摇臂的偏流板先受水，使水流方向改变，偏流板获得动能使摇臂加速进入射流。⑤碰撞阶段，摇臂以很大的角速度碰撞喷管式喷体，由于时间短，冲量矩很大，使喷头克服摩擦阻力矩而转动一个角度。碰撞结束后，喷头在摩擦阻力矩的作用下很快停止，此后重复以上过程。

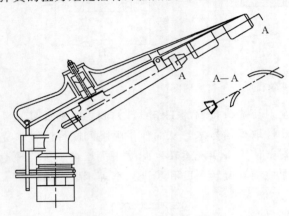

图 2-60　摇臂式喷头原理

在第 1 和第 4 阶段，射流迫使摇臂的运动主要受射流作用力影响，虽然同时还受弹簧扭力作用，但摇臂在水舌中转动角度很小，弹簧扭矩变化不大，因此扭矩值与水射流作用力相比仍然微不足道，故可以忽略。因此根据相对运动原理，可以得出式（2-66）摇臂的力矩公式和式（2-67）旋转角度公式[40]：

$$M = \rho Q_0 r (u_0 \sin\alpha - \omega r) \tag{2-66}$$

式中　M——驱动力矩，N·m；

ρ——水的密度，kg/m³；

Q_0——喷射流量，m³/s；

u_0——水射流出口平均流速，m/s；

α——板与射流轴线的夹角，（°）；

r——水射流冲击点到摇臂转轴的距离，m；

ω——摇臂瞬时角速度，rad/s。

$$\varphi = \sqrt{\varphi_0^2 + \frac{\omega_0^2 J_b}{k}} \sin\left(\sqrt{\frac{k}{J_b}} t + \arctan\frac{\varphi_0}{\omega_0}\sqrt{\frac{k}{J_b}}\right) \tag{2-67}$$

式中　φ——摇臂转角，（°）；

φ_0——弹簧初始转角，（°）；

ω_0——摇臂初始瞬时转速度，rad/s；

k——弹簧刚度系数；

J_b——摇臂对转轴的转动惯量。

式（2-67）给出了弹簧转角与时间的关系，由于摇臂转角与弹簧扭转角有下列关系：$\varphi = \varphi_0 + \varphi_b$；故可以得到：

$$\varphi_b = \sqrt{\varphi_0^2 + \frac{\omega_0^2 J_b}{k}}\sin\left(\sqrt{\frac{k}{J_b}}t + \arctan\frac{\varphi_0}{\omega_0}\sqrt{\frac{k}{J_b}}\right) - \varphi_0 \qquad (2-68)$$

式中　φ_b——摇臂张角，（°）。

由式（2-68）可以得出最大摇臂张角为

$$\varphi_{b\max} = \sqrt{\varphi_0^2 + \frac{\omega_0^2 J_b}{k}} - \varphi_0 \qquad (2-69)$$

同样可以得到摇臂自由运动时间或称摇臂撞击周期：

$$T_b = \left(\pi - 2\arctan\frac{\varphi_0}{\omega_0}\sqrt{\frac{k}{J_b}}\right)\sqrt{\frac{k}{J_b}} \qquad (2-70)$$

其倒数为摇臂撞击频率，从式（2-70）中可以看出，影响摇臂撞击频率的因素有摇臂转动惯量、弹簧系数、弹簧初始角速度等。

2. 全射流喷头重要性能指标

全射流喷头利用水流附壁效应获得驱动力矩，由此可以推导全射流喷头力矩公式

$$M = \rho Q r u \sin\beta \qquad (2-71)$$

式中　Q——喷射流量，m^3/s；

u——水射流出口平均流速，m/s；

r——水射流附壁点到转轴的距离，m；

β——附壁中心线与壁面的夹角，（°）。

旋转角方程

$$\varphi = \frac{1}{2J_B}Mt_2^2 \qquad (2-72)$$

步进频率

$$f = \frac{1}{t_1 + t_2} \qquad (2-73)$$

全射流喷头的工作原理是靠负压使主射流进行切换，因此有必要研究在不同工作压力下，附壁过程中左右压差的大小。通过试验，图2-61为30PXH喷头不同工作压力各导管长度下，附壁过程中左右压差的值。从图2-61中可以看出，附壁过程中，导管越长则左右压差越大。这是因为导管越长则主射流抽空导管中水的时间就越长，水流卷吸越充分，右侧低压旋涡区负压值越高。工作压力越高，左右压差也越大，因为工作压力越高，水流速就越大，带走的空气分子越多，对于无补气一边的低压旋涡区，真空度也越大，因此左右压差更大。试验证明，附壁过程中，内部真空度的大小只与导管长度和工作压力有关，其他因素影响不大。

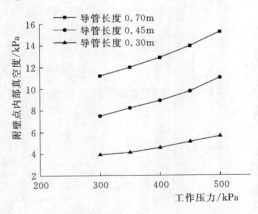

图 2-61 不同工作压力下左右压差

3. 对比实验

喷头每次旋转的步进角度是喷头的一个重要参数，全射流喷头主要是靠改变导管长度来控制其每步的步进角度，摇臂式喷头主要是靠改变弹簧的初始位置来控制每次步进角度。选用 30PXH 型全射流喷头和 PY_130 型摇臂式喷头进行实验对比分析，图 2-62（a）为全射流喷头在不同工作压力下，导管长度与步进角度的关系曲线；图 2-62（b）为摇臂式喷头在不同工作压力下，弹簧初始位移与步进角度的关系曲线；图 2-62（c）为全射流喷头在不同工作压力下，导管长度与步进频率的关系曲线；图 2-62（d）为摇臂式喷头在不同工作压力下，弹簧初始位移与步进频率的关系曲线。

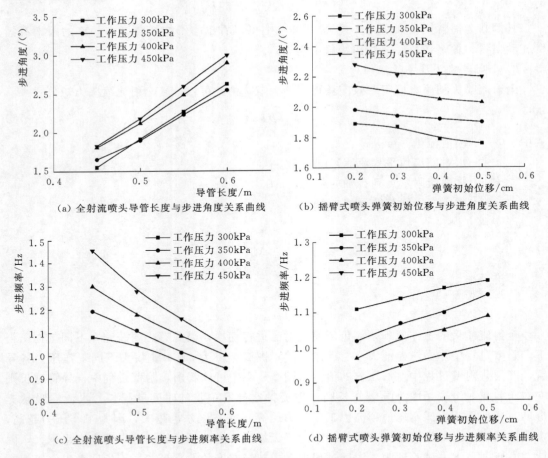

（a）全射流喷头导管长度与步进角度关系曲线　　（b）摇臂式喷头弹簧初始位移与步进角度关系曲线

（c）全射流喷头导管长度与步进频率关系曲线　　（d）摇臂式喷头弹簧初始位移与步进频率关系曲线

图 2-62 全射流喷头及摇臂式喷头对比

从图 2-62 中可以看出，在相同管长不同压力时，全射流喷头每次转过的角度变化不大，可以忽略压力对它的影响。因此全射流喷头步进角度主要由导管长度决定，导管长度越长，则步进角度越大。摇臂式喷头步进角度主要受到工作压力的影响，工作压力越大，步进角度越大，不论如何调节弹簧，它的每次步进角度改变不大。在实际使用中，全射流喷头可以根据用户的需要通过改变导管长度来改变它的步进角度，从而达到用户要求的效果。

在不同工作状态下，要求喷头的步进频率也有所不同，全射流喷头可以通过调节导管长度来调节步进频率，方便可靠。试验结果表明对于摇臂式喷头，步进频率只与工作压力有很大的关联，通过调节弹簧改变频率的幅度不够大。

六、全射流喷头运转试验研究

(一) 耐磨试验研究[37]

由于全射流喷头的工作原理及其结构特点，射流元件的尺寸精确要求高，加工精度要求高。在实际运行时，长期的水流冲刷，特别是含沙介质的磨损，会改变射流元件的结构尺寸。若射流元件的磨损超出允许的运行尺寸范围，会造成喷头不能步进、旋转，影响喷头的正常工作和可靠性。因此，全射流喷头的耐磨试验研究尤为重要。

1. 喷头磨损部位的分析

由喷头的工作原理可以看出，元件过流部分的磨损主要包括以下几个方面：①收缩锥管和基圆段；②作用区左右侧壁；③盖板步进侧出口内倒角和直线段；④盖板反向侧出口内倒角和直线段；⑤取信号水的接嘴。射流对收缩锥管、基圆段、水封面和作用区左右侧壁磨损属于作用面的磨损，磨损量较小，两处磨损同时发生，尺寸同时变大，故对左右作用区的密封性没有影响。关键是接嘴的磨损，直接影响接嘴从主射流中的取水量，影响喷头左右腔压差的形成，影响喷头的附壁效应，影响喷头的正常工作。

水流介质特别是含沙介质对接嘴尺寸的磨损，成为影响喷头稳定工作的关键。接嘴的磨损量越小，运行越稳定。接嘴尺寸的磨损需要控制在允许尺寸范围内。

减小接嘴的磨损量，可从以下两个方面着手：

（1）直接措施。寻求用耐磨材料来加工接嘴及其他射流元件，减少磨损量。

（2）间接措施。将接嘴设计成可调节结构，在使用一段时间后，喷头出现工作不正常时，加大接嘴插入射流表面的深度，喷头又能继续正常工作，延长喷头的使用寿命。

2. 耐磨试验装置

为了研究全射流喷头运行的磨损量及其磨损后对喷头运转的影响，设计自循环喷头耐磨损装置进行试验研究。试验装置如图 2-63 所示，由水箱、水泵机组、试验喷头、流量计、压力表、球阀、管路和辅助支撑组成。水箱为圆锥形，顶部有盖，侧壁上部有条形开口，便于试验喷头伸入水箱。

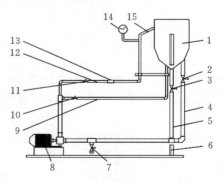

图 2-63　喷头耐磨损试验装置示意图

1—水箱；2—球阀；3—球阀；4—取水管路；
5—排水管路；6—支撑；7—球阀；8—水
泵机组；9—自搅匀管路；10—球阀；
11—球阀；12—喷头试验管路；
13—流量计；14—压力表；
15—试验喷头

工作过程为：关闭水泵机组进口排水管路上的球阀，打开取水管路上的球阀，启动水泵机组，打开自搅匀管路的球阀，关闭喷头试验管路上的球阀。待水箱内含沙水搅匀后，打开喷头试验管路上的球阀，调节球阀，使喷头进口压力表读数为设定工作压力流量通过流量计时测出，喷头带有反向机构，在规定角度内喷洒。水流自水箱一侧开口中射入水箱，循环运行。持续试验工作到试验规定工作时间，关闭喷头试验管路的球阀、水泵机组、自搅匀管路上的球阀和进口取水管路的球阀。如果需要放空含沙水或清洗装置，可通过打开排水管路球阀，放出含沙水或清洗装置。

3. 试验结果与分析

试验用喷头使用由江苏大学设计、上海万得凯节水技术有限公司制造的 PXH10 型喷头，采用普通的 ABS 材料制造。试验介质由 0.5kg 重泥沙和 50kg 重清水构成，泥沙浓度为 1%，泥沙取自长江江滩，颗粒大小级配为自然级配，平均粒径 0.085mm。表 2 - 12 为喷头磨损试验记录表。

表 2 - 12　　　　　　　　浓度为 1% 的混水对喷头各参数影响情况

时间/h	流量/(m³/h)	喷头转速/((°)/s)	末端雨滴直径/mm
0	0.912	17.74	2.49
6	0.930	69.9	2.52
12	0.938	95.25	2.54
18	0.943	76.44	2.53
24	0.947	57.26	2.57
30	0.950	56.86	2.57
42	0.952	57.66	2.64
52	0.954	49.38	2.71
62	0.951	42.69	2.81
82	0.956	18.74	3.17
92	0.957	8.32	3.48
98	0.957	5.42	3.73
104	0.958	—	4.05

通过回归分析可以得到流量随时间变化的表达式为

$$Q = 0.912 + 0.023t^{0.125} \qquad (2-74)$$

末端雨滴直径随时间变化的表达式为

$$d = 2.45 + 0.0261e^{0.0397t} \qquad (2-75)$$

分析以上试验结果，可以得到以下结论：

(1) 利用回归分析方法，对流量随时间变化关系进行分析，发现流量随时间的变化成幂指数关系。原因主要是在喷头加工时存在较多的毛刺，这些毛刺受到混水的冲蚀时，极易磨损，造成开始阶段的流量随时间急剧增大。当工作至一定时间后，喷头进入稳定工作阶段，流量基本不变化。

(2) 利用回归分析方法，对末端雨滴直径随时间的变化情况进行分析，可以得出末端雨滴直径随时间变化成指数关系。分析原因，主要是随着关键水力尺寸磨损量的增大，信号水量逐渐减少，主射流受到接嘴1的破坏程度逐渐减小，同时喷头的直射时间也逐渐增大，这些因素综合作用下，导致了末端雨滴直径的增加。

（3）接嘴1是一个易磨损的部件，在平均粒径0.085mm时，运行100h，接嘴1取水量明显减小，喷头频率减小，转速减慢，影响喷头的正常运转。此时可以通过插深接嘴1的方法恢复正常工作运转。

（二）耐久试验研究[37]

在喷头试验中，喷头的耐久性能是其水力性能中非常重要的一个方面，特别是在喷头实际应用中，喷头的耐久性能尤为重要。

1. 耐久试验装置

为检测全射流喷头的耐久性能，研制了耐久性循环试验台。该试验台由容器、压力表、潜水电泵、管路以及试验用喷头组成，如图2-64所示。

2. 试验结果

对上海万得凯节水技术有限公司制造的PXH10型喷头进行了耐久性试验，试验结果表明：喷头可安全运行2000h以上。在耐久性试验进行了2000h以后，发现以下现象：

（1）在耐磨性试验中，信号接嘴是一个易磨损的部件，但在耐久性试验中，虽然水中有许多杂质，但信号接嘴的磨损量非常小。因此只要将进入全射流喷头的灌溉用水的含沙量控制在一个合适的范围内，全射流喷头能够在规定时间内稳定工作。

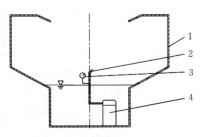

图2-64　小型喷头耐久性试验台
1—容器；2—试验用喷头；
3—压力表；4—潜水电泵

（2）耐久性试验中，转体部分的四氟圈是最易磨损的部件。水中的微小颗粒较多，因此喷头运转一段时间以后，四氟圈上就吸附了很多杂质，加速了四氟圈的磨损。在耐久性试验进行到1100h时，更换了新的四氟圈。因此对于全射流喷头，需要控制杂质进入四氟圈之间的量，或者在产品销售时多配一组四氟圈。

（3）试验过程中，由于四氟圈的磨损，四氟圈之间的接触面积不断增加，摩擦系数也不断增加，使得喷头工作过程中的转动速度逐渐变小。图2-65为耐久性试验转速随时间的变化情况。每天在固定的三个时间段测量转速，通过对喷头前900h的测试，可以看出总体上转速是随时间的变化而逐渐降低的。图2-66所示为雨量分布随时间的变化情况。

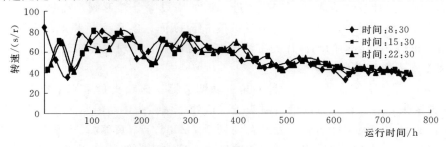

图2-65　耐久性试验中转速随时间的变化情况

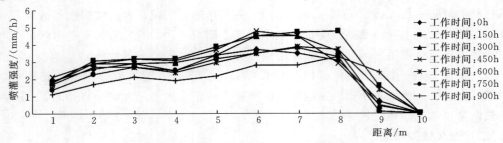

图 2-66　雨量分布随时间的变化情况

第五节　变量喷洒喷头

一、概述

喷灌系统中，通过机械方式实现变量喷洒主要体现在通过喷头来实现变量，我国在 20 世纪 90 年代才开始这方面的研究[41]。

1. 喷头出口增设挡水装置实现变量喷洒

1997 年，王振海[42]开发的喷头，将翘起的限水片固定在喷头下方竖管上，喷头喷水时，限水片翘起，使水流改变方向，实现各种形状喷洒域。1998 年，王云中[43]也开发出了一种固定挡水器的方形喷洒域喷头。这种喷头在喷嘴出水口四周设有方形挡板，喷出的水流为方形，喷头结构简单，属于固定式喷头。2003 年，吴普特[44]等人发明了自动调节射程的摇臂式喷头，在原摇臂式喷头的螺纹接口底座上固定设置一个锥形齿轮盘，随着喷头的转动，锥形齿轮上安装的叶片相对喷头旋转，不同长度的叶片周期性地伸入和退出喷洒出来的水流，从而达到喷头射程自动调节的目的。2003 年，韩文霆[45]等人发明另一种在原摇臂式喷头的基座上安装有凸轮盘，凸轮传动过程中，喷嘴前方的碎水螺钉随着喷头转动而上下移动，以改变喷头射程。

2. 改变喷头进口压力实现变量喷洒

2000 年，王正中[46]等人在原有摇臂式喷头上设计一种流量调节装置改变流量和射程，实现各种形状喷洒域和变量喷洒，但该喷头转动的灵活性较差。2001 年，郝培业[47]等人研制了三种安装在摇臂式喷头上的流量调节器，通过设计 T 形孔来调节喷头压力，以达到射程的周期性变化。2001 年，冯浩[48]等人研制了在喷头进水口加装一定形状的截流片或截流阀，通过周期性地改变喷头过水断面的面积，进而改变流量和射程，实现非圆形喷洒域的目的。加装截流阀就是在喷头进水口处增设一个蝶形阀，在喷头转动过程中，通过齿轮机构带动蝶形阀的开度，周期性改变过流断面，实现变量喷洒。2003 年，韩文霆[49]采用了进口相对运动的动静片的方法改变截流面积，实现射程的改变。

3. 改变喷头仰角实现变量喷洒

2001 年，王飞[50]等人研制了一种仰角自动调节器。该喷头是采用中空万向节结构的球铰螺纹管接头，安装在原有摇臂式喷头进水口处，使喷头体与给水竖管的夹角随喷头转动而变化，从而实现喷头仰角和射程的自动调节。2006 年，黄修桥[51]等人研制了在摇臂式喷头的空心轴与喷体之间采用可活动的铰接，实现对喷头仰角的调节，但要先设定后锁定使用，不能自动调节。

4.改变喷头运动轨迹实现变量喷洒

1999 年，孟秦倩[52]等提出变圆心法的思想。变圆心法是通过采用双圆周复合运动曲线的原理，使喷头在自转的同时，绕水竖管公转，两种运动曲线复合便可得近似方形运动曲线，从而达到非圆形喷洒域喷洒的目的，但所需的水平转管长度较长，转动时需要较大的动力。2004 年，丁献州[53]发明了一种变射程全自动节水灌溉喷头。该喷头在水管接头上设有调节盘，采用更换不同的调节盘来实现不同形状的喷洒域。该机构的调节盘需要按照各个不同形状的喷洒域设定。

由上可知，国内对变量喷洒喷头的研究主要从以下几个方面实现，固定式喷头前加挡水器、改变喷头进口截流面积、采用铰接改变喷头仰角、增设外围机构调节喷头出口碎水结构等。采用的各种方法中，除固定喷头以外，旋转喷头均以摇臂式喷头为基础，改变摇臂式喷头结构。国内的这些方法中，改变进口截流面积的方法相对简单，对该方法的研究主要为西北农林科技大学的韩文霆等人。但该研究没有形成稳定可靠的产品，其结构尚需改进，压力调节装置的设计方法还没有建立。

国外在变量喷洒喷头方面的研究始于 20 世纪 20 年代。1920 年，新西兰的 Donald[54]研制出了一种能够实现仰角和流量的自动调节喷头。喷头采用叶轮驱动和蜗轮蜗杆传动，喷嘴相对于喷头可以上下活动，从而改变喷头仰角。铰链处的流量调节器可以调节喷头流量，可使喷头单位喷洒面积上的喷水量基本保持一致，从而实现喷洒量和喷洒域同步可控。但该喷头结构复杂，成本较高。1976 年，美国的 Robert[55]研制出了一种反作用式喷头能够同时调节喷头的仰角和转速。喷头依靠喷洒水流的反作用力驱动喷头。采用转子式油泵调节喷头转速，通过仿形拨指控制喷头仰角，实现喷洒量和喷洒域同步可控，但该喷头对油泵室密封性要求特别高。1952 年，美国的 James[56]研制出了一种挡水器转速可调的反作用式喷头，驱动力为水流对挡水器的反作用力，仿形圆盘控制挡水器，挡水器的挡水面积和水流对挡水器的作用力控制喷头转速。挡水器上下移动时，喷头射程和转速同时改变，从而达到了喷洒量和喷洒域同步可控的目的，但该喷头转动均匀性会受到影响。1953 年，Aldo[57]研制出一种自动挡水器及传动装置，该机构安装在摇臂式喷头上，实现喷洒域可控，结构简单。1981 年，美国的 Benjamin[58]研制出了一种自动挡水器转速可调的叶轮驱动式喷头，喷头的旋转采用水力驱动叶轮转动为动力，并通过齿轮传动。喷头挡水器和转速调节装置运动的控制部件是仿形内齿圈，传动部件为齿轮和连杆混合形式。不同地块形状采用不同的仿形内齿圈，偏心齿轮通过转杆控制挡水器相对喷嘴上下移动，同时控制喷头转速，实现喷洒量和喷洒域同步可控。喷洒射程的长短比是由齿轮传动比决定的，射程变化可精确控制。1966 年，美国的 Edwin[59]等人研制出了一种双速喷头，通过一系列齿轮传动和一定的变换机构，实现喷头的变速。但这种喷头只能实现喷洒量可控，不能实现喷洒域可控。2000 年，美国的 Ohayon[60]在摇臂式喷头进口处安装柱塞式的流量调节阀，实现了流量和压力自动调节。

国外已经在摇臂式喷头、反作用式喷头、叶轮式喷头和地埋式喷头等方面实现了变量喷洒，他们研制的喷头运行可靠，但因其结构复杂，操作困难，且成本较高，因而有待进一步改进。我国在变量喷洒技术方面较落后，喷头种类和功能也较少，目前仅在摇臂式喷

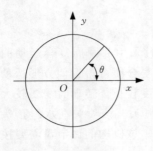

图 2-67　全圆喷洒示意图

头上研究了变量喷洒的实现方法。因此，研究运行可靠且结构简单的变量喷洒喷头具有重要使用价值。旋转式变量喷洒喷头一般都是通过在原有喷头主体结构上增设流量和射程调节装置来实现的，目前关于喷头流量和射程装置的研究主要集中在结构形式的设计上，对其结构参数和性能参数之间关系的理论研究和试验分析较少[61,62]。

二、变量喷洒理论及实现方法

（一）变量喷洒喷头工作参数关系方程

传统旋转式喷头喷洒过程为全圆喷洒，如图 2-67 所示。

O 处为喷头位置，喷头由 x 轴向 y 轴旋转过程中，转过 θ 角度时喷头扫过的喷洒面积为[63]

$$S = \pi R^2 \frac{\theta}{2\pi} = \frac{1}{2} R^2 \theta = \frac{1}{2} R^2 \omega t \tag{2-76}$$

式中　R——喷头的射程，m；

ω——喷头旋转角速度，r/s；

t——喷头旋转时间，s；

θ——喷洒角度，(°)。

影响喷头流量的主要因素是工作压力和喷嘴直径的大小，对于同一喷嘴来说，工作压力越大，喷头流量也越大，反之亦然。对一具体的喷头而言，其结构参数已定，工作时，其射程主要受工作压力、风速大小和转速的影响。在一定的工作压力范围内，压力增加只会提高雾化程度，而射程不会再增加。

将式（2-76）代入到平均喷灌强度计算公式中，得到喷头流量、射程的变化关系，即喷头工作时的工作方程为

$$\rho = \frac{\overline{h}}{t} = \frac{1000Q}{(1/2)R^2 \omega t} \tag{2-77}$$

式中　$\overline{h}$——平均喷灌水深度，mm。

$$Q = \frac{1}{2000} \overline{h} \omega R^2 \tag{2-78}$$

在给定的喷灌系统中，根据作物的需求有一定的喷灌水量，所以 $\overline{h}$ 设为定值。在喷头的工作范围内，流量的变化对转速的影响并不大，由上式得到流量与射程关系：$Q_1/Q_2 = R_1^2/R_2^2$。其中 Q_1，Q_2 和 R_1，R_2 分别为两种不同情况下的流量与射程值。

（二）实现变量喷洒理论分析

1. 正方形和三角形喷洒域边界方程

在工程应用喷头组合喷灌中，喷头的布置方式有很多种[64]。其中按管道的布置形式及喷头的控制面积来说，单喷头的喷洒域为正方形和三角形有利于提高喷洒的水利用率及均匀性，喷洒的重喷、超喷和界外喷现象会明显降低。喷头正方形布置和三角形布置时，正方形和三角形喷洒域的控制面积比全圆喷洒有所减小，但从精准灌溉角度来说，喷洒的重叠率、超喷率明显减小，可见研究全射流喷头实现正方形和三角形喷洒域是有必要的，因此对实现正方形和三角形喷洒的理论参数变化规律进行研究具有重要的意义。

喷头实现方形喷洒时，其喷洒域的形状如图 2-68 所示，喷头处于正方形中心 O 位置，设 $OA = R_0 = 1$，$OB = R$。喷头在旋转过程中射程在 4 个周期内变化，由 OA 到 OB 转过角度 α，射程逐渐减小，一个圆周内射程出现 4 个峰值。在最大值处射程变化较快，在最小值附近射程变化较慢。

由图 2-68 可得出正方形的边界函数：

$$R = \begin{cases} \dfrac{R_0}{\sqrt{2}\cos(\pi/4-\alpha)}, & 0 \leqslant \alpha \leqslant \dfrac{\pi}{2} \\[3mm] \dfrac{R_0}{\sqrt{2}\cos(3\pi/4-\alpha)}, & \dfrac{\pi}{2} \leqslant \alpha \leqslant \pi \\[3mm] \dfrac{R_0}{\sqrt{2}\cos(5\pi/4-\alpha)}, & \pi \leqslant \alpha \leqslant \dfrac{3\pi}{2} \\[3mm] \dfrac{R_0}{\sqrt{2}\cos(7\pi/4-\alpha)}, & \dfrac{3\pi}{2} \leqslant \alpha \leqslant 2\pi \end{cases} \tag{2-79}$$

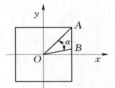
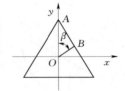

图 2-68　正方形喷洒示意图　　图 2-69　三角形喷洒示意图

在一个圆周内，正方形区域的边界为该方程的解。喷头实现三角形喷洒时，其喷洒域如图 2-69 所示，喷头处于三角形中心 O 位置，射程呈 3 个周期变化，出现 3 个峰值，三角形喷洒域的射程变化幅度比正方形喷洒大。设 $OA = R_0 = 1$，$OB = R$。

由图 2-69 可得出三角形边界函数为

$$R = \begin{cases} \dfrac{R_0}{2\cos(\pi/3-\beta)}, & 0 \leqslant \beta \leqslant \dfrac{2\pi}{3} \\[3mm] \dfrac{R_0}{2\cos(\pi-\beta)}, & \dfrac{2\pi}{3} \leqslant \beta \leqslant \dfrac{4\pi}{3} \\[3mm] \dfrac{R_0}{2\cos(5\pi/3-\beta)}, & \dfrac{4\pi}{3} \leqslant \beta \leqslant 2\pi \end{cases} \tag{2-80}$$

三角形区域的边界为该方程的解。

2. 流量与射程参数变化关系

流量与射程有着直接的关系，流量越大，射程也就越大，由射程的变化要求可得到流量的变化规律。MATLAB 语言[65]具有强大的图形处理功能，采用 MATLAB 语言对正方形和三角形射程进行仿真，可使射程及其他的参数关系更加直观。设射程的最大值为 1，通过 MATLAB 软件编程得到极坐标和直角坐标下正方形和三角形的射程变化曲线如图 2-70 所示。

最大射程设为 1，对射程进行当量处理。由图 2-70 可以看出最大射程出现的次数即为变化的周期，三角形变化的幅度比较大。由射程与流量关系式 $Q_1/Q_2 = R_1^2/R_2^2$，得到在正方形、三角形射程下对应的理论流量曲线如图 2-71 所示。

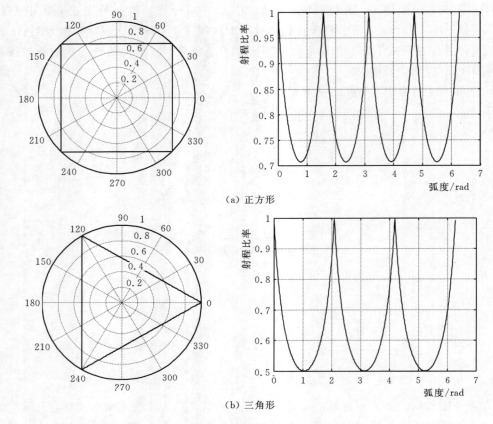

（a）正方形

（b）三角形

图 2-70　理论射程变化曲线

3. 压力与截面积参数变化关系

喷头射程影响因素有很多[66]，在工作范围内，压力对射程的影响效果最为显著。因此若达到正方形和三角形域射程的变化，可通过对喷头进口压力的调节来改变。通过试验找出压力与射程的关系，及压力与喷头进口截面积的关系，便可以得到实现射程变化下的压力及进口截面积的变化规律。

三、变量喷洒喷头结构设计

全射流喷头是一种新型的节水节能灌溉喷头，结构简单，性能优秀，具有较好的应用前景。同时，传统的摇臂式喷头在市场上应用广泛。因此，在借鉴前人研究工作的基础上[67]，以压力流量调节装置为基础，选用全射流喷头和摇臂式喷头为代表，对其实现变量喷洒进行结构设计及优化。喷头进口处增设压力流量调节装置，使喷头进口处压力发生改变，实现变量喷洒。

（一）全射流变量喷洒喷头

全射流喷头实现变量喷洒所采用的方法是，在全射流喷头转体处加装压力流量调节装置，喷头动、静片相对运动中进口截面积发生改变，从而改变喷头的进口工作压力，因此改变了喷洒的射程[68]。变量喷洒全射流喷头（BPXH）装配图及产品样机分别如图 2-72 及图 2-73 所示。

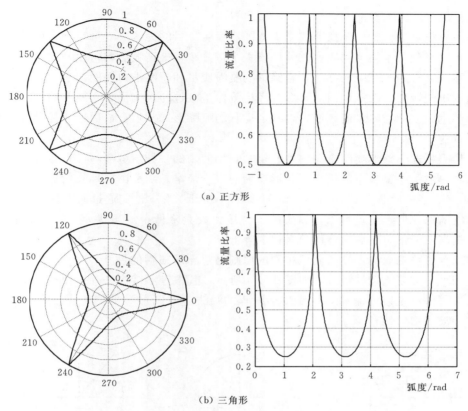

（a）正方形

（b）三角形

图 2-71 理论流量变化曲线

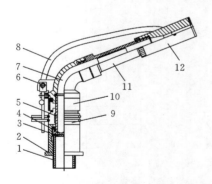

图 2-72 变量喷洒全射流喷头装配图

1—连接套；2—并冒；3—静片；4—动片；

5—空心轴；6—换向机构；7—喷体；

8—反向塑料管；9—转体；10—转

体密封机构；11—喷管；

12—射流元件体

图 2-73 变量喷洒全射流喷头产品

（二）异型喷嘴摇臂变量喷洒喷头

摇臂式喷头使用广泛，因此，在摇臂式喷头的基础上，分别采用异型喷嘴和自动可调喷嘴与进口处的压力调节装置配合，在压力调节装置实现了变量的同时，改善喷洒的均匀性，获得更好的水力性能。

设计异型喷嘴代替传统摇臂式喷头的圆形喷嘴，目的为解决变量喷洒在小射程、低压情况下水射流分散不均匀问题，改善单喷头水量分布，提高喷洒均匀性。

喷嘴是喷头的一个重要部件，直接影响喷灌质量和喷灌水力性能。它不但要最大限度地把水流压能转变为动能，而且要保持经稳流器整流过的水流仍具有较低的湍流程度，至少不应产生大量的横向水流。所以，确定适宜的喷嘴形式和喷嘴最优尺寸是设计异形喷嘴的主要目的。

异形喷嘴即非圆形喷嘴是国内外近年来开始使用的一种新型喷嘴，它具有改善喷头雾化状况和单喷头水量分布等优点。异形喷嘴的概念最早是由美国雨鸟公司提出的，称之为"控制雨滴直径的喷嘴"（Control Droplet Size Nozzle）[69]。他们通过研究得出，通过合理地选择喷嘴的几何形状，可以使喷头的工作压力大大降低，最高达 50%，且雾化程度有显著的提高，但不可避免地会引起射程的降低。

按照异形喷嘴与圆形喷嘴面积相同的原则确定异形喷嘴的尺寸，针对 PY$_2$30 型喷头，设计了四种异形喷嘴结构形式，如图 2-74 所示，其中星形结构又有三种不同尺寸。喷嘴出口圆形段保证主射流流动，尽量减小射程的损失。非圆形等部位主要使水流分散在近处，改善喷洒均匀性。

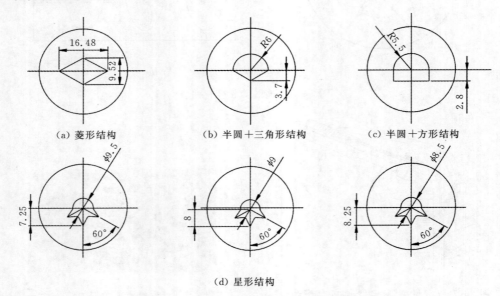

（a）菱形结构　　　　（b）半圆＋三角形结构　　　　（c）半圆＋方形结构

（d）星形结构

图 2-74　30 型异形喷嘴结构及尺寸

射程与水流从喷嘴射出时的动能有关。动能的计算式为

$$W = \frac{1}{2}mv^2 \qquad (2-81)$$

由

$$m = \frac{\gamma q_P}{g} \qquad (2-82)$$

$$v = \varphi \sqrt{2gH} \tag{2-83}$$

$$q_P = A\varphi\varepsilon \sqrt{2gH} = A\mu \sqrt{2gH} \tag{2-84}$$

可得

$$W = \frac{\gamma q_P v^2}{2g} = \frac{\gamma A\mu\varphi^2 \sqrt{2gH}}{2g} \cdot 2gH = \gamma\mu\varphi^2 AH \sqrt{2gH} \tag{2-85}$$

式中　W——喷嘴出流动能，J；

　　　　m——喷嘴出流质量，kg；

　　　　v——喷嘴出流速度，m/s；

　　　　γ——水的重度，N/m³；

　　　　q_P——喷头流量，m³/s；

　　　　H——喷嘴出口前水流压力水头，m；

　　　　μ——流量系数；

　　　　φ——流速系数；

　　　　ε——收缩系数；

　　　　A——喷嘴面积，m²；

　　　　g——重力加速度，m/s²。

　　从式（2-85）可以看出，在压力和喷嘴面积一定的条件下，动能 W 与流量系数 μ 成正比。因此要保证喷头的射程，需要选择流量系数较大的异形喷嘴。

（三）喷嘴自动可调摇臂变量喷洒喷头

　　喷嘴自动可调摇臂变量喷头是另一种摇臂式喷头实现变量喷洒的新结构，如图2-75所示，由进口压力调节装置、出口压力自动调节机构、摇臂式喷嘴组成。工作原理为：喷头转动工作时，安装在喷头转体内的进口压力调节装置改变喷头的射程。水流流经出口自动调节机构时，挡水板自动调节喷嘴出口面积，改善喷头低压小射程时水流的分散情况，进而改善喷洒水量分布。喷嘴自动调节摇臂变量喷头（BPY）样机如图2-76所示。

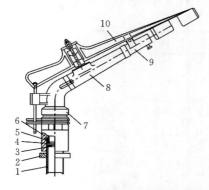

图2-75　喷嘴自动可调摇臂变量喷头结构示意图

1—套筒；2—并冒；3—静片；4—动片；

5—空心轴；6—转体；7—旋转密封

机构；8—喷管；9—出口压力自动

调节机构；10—摇臂机构

图2-76　喷嘴自动可调摇臂变量喷头样机

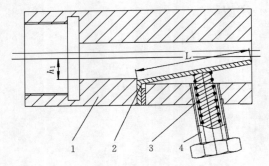

图 2-77　出口压力自动调节机构示意图
1—出口流道；2—挡水板；3—弹簧；4—空心螺栓

图 2-77 为出口压力自动调节机构示意图，出口压力自动调节机构由空心螺钉、弹簧、挡水板和出口流道组成，与喷头出口喷管连接。挡水板一端用旋转轴固定安装在流道中，初始位置及变化规律可通过置于空心螺钉中的弹簧来调节。工作时，挡水板位置随来流压力发生变化，喷嘴出口面积发生变化。来流压力大，出口面积大；来流压力小，出口面积小，从而自动改变喷洒均匀性。通过出口流道的优化设计，以及弹簧预紧力及弹性模量的设计，可以使出口面积按要求的规律变化。

四、变量喷洒喷头设计方法

对于变量喷洒喷头，压力调节装置的设计有很多种，在灌溉系统中应用较为广泛，例如：刘晓丽等[70]对滴灌系统压力调节器对水力性能影响进行了试验研究。田金霞等[71]对微灌压力调节器参数对出口预置压力影响进行了研究。但目前对压力调节装置的研究主要以参数对性能的影响为主[72-74]。这些研究还没有形成一套设计方法，将压力调节装置系列化及标准化。因此对变量喷洒喷头压力调节装置关键水力尺寸进行设计，提出一套实用的设计方法具有很重要的意义。本书根据大量设计及试验，初步总结出压力调节装置实现任意形状的设计方法。其设计的步骤路线图如图 2-78 所示。设计步骤如下：

1. 确定喷头的型号

对于喷头压力调节装置的设计，是在喷头的进口处加装压力流量调节装置，因此进口的尺寸非常重要，一般喷头的进口直径根据喷头的型号而定，进口直径设为 D，例如 PXH30 喷头，$D=30mm$。

2. 确定喷头进口动静片的外圆尺寸

动片与空心轴压配，其动片的外圆尺寸应根据空心轴的尺寸而定，设为 D_d。同理，静片固定在下转体，其连接尺寸，设为 D_j。因为静片与转体螺纹连接，静片的外圆为螺纹。

3. 确定最大截面尺寸

喷头进口截面积的变化会影响射程，

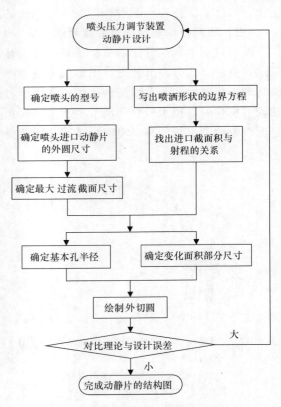

图 2-78　设计步骤流程图

测量喷头不同进口截面积下的射程变化，找出进口截面积与射程的变化规律。将进口加装不同过流面积的截流阀，每安装一个截流阀，测量 3 次射程值并取平均。当喷头的进口截面积大于喷嘴截面积时，其射程的变化相对缓慢。因此，为了在实现变量喷洒的过程中连续调节射程，设喷头进口的最大过流截面积为喷嘴出口截面积，即 $S_{max} = \pi \left(\dfrac{d}{2} \right)^2$。

4. 根据喷洒形状写出喷洒的边界方程

根据喷洒域形状的要求，建立喷洒的边界方程。以正方形和三角形为例。任意形状的射程变化方程设为 $R = f(\alpha)$。

5. 找出进口截面积与射程的关系

通过对不同型号喷头进行不同工作压力下的射程试验，得到各型号喷头射程与压力的关系。为了实现变量喷洒射程调节的连续性，分别将各型号喷头选取射程变化比较明显的压力范围，在此范围内，对压力射程的变化关系进行函数拟合，自定义指数拟合函数为：

$$y = ax^b \tag{2-86}$$

随着旋转角度的变化，便可以得到进口截面积的变化。

6. 确定动静片过流截面积的基本孔直径

根据理论截面积变化率，设定最小截面积为喷头旋转角度为 $0°$，并设定此状态下的过流截面积为基本圆孔面积。则其最小截面积基本圆孔为 $S_0 = \mu_0 S_{max}$，其基本圆孔半径为 $r_0 = \sqrt{S_0/\pi}$。图 2-79 为动静片的示意图。

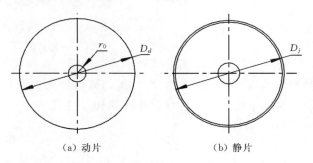

(a) 动片　　　　　　　　(b) 静片

图 2-79　动静片示意图

7. 确定变化面积部分尺寸

设进口截面积变化中，除基本孔外截面积变化为 S，其中 $S = S_i - S_0$，$i = 1, 2, 3, \cdots$，除基本孔外面积换算成半径为：$r_i = \sqrt{S/\pi}$，外切圆圆心距动片圆心的距离设为：$r_i' = r_i + r_0$。例如三角形变量喷洒动静片中 r_0 及 r_i 的位置，如图 2-80 和图 2-81 所示。

8. 根据尺寸绘制外切圆

根据外切圆圆心距动片圆心的距离和旋转角度绘制外切圆，并将每条射线与该外切圆的交点（即外切圆与其中心线顶部的点）连接起来，将接点光滑过渡，绘制 $360°$ 范围内的变化曲线。按照上述步骤则绘制出动片的结构图。静片采用的结构形式为中间为圆孔，其圆孔与动片基本圆孔完全相同，另外动静片相对运动改变进口截面积，因此，静片的基本孔外伸出部分一定角度的扇形，从而得到了静片的结构图。如图 2-82 所示。

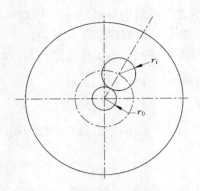

图 2-80　外切圆相对位置

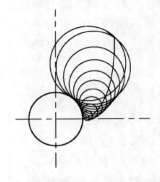

图 2-81　外切圆连线示意图

五、变量喷洒喷头结构优化

全射流喷头实现变量喷洒的方式为增设压力流量调节装置调节喷头的工作压力，而压力调节时存在喷洒均匀性下降问题[75-78]。以喷头实现正方形喷洒为例，喷头喷洒的射程呈四个周期变化，压力也发生变化，不同旋转角度下，径向的水量分布会有所差异，主要表现为在压力范围相对较低的范围内径向水量分布在靠近喷头

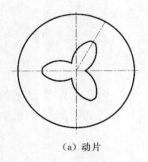

（a）动片

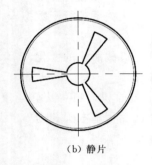

（b）静片

图 2-82　动静片结构示意图

1/3 射程内水量较少，造成 360°喷洒范围内喷洒不均匀问题。为解决上述问题，本书通过在变量喷洒全射流喷头转体处设计不同形式与结构的副喷嘴来改善变量喷洒喷头的均匀性，通过差值分析及综合评价的方法，优化副喷嘴结构及参数。

（一）副喷嘴改进设计

1. 结构方案

图 2-83 为全射流喷头低压下喷头的径向水量分布示意图。当压力较低时，喷头不加副喷嘴时的水量分布近处较少，远处较多。通过增加副喷嘴，可以使整体水量分布改变。因此，设计良好的副喷嘴能有效改善水量分布不均匀问题。副喷嘴的设计主要依据三点：副喷嘴的射程、水量

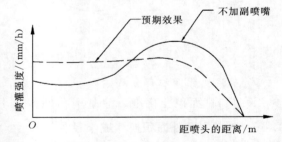

图 2-83　全射流喷头低压下径向水量分布

分布和流量，可分别由副喷嘴的结构参数来确定。控制副喷嘴的射程，使副喷嘴喷洒出来的水流能够补偿近出水量不足的现象，达到水量分布较为平坦的形状。

在变量喷洒全射流喷头转体处加副喷嘴，其位置示意图如图 2-84 所示。其副喷嘴与喷头喷管方向一至，仰角为 10°。

以 PXH20 型喷头为研究对象，设计 8 种方案的副喷嘴，如图 2-85 所示。其中方案

1 为无副喷嘴，方案 2～3 的出口为非圆形，方案 4～8 的出口均为圆形，且有挡板，称为挡板式副喷嘴，挡板角度设为 α。8 种方案的副喷嘴出口当量直径分别为：0mm，1.6mm，1.6mm，3.0mm，3.0mm，3.6mm，2.0mm 和 2.0mm。

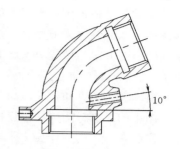

图 2-84 副喷嘴位置示意图

2. 不同方案下水量分布特性

对全射流喷头不同副喷嘴方案，进行不同压力下的径向水量分布测量，可为变量喷洒中副喷嘴的选取提供依据。因此，测量全射流喷头在不同压力（0.27MPa、0.15MPa）不同方案副喷嘴形式下的径向水量分布情况。采用喷头自动测量系统，PXH20 喷头全圆喷洒，每隔 1m 放置一个量雨筒，测量点喷灌强度。测量时间为 1h。试验得出不同方案及不同压力下喷头径向水量分布如图 2-86 所示。

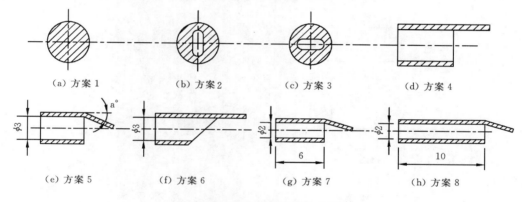

(a) 方案 1　　(b) 方案 2　　(c) 方案 3　　(d) 方案 4

(e) 方案 5　　(f) 方案 6　　(g) 方案 7　　(h) 方案 8

图 2-85 各副喷嘴结构方案

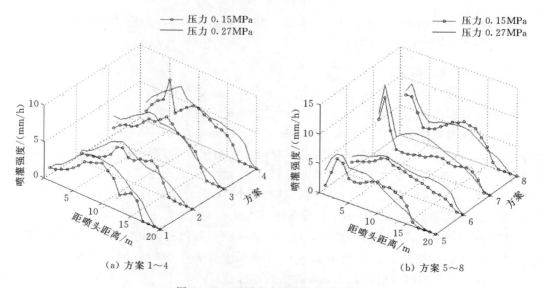

(a) 方案 1～4

(b) 方案 5～8

图 2-86 不同方案下径向水量分布

由试验结果得出，当压力的变化对水量分布影响较小时，说明喷头在旋转的过程中，即使压力调节装置调节压力，水量分布变化也较小。即各种副喷嘴方案中，径向水量分布差别较小的方案为较优方案。试验得到 8 种方案不同压力下的喷灌强度差值如图 2 - 87 所示。

由图 2 - 87 可知：在压力为 0.15MPa 和 0.27MPa 时，不同方案下喷灌强度的差值不同，图中的纵坐标为喷灌强度的差值，其中方案 5 的喷灌强度差值变化较小，曲线较为平坦。说明在不同的工作压力下，采用方案 5 可避免由于变量喷洒中压力的变化而造成的水量分布不均匀的情况，能够达到预期效果。

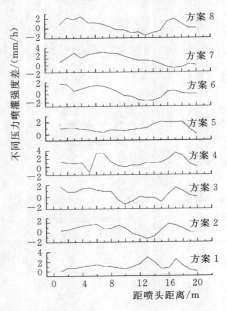

图 2 - 87　压力为 0.15MPa 和 0.27MPa 时　　　　图 2 - 88　不同盖板角度喷头的径向水量分布
　　　　不同方案喷灌强度差值

（二）副喷嘴结构参数优化

通过对 8 种方案的试验及分析，认为方案 5 结构能够起到较好的改善喷洒均匀性的作用。因此对方案 5 的结构参数进一步优化，选择其最佳结构尺寸。

方案 5 副喷嘴挡板的角度对水量分布具有一定的影响，为了确定挡板的角度，对副喷嘴出口直径为 3mm，不同挡板角度情况下的副喷嘴结构分别进行水力性能试验，确定最佳结构尺寸。为了适应在变量喷洒中低压下喷洒，其工作压力分别设为 0.15MPa、0.27MPa。设挡板的长度为 7mm 确定，选择挡板角度 α 分别为：17.5°、20°、22.5° 和 25°。试验得到不同角度下的径向水量分布图如图 2 - 88 所示。

由于副喷嘴主要为了改善喷洒均匀性，喷头喷洒的射程主要由喷头的主喷嘴决定。因此，暂时忽略射程因素。由于径向水量点喷灌强度代表的面积不同，因此均匀性系数 $C_u(\alpha)$ 的计算公式采用常用的克里斯琴森系数进行计算[79]。

由于变量喷洒喷头组合喷洒均匀性与压力变化产生的水量分布差异同等重要，因此，采用考虑组合水量分布均匀和不同压力下喷灌强度差值的函数来综合评价，如式（2－87）所示。

$$f(\alpha)=C_{ui}(\alpha)+C_{uj}(\alpha) \tag{2－87}$$

式中　$C_{ui}(\alpha)$——为角度 α 的函数，由于压力越大说明水量分布越均匀，因此选取低压
（0.15MPa）为代表评价计算正方形组合布置下组合喷洒均匀性；

$C_{uj}(\alpha)$——为角度 α 的函数，不同压力下喷灌强度差值产生的均匀性系数。

该函数的约束条件为

$$\begin{cases} 17.5°\leqslant\alpha\leqslant25° \\ 0\leqslant C_{ui}\leqslant1 \\ 0\leqslant C_{uj}\leqslant1 \end{cases} \tag{2－88}$$

根据式（2－87），分别计算工作压力为 0.15MPa，在 1 倍射程组合间距下，不同挡板角度下的正方形组合喷洒均匀性系数，得到在挡板角度分别为 17.5°、20°、22.5°和 25°时，正方形组合喷洒均匀性系数 C_{ui} 依次为：0.760、0.770、0.785 和 0.770。

因此，正方形组合布置下喷洒均匀性系数随角度变化的回归函数为：

$$y=-0.001x^2+0.0443x+0.2893 \tag{2－89}$$

其中极差 $R^2=0.8078$。

不同工作压力下，径向喷灌强度差值如图 2－89 所示。

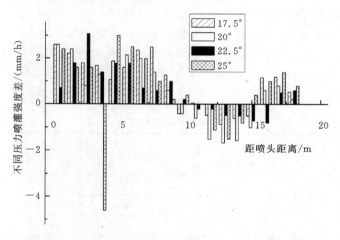

图 2－89　压力为 0.15MPa 和 0.27MPa 时得喷灌强度差值

由图 2－89 可知：在该副喷嘴下，压力为 0.15MPa 与 0.27MPa 时的喷灌强度差值越小，可减少由于压力产生的喷洒不均匀问题。不同压力下喷灌强度的差值越接近于 0，说明喷头在压力的变化中，通过该副喷嘴的改进能够保证喷洒均匀性。图 2－85（e）中副喷嘴挡板角度为 20°～22.5°时，偏移 x 轴的变化幅度相对较小。在距离喷头 0～10m 时，低压下近处喷灌强度较小，高压处喷灌强度较大，在距离喷头 10～15m 之间时，低压下近处喷灌强度较大，高压处喷灌强度较小。在距离喷头大于 15m 时，由于喷头的压力不同，喷洒的射程不同，因此产生了 y 值大于 0 的情况。

若两个压力下的喷灌强度差值趋于平坦，说明压力对均匀性的影响较小，另外，喷灌

强度差值在 0 附近，说明由于压力的不同产生的均匀性系数较高，即压力对水量分布的影响较小。因此，分别计算不同压力下喷灌强度差值产生的均匀性系数，得到在挡板角度为 17.5°、20°、22.5°和 25°时，不同压力下喷灌强度差值产生的均匀性系数 C_{uj}，依次为 0.49、0.50、0.53 和 0.46。

因此，不同压力下喷灌强度差值产生的均匀性系数随角度的变化函数为

$$y = -0.0032x^2 + 0.1336x - 0.874 \qquad (2-90)$$

其中极差 $R^2 = 0.712$。

将式（2-89）和式（2-90）代入式（2-87），并简化，得到综合评价函数为

$$f(\alpha) = -0.0042\alpha^2 + 0.1779\alpha - 0.5847 \qquad (2-91)$$

对该函数方程两边求导数，并将右式等于 0，得到在最大综合评价均匀性系数值的情况下，最佳角度为 $\alpha = 21.2°$。

六、变量喷洒喷头性能试验及评价

（一）变量喷洒喷头水力性能试验

1. 试验设备及参数

试验在江苏大学室内喷灌试验厅进行。试验设备包括 BPXH20、BPXH30 系列变量喷洒全射流喷头、管路系统、水泵机组、自动测量系统。试验采用 0.4 精度级压力表读取喷头工作压力，0.5 精度级电磁流量计读取流量，自动数据采集系统测量喷头的点喷灌强度，喷头安装在圆形喷灌试验厅的中心试验台上，使喷头全圆喷洒。测量点喷灌强度的量雨筒直径 20cm，高 60cm。喷头在旋转过程中流量随着旋转角度的变化而变化。三角形喷洒域的喷头流量变化范围大于正方形喷洒域喷头流量的变化范围。分别设定 BPXH20 喷头和 BPXH30 喷头的管路供给压力分别为 400kPa 和 450kPa。喷头的工作参数表如表 2-13 所示。

表 2-13　　　　　　　　　喷头试验工作参数表

型号	参　　数		
	进口当量直径/mm	流量/(m³/h)	供给压力/kPa
BPXH20 正方形	8	3.450~4.756	400
BPXH20 三角形	8	2.834~4.600	400
BPXH30 正方形	10	4.981~7.024	450
BPXH30 三角形	10	3.417~6.850	450

2. 试验结果分析

（1）喷洒射程。由于喷头实现非圆形喷洒域，因此喷头的射程在喷头的旋转过程中变化，且由于正方形的对称性，每隔 5°测量一条射线状的径向点喷灌强度，得到其射程值。变量喷洒 BPXH20 喷头实现正方形喷洒，90°范围内测量不同旋转角度下射程变化，得到射程变化曲线如图 2-90 所示。

喷头 BPXH20 正方形、BPXH20 三角形、BPXH30 正方形和 BPXH30 三角形的射程变化范围分别为 15.2~19.5m，11.5~16.5m，16.0~20.0m 和 13.5~19.5m。由此可知，三角形喷洒域比正方形喷洒域最大射程有所降低，三角形喷洒域射程变化幅度较大。

（2）喷洒面水量分布。变量喷洒喷头在工作中压力变化的特点使水量分布发生变化。本研究中喷头的水量分布测量采用网格形式布置量雨筒，得到矩阵形式的点喷灌强度。测量时间为 0.5h。三角形测量喷洒面 180°，每个量雨筒网格型排列，由于喷头射程大于10m，因此每 2m 摆放一个。由于正方形喷洒的对称性，选择测量正方形 90°喷洒范围，将其对称 360°，试验测得点喷灌强度，采用MATLAB 语言将网格型的点喷灌强度值绘制水量分布图。图 2-91 为喷头水量分布图。

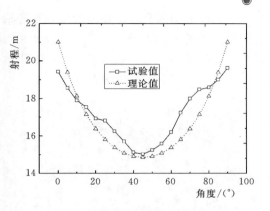

图 2-90　BPXH20 正方形喷洒射程变化曲线

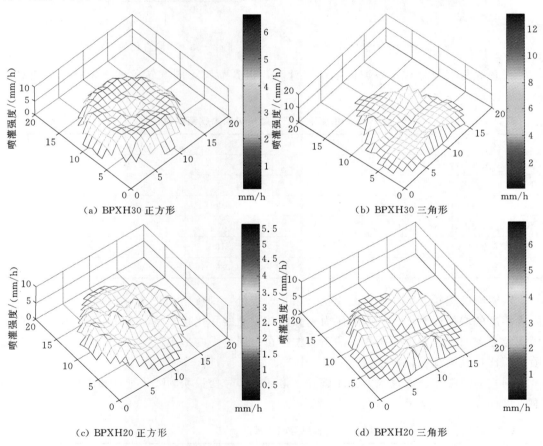

（a）BPXH30 正方形　　　　　　（b）BPXH30 三角形

（c）BPXH20 正方形　　　　　　（d）BPXH20 三角形

图 2-91　不同形状及型号喷头水量分布图

由图 2-91 可知：实现正方形喷洒域，水量分布均匀；实现三角形喷洒域，射程的变化范围较大，水量分布在短射程处的末端较大，但数值相对比较平缓，水量分布相对均匀。

（3）喷洒雨滴直径。喷头的雨滴直径根据行业标准《喷灌工程技术规范》，采用色斑法测量末端的雨滴直径。图 2-92 为试验所测水滴照片。经过回归计算得到的雨滴直径与色斑直径的关系。拟合曲线如图 2-93 所示。

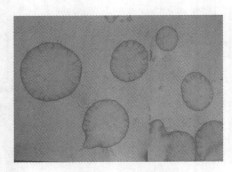

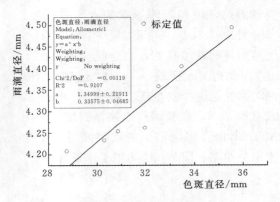

图 2-92　试验所测雨滴照片	图 2-93　雨滴直径的标定结果

设最大射程处为 0°，根据标定结果计算，得到喷头不同旋转角度下末端雨滴直径如表 2-14 所示。

表 2-14　　　　　　　　　　不同旋转角度下各型号喷头平均末端雨滴粒径　　　　　　　　单位：mm

喷头型号	0°	22.5°	30°	45°	60°
BPXH20 正方形	4.58	4.66	—	4.73	—
BPXH30 正方形	4.77	5.0	—	5.33	—
BPXH20 三角形	4.66	—	5.01	—	5.08
BPXH30 三角形	4.91	—	5.24	—	5.27
PXH20 全圆	4.19				
PXH30 全圆	4.39				

随着喷头旋转过程中压力的变化，在长射程处，即旋转角度为 0°时，雨滴直径较小，随着角度的增加逐渐增大，因为压力越大，其喷洒的雾化越明显，雾化越好，喷洒末端的雨滴粒径越明显。变量喷洒喷头的雨滴粒径在一周范围内是不断变化的，但与传统全射流喷头相比，其雨滴粒径相差较小。

（4）喷灌强度。通过水力性能试验，得到各型号变量喷洒喷头平均喷灌强度及最大喷灌强度如表 2-15 所示。

表 2-15　　　　　　　　　　　　各型号喷头喷灌强度

喷头型号	平均喷灌强度 $\bar{q}$/（mm/h）	最大喷灌强度 q_{max}/（mm/h）
BPXH20 正方形	2.56	5.68
BPXH20 三角形	2.24	5.87
BPXH30 正方形	3.83	6.15
BPXH30 三角形	3.72	11.2

由表 2-15 可知：BPXH20 正方形喷头、BPXH20 三角形喷头和 BPXH30 正方形喷头最大喷灌强度均小于土壤允许最大喷灌强度 8mm/h，符合设计要求。

（二）变量喷洒喷头性能评价指标的建立

变量喷洒喷头是全新开发的喷头，其结构及性能与普通全圆喷洒喷头不同。且判断变量喷头性能的好坏，暂时还没有完全符合变量喷洒特点的评价指标。国内学者对变量喷头的评价指标进行了初步的探讨，但其公式不能反映变量喷洒性能参数连续变化的特点。鉴于变量喷头的每一个技术指标和运行参数均包含着有关变量运行时的不同信息，本部分对变量喷洒喷头建立评价指标及体系。同时单一的指标评价体系往往难以全面反映变量喷洒的状态，因此将各评价指标进行综合分析，更全面地评价变量喷头的优劣，将为评价变量喷洒喷头技术性能提供重要的决策支持，同时为今后评价变量喷洒喷头的优劣提供一种有效的解决方案[84]。

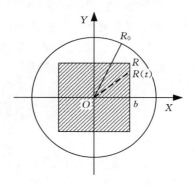

图 2-94　喷洒域示意图

1. 喷头射程降低系数

图 2-94 为喷洒域示意图。其中，R_0 为全圆喷洒喷头的射程，m；$R(t)$ 为加装压力流量调节装置后射程随时间的变化函数，m；t 为喷头旋转的时间，s；b 为加装了压力流量调节装置后的最小射程，m。

射程降低系数[85]是指变量喷洒喷头的射程比圆形喷洒域喷头的射程降低的百分比。由于喷头旋转过程中射程在不断变化，而射程为时间的变化函数，因此射程的降低系数应为

$$\varepsilon = \frac{R_0 - R(t)}{R_0} \times 100\% \qquad (2-92)$$

式中　R_0——全圆喷洒喷头的射程，m；

　　　$R(t)$——加装压力流量调节装置后射程随时间的变化函数，m；

　　　t——喷头旋转的时间，s。

其中：$R(t) = \sum_{i=0}^{t_0} w_{Ri} R(t_i)$，$w_{Ri}$ 为不同时间射程的权重值，若试验测量射程的数据点有 n 个，则 $w_{Ri} = 1/n$，n 越大，越具有连续性；t_0 为喷头旋转一周所需的时间，s；t_i 为喷头旋转到第 i 个测点的时间，s。由此得到：

$$\varepsilon = \frac{R_0 - \sum_{i=0}^{t_0} w_{Ri} R(t_i)}{R_0} \times 100\% \qquad (2-93)$$

将式（2-93）进行化简，得到变量喷洒喷头射程的降低系数为：

$$\varepsilon = \left(1 - \sum_{i=0}^{t_0} w_{Ri} \frac{R(t_i)}{R_0}\right) \times 100\% \qquad (2-94)$$

2. 喷头喷洒形状系数

喷头喷洒形状系数[85]是描述喷头喷洒域形状接近非圆形喷洒域形状的程度。形状系

数越大，说明越接近非圆形喷洒域，效果越明显。形状系数由下式计算得到：

$$\eta = \left[1 - \frac{|R\cos(\pi/k) - b|}{R\cos(\pi/k)} \right] \times 100\% \qquad (2-95)$$

式中　R——加装了压力流量调节装置后的最大射程，m；

　　　b——加装了压力流量调节装置后的最小射程，m；

　　　k——多边形数。

3. 喷洒均匀性系数

喷洒的均匀性是喷头水力性能的一个重要指标，变量喷洒喷头旋转过程中随着时间的改变而性能产生变化，如果采用径向测量水量分布计算均匀性系数，除了代表面积不同外，根据喷头旋转的连续性，应加入时间函数，与喷头射程降低系数同理得：

$$C_u = \left\{ 1 - \frac{\sum\limits_{i=1}^{n} w_i S_i |h_i - \overline{h}|}{\sum\limits_{i=1}^{n} w_i S_i h_i} \right\} \times 100\% \qquad (2-96)$$

但工作量与采用网格型测量方法同样较大，采用网格型量雨筒布置方法计算方法较径向测量相对简单，如下式所示：

$$C_u = \left\{ 1 - \frac{\sum\limits_{i=1}^{n} |h_i - \overline{h}|}{\sum\limits_{i=1}^{n} h_i} \right\} \times 100\% \qquad (2-97)$$

$$\overline{h} = \frac{1}{n} \sum_{i=1}^{n} h_i \qquad (2-98)$$

式中　C_u——克里斯琴森均匀系数，%；

　　　n——测点数；

　　　$\overline{h}$——平均喷灌强度，mm；

　　　h_i——第 i 个测点的喷灌强度，mm；

　　　S_i——第 i 个测点的代表的喷洒面积，m^2；

　　　w_i——不同旋转角度下喷洒均匀性的权重值。

4. 喷洒打击强度变化系数

喷洒打击强度主要是指水流喷洒出后对作物的打击力，可由雨滴的大小反映出来。喷洒打击强度变化系数可表示为变量喷头喷洒的雨滴直径比圆形喷洒域喷头的雨滴直径增加的百分比。由于喷头旋转过程中射程在不断变化，而雨滴直径同样为时间的变化函数，因此雨滴的增加系数应为：

$$\delta = \frac{|r_0 - r(t)|}{r_0} \times 100\% \qquad (2-99)$$

式中　r_0——全射流喷头的雨滴直径，mm；

　　　$r(t)$——加装压力流量调节装置后雨滴直径随时间的变化函数，mm。

其中：$r(t) = \sum\limits_{i=0}^{t_0} w_{ri} r(t_i)$，与射程降低系数同理，$w_{ri}$ 为不同时间雨滴直径的权重值。

由此得到：

$$\delta = \frac{\left| r_0 - \sum\limits_{i=0}^{t_0} w_n r(t_i) \right|}{r_0} \times 100\% \qquad (2-100)$$

将式（2-100）进行化简，得到喷洒打击强度变化系数为：

$$\delta = \left| 1 - \sum\limits_{i=0}^{t_0} w_{ri} \frac{r(t_i)}{r_0} \right| \times 100\% \qquad (2-101)$$

5. 喷灌强度变化系数

喷灌强度主要是指单位面积上的降水深度，采用自动测量系统进行测量。测量喷洒的水量分布时，每个测量点得到的降水深度为点喷灌强度，在1h内每个量雨筒的降水深度即为点喷灌强度。在喷洒面上点喷灌强度的平均值为平均喷灌强度。喷头在变量喷洒时，不同旋转角度上的点喷灌强度具有一定的差别。因此本书采用喷灌强度变化系数来描述喷灌强度的变化程度。

$$\gamma_q = \frac{q_{max} - \overline{q}}{\overline{q}} \times 100\% \qquad (2-102)$$

式中　q_{max}——最大点喷灌强度，mm/h；

　　　$\overline{q}$——平均喷灌强度，mm/h。

对于网格型测量来说，$\overline{q} = \dfrac{\sum\limits_{i=0}^{n} q_i}{n}$，$n$ 为测点数，q_i 为每个测点的点喷灌强度，mm/h。

七、变量喷洒组合技术及应用

1. 变量角度与工作参数的变化关系

喷头喷洒的过程中，压力与流量都随着系统的装置特性发生变化，测量变量喷洒喷头不同旋转角度下系统的流量与供给压力，得到流量与角度及供给压力与角度的变化关系分别如图 2-95 和图 2-96 所示。

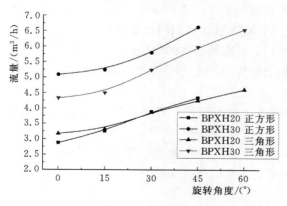

图 2-95　流量与角度变化关系

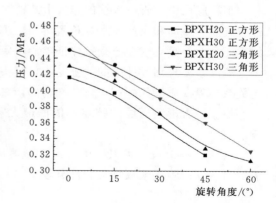

图 2-96　供给压力与角度变化关系

由图 2-95 可知：随着旋转角度的增加，喷头进口过流面积增大，因此流量逐渐增大，以 BPXH30 为例，正方形喷洒域流量变化幅度为 23.2%，三角形喷洒域流量变化幅度为 34.8%。同时，由于过流面积增大，喷头进口处压力调节装置的压力损失变小，喷头的工作压力增大，其供给压力减小，如图 2-96 所示。

2. 变量角度与性能参数的变化关系

变量喷头喷洒过程中，不同旋转角度下的水力性能不同[86,87]，测量了不同旋转角度下喷洒的射程、雨滴直径及径向水量分布，得到射程与角度及雨滴直径与角度的变化关系分别如图 2-97 和图 2-98 所示。

由图 2-97 中可知：随着旋转角度的增加，射程逐渐增加，在 360°范围内，射程周期性的变化，正方形喷洒域形状与预期较为吻合，三角形喷洒域为了保证喷灌强度，与预期存在一定的差别。在喷头旋转角度增加的过程中，喷头的工作压力增加，因此喷洒的末端雨滴直径随着角度的增加也是逐渐减小，如图 2-98 所示，压力越大，其喷洒的雾化越明显，喷洒末端的雨滴粒径越小。

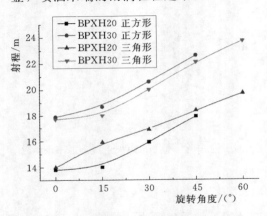

图 2-97　射程与角度变化关系

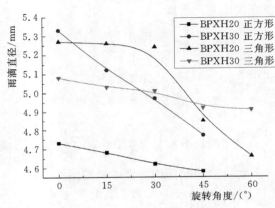

图 2-98　雨滴直径与角度变化关系

3. 组合布置设计

工程应用中，管道系统的布置形式的主要影响因素有：地形条件、地块形状、耕作与种植方向、风向和风速及水源位置等[88]。喷头的喷洒域形状同时也是喷头组合布置形式的重要方面。喷头组合原则是保证喷洒不留空白，并有较高的均匀度。喷头组合间距的确定是喷灌系统规划设计中的关键一步，喷头组合间距是否合理，不仅关系到投资的大小，还关系到喷灌质量的好坏，影响作物的产量[89]。

根据正方形喷洒域的特点，依据最大零喷组合的原则，可设计布置形式如图 2-99 所示。

由图 2-99（a）可以看出，正方形喷洒域的喷头正方形布置形式下，单个喷头的喷洒域与相邻的喷头喷洒域重叠部分较少，4 个喷头之间的部分为组合喷洒的均匀性数值计算部分。同理。

由图 2-99（b）可以看出，正方形喷洒域的喷头三角形布置形式下，喷头最小射程处与另外一排喷头的最大射程处重叠一部分，面积较小。相邻的 3 个喷头之间组合的三角

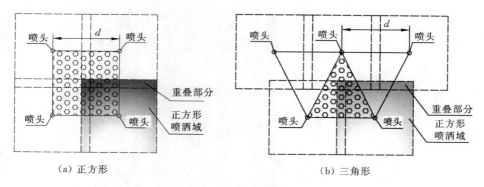

（a）正方形　　　　　　　　　　　　（b）三角形

图 2-99　布置形式

形区域为组合喷洒的均匀性数值计算部分。

4．组合均匀性计算方法

喷灌均匀度是指在喷灌面积上水量分布的均匀程度，它取决于喷头的布置间距、同时运行的喷头数量和单喷头的水量分布，它是衡量喷灌质量优劣的主要指标之一。喷灌不均匀，不仅造成作物生长良莠不齐，降低作物产量和质量，而且会造成水洼、水流，导致水资源浪费和土壤养分流失。但要求过高的喷灌均匀度又会造成能源浪费和系统成本提高，因而一个好的运行方案要求保证组合喷灌强度小于土壤允许的喷灌强度，且喷灌均匀度适当。

当喷头水量测量采用网格布置形式时，设测量的点为一个 $u \times v$ 的矩阵：$E = [e_{ij}]_{u \times v}$，其中：$u$ 为矩阵的行数，v 为矩阵的列数，e_{ij} 为矩阵 E 中的元素。由于为正方形喷洒，因此 $u = v = n$。i、j 分别为第 i 行，第 j 列。$E = A' + B' + C' + D'$，式中，设 a'_{ij}、b'_{ij}、c'_{ij}、d'_{ij} 分别为矩阵 A'、B'、C'、D' 的元素，因此，$e_{ij} = a'_{ij} + b'_{ij} + c'_{ij} + d'_{ij}$，（$1 \leqslant i \leqslant u$，$1 \leqslant j \leqslant v$）。采用的均匀性计算公式为[90]：

$$C_u = \left\{ 1 - \frac{\sum\limits_{i=1}^{n}\sum\limits_{j=1}^{n}\left| e_{ij} - \dfrac{1}{n \cdot n}\sum\limits_{i=1}^{n}\sum\limits_{j=1}^{n} e_{ij} \right|}{\sum\limits_{i=1}^{n}\sum\limits_{j=1}^{n} e_{ij}} \right\} \times 100\% \qquad (2-103)$$

通过公式（2-103），将网格型布置的量雨筒测得的各点喷灌强度代入公式，替代公式中的 e_{ij}，得到组合均匀性系数值。

5．组合均匀性系数与间距系数关系及模型建立

设喷头与喷头之间的距离为 d，间距系数设为 k，其中 $d = kR$，R 为正方形喷洒喷头最大射程。根据网格型测量方法，得到每隔 1m 的数据点，根据公式（2-103）得到不同组合间距下的组合均匀性系数值，如图 2-100～图 2-103 所示。

由图 2-100 和图 2-101 中可以看出，BPXH20 喷头正方形组合，组合间距为 1.3R 时喷洒均匀性系数较高。组合间距过大，喷洒面交界处由于正方形形状不完善会出现水量分布较少。这是由于正方形的喷洒域形状不是完全理想的，因此组合时，在间距较大时，最大射程与最大射程交界处水量较少。BPXH30 喷头正方形组合，组合间距为 1.1R～1.2R 时喷洒均匀性系数较高。组合间距大于 1.5R 时，最大射程接触部分水量分布较少。

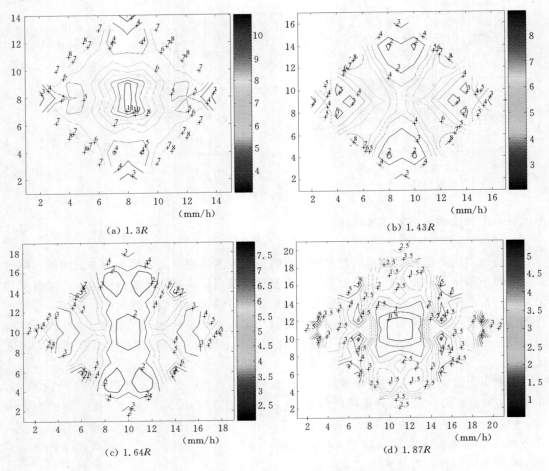

图 2-100 BPXH20 喷头正方形组合水量分布图

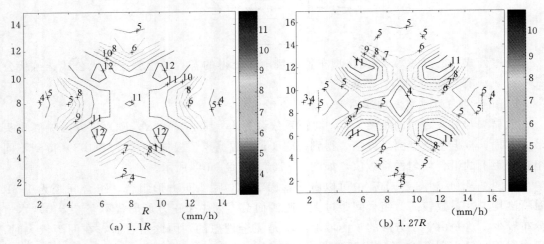

图 2-101（一） BPXH30 喷头正方形组合水量分布图

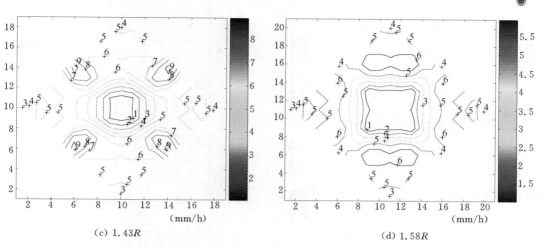

（c）1.43R　　　　　　　　　　　　（d）1.58R

图 2-101（二）　BPXH30 喷头正方形组合水量分布图

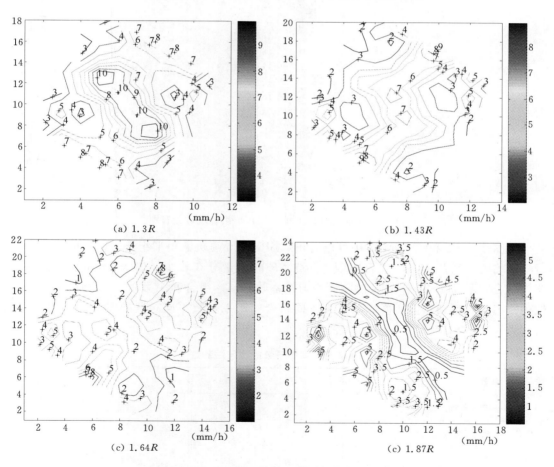

（a）1.3R　　　　　　　　　　　　（b）1.43R

（c）1.64R　　　　　　　　　　　　（c）1.87R

图 2-102　BPXH20 喷头三角形组合水量分布图

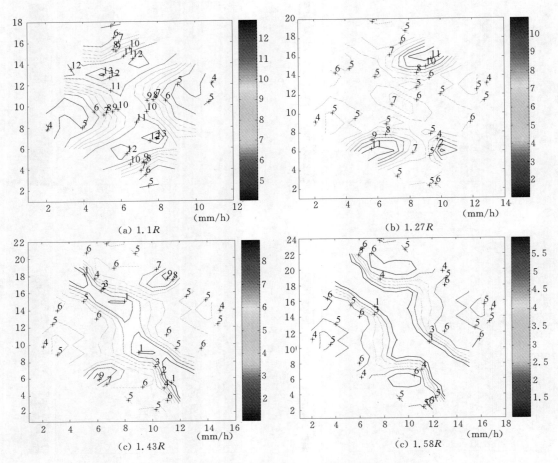

图 2-103　BPXH30 喷头三角形组合水量分布图

由图 2-102 和图 2-103 中可以看出，BPXH20 喷头三角形组合，组合间距为 $1.4R$ 时喷洒均匀性系数较高。组合间距大于 $1.8R$ 时水量分布较少。BPXH30 喷头三角形组合，组合间距为 $1.1R \sim 1.3R$ 时喷洒均匀性系数较高。组合间距大于 $1.4R$ 时，水量分布较少。因此，得到正方形喷洒域喷头不同组合间距系数及不同布置形式下的均匀性系数值，见表 2-16。

表 2-16　　　　　　　　　　不同组合间距系数的均匀性系数　　　　　　　　　　%

间距系数 k	1.1	1.27	1.3	1.43	1.58	1.64	1.87
BPXH20 正方形布置	—	—	74.3	67.5	—	64.6	63.7
BPXH20 三角形布置	68.3	73.6	—	75.6	68.2	—	—
BPXH30 正方形布置	—	—	66.3	64.2	—	62.7	51.7
BPXH30 三角形布置	68.3	78.4	—	67.1	—	—	—

第六节 反作用式喷头

一、概述

反作用式喷头是利用水舌离开喷嘴时，对喷头的反作用力直接推动喷管旋转。在众多形式的反作用式喷头中，反作用力矩可以连续施加，例如利用挡片、斜孔出流、单稳射流元件等方式；也可以间隙施加，例如利用垂直摇臂、互控射流元件及流控射流元件等方式。但是，不论反作用力矩是连续施加还是间隙施加，也不论是用何种方式施加，反作用力矩的作用时间总比摇臂式喷头驱动力矩作用的时间要长得多，因为水平摇臂式喷头是碰撞力驱动，驱动力较大但作用时间很短，而反作用式喷头是水力驱动，驱动力相对较小但作用时间较长。因此，反作用式喷头受力状况较水平摇臂式喷头有明显的改善，喷头转动平稳，工作可靠，振动轻微，这在高工作压力、大喷水量的喷头上尤为明显。但反作用式喷头也有其缺点：如果反作用力矩比较大，则转动太快，使射程大大降低；如果反作用力矩比较小，工作就很不可靠。如果装有换向机构，还会造成换向时起动速度较慢等问题。为了解决这些问题，反作用式喷头通常需要安装限速机构[91]。

二、反作用式喷头的结构

反作用式喷头的结构与其他旋转式喷头有很多相同的地方，如旋转密封机构、流道，不同的只是驱动部分，而且还是结构多种多样。但实际上反作用式喷头的驱动部分也只有斜（侧、偏）孔出口和挡水转向两类，反作用式喷头的典型样机见图2-104。

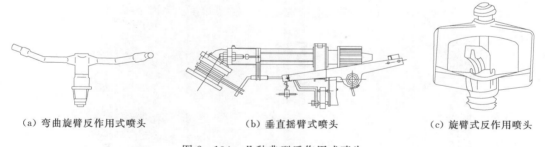

（a）弯曲旋臂反作用式喷头　　　　（b）垂直摇臂式喷头　　　　（c）旋臂式反作用喷头

图2-104　几种典型反作用式喷头

对于小型喷头，由于使用场合与固定的散水式喷头类同，而反作用式的控制面积要大得多，喷灌强度也低得多，射程的矛盾不是很突出，所以多采用斜孔出流方式取得连续施加的反作用力矩，使喷头连续做全圆运动，这时，喷头的驱动部分就极为简单。对于大、中型喷头，则射程的因素就是主要的，这时多采用间隙挡水转向的方式，间隙施加反作用力矩，使喷头作步进旋转，这样构造就要稍微复杂一些，但与摇臂式喷头相比，尚属简单。因此从结构上看，反作用式喷头亦不逊于摇臂式喷头，而较叶轮式等喷头则要简单得多。

三、反作用式喷头的水量分布

反作用式喷头是旋转式喷头的一种，也是靠旋转射流来喷洒水量，因为经常在较低压力下工作，其水量分布以图2-105中所示的曲线为基础，但这种分布在定喷喷洒中，它的组合均匀系数是不高的。因此，反作用式喷头需要采取改善水量分布的措施。

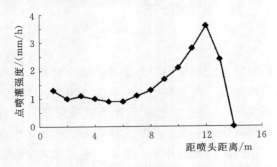

图 2-105 反作用式喷头低压下水量分布图　　　图 2-106 Nelson 公司 R3000 旋转喷盘

1995 年，美国 Nelson 公司[92]研制出具有划时代意义的旋转喷头 R3000，该喷头关键部件是具有多股流道的旋转喷盘，如图 2-106 所示，该喷头的工作原理是水流从喷嘴自上而下流出，冲击喷盘并产生旋转驱动力，从而驱动喷盘旋转。Playán[93]等试验对比了该旋转喷头与一折射式喷头的水力性能，发现该旋转喷头水量分布远远优于折射式喷头，均匀系数 Cu 都达 90% 以上，与折射式喷头相比增加了约 16%。另外，当安装高度、工作压力和喷嘴直径均相同时，旋转喷头射程大于折射式喷头。

目前多股流道技术被多家公司应用，如 Nelson 公司的中心支轴喷灌机旋转喷头 A3000、B3000、S3000，Toro 公司的 PRN 系列旋转喷嘴，Rain Bird 公司的可用于升降式喷头的 RN 系列旋转喷嘴，Hunter 公司的 MP 系列旋转升降喷头等，如图 2-107、图 2-108 和图 2-109 所示。但多股流道结构复杂，制造难度大，生产成本高。

图 2-107 PRN 系列喷嘴　　　图 2-108 RN 系列喷嘴　　　图 2-109 MP 系列喷嘴

美国 Nelson 公司的 R33 喷头是一款性能优异的低压旋转式喷头（图 2-110），采用间断式散水机构和阻尼调速机构实现了不同射程下水量的叠加，采用异形喷嘴和间断式散水机构等多种射流分散方法改善喷头低压喷灌质量，该喷头的工作压力比同型号的喷头工作压力降低 50kPa 左右。

四、R33 反作用式喷头工作原理

1. R33 喷头工作原理

R33 喷头的主要部件包括阻尼结构、喷盘、旋转式散水盘、喷嘴、喷头帽组件、喷体等，其结构见图 2-110。喷头工作原理为：水流自下而上经喷嘴喷出后，进入喷盘的弯

曲流道后以一定的仰角射出，同时由于喷盘流道在圆周方向偏转一定角度，致使喷射的水流对喷盘流道产生一个驱动力矩，并在阻尼结构的黏性阻力下，使喷头作低速旋转。喷盘上端的散水盘由若干个散水齿组成，与中心旋转轴呈偏心的间隙配合，散水齿在水流的反作用力下绕中心轴做间歇旋转运动。

2. R33喷头散水盘工作原理

图2-111为旋转式散水盘结构示意图，散水盘是实现喷头R33水量分布均匀度的关键部件，采用分批补充喷头近处水量的方法，喷头在旋转若干圈后实现整个喷洒区域内近处水量的补充，对喷头射程几乎没有影响。

散水盘安装于喷盘正上方，与中心轴呈偏心齿轮啮合。其呈环状薄片式，内侧有若干呈三角形状的啮合齿，外侧有数个散水齿。图2-112为散水齿受力分析示意图，当散水齿受到水流的冲击时，产生径向分力 F_r 和周向分力 F_e，散水盘将绕中心轴做间歇式旋转运动。

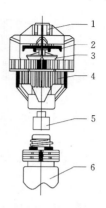

图2-110 R33喷头结构示意图
1—阻尼结构；2—旋转式散水盘；3—喷盘；4—喷体；5—喷嘴；6—接头

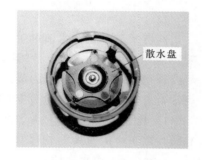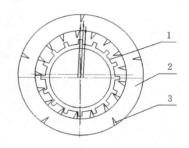

图2-111 旋转式散水盘结构示意图
1—固定在中心轴上的齿轮；2—散水盘；3—散水齿

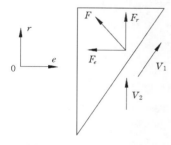

图2-112 散水齿受力分析示意图

散水盘旋转过程即散水盘与齿轮从啮合状态到实现跳齿状态的过程，可以细分为啮合阶段、脱齿阶段和跳齿阶段，现以齿 A_1 与 B_1 为例说明其运动过程。

（1）啮合阶段：当1号散水齿受到水流冲击后，由于水流的反作用力，齿 A_1 与 B_1 处于啮合状态，齿 A_2 与 B_2 处于脱齿状态，如图2-113（a）所示。

（2）脱齿阶段：当水流旋转到3号散水齿位置，3号散水齿受到水流冲击前，齿 A_2 与 B_2 处于脱齿状态；其受到水流冲击后，散水盘旋转一定角度，从而实现了齿 A_1 与 B_1 的脱齿。此时，齿 A_2 与 B_2 由原来的脱齿状态变成了跳齿状态，如图2-113（b）所示。

（3）跳齿阶段：当喷头旋转一周，即水流再次旋转到1号散水齿位置，1号散水齿受水流冲击前，齿 A_1 与 B_1 处于脱齿状态；其受到水流冲击后，喷盘旋转一定角度，从而实现了齿 A_1 与 B_1 的跳齿，如图2-113（c）所示。

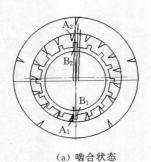

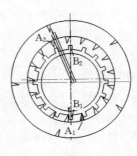

(a) 啮合状态　　　　　　(b) 脱齿状态　　　　　　(c) 跳齿状态

图 2-113　散水盘旋转运动过程

可见，喷头旋转一圈，即齿 A_1 与 B_1 经过啮合、脱齿、跳齿阶段后，实现了散水盘旋转一格，一格的旋转角度为齿轮相邻齿之间的夹角，如果齿轮齿数为 16，则相邻齿之间的夹角为 360/16＝22.5°。因此喷头旋转 16 圈后，才形成一个喷洒循环，实现了分批补充喷头近处水量。

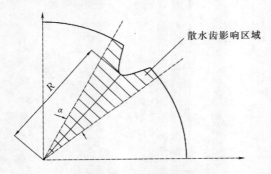

图 2-114　散水齿影响区域示意图

五、间断式散水盘对喷头水量分布影响的研究

1. 散水齿结构尺寸[94]

旋转式散水盘在水流的冲击下做间歇式旋转运动，因此散水齿尺寸影响水力性能。研究采用散水齿影响区域的最短射程 R 和角度 α 来衡量散水齿对水量分布的影响，如图 2-114 所示。图 2-115 为散水盘的结构示意图，散水齿的重要结构尺寸包括散水齿宽度 a、齿厚 b、散水齿插入射流深度 h、水射流出口至散水齿的距离 c。

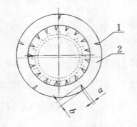
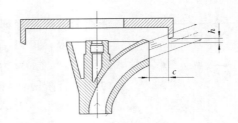

图 2-115　旋转式散水盘结构示意图
1—散水齿；2—旋转式散水盘

2. 优化目标

探索散水齿结构尺寸对影响区域的最短射程 R 和范围 a 的影响规律。

（1）最短射程 R 的定义。旋转喷头的径向水量分布是由受散水齿影响的水量分布与无散水齿的水量分布按照一定喷洒次数比率叠加而成的。设无散水齿影响的水量分布曲线为 $\rho＝L_1(x)$，有散水齿影响的水量分布曲线为 $\rho＝L_2(x)$，设 k 为单位时间内散水齿在同一径向方向上出现的喷洒次数比率，$(1-k)$ 即为单位时间内无散水齿出现的喷洒次数比率。该旋转喷头最终的水量分布曲线可表示为：

$$L(x)=(1-k)L_1(x)+kL_2(x) \tag{2-104}$$

则有：

$$L_2(x)=\frac{L(x)-(1-k)L_1(x)}{k} \tag{2-105}$$

令 $L_2(x)=0$，则 x 值为曲线 $\rho=L(x)$ 与曲线 $\rho=(1-k)L_1(x)\theta$ 的交点，也是散水齿影响区域的最短射程 R。

当喷头径向水量分布呈较为理想的"三角形"和"梯形"时将利于组合喷洒，喷灌均匀度较高。由图 2-116 可知，为了获得"三角形"水量分布，最短射程 $R \geqslant R_1$；为了获得"梯形"水量分布，最短射 $R \geqslant R_2$ 程，又因为 $R_2 \geqslant R_1$，因此所需的受散水齿影响的最短射程 R 至少为 R_1，否则近处水量得不到补充，因此设计优化结果衡量的指标之一为 $R \geqslant R_1$。

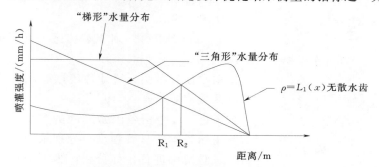

图 2-116　喷头径向水量分布示意图

（2）影响区域角度范围 α 的求解。设散水齿数分别为 6、8、9、10 和 11，为了保证有未受散水齿影响的区域，受散水齿影响的区域不能大于：

$$\alpha \leqslant 360/11=32.73°$$

3. 试验方案

选取散水齿宽度 a，散水齿插入射流深度 h，水射流出口至散水齿的距离 c 作为试验因素，选用 $L_9(3^4)$ 四因素三水平正交设计，如表 2-17 所示。其中 A 代表散水齿插入射流深度 h，$h=0$ 表示散水齿位于水流中心线上，$h=-1$ 表示散水齿位于水流中心线上方 1mm，$h=1$ 表示散水齿位于水流中心线下方 1mm；B 代表散水齿宽度 a，mm；C 代表水射流出口至散水齿的距离 c，mm。表 2-18 为试验方案，图 2-117 为不同试验方案的散水齿实物图。

表 2-17　　　　　　　　　　　　结构参数因素水平表

水平	因　素		
	A	B	C
	插入射流深度 h/mm	散水齿宽度 a/mm	水流至散水齿距离 c/mm
1	-1	1.6	4
2	0	2.5	9
3	1	3.4	14

表 2-18　　　　　　　　　　　　　　　　　　试　验　方　案

试验号	A	B	C	空列
1	A1	B1	C1	D1
2	A1	B2	C2	D2
3	A1	B3	C3	D3
4	A2	B1	C2	D3
5	A2	B2	C3	D1
6	A2	B3	C1	D2
7	A3	B1	C3	D2
8	A3	B2	C1	D3
9	A3	B3	C2	D1

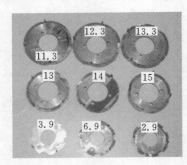

图 2-117　不同试验方案的
散水齿实物图

4. 试验结果

图 2-118 给出了 9 种试验方案下不同散水齿的水量分布图。

依据水量分布图，统计各组试验下的喷头最短射程和影响区域结果见表 2-19。

为了进一步分清各因素之间的主次顺序，判断因素对试验指标影响的显著程度，分别采用极差分析和方差分析对试验结果进行指标分析，为了简化数据分析可将影响区域角度 α 都减去 20，计算结果不变。

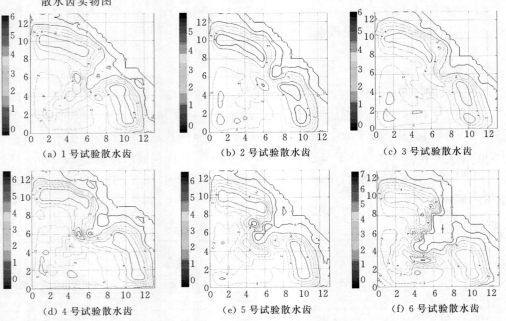

（a）1 号试验散水齿　　　　（b）2 号试验散水齿　　　　（c）3 号试验散水齿

（d）4 号试验散水齿　　　　（e）5 号试验散水齿　　　　（f）6 号试验散水齿

图 2-118（一）　不同散水齿的水量分布图

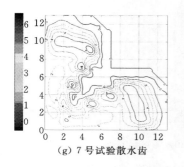

（g）7号试验散水齿

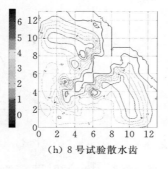

（h）8号试验散水齿

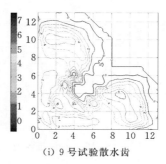

（i）9号试验散水齿

图2－118（二）　不同散水齿的水量分布图

表2－19   试 验 结 果 汇 总

试 验 号	最短射程 R/m	影响区域 α/(°)
1	7.7	22.5
2	8.4	33
3	9.2	35
4	7.5	27
5	7.9	35
6	6.3	47.5
7	6.7	30.5
8	5.2	49.5
9	6	63

表2－20   多指标试验结果极差分析

指　　标		A	B	C	空列
射程 R	K_{1j}	25.3	21.9	19.2	21.6
	K_{2j}	21.7	21.5	21.9	21.4
	K_{3j}	17.9	21.5	23.8	21.9
	$\overline{K_{1J}}$	8.43	7.3	6.4	7.2
	$\overline{K_{2J}}$	7.23	7.17	7.3	7.13
	$\overline{K_{3J}}$	5.97	7.17	7.93	7.3
	R_j	2.46	0.13	1.53	0.17
影响区域 α	K_{1j}	30.5	20	59.5	60.5
	K_{2j}	49.5	57.5	63	51
	K_{3j}	83	85.5	40.5	51.5
	$\overline{K_{1J}}$	10.17	6.67	19.83	20.17
	$\overline{K_{2J}}$	16.5	19.17	21	17
	$\overline{K_{3J}}$	27.67	28.5	13.5	17.17
	R_j	17.5	21.83	7.5	3.17

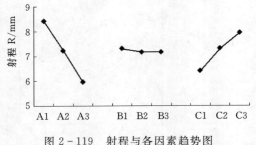

图 2-119 射程与各因素趋势图

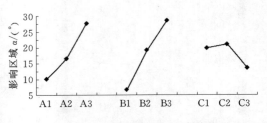

图 2-120 影响区域与各因素趋势图

由表 2-20 中极差 R_j 的大小可知,对最短射程 R 各因素影响的主次顺序为 A＞C＞B,对影响区域 α 各因素的主次顺序为 B＞A＞C。图 2-119 和图 2-120 为因素与指标趋势图,反映了试验指标随因素水平的变化走向,由这两图可知:

A 因素:插入深度在 $-1\sim1mm$ 范围内变化,射程逐渐下降,减少了 29.2%;影响区域陡然增大,增加了 1.72 倍。

B 因素:散水齿宽度在 $1.6\sim3.4mm$ 范围内变化,射程减少了 1.7%,基本不变;而影响区域陡然增大,增加了 3.27 倍。

C 因素:水流至散水齿距离在 $4\sim14mm$ 范围内变化,射程增加 23.9%,影响区域减少 15.7%。

因此可以看出,对射程这一评价指标,具有重要影响的因素为散水齿插入深度;对影响区域角度范围这一评价指标,具有重要影响的因素为散水齿宽度。

第七节　喷头试验及试验方法

喷头是喷灌作业实施的关键设备,喷头性能直接影响喷灌系统的可靠性和灌水质量。本节介绍旋转式喷灌喷头的试验,包括相关试验设备、试验方法及试验条件。

一、喷头试验类型及试验仪器

(一) 喷头试验的项目[11]

喷头试验按试验项目可分为外特性试验、内特性试验和强度试验,按试验条件可分为室内试验和室外田间试验。

1. 外特性试验

喷头外特性试验主要包括喷头的运转试验,检验喷头转动的可靠性以及转动均匀性。外特性试验还包括喷头的水力性能试验,测量喷头的流量、射程、喷射高度、水量分布、雨滴直径或雨滴打击力等性能参数,同时对喷头的耐压、密封性进行测试。

2. 内特性试验

内特性试验主要涉及对喷头各种水力结构的合理性进行考核,如验证喷头流道收缩角、稳流器、副喷嘴、喷头仰角等等的合理性,或者以射流元件为原理的旋转式喷头在设计后,需要开展内特性试验,获得水流在喷头内部流动时的压力分布、速度分布、射流切换等状况,验证设计的合理性,找出改进水力设计的方法。喷头内特性试验一般用于新产品开发。

3. 强度试验

强度试验主要进行耐久性试验和耐磨性试验。通过试验，检验投产前新喷头或者改变材质批量生产的喷头其整体和部件的强度，以及关键零部件受泥沙的磨蚀性能。

（二）喷头的试验设备仪器及方法

性能试验一般应用常温清水进行性能试验，常温清水的特性应符合表 2-21 的规定。

表 2-21　　　　　　　　　　　喷头试验用清水指标

特　性	单　位	最 大 值
温度	℃	40
运动黏度	m²/s	1.75×10^{-6}
（质量）密度	kg/m³	1050
不吸水的游离固体的含量	kg/m³	2.5
溶解于水的固体含量	kg/m³	50

喷头试验中常用到流量计、压力计、风速仪、湿度、温度、小型气象站、雨滴谱仪、雨量筒等诸多仪器设备，所用的各类测量仪表应有精度证明，并定期校正，农业旋转喷头试验所使用的有关仪表精度一般为：压力计的测量精度为±2%。流量计的精度是±1%。旋转周期和转动均匀性测定使用的计时器精度 0.1s 以上。

1. 测压力

试验压力的测点一般规定在喷头进水口前 200mm 处，试验中压力变化不大于 4%。测量压力的仪表包括：U 形水银压差计，其特点为不需要仪器校准，可测量正、负压转换的变化，缺点为因受到仪表高度的限制，一般测量范围较低；弹簧式压力表，其特点为现场显示数据，安装方便，使用较为普遍；压力变送器，喷头试验中选用压力变送器时应注意被测喷头工作压力范围、介质的温度范围，超量程会损坏压力变送器。对较长时间未使用的变送器，需采用压力校准仪校核。

2. 测流量

喷头试验中流量的测量一般采用涡轮流量计、电磁流量计、超声波流量计等设备，对于微喷这样的小流量喷头，可直接收集喷出的水量，采用体积法、称重法等获得流量。喷头试验中应注意涡轮流量计产生的压降，管道越细压降越大。此时，压力表一般安装在流量计之后。此外，流量计安装过程中其前后要求有一定长度的直管段。电磁流量计相比于涡轮流量计，其管内无阻碍流动部件，无压损，安装直管段的要求较低。与电磁流量计一样，超声波流量在管道内无阻碍流动部件，无压力损失，突出的优点是几乎不受被测介质各种参数（温度、压力、黏度、密度等）的干扰，在开展室外喷灌机组试验时，可方便地测出管道内流量。应用时需注意该流量计对管道要求比较高，管道内流速偏低时误差较大。

3. 测风速

测量空气流速的仪器。测量方式可采用风杯、螺旋桨式、热线式等。室外喷灌试验中，风速对喷灌的水量分布影响较大，影响细小水滴的漂移，一般规定大于三级风速时不适合做室外水量分布试验，而在试验期间应间隔一定时间测量风速及风向，时间间隔长度不超过 15min，具体与喷头或喷灌机组单次试验的时间相关。风速仪使用时，应注意测量的高度应为喷头最大喷射高度的 90%，且不低于 2m，在距试验场地边缘不超过 50m 处测量，风速数据在试验报告中予以说明，对风速仪多次测得的数据进行整理，获得试验期间盛行风的风向及风速。

4. 小型气象站

小型气象站用于对风速、风向、雨量、空气温度、空气湿度、光照强度、土壤温度、土壤湿度、蒸发量、大气压力等十几个气象要素进行全天候现场监测。气象观测要素的配置方式可以根据项目的实际情况进行灵活配置，可以通过专业配套的数据采集通信线与计算机进行连接，将数据传输到气象计算机气象数据库中。小型气相站对于室外喷灌试验中检测环境变化，细致研究蒸腾、蒸发、喷灌水的土壤入渗等具有重要作用。

5. 雨量筒

喷灌试验中采用雨量筒收集喷头喷洒水的水量，从而分析喷头或喷灌机组的水量分布。雨量筒上部应是圆柱形，形状和尺寸应匀称一致，开口边缘应为尖形，且没有缺口。根据规范中的规定，受水圆柱部分的高度至少是整个雨量筒高度 1/3，雨量筒高度是试验期间收集到水的平均高度的 2 倍，且不低于 150mm，以防喷洒水的内外溅，雨量筒的直径应是其高度的 1/2～1 倍，但不少于 85mm。

雨量筒应垂直放置，两个相邻雨量筒的高度差不超过 20mm，雨量筒开口与水平之间允许倾斜度为 ±5°。

图 2-121 为一种翻斗式自动计量雨量筒结构示意图，这种雨量筒由外壳、底座、上翻斗、计量翻斗、计数翻斗和承水器等构件组成。

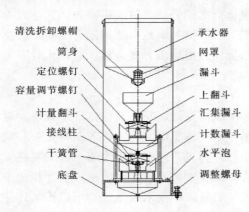

清洗拆卸螺帽
筒身
定位螺钉
容量调节螺钉
计量翻斗
接线柱
干簧管
底盘

承水器
网罩
漏斗
上翻斗
汇集漏斗
计数漏斗
水平泡
调整螺母

图 2-121 自动计量雨量筒结构示意图

这种雨量筒的工作原理是承水器接受到的喷洒水漏至上翻斗缓冲，然后进入计量翻斗，计量翻斗在储满水后，因重心改变而翻转使水倒入计数翻斗，改换为对面翻斗储水，计量翻斗每翻转一次，表示一定数量的降水量（由厂家给的最小分度而定）。在计数翻斗上安有小块磁钢，当计数翻斗从一个稳定位置变换到另一个稳定位置翻转时，带着磁钢扫过干簧管，干簧管中的两个常开簧片被吸合，在这接触的一瞬间，使外接开关电路形成回路而接通一次，回路电压的一次降低形成脉冲信号，输送至采集系统从而获得雨量信息。

雨量筒的形式可多样，但需要保证其测量精度。江苏大学喷灌实验室所采用的两种雨量筒如图 2-122 所示。图中左侧为自动输出信号的雨量筒，特点为采用双翻斗式结构，电子触发开关信号，雨量数据无线传输，因此雨量筒位置可随意摆放，降水量测量最小分度 0.1mm。图中右侧为设计发明的新型雨量筒，特点为读取数据方便，通过带刻度的锥形量杯量取水体体积，方便室外试验移动，采用透明材料制作，底座支架增重防风。

6. 测雨滴直径

雨滴粒径测量方法较多，各有优缺点，目前测量水滴直径的方法有激光雨滴谱仪、滤纸法、面粉法以及高速摄影法等。

（1）激光雨滴谱仪。采用激光雨滴谱仪测量雨滴大小沿径向的分布是一种便捷的方法，能了解喷头形成的水射流分散效果。激光雨滴谱仪采用平行激光束作为采样空间，光电管阵列为接收传感器，当粒子穿越采样空间时，自动记录遮挡物的宽度和穿越时间，从而计算降水粒子的尺度和速度。其配套软件可以采集实时数据，并进行处理和分析，获得累积降雨量，降水粒子总数，降水时的能见度及雷达反射因子等。激光雨滴谱仪将雨滴粒径和速度进行分级处理，例如德国 Parsivel 雨滴谱仪粒径测量范围为 0.16～8mm，

图 2-122　两种雨量筒

速度范围为 0.2～20m/s，其粒子等级分为 440 种（22 种直径×20 种速度）。如果有两个或多个降水粒子同时到达采样平面时，会产生重叠误差，其对尺度测量以及速度计算都会产生很大的影响。图 2-123 为采用激光雨滴谱仪测量的某型号喷头射程末端的雨滴谱。

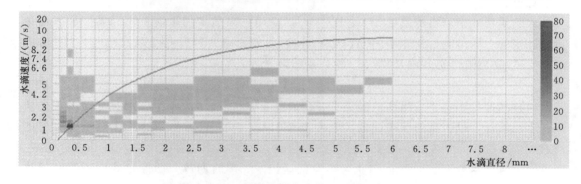

图 2-123　激光雨滴谱采集的末端雨滴信息

（2）滤纸法。滤纸法是通过测量水滴落在涂有色粉的滤纸上形成的色斑直径，然后按事先滤定的公式计算出水滴直径的方法。也有将溶于四氯化碳中的甲基蓝悬浮液喷在滤纸上，来获取水滴色斑。色粉一般是用 1∶10 的曙光红试剂和滑石粉混合而成。试验时，将滤纸固定在水滴接收盒内，接取数滴水滴，待干后量取色斑直径，然后根据事先滤定的色斑直径和水滴直径的关系曲线或公式，算出水滴直径。

对于质地均匀的定性分析滤纸，色斑与水滴直径呈抛物线关系，公式为

$$d = aD^b \tag{2-106}$$

式中　d——水滴直径，mm；

　　　D——色斑直径，mm。

系数 a 和指数 b 随滤纸不同而变化，所以每批滤纸在试验前先需滤定，得出 a 和 b 数值。滤纸法简便易行，使用较为普遍。但因接收水滴的随机性较大，测量精度受人为影响

较大，且人工工作量较大。图 2-124 为雨滴标定图及试验所测雨滴照片。

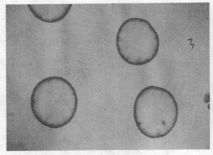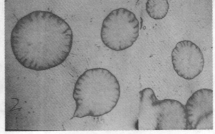

（a）雨滴标定图　　　　　　　　　　　　　　（b）试验所测雨滴

图 2-124　雨滴标定图及试验所测雨滴照片

（3）面粉法。面粉法是把筛过的新鲜白面粉，装在一个直径 21cm，深 2cm 的圆盘里，用直尺刮平。做好的面粉盘必须在 2h 内进行试验。试验时将面粉盘置于取样位置，待水流过后将盘取回放在烘箱内，在 38℃ 条件下干燥 24h。为了消除水滴可能被圆盘锐边切破的影响，只从盘中心取出直径为 18.3cm 的试样。把试样放在一个 50 目的筛子里，使水滴形成的面团从面粉中分离出来。再用 5～50 个网眼为一组的 16 个标准筛子筛分并分别称重。

水滴质量和干面粉球质量 M_p 之比值 R_a，是用已知质量的水滴从不同高度滴入面粉盘来测定的。降落高度从 0.1～4m，几乎对 R_a 没有影响。对于直径为 2.19～5.32mm 的水滴，R_a 值是相同的。则 R_a 与 M_p 的关系式为

$$R_a = 1.05 M_p^{0.082} \tag{2-107}$$

（4）高速摄影法。采用高速摄像机进行拍摄能够在很短的时间内完成对运动目标的快速、多次采样，以很高的频率记录，记录速度可从 1 千帧每秒到 1 万帧每秒。一套完整的高速成像系统由光学成像、光电成像、信号传输、控制、图像存储与处理等几部分组成。高速摄像机技术具有实时目标捕获、图像快速记录、即时回放、图像直观清晰等突出优点。利用高速摄影获得的图片，可以得出水滴直径与水滴降落角度之间的关系，也即可以捕捉到雨滴的轨迹。如图 2-125 为高速摄影获得的摇臂 PY15 型喷头末端雨滴图，通过设置较为精确的参照标尺，照片中可量取和估算出雨滴大小。

图 2-125　高速摄影拍摄的四联帧雨滴图（500 帧/s）

从图2-125中也可看出，高速摄影方法虽然快速便捷，但图片中的雨滴大小需要结合图像后处理技术才能更精确获得，因此该方法值得深入研究。

二、喷头的试验及方法

1. 耐压试验[12-13]

喷头质量检验中为考察喷头的耐压性能，一般分为常温水试验和热水试验。实验时把喷头安装在试验装置上，堵住喷嘴，试验开始时先排除系统中残留的空气，然后从额定工作压力的1/4开始，逐渐增加到要求的最大试验压力。对金属喷头的耐压试验，在常温清水中进行的试验压力为2倍最大额定工作压力，保压10min。试验中，喷体和喷管零件（不包括旋转轴承处）不得出现损坏、渗漏。热水试验是将喷头浸泡在温度为60℃清水中进行，试验压力为最大额定工作压力，对金属喷头保压1h，对塑料喷头保压24h试验后，喷头和其零件不应出现损坏或脱落，喷体及其螺纹连接处不应出现渗漏。

2. 喷头轴承处密封试验

该项试验是在喷头最大工作压力下运转24h后进行。试验时按正常使用条件，将喷头安装在供水管路上，然后按照每次递增100kPa的规律，将水压从最小工作压力逐渐增加到最大工作压力，每递增一次保压1min。在整个试验过程中收集从滑动轴承处泄漏的水，检验是否在规定范围之内。喷头密封性根据规范中的要求为，对于公称流量小于0.25m³/h的喷头，旋转轴承处的泄漏量应不大于0.005m³/h；对于公称流量在0.25～5m³/h的喷头，旋转轴承处的泄漏量应不大于试验压力下喷头流量的2%，对于公称流量在5～30m³/h的喷头，旋转轴承处的泄漏量应不大于试验压力下喷头流量的1%，对于公称流量大于30m³/h的喷头，旋转轴承处的泄漏量应不大于试验压力下喷头流量的0.5%。

3. 喷嘴连接处的密封性试验

把喷头安装在试验装置上，堵住喷嘴孔，不另用密封材料，试验时，先排除系统中的空气，然后从最小工作压力逐渐增加到最大的工作压力1.6倍，在室温下保压10min。在整个试验过程中，收集从喷嘴连接处泄漏的水，看是否在规定范围之内。

4. 转动可靠性试验

该项试验之前，先把喷头放在温度为60℃的水中浸泡1h，然后把喷头装在铅垂竖管上。将水压从零升到喷头开始沿一方向平稳地旋转为止，在此压力下运转2min（周期大于1min的喷头运转2周）；随后逐渐将水压升高到最大工作压力，在此压力下运转1min（周期大于1min的喷头运转1周）。将喷头旋转轴线偏离铅垂线，倾斜10°（见图2-126），重复上诉试验。检验喷头在最小和最大工作压力范围内及倾斜情况下，能否正常运转。

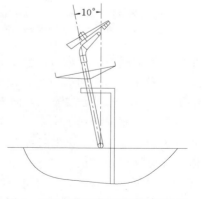

图2-126 喷头旋转轴线倾斜示意

5. 转动均匀性试验

实验时，把喷头安装在铅垂竖管上，在额定工作压力下运转。分别测量一周内四个象限转动的时间，重复测量5次，然后计算每个象限转动的平均时间，以及与平均值的最大偏差，看其是否在规定范围内。

6. 喷头水力性能试验

该试验是检验各系列或者各型号喷头质量最重要的试验，包括如下步骤：

(1) 喷头的流量测量。采用上述流量测量设备对喷头出口喷洒出去的水量进行测量，喷头出口包括了主、副喷嘴，异形喷嘴以及非旋转式喷头的流道出口等情况。对于流量不大于 0.25m³/h 的喷头，在规定试验压力下喷头流量的变化量不应大于 ±7%；喷头流量大于 0.25m³/h 的喷头，在规定试验压力下喷头流量的变化量不应大于 ±5%。

(2) 点喷灌强度测量。单位时间某一灌溉面积上的平均灌水深度，主要采用雨量筒收集不同位置处的水量，用收集的水体体积除以雨量筒截面积，获得水深，水深再除以试验时间获得点喷灌强度。喷头的水量分布均匀性是通过各个测点的喷灌强度来反映的。

(3) 喷头的射高。根据喷灌作物高矮不同，结合喷头的安装高度，需要考虑喷头水流的射高。尤其是将大喷枪应用于粉尘抑制、降温、防火等喷洒时，也需要考虑到喷洒水流的射高，其中喷头的仰角对射高影响较大。射高的测量可采用经纬仪，设置参照物的照相法等方法测量。喷头在规定试验压力、最大额定工作压力和最小额定工作压力下运转时，分别测量喷头水流最高点至喷嘴水平线的垂直距离。

(4) 喷头的射程。喷灌喷头射程是指喷头距规定灌水强度所在点的距离。在喷头连续运行情况下，对于流量大于 0.075m³/h 的喷头，该点的灌水强度为 0.25mm/h；对于流量等于或小于 0.075m³/h 的喷头，该点的灌水强度为 0.13mm/h。对换向喷头，应在除最大极限角度以外的其他任何角度上测量。喷头射程测量是与水量分布特性试验同时进行的。

(5) 末端雨滴直径及打击力。雨滴落地的打击力对土壤板结有影响，打击力过大易造成冲刷，形成小径流。部分农作物生长初期叶面受雨滴的打击力不能过大。一般采用微压压力传感器测量降雨压力，测量值与降雨的密度相关，也可结合激光雨滴谱仪测得的末端雨滴速度、粒径等信息，获得雨滴打击力大小。

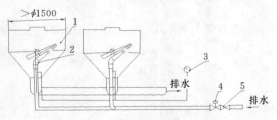

图 2 - 127　耐久试验装置示意图
1—集水罐；2—喷头 3—压力计；4—压力
调节阀；5—快速启闭阀

7. 喷头的耐久试验

耐久试验装置示意图如图 2 - 127 所示。试验在最大有效工作压力（即额定工作压力的最高值）下进行。对于耐久试验的时间，《旋转式喷头》（GB/T 22999—2008）规定，累计工作时间不得小于 2000h；带换向器的喷头，换向机构的可靠性考核时间不得小于 1000h；对固定式喷头，尚无具体规定。试验前应测量各主要零部件尺寸，试验后检查各零部件磨损和锈蚀情况，做好记录。试验时，喷头在试验台架上连续运转 4～5d，然后停止 1～2d，按此规律交替进行，直至喷头运转到规定时间为止，试验期间应有人专门值守，做好记录，试验过程中如发现零件损坏，要查明原因并记录，更换损坏零件后重做试验。耐久试验后，应重复进行耐压试验，密封试验、转动均匀性试验、喷头流量测试和水量分布特性试验，以检验是否符合规定要求。

8. 水量分布均匀性试验

该试验反映出单喷头施水性能的好坏，是多喷头组合喷灌应用的基础。试验时雨量筒摆放的场地要求平整，最大允许坡度为1%，试验场内不应有阻碍喷洒水自由分布的障碍物，为避免试验场上方的空气流动，试验场可设置在带顶棚且密闭的室内，也可以设在室外远离树木或高大建筑物的开阔地带。对于全圆喷洒喷头，试验时间应不小于1h，对于换向喷头喷洒扇形形状，最短试验时间为：

$$T_s = \frac{t \times \varphi}{360} \tag{2-108}$$

式中　T_s——喷头扇形喷洒试验持续时间，h；

t——全圆喷洒持续时间，大于或等于1h；

φ——换向喷头实际喷洒扇形角度，(°)。

雨量筒的布置形式在喷头水量分布试验中有两种布置方法，一种为方格形布置，另一种为径向布置，如图2-128所示：

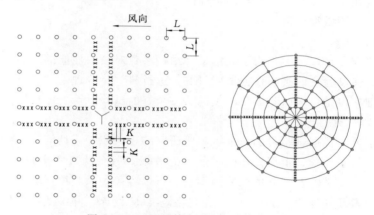

图2-128　雨量筒方形和径向布置形式

雨量筒放置场地的面积应大于喷头的喷洒覆盖面积，留有适当安全余量。布置间距因测试项目和喷头射程而异。当有效喷洒直径大于10m时，图中L值取2m，当有效喷洒直径小于10m时，图中L取值1m。当测量喷头射程时，图中布置间距k取0.5m，雨量筒间距在任何方向的允许偏差均不应大于50mm。方格布置法便于进行多喷头的组合喷灌试验，此时喷头的布置位置视喷头组合方式而定。当开展非圆形喷洒域喷头试验时，方格布置是最合适的选择。径向布置方式适合于无风状态，适合于喷头的射程测量，将雨量筒以喷头为端点呈放射线布置，当有效喷洒直径大于20m时，放射性上雨量筒的最大间距取为2m，喷头有效喷洒直径小于20m时，间距取1m。

试验时注意喷头旋转的起止位置对测量结果有影响，为使试验过程中各行雨量筒受水次数相同，一般把起止位置放在两行雨量筒之间的空当处。试验时，应注意喷头刚出水以及水泵停机后的不稳定阶段，此时喷头喷出的水不应落入量雨筒中，在调节喷头工作压力进行变工作参数试验时，喷洒水应在雨量筒空挡处，或用器具遮住水流，待压力调好后再放开。

9. 坡地喷头试验

实际喷灌工程中，遇到的地形并不是理想的平地，具有一定坡度的地形影响喷头的水量分布，同时为防止坡地上形成径流，其允许喷灌强度降低，因此研究喷头在坡地上的应用需要开展相应的喷头试验，该试验是验证坡地喷头相关理论，寻找适合坡地喷灌策略与方法的重要试验。有文献指出，当地面坡度为 6.6° 的情况下，喷头仰射射程与平地射程相比较，之间具有 8% 的试验误差，以及具有 12.4% 的理论计算误差。在坡地上进行单喷头水力性能试验与平地相比主要区别为雨量筒的摆放，采用人工模拟坡度的方法较为直接和方便。将雨量筒放置在木桩或支架上，按坡度斜率摆放，喷头置于斜坡中部同时开展上、下坡两个方向的喷灌试验，或者为了尽量降低木桩的高度，喷头可置于坡的底端进行上坡方向雨量试验，然后置于坡的顶部进行下坡方向雨量试验。对于雨量筒间距、喷头试验时间，射程的规定等要求和规定与平地试验相同。当模拟坡度大于 7° 时，喷头立管与水平方向的角度以及喷头的仰角需要记录，此时改变喷头立管角度至合适位置是坡地喷灌策略之一，相应地需要开展喷头旋转均匀性的试验。

三、试验设计和试验报告

（一）试验设计

在喷头的研究设计过程中，为了确定某一结构参数对喷头性能的影响，会进行一些单独的试验研究。在试验之前必须根据试验目的，进行科学、合理的试验设计。试验设计是科学试验的基础，也是科学试验成败的关键。一个好的试验设计要体现以下几点：

1. 试验目的明确

试验设计主要是根据试验目的，来了解所研究的现象或一系列问题。例如一项试验的试验目的，只是为了比较某个部件在改进前后的效果，那么就只要比较该部件的改进前、后的试验结果，而不必涉及到其他试验因素与分析内容。如果一项试验要探索影响试验指标的多个试验因素及其规律，那么就要考虑多因素试验设计，并细致地分析其规律。

尽可能采用最简单的试验设计方法，以便用最少的人力、物力、财力、时间和试验次数，来完成试验任务，达到试验目的。

2. 控制试验因素和试验条件

运用试验设计原理，提高试验精度，减少试验误差。

3. 试验设计方法

在多因素的试验中经常采用正交试验设计，通过正交表，选出代表性很强的部分组合处理，进行选优的一种科学试验方法。正交试验设计是应用均衡性的分析试验设计原理，所以正交试验设计及某些灵活运用方法，也可以用于多因素试验的全部组合处理试验。正交试验设计概括起来可以有下列优点：

（1）可以成倍地减少试验次数，提高效率，缩短科学研究和试验周期。对一个多因素全部组合试验，可以通过正交试验设计，制定正交表来安排其中的部分试验，选出较优的组合处理。必要时还可以围绕较优的组合处理，继续做第二批或多批试验，选出更优的组合处理。以达到试验研究的好中求好，精益求精的原则。

（2）对错综复杂的多因素试验，考核比较全面，可以分清各试验因素对试验指标影响的主、次作用和趋势，从而可抓住主要矛盾，并能选出各试验因素中的较优水平和试验因素的较优组合处理。

（3）方法简单，只需按照一套表格化的正交表来安排试验，直观分析选优只要应用简单的算术运算进行分析就行。

（二）试验误差分析[14]

喷头的试验误差主要包括两方面，一是数据测量时产生的误差，另一个是数据处理中产生的误差。测量过程中对被测量认识不够充分、接触方法扰动了被测的原有状态、静态方法解决动态问题等均带来测量误差，此外上述介绍的测量仪表误差，环境（温度、大气压、电磁场等）影响因素也会带来测量误差。数据处理误差包括了有效数位、近似计算等带来的误差。

误差可分为随机误差和系统误差。减小随机误差的方法主要是依靠改进试验方法及改进测量技术。而处理系统误差则需要较强的针对性，依据实际情况处理。在对影响测量结果的因素进行研究和检验后，采取有效手段限制系统误差以及减小系统误差。下面以雨量筒采集降水得到喷头的水量分布为例，进行误差分析。水量分布测试系统的系统误差主要有量具因素和测量因素。

（1）量具因素。对于水量分布测试系统，量具因素是系统误差产生的主要来源，主要包括仪器的固有误差以及水量计的计量误差两部分。

仪器的固有误差是指测量仪器在参考条件下所确定的测量仪器本身所具有的误差。主要来源于测量仪器自身的缺陷，如仪器的结构、原理、使用、安装、测量方法及其测量标准传递等造成的误差。固有误差的大小直接反映了该测量仪器的准确度。对于水量传感器，其计量翻斗承水量决定了其固有误差为 0.1mm，虽然水量传感器的测量精度已经较高，特别是对降水量大的区域，这样的测量误差已经很小，但是对于边缘区域，其影响就比较大，对喷头射程和平均喷灌强度的计算也会产生明显影响。

翻斗在翻转过程中，虽然时间是极其短促的，但总需要一定的时间，在翻转的前半部分，即翻斗从开始翻转到翻斗中间隔板越过中心线，这段时间 t 内，进水漏斗仍向翻斗内注水，如果降水强度越大，注入的水量就越大。这部分多注入的水量就造成了水量传感器的计量误差。其计量误差 E_p 可用下述公式表示：

$$E_p = \frac{\overline{V_t} - \overline{V_p}}{\overline{V_p}} \times 100\% \qquad (2-109)$$

式中　E_p——翻斗计量误差；

　　　$\overline{V_t}$——翻斗理论上翻转水量，mL；

　　　$\overline{V_p}$——翻斗实际上翻转水量，mL。

（2）测量因素。测量时，因仪器设计或摆置不良等所造成的误差都可以归于测量因素造成的误差。本测试系统主要存在以下几种误差：

1）翻斗中间隔板没有正对汇集漏斗口所引起的误差。翻斗组是仪器的核心部件，在翻斗组翻转过程中，要求翻斗运转要灵活自如，翻斗轴与宝石轴承装配间隙的设计指标不大于 0.5mm，如果由于某种原因所致，中间隔板没有对正汇集漏斗，会导致左右翻斗翻转时流失的水量不相等，从而导致倒水过程产生漏水误差，致使降雨测量结果存在误差。

2）上翻斗和计量翻斗翻倒的次数比例不合适所引起的误差。从理论上讲，上翻斗和计量翻斗翻倒的次数应有合适的比例，不应同步。通常情况是上翻斗翻倒的次数小于计量翻斗，这样就减少了两个翻斗间因同步而造成的误差。否则，当两个翻斗同时处于倒水状态时，由上翻斗倒下的水没有通过计量翻斗而直接流走，从而产生降雨流失误差。

3）计量翻斗和计数翻斗翻转不同步而引起的误差。严格来讲，传感器在出厂前，翻斗组件已进行了精确调整，通常情况下计数翻斗和计量翻斗同步翻转，但经过长期室外使用，各配合部件间摩擦间隙将会变大，导致两翻斗不能同时翻转，产生翻转误差。

4）干簧管和磁钢间的距离不当引起的误差。一般情况下时，当计数翻斗翻动一次时，与其相配合的干簧管应吸合一次。当翻斗处于水平位置时，磁钢与干簧管的距离应适当（通常为 $0.8\sim1.5$mm 之间），长期使用有可能使磁矩发生变化，因此要经常检查合调整，克服因配合距离不合适而产生的误差。

5）双层翻斗中残留水量造成的误差。

（3）雨量测量误差补偿措施。

1）用机械措施提高翻斗式雨量计的测试精度。通过调节容量调节螺钉和定位螺钉来减少部件安装角 ϕ，也即减少两斗室计量转换进行的路程，从而缩短翻斗翻转时间，减少计量中的增量 ΔW，使翻斗动态计量相对误差减少。通过实验表明，这种方法是可行的，但安装角 ϕ 不宜小于 $10°$，否则仪器计量稳定性差。

增大翻斗式雨量计的承雨口面积也是提高测试精度的一种方法。翻斗每斗水重量为承雨口面积与仪器感量之积，因此，增大承雨口面积，即可增大每斗水的重量，从而减少翻斗动态计量相对误差。这是提高仪器测量精度最简洁的方法。

2）使用软件编程减小测量误差。水量传感器的绝对误差为斗，当雨量值比较小时，一斗的误差将对射程和平均喷灌强度的计算产生明显影响，特别是位于辐射形外缘的边界点，雨量值小而对应的面积却大，其误差容易对平均喷灌强度 $\bar{\rho}$ 产生较大误差。其最简公式为

$$\bar{\rho} = \sum_{i=1}^{n} \frac{2i}{n(n+1)} \cdot \rho_i \qquad (2-110)$$

由误差合成原理可知，各测点误差 $\Delta\bar{\rho}$ 的影响可用下式表达：

$$\Delta\bar{\rho} = \sum_{i=1}^{n} \left(\frac{\partial\bar{\rho}}{\partial\rho_i}\right) \cdot \Delta\rho_i = \sum_{i=1}^{n} \frac{2i}{n(n+1)} \cdot \Delta\rho_i \qquad (2-111)$$

从一般项 $\frac{2i}{n(n+1)} \cdot \Delta\rho_i$ 可以看出，若各测量点水量计绝对误差相同，那么离喷头越远的点 i 值越大，$\Delta\rho_i$ 对 $\bar{\rho}$ 的影响也就越大。除了对 $\bar{\rho}$ 的影响，确定准确的射程，也需要边缘边界点有较高的测试精度。

为了提高测试精度，特别是末端的测量精度，可以在编制的软件中加入一个计时/计数模块，此模块的主要作用有以下两点：第一，喷头转动造成任一测试点接收的雨量是间隙的，为了保证每个测量周期喷头都恰好运转整周的，需用一个传感器来跟踪喷头的旋转，计时/计数模块检测传感器检测的信号，同时记录喷头旋转的时间 T 以及转动整周的次数 M。通过采集到的信号保证每次试验时间均在标准规定的一个小时这个时间点附近，并且喷头正好做了整周运转，采集到的水量数据更接近其平均喷灌强度。第二，记录每个

雨量筒产生最后一个计量信号所用的时间 T_1 以及每个雨量筒采集的信号次数 N。

数据采集结束后，利用计时/计数模块记录的数据，对各个测量点的数据进行修正。由 T_1 和 N 计算出每个雨量筒采集一个信号所需的时间，再利用这个时间来估计剩余时间段内雨量筒采集到的大致水量，最后在输出的结果中加入对剩余时间降水量的修正值。通过对误差的修正，最后输出的测量结果可以用下述公式表示：

$$V_c = \frac{0.1 \times \left[N + \dfrac{N}{T_1}(T - T_1) \right]}{T} \qquad (2-112)$$

式中　V_c——各雨量筒的降水量，mm/h；

　　　N——测量时间内所计数的信号次数；

　　　T——喷头运行的时间，h；

　　　T_1——计数第 N 次信号时所用的时间，h。

在测试过程中，通过对水量采集装置的调整及应用软件编程的方式，对系统的测试误差进行了补偿，提高了测试系统的精度，特别是末端水量测量的精度，为喷头的试验研究提供可靠数据。

参 考 文 献

［1］　金树德，陈次昌. 现代水泵设计方法［M］. 北京：兵器工业出版社，1993.

［2］　关醒凡. 现代泵技术手册［M］. 北京：宇航出版社，1995.

［3］　刘建瑞，施卫东，叶忠明，等. 离心泵射流自吸装置的研究［J］. 农业工程学报，2006，22（1）：89-92.

［4］　刘建瑞，滕人博，施卫东，等. 轻小型射流式自吸喷灌泵设计方法［J］. 排灌机械，2008，26（1）：6-9.

［5］　向清江，何培杰，陆宏圻. 射水抽气器最大吸气量［J］. 农业机械学报，2006，（3）：145-148.

［6］　电机工程手册编辑委员会. 机械工程手册［M］. 第14卷，北京：机械工业出版社，1982.

［7］　陆宏圻. 喷射技术理论及应用［M］. 武汉：武汉大学出版社，2004.

［8］　刘建瑞，周贵平，施卫东，等. 轻小型射流式自吸喷灌泵设计与研究［J］. 水泵技术，2006，（3）：1-4.

［9］　刘建瑞，施卫东，叶忠明，等. 离心泵射流自吸装置的研究［J］. 农业工程学报，2006，22（1）：89-91.

［10］　刘建瑞，周英环，袁寿其，等. 50PG-28型射流式自吸喷灌泵的改进与试验［J］. 排灌机械，2008，26（3）：6-9.

［11］　刘建瑞，周贵平，施卫东，等. 新型高效自吸喷灌泵的设计与试验［J］. 排灌机械，2006，24（4）：1-4.

［12］　刘俊萍，朱兴业. 全射流喷头变量喷洒关键技术［M］. 北京：机械工业出版社，2013.

［13］　谢福祺，张世芳，顾子良，等. PSF-50型反馈式流控喷头的原理与分析［J］. 江苏工学院学报，1983，4（2）：13-20.

［14］　杨诗通，谢福祺. PSF-50型喷头步进稳定性的研讨［J］. 排灌机械，1984，2（2）：16-18.

［15］　干浙民. PSBZ型自控式全射流喷头的研究［J］. 节水灌溉，1982，（3）：5-8，17.

［16］　韩小杨. 双击同步全射流喷头的研制［J］. 节水灌溉，1991（2）：38-40.

［17］　干浙民，谢福祺. 对PSZ型全射流喷头元件的分析［J］. 农业机械学报，1985，16（6）：87-91.

[18] 韩小杨，孙才华，沈方兴，等. 双击同步全射流喷头 [P]，中国，90200784，1990.

[19] Hoch J, JiJi L M. Two-dimension turbulent offset jet-boundary interaction [J]. Transactions of the ASME, 1981, 103 (99): 154 - 161.

[20] Pelfrey J R R, Liburdy J A. Mean flow characteristics of a turbulent offset jet [J]. Transactions of the ASME, 1986, (108): 82 - 88.

[21] Bourque L, Newman B G. Reattachment of a two-dimension incompressible jet to an adjacent flat plate [J]. Aeronautical Quarterly, 1960, 99 (11): 201 - 232.

[22] Sawyer R A. Two - dimensional reattachment jet flows including the effect of curvature on enter-tainment [J]. The Journal of Fluid Mechanics, 1963, (17): 481 - 498.

[23] Song H B, Yoon S H, Lee D H. Flow and heat transfer characteristics of a two-dimensional ob-lique wall attaching offset jet [J]. International Journal of Heat and Mass Transfer, 2000, (43): 2395 - 2404.

[24] 原田正一，尾崎省太郎（陆润林、郭荣译）. 射流工程学 [M]. 北京：科学出版社，1977.

[25] 王琪，卢颖. 确定附壁射流主要参数的理论依据 [J]. 吉林农业大学学报，1996，18 (1)：69 - 71，76.

[26] 向清江，朱兴业. 全射流喷头内部附壁点距离的计算 [J]. 排灌机械，2008，26 (3)：55 - 58.

[27] 张政权，熊劲庆，金峰，等. 水平附壁射流破异重流试验研究 [J]. 水动力学研究与进展，2000，15 (4)：476 - 484.

[28] Li J S, Kawano H, Yu K. Droplet size distributions from different shaped sprinkler nozzles [J]. Transactions of the ASAE, 1994, 37 (6): 1871 - 1878.

[29] Li J S, Kawano H. Sprinkler performances as function of nozzle geometrical parameters [J]. Journal of Irrigation and Drainage Engineering, 1996, 122 (4): 244 - 247.

[30] Li J S, Kawano H. Sprinkler performance as affected by nozzle inner contraction angle [J]. Irrigation Science, 1998, (18): 63 - 66.

[31] 汤跃，袁寿其，李红. 基于分布式总线的喷头水量分布的自动测试 [J]. 农业工程学报，2006，22 (4)：112 - 115.

[32] 任露泉. 试验优化设计与分析 [M]. 北京：高等教育出版社，2003.

[33] Robert T P, Victor P. Irrigation process optimization using taguchi orthogonal experiments [J]. Computer and Industrial Engineering, 1998, 35 (1 - 2): 209 - 212.

[34] Chang W J, Hills D J. Sprinkler droplet effects on infiltration. I: Impact simulation [J]. Journal of Irrigation and Drainage Engineering, 1993, 119 (1): 142 - 156.

[35] Chang W J, Hills D J. Sprinkler droplet effects on infiltration. II: Laboratory study [J]. Journal of Irrigation and Drainage Engineering, 1993, 119 (1): 157 - 169.

[36] Lamaddalena N, Fratino U, Daccache A. On-farm sprinkler irrigation performance as affected by the distribution system [J]. Biosystems Engineering, 2007, 96 (1): 99 - 109.

[37] 袁寿其，李红，施卫东，等. 新型喷灌装备设计理论与技术 [M]. 北京：机械工业出版社，2011.

[38] 朱兴业，袁寿其，向清江，等. 旋转式射流喷头设计与性能正交试验 [J]. 农业机械学报，2008，39 (7)：76 - 79.

[39] 朱兴业，袁寿其，李红，等. 全射流喷头的原理及实验研究 [J]. 排灌机械，2005，23 (2)：23 - 26.

[40] 李世英. 喷灌喷头理论与设计 [M]. 北京：兵器工业出版社，1995.

[41] 金宏智，何建强，钱一超. 变量技术在精准灌溉上的应用 [J]. 节水灌溉，2003 (1)：1 - 4.

[42] 王振海. 喷灌喷头喷水范围限制器：中国，96212526 [P]. 1997.

[43] 王云中. 喷洒面为多种形状的摇臂式喷头：中国，98232884.2 [P]. 1999.

[44] 吴普特，冯浩，韩文霆，等. 自动调节射程的摇臂式喷头：中国，03218591 [P]. 2004.

[45] 韩文霆，冯浩，吴普特，等. 非圆形喷洒域的摇臂式喷头：中国，03218590 [P]. 2003.

[46] 王正中，冷畅俭. 喷洒面为多种形状的摇臂式喷头：中国，00257672 [P]. 2001.

[47] 郝培业. 新型摇臂式喷头：中国，00215392.0 [P]. 2001.

[48] 冯浩，汪有科，吴普特，等. 非圆形喷洒域喷头：中国，01265799 [P]. 2001.

[49] 韩文霆，吴普特，冯浩，等. 非圆形喷洒变量施水精确灌溉喷头综述 [J]. 农业机械学报，2004（9）：220-224.

[50] 王飞，冯浩，吴普特. 非圆形喷洒域的喷头辅助装置：中国，01247020.1 [P]. 2001.

[51] 黄修桥，仵峰，范永申. 喷头仰角调节机构的研制及其对喷头性能的影响 [J]. 排灌机械，2006（5）：29-32.

[52] 孟秦倩，王健，蔡江碧. 非圆形喷洒域喷头的可实现性研究 [J]. 西北农林科技大学学报，2003（4）：145-148.

[53] 丁献州. 变射程全自动节水灌溉喷头：中国，03246167 [P]. 2004.

[54] Donald Elder. Apparatus for watering areas of land：US，1637413 [P]. 1927.

[55] Robert E. Automatic water sprinkler for irregular areas：US，3952954 [P]. 1976.

[56] James T，La M. Sprinkling device：US，2582158 [P]. 1952.

[57] Aldo L，Van N. Controlled contour sprinkler：US，2654635 [P]. 1953.

[58] Benjamin，Rabitsch. Irrigation sprinkler：US，4277029 [P]. 1981.

[59] Edwin J. Dual speed sprinkler：US，3261552 [P]. 1966.

[60] Ohayon S. Automatic adjustable sprinkler for precision irrigation：US，6079637 [P]. 2002.

[61] 韩文霆，Nguyen Van Lanh，徐琳，等. 摇臂式喷头内流道流场数值模拟 [J]. 农业机械学报，2011，42（8）：58-64.

[62] Joel T W. Development and characterization of variable orifice nozzles for spraying agro-chemicals [C]. Toronto：ASAE Meeting Presentation，1999.

[63] 刘俊萍，袁寿其，李红，等. 全射流喷头射程与喷洒均匀性影响因素分析与试验 [J]. 农业机械学报，2008，39（11）：57-61.

[64] 袁寿其，朱兴业，李红，等. 全射流喷头重要结构参数对水力性能的影响 [J]. 农业工程学报，2006，22（10）：113-116.

[65] 孙祥. MATLAB7.0 基础教程 [M]. 北京：清华大学出版社，2005.

[66] 刘俊萍. 变量喷洒喷头理论及数值模拟与试验研究 [D]. 镇江：江苏大学，2008.

[67] 朱兴业. 全射流喷头理论及精确喷灌关键技术研究 [D]. 镇江：江苏大学，2009.

[68] 陈超. 全射流喷头稳定可靠性试验研究 [D]. 镇江：江苏大学，2007.

[69] Keller J，Bliesner R D. Sprinkle and Trickle Irrigation [M]. New Tork：Van Nostrand Reinhold，1990：652.

[70] 刘晓丽，牛文全，吴普特，等. 滴灌系统压力调节器的研制及水力性能试验研究 [J]. 农业工程学报，2005，21（S）：96-99.

[71] 田金霞，龚时宏，李光永，等. 微灌压力调节器参数对出口预置压力影响的研究 [J]. 农业工程学报，2005，21（12）：48-51.

[72] 田金霞，龚时宏，李光永. 滴灌系统中压力调节器应用的经济性分析 [J]. 灌溉排水学报，2004，23（4）：55-57.

[73] Bresler V F，Gitlin H M，Wu I P. Manufacturing variation and drip irrigation uniformity [J]. Transactions of the ASAE，1981，24（1）：113-119.

[74] Khalil M F，Kassab S Z，Elmiligui A A，et al. Applications of drag-reducing polymers in sprinkler

irrigation systems：sprinkler head performance [J]．Journal of Irrigation and Drainage Engineering ASCE，2002，128（3）：147－152.

[75] 袁寿其，魏洋洋，李红，等．异形喷嘴变量喷头结构设计及其水量分布试验 [J]．农业工程学报，2010，26（9）：149－153.

[76] 魏洋洋，袁寿其，李红，等．异形喷嘴变量喷头水力性能试验 [J]．农业机械学报，2011，42（7）：70－74.

[77] 陈超．变量喷头喷灌均匀性及坡地喷灌模型研究 [D]．镇江：江苏大学，2011.

[78] 刘俊萍，袁寿其，李红，等．变量喷洒全射流喷头副喷嘴优化及评价 [J]．农业机械学报，2011，42（9）：98－101.

[79] 中华人民共和国机械工业部．JB/T 7867—1997 旋转式喷头 [S]．北京：机械科学研究院，1997.

[80] Salvador R，Bautista-Capetillo C，Burguete J，et al．A photographic method for drop characterization in agricultural sprinklers [J]．Irrigation Science，2009，27：307－317.

[81] Burguete J，Playan E，Montero J，et al．Improving drop size and velocity estimates of an optical disdrometer：implications for sprinkler irrigation simulationg [J]．Thransaction of the ASABE，2003，50（6）：2103－2116.

[82] 李红，任志远，袁寿其，等．高度对色斑法测量雨滴粒径影响的试验研究 [J]．中国农村水利水电，2006，（1）：16－17，19.

[83] 李红，任志远，汤跃，等．喷头喷洒雨滴粒径测试的改进研究 [J]．农业机械学报，2005，36（10）：50－53.

[84] 刘俊萍，袁寿其，李红，等．变量喷洒喷头性能指标建立及模糊评价 [J]．农业工程学报，2012，28（1）：94－99.

[85] 韩文霆，吴普特，杨青，等．喷灌水量分布均匀性评价指标比较及研究进展 [J]．农业工程学报，2005，21（9）：172－177.

[86] ASABE standards．S436.1 Test procedure for determining the uniformity of water distribution of center pivot and lateral move irrigation machines equipped with spray or sprinkler nozzles [S]．St Joseph，Mich：ASABE，2007.

[87] Zhu X Y，Yuan S Q，Li H，et al．Orthogonal tests and precipitation estimates for the outside signal fluidic sprinkler [J]．Irrigation and Drainage Systems，2009，23：163－172.

[88] Bahceci I，Tari A F，Dinc N，et al．Performance analysis of collective set-move lateral sprinkler irrigation systems used in central anatolia [J]．Turkish Journal of Agriculture and Forestry，2008（32）：435－449.

[89] 王桂锋，王雯婷，徐飞，等．喷灌系统喷头组合形式与组合间距的优化计算 [J]．黑龙江水专学报，2006，33（2）：36－39.

[90] 李小平．喷灌系统水量分布均匀度研究 [D]．武汉：武汉大学，2005.

[91] 施钧亮．灌溉用反作用式喷头简析 [J]．排灌机械，1984，（2）：11.

[92] Nelson Corporation．http：//www.nelsonirrigation.com.

[93] Playán E，Garrido S，Faci J M，et al．Characterizing Pivot Sprinklers Using an Experimental Irrigation Machine [J]．Agricultural Water Management，2004，70（3）：177－193.

[94] 徐敏．旋转式喷头低压均匀喷洒的试验研究 [D]．镇江：江苏大学，2013.

[95] GB/T 19795.1—2005．农业灌溉设备，旋转式喷头第 1 部分：结构和运行要求.

[96] GB/T 19795.2—2005．农业灌溉设备，旋转式喷头第 2 部分：水量分布均匀性和试验方法.

[97] 杨炎财．双向步进式全射流喷头设计及试验研究 [D]．镇江：江苏大学，2008.

第三章 轻小型喷灌机组优化设计

第一节 概 述

　　轻小型移动式喷灌机组是指配套动力在 11kW（15hp）以下的喷灌机组，主要由动力机、水泵、输水管道、喷头等部分组成。轻小型喷灌机组配套动力一般为 0.75～11kW。泵与动力机采用直接传动或者皮带传动，人工移动输水管，由单喷头或者多喷头进行定点喷洒作业，单机控制面积小，结构简单，机动性好。根据移动方式的不同，轻小型移动式喷灌机组主要分手提式、手抬式、手推车式、拖拉机带动式等。轻小型喷灌机组是我国一种比较有代表性的灌溉机组，机动灵活，适应我国农村发展的需要[1-4]。图 3-1 为轻小型移动式喷灌机组，图 3-2 为系列射流式自吸喷灌泵机组，图 3-3 为射流式自吸喷灌泵汽油机机组，图 3-4 为射流式自吸喷灌泵电动机机组。

图 3-1 轻小型移动式喷灌机组　　图 3-2 系列射流式自吸喷灌泵机组

图 3-3 射流式自吸喷灌泵汽油机机组　图 3-4 射流式自吸喷灌泵电动机机组

　　轻小型喷灌机组主要配套部件包括动力机、水泵、输水管道、喷头等[5]。

1. 动力机

动力机主要有电动机、柴油机和汽油机三种。

（1）电动机。电动机主要采用同步转速为 3000r/min 的三相异步电动机，功率分别为 1.1kW、1.5kW、2.2kW、3kW、4kW、5.5kW、7.5kW、11kW，在手提式（背负式）的喷灌机组中有时采用单相电动机。

（2）柴油机。柴油机常采用单缸、风冷式四冲程柴油机，功率范围一般为 2.2～11kW。

（3）汽油机。采用的汽油机一般为二冲程小型汽油机，其功率范围为 0.75～3kW，转速范围为 5000～8000r/min。

2. 水泵

水泵是现代灌溉技术的重要设备，也是轻小型喷灌机组的核心设备，是决定喷灌机组的工作压力、工作范围的关键设备，主要功能是保证喷灌机组的取水和输水。常用的水泵类型包括离心泵、喷灌泵、井泵等。

3. 输水管道

可以用作喷灌管道的种类很多，对于移动管道，应采用带有专门的快速接头的轻质管道，如薄壁铝合金管、镀锌薄壁钢管、塑料硬管及涂塑软管（坯带有维纶、锦纶、丙纶之分）等。在轻小型移动式喷灌机中，配套使用涂塑软管较普遍。在选择输水管道时，应根据各地的实际条件如地形、地质、气候、运行压力以及生产供应等情况，结合各类管道的性能特点和适用条件，因地制宜地加以选择。

4. 喷头

喷头又称为喷洒器，是实施喷灌的关键部件，喷头的结构和水力性能在很大程度上决定了喷灌系统的灌溉质量。轻小型喷灌机组主要采用摇臂式喷头和全射流喷头等。喷头的合理选择是轻小型喷灌机组能够科学合理和保证满足喷灌技术要求的基础。

5. 轻小型喷灌机组研究现状与发展趋势

一般认为，轻小型移动式喷灌机是我国特有的一种机型。我国于 20 世纪 70 年代开始研制轻小型喷灌机，机组配套和结构形式主要基于当时的农村生产队经营体制和动力机状况。国外对于轻小型移动式喷灌机组的研究较少，但对于喷灌喷洒均匀性、管道设计水力计算、自吸泵以及喷头的研究较多。

（1）喷灌喷洒均匀性研究。喷灌喷洒均匀度是喷灌系统设计的一项重要技术参数，均匀度不达标，不仅会对作物的生长造成一定的影响，而且还会造成水洼，甚至下渗过多而浪费有限的水资源。而均匀度的大小又与喷灌工程投资密切相关，系统投资随均匀度的增大而显著增加，在实际工程运用中，要求过高的均匀度势必会造成能源的浪费和系统成本的提高。由此可见，均匀度的大小在喷灌工程中对其喷灌质量、投资等方面均有重要影响。

2003 年，韩文霆[6]把国内外均匀度评价指标的计算方法根据试验数据的处理方式，概括为直接法、叠加法及试验数据模拟法三类，其中叠加法又分为直接叠加法、插值叠加法及函数叠加法三种。除了喷头性能的好坏对喷灌喷洒均匀性有很大的影响以外，风速和风向是另外一个重要因素。风速风向不仅对田间水量分布影响很大，而且会加剧蒸发和飘移损失，从而影响喷洒水利用系数和灌溉效率。许多学者针对风速风向对田间水量分布的影响作了很多的研究，如 Pair 指出平均风速对喷灌水分布均匀性的影响极为显著；卡迈勒指出在不同的喷头间距和喷嘴压力下，线性回归均匀系数是风速的函数；张新华等人提出了有风条件下多喷头组合喷洒均匀度的解析计算方法；薛克宗等人提出了有风条件下组合喷灌均匀度的计算机求解方法，并编程进行了计算。此外，还有不少专家对有风条件下的喷头喷洒图形、组合形式及组合喷洒均匀性等进行了研究。

研究组合喷灌均匀系数对喷灌系统的设计非常重要，许多专家提出了不少均匀系数的计算方法。从国外来说，1942 年，Christiansen[7] 首次提出按照均匀度选择喷头的组合间距，在世界各国得到广泛应用。计算公式还有前苏联采用的均匀度计算公式、威尔科克斯—斯韦尔斯公式、美国农业部提出的图形系数公式、比尔提出的高图形系数公式、弗特朗提出的变差系数公式和 1964 年贝纳米—霍尔提出的新的均匀系数公式[8]。2005 年，Melissa 等[9] 对农田灌溉喷头均匀性进行了分析研究。2008 年，Ravindra 等[10] 提出一套线性规划模型，评价喷灌均匀度等性能并对加压灌溉进行了优化设计。2010 年，Singh 等[11] 研制出低压用水喷嘴，提供了一种简单、适用于小型农场的喷灌设备，并对其进行了水力性能的试验。

从国内来说，1994 年，雷应海等[12] 提出了由单喷头水量分布计算多喷头组合喷洒均匀系数的矩阵叠加计算法。1993 年，李久生[13] 通过实测单喷头水量分布图，用电子计算机模拟叠加计算组合均匀系数。1994 年，黄修桥等[14] 通过研究有风条件下喷洒水滴运动规律，得出任意风速下不同组合间距的均匀系数。1994 年，王文元等[15] 研究微喷头布置形式对组合均匀度的影响，得出微喷头组合的最佳布置形式。1998 年，朱旦生等[16] 借助傅立叶变换，用单喷头水量分布、支管间距、布置形式以严密的数学表达式加以表述，计算喷灌均匀系数。2007 年，韩文霆[17] 采用克理斯琴森均匀度和分布均匀度对组合均匀度进行分析，邓鲁华[18] 采用 MATLAB 软件对六方（四方）形摇臂式喷头喷洒效果进行了分析。2005 年，李小平[19] 采用插值法将径向数据转换成网格数据，再进行相应的叠加计算均匀度系数。2008 年，袁寿其等[20] 采用 MATLAB 对全射流喷头组合喷灌进行了计算，求出不同组合间距系数下的全射流喷头组合均匀系数。2010 年，劳东青等[21] 开发出喷头水量分布仿真及组合优化软件系统，可快速得出基于给定组合方式下的多种喷灌均匀度系数。

（2）管道水力学计算。研究喷灌的管网设计则是喷灌系统规划设计中的一项重要内容。在管网布置方案已定的情况下，干、支管的管径就成为影响喷灌工程费用的主要因素。目前，设计喷灌系统管道管径的一般做法是，用流量和经济流速初步假定某一管径，然后通过水力计算进行校核，但这种按照"经济流速"求得的管径不一定能使管网系统的总费用最经济。

国外从 20 世纪 60 年代就开始研究，Trung 等[22] 将喷灌机组划分成主管路和支管路两部分，为多口出流喷灌机组阻力损失的计算提出了一种简化模型。Anwar[23] 以 Christiansen's 多口系数因素为基础，对管道进行了水力计算，推导出多点出流等距布置管道的多口系数因素。Chinea 等[24] 描述了直接或间接减少离散和连续出流流体的因素，推导出了末端关闭管路的求解方法。

我国从 20 世纪 80 年代中期开始研究，2004 年，蔡守华等人[25]通过对水头损失的计算，提出一种实现沿支管灌水量相等，但允许喷头间距变化的支管设计方法。2003 年，严海军等[26]对输水管出流的计算公式进行了分析，提出了圆形喷灌机末端出流不为零时输水管多口系数的计算公式。2000 年，王春堂等[27]为了确定喷灌支管入口压力，利用逐级计算法对支管进行了水力计算，并提出了设计喷灌系统时宜采用逐级计算法的建议。2005 年，白丹[28-29]对灌溉管网优化设计的理论与方法作出了较为系统的论述。2005 年，赵凤娇等[30]针对管道式喷灌系统的水力计算，提出一种可以求解干管双向布置管道式喷灌系统的水力计算方法——改进步进法。2007 年，朱常平等[31]以支管的分段管径和分段长度为决策变量，以支管投资最小为目标函数，建立了园林喷灌系统支管管径优化的数学模型。2010 年，王新坤等[32-33]提出了轻小型移动喷灌机组低能耗遗传算法优化设计的数学模型。2010 年，朱兴业等[34]提出采用主成分分析法进行综合评价的数学模型，初步对喷灌机组综合技术指标进行定量评价，为喷灌机组的设计提供理论论据。

第二节　轻小型喷灌机组管路水力计算方法

一、水头损失基本公式

对于管路沿程水头损失，水力学界为解决工程水力计算问题根据试验数据总结出许多计算水头损失的经验公式[35-36]。

1. 达西-魏斯巴赫公式

$$h_f = \lambda \frac{l}{4R} \frac{v^2}{2g} \qquad (3-1)$$

式中　h_f——管流的沿程水头损失，m；

λ——沿程水头损失系数；

l——管路长度，m；

R——水力半径，m；

v——流速，m/s；

g——重力加速度，m/s²。

或写为

$$h_f = S_0 Q^2 l \qquad (3-2)$$

式中　Q——管道输水流量，m³/h；

S_0——比阻，即单位管长在单位流量下的沿程水头损失，s²/m⁶。对于圆管，有

$$S_0 = \frac{8\lambda}{\pi^2 g d^5} \qquad (3-3)$$

该公式是目前各种流动中应用最为广泛的经验公式之一。

2. 谢才-曼宁公式

$$h_f = \frac{n^2 v^2}{R^{4/3}} l \qquad (3-4)$$

其中 n 为综合性经验系数。该公式适用于明槽流动等领域。

3. 舍维列夫公式

$$\begin{cases} v \geqslant 1.2\text{m/s}, \lambda = \dfrac{0.021}{d^{0.3}} \\[3mm] v < 1.2\text{m/s}, \lambda = \left(1 + \dfrac{0.867}{v}\right)^{0.3} \dfrac{0.0179}{d^{0.3}} \end{cases} \qquad (3-5)$$

该公式主要用于给水钢管的水头损失计算，给出了沿程水头损失系数的计算式。

在轻小型喷灌机组中会遇到多出口管道，如在喷洒支管上，每隔一定距离有一个喷头分流，则支管的流量是沿程逐渐递减的，应逐段计算两喷头之间管道沿程水头损失，叠加后即为该支管沿程水头损失。

二、轻小型喷灌机组水力计算方法

图 3-5 为轻小型喷灌机组布置图，主要部件包括泵机组、输水管和喷头等。如图 3-5 所示，输水管管径为 d，管路上布置有 n 个喷头，第 1 个喷头离泵机组的距离为 l_0，两相邻喷头之间的间距为 l。假设在一个喷灌机组中，所有竖管、喷头的型号和尺寸都相同，因此可将整个竖管系统简化成一个喷头。

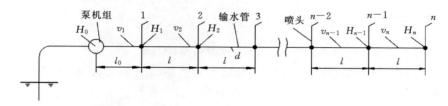

图 3-5 轻小型喷灌机组布置图

由于任一喷头代表了其整个竖管系统，对阻力损失进行水力计算时，还包含着异径三通处的局部水头损失和竖管处的沿程水头损失，因此，任意两喷头间的总损失需在其输水管路沿程损失的基础上乘上相应的经验系数 k，利用达西-魏斯巴赫公式，用逐级计算法对喷灌机组输水管路进行理论分析。假设喷头 1，2，…，n 的工作压力水柱分别为 H_1，h_2，…，H_n。

由于输水管为水力光滑直流管道，可用勃拉修斯公式计算 λ 值

$$\lambda = 0.3164 \left(\dfrac{dv}{\upsilon}\right)^{-0.25} \qquad (3-6)$$

式中　υ——流体运动黏性系数，m^2/s。

对于圆管的情况，有 $d=4R$，第 1 个喷头的工作压力可以由下式确定

$$H_1 = H_0 - k_0 \lambda_0 \dfrac{l_0}{d} \dfrac{v_1^2}{2g} \qquad (3-7)$$

式中　H_0——泵出口压力水柱，m；

　　　k_0——经验系数；

　　　λ_0——第 1 段输水管沿程阻力系数；

　　　d——输水管内径，m；

　　　v_1——第 1 段输水管中的流速，m/s。

第 1 个喷头与第 2 个喷头之间的工作压力可以由下式确定

$$H_2 = H_1 - k_1\lambda_1 \frac{l}{d} \frac{v_2^2}{2g} \tag{3-8}$$

同理，第 3 个喷头的工作压力为

$$H_3 = H_2 - k_2\lambda_2 \frac{l}{d} \frac{v_3^2}{2g} = H_1 - \frac{k_1\lambda_1 l v_2^2}{2gd} - \frac{k_2\lambda_2 l v_3^2}{2gd} \tag{3-9}$$

第 n 个喷头的工作压力为

$$H_n = H_1 - \frac{k_1\lambda_1 l v_2^2 + k_2\lambda_2 l v_3^2 + \cdots + k_{n-1}\lambda_{n-1} l v_n^2}{2gd} \tag{3-10}$$

汇总后得

$$H_n = H_1 - \sum_{i=1}^{n-1} \frac{k_i\lambda_i l v_{i+1}^2}{2gd} \tag{3-11}$$

将式 (3-6) 代入式 (3-11) 得

$$H_n = H_1 - \sum_{i=1}^{n-1} \frac{0.3164 l k_i v_{i+1}^2}{2gd} \times \left(\frac{dv_{i+1}}{v}\right)^{-0.25} \tag{3-12}$$

因此

$$H_n = H_1 - \frac{0.3164 l}{2gd} \left(\frac{v}{d}\right)^{0.25} \sum_{i=1}^{n-1} k_i v_{i+1}^{1.75} \tag{3-13}$$

现以一轻小型喷灌机组为例，说明上述数学模型的具体应用及其效果。该喷灌机组关键设备包括 65ZB-40C 型喷灌泵、20PY 型摇臂式喷头。图 3-6 所示为 65ZB-40C 型喷灌泵特性曲线图，表 3-1 为 20PY 型摇臂式喷头的性能参数。

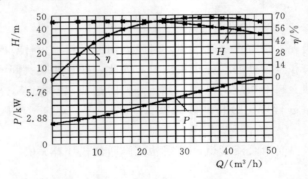

图 3-6　65ZB-40C 型喷灌泵特性曲线

表 3-1　　　　　　　　　　　　　　**20PY 型摇臂式喷头的性能参数**

喷嘴直径/mm	工作压力/MPa	流量/(m³/h)	射程/m
6	0.25	2.02	17.0
	0.30	2.22	18.0
	0.35	2.40	18.5
	0.40	2.56	19.0
	0.45	2.72	19.5

65ZB-40C 型喷灌泵的设计工况：流量 30m³/h，扬程 40m，转速 2900r/min。20PY 型摇臂式喷头喷嘴直径 6mm，工作压力 0.35MPa，流量 2.40m³/h。参照 GB/T 50085—

2007《喷灌工程技术规范》标准，对该喷灌机组进行了室外试验。

试验中，采用 0.4 级的精密压力表测量水泵进出口压力，转速仪测量水泵的转速，通过调节动力机和水泵出口阀门，保证水泵在其设计工况点运行。采用 0.4 级的精密压力表测量部分喷头工作压力，以验证逐级计算方法计算喷头工作压力的准确性。试验中，在喷灌机组稳定运转 10min 后开始数据测量，在同一工况下每间隔 10min 时间测量一次，根据 6 次测量数据计算出的平均值作为最终的试验数据。

喷头一字线型布置，试验中测量工作压力的喷头包括序号 1、2、3、5、6、9、10、11、12 共 9 个喷头，表 3-2 为试验的测量数据。轻小型喷灌机组任意两喷头间的输水管长为 20m，并配备 65×25 的异径三通。在理论计算时，取式（3-13）中的经验系数 $k_0 = k_1 = \cdots = k_{11} = 1.1$，根据试验取式（3-7）中 H_0 为 0.382MPa。通过理论计算和试验，得出设计工况下试验测量结果与理论计算结果的对比值及相对误差，见表 3-3 所示。通过对表 3-3 中数据的对比，图 3-7 为各喷头工作压力误差条线图。

表 3-2　　试 验 的 测 量 数 据

序号	转速 /(r/min)	泵进口 /MPa	泵出口 /MPa	喷头序号								
				1	2	3	5	6	9	10	11	12
1	2890	−0.021	0.390	0.384	0.374	0.368	0.352	0.346	0.342	0.338	0.337	0.33
2	2905	−0.02	0.384	0.370	0.367	0.364	0.353	0.347	0.342	0.336	0.333	0.331
3	2915	−0.021	0.381	0.373	0.370	0.365	0.347	0.340	0.340	0.337	0.334	0.332
4	2895	−0.022	0.374	0.371	0.369	0.366	0.347	0.342	0.336	0.331	0.334	0.331
5	2910	−0.021	0.382	0.370	0.368	0.362	0.349	0.351	0.345	0.340	0.334	0.331
6	2905	−0.02	0.381	0.371	0.366	0.36	0.348	0.349	0.341	0.339	0.336	0.335
平均值	2903	−0.021	0.382	0.373	0.369	0.364	0.349	0.346	0.341	0.337	0.335	0.332

表 3-3　　试验结果与计算结果的对比

压力 /MPa	泵出口	喷头序号								
		1	2	3	5	6	9	10	11	12
理论值	0.382	0.372	0.364	0.357	0.346	0.343	0.336	0.335	0.334	0.333
试验值	0.382	0.373	0.369	0.364	0.349	0.346	0.341	0.337	0.335	0.332
相对误差/%	0	0.27	1.37	1.96	0.87	0.87	1.49	0.60	0.30	0.30

从表 3-3 和图 3-7 中可以清楚地看出，在这套喷灌机组理论值与试验值的对比中，绝对误差最大的是 3 号喷头，各个喷头相对误差为 0.27%～1.96%，说明理论计算结果与试验结果有较好的一致性。提出的轻小型喷灌机组阻力损失水力计算方法，在实际计算中并不存在迭代试算，因此计算量不大，完全可以采用手算。如果借助计算机计算，则更加高效准确。

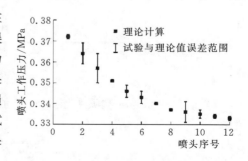

图 3-7　喷头工作压力误差条线图

第三节　轻小型喷灌机组优化设计

一、轻小型喷灌机组能耗计算方法

轻小型移动式喷灌机组主要由泵机组（由水泵与动力机组成）与管路装置（由喷头、配套管路、连接管件等组成）组成。

1. 泵机组能耗计算方法

在轻小型喷灌机组设计与实际工程运用过程中，需要对泵机组运行效率及其运行时所消耗的能量进行考核。水泵运行时的轴功率可由下式计算[37]。

$$N = \frac{QH}{367\eta_b} \tag{3-14}$$

式中　N——水泵运行时的轴功率，kW；

　　　Q——水泵流量，$\mathrm{m^3/h}$；

　　　H——水泵扬程，m；

　　　η_b——水泵运行效率。

动力机的输入功率为

$$P = \frac{N}{\eta_d} = \frac{QH}{367\eta_b\eta_d} \tag{3-15}$$

式中　P——动力机的输入功率，kW；

　　　η_d——动力机的运行效率。

水泵运行 t 小时的能量消耗为

$$W_b = Pt = \frac{QH}{367\eta_b\eta_d}t \tag{3-16}$$

式中　W_b——水泵机组运行能耗，kW·h。

2. 喷灌机组能耗计算方法

要计算喷灌机组的能量消耗，首先要确定喷灌机组的运行工况，喷灌机组的运行工况为水泵流量——扬程曲线与管路特性曲线的交点，水泵流量——扬程曲线由生产厂家提供，管路特性曲线则需要通过水力计算获得。

（1）管路水力计算方法。将管路按图 3-8 方式进行编号，按照如下的步骤与方法进行水力计算[35]。

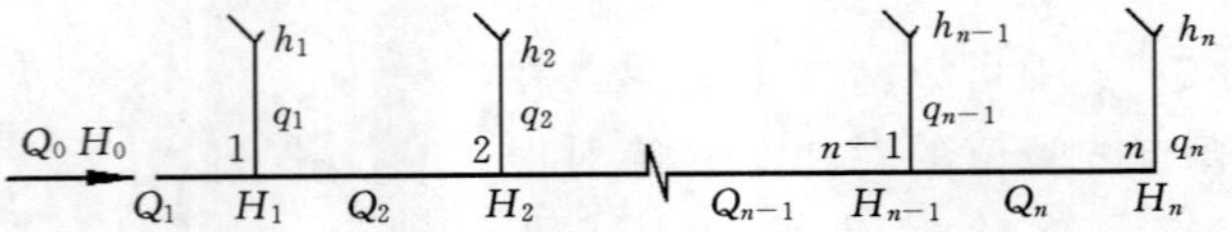

图 3-8　管路装置水力计算示意图

1）假定一系列末端喷头压力 h_n 的值，并计算末端竖管流量和输水管道末端的压力与流量

$$q_n = \mu \frac{\pi d_p^2}{4}\sqrt{2gh_n} = 0.01252\mu d_p^2 h_n^{0.5} \tag{3-17}$$

$$H_n = h_n + f\frac{q_n^m}{d^b}(l+le_n)+l \tag{3-18}$$

$$Q_n = q_n \tag{3-19}$$

2）计算 $n-1$ 管段至 1 管段的管道和喷头的压力与流量

$$H_i = H_{i+1} + f\frac{Q_{i+1}^m}{D_{i+1}^b}(a+Le_{i+1})+aI_i \tag{3-20}$$

$$h_i = H_i - f\frac{q_i^m}{d^b}(l+le_i)-l \tag{3-21}$$

$$q_i = \mu\frac{\pi d_p^2}{4}\sqrt{2gh_i} = 0.01252\mu d_p^2 h_i^{0.5} \tag{3-22}$$

$$\mu = 79.87 q_p d_p^{-2} h_p^{-0.5}$$

式（3-19）与式（3-22）应用迭代法进行求解。

$$Q_i = Q_{i+1} + q_i \tag{3-23}$$

3）计算管路进口的压力与流量。

$$H_0 = H_1 + f\frac{Q_1^m}{D_1^b}(a+Le_1)+a \tag{3-24}$$

$$Q_0 = Q_1 \tag{3-25}$$

式中　n——喷头个数；

　　　H_i——支管第 i 节点压力，m；

　　　Q_i——支管第 i 管段流量，m^3/h；

　　　h_i——第 i 节点处喷头工作压力，m；

　　　q_i——第 i 节点处喷头流量，m^3/h；

　　a、l——分别为喷头间距和竖管长度，m；

　D_i、d——分别为输水管道和竖管的内径，mm；

　Le_i、le_i——分别为支管和竖管管件局部水头损失的当量长度，m；

　　　I_i——地形坡度；

　　　μ——流量系数；

　　　h_p——喷头额定工作压力，m；

　　　q_p——喷头额定流量，m^3/h；

　　　d_p——喷嘴直径，mm；

f、m、b——与管材有关的水头损失计算系数。

4）根据管路计算出的一系列进口流量与扬程绘制管路特性曲线。

（2）能耗计算。根据管路特性曲线与水泵流量——扬程曲线交点，确定喷灌机组的运行工况，在该运行工况下机组的能耗为

$$W_p = \frac{QHT}{367\eta_b\eta_d}, \quad T = \frac{M}{1000}\frac{S\times10000}{Q\eta_p} = \frac{10MS}{Q\eta_p} \tag{3-26}$$

对于具有 N 个喷洒位置的喷灌机组，$S = N_pA/2$，$A = 2(n-1)ab/10000$，则有

$$W_p = \frac{QH}{367\eta_b\eta_d}\frac{10MN_pA}{2Q\eta_p} = \frac{N_pMAH}{73.4\eta_b\eta_d\eta_p} \tag{3-27}$$

式中 W_p——喷灌机组的能耗，$kW \cdot h$；

      T——喷灌机组运行时间，h；

      S——机组灌溉面积，hm^2；

      M——灌溉定额，mm；

      η_p——田间喷洒水利用系数；

      N_p——机组工作位置数；

      A——机组一个工作位置的喷洒面积，hm^2；

      b——支管移动间距，m。

二、轻小型喷灌机组能耗评价指标

水泵机组与喷灌机组能耗评价指标的计算方法要建立在科学的基础上，遵循可行性、可操作性和简单实用的原则，指标所涉及的数据比较容易得到和计算，具有量化和统一的衡量标准及可比性。考虑水泵机组与喷灌机组的能耗特性，选取单位能耗作为其能耗评价指标。

1. 水泵机组能耗评价指标

水泵机组单位能耗为水泵将单位水量提升单位高度所消耗的能量，可推导出

$$E_b = \frac{1}{367\eta_b\eta_d} \tag{3-28}$$

式中 E_b——水泵机组单位能耗，$kW \cdot h/(m^3 \cdot m)$。

2. 喷灌机组能耗评价指标

喷灌机组单位能耗为单位面积灌溉单位水量所消耗的能量，可推导出

$$E_p = \frac{QH}{367\eta_b\eta_d} \frac{10 \times 1 \times 1}{Q\eta_p} = \frac{H}{36.7\eta_b\eta_d\eta_p} \tag{3-29}$$

式中 E_p——喷灌机组单位能耗，$kW \cdot h/(mm \cdot hm^2)$。

根据式（3-28）与式（3-29），只需要已知效率与扬程参数既可以进行能耗的评价与对比分析，公式简洁、计算方便，符合作为评价指标所要求的原则。

三、轻小型喷灌机组优化数学模型

轻小型移动式喷灌机组一般是根据水泵进行喷头、管道及连接管件的配置，喷头型号一般根据土壤、作物、运行环境等选定。在这种情况下，机组的优化是以造价、能耗或年费用最低为目标，进行喷头数量、管道直径及工作参数的优化配置与设计。以图3-8所示的管路装置建立优化数学模型。

1. 优化目标

水泵及喷头型号选定后，机组单位造价的差异主要来自输水管道直径的不同，轻小型移动式喷灌机组的输水管道大都为造价低廉的涂塑软管，其管径的变化对机组单位造价的影响较小。因此，本章以单位能耗最小为目标，建立优化数学模型，即

$$\min E_p \tag{3-30}$$

2. 约束条件

（1）喷头最小压力约束。现行《喷灌工程技术规范》规定，任何喷头的实际工作压力不得低于设计喷头工作压力的90%。

$$h_{\min} \geqslant 0.9h_p \tag{3-31}$$

式中　$h_{\min}$——喷头最小工作压力，m；

　　　　h_p——设计喷头工作压力，m。

（2）喷头相对压力极差约束。现行《喷灌工程技术规范》规定，同一条支管上任意两个喷头之间的工作压力差应在设计喷头工作压力的 20% 以内。

$$h_v = \frac{h_{\max} - h_{\min}}{h_p} < 20\% \tag{3-32}$$

式中　h_v——喷头压力极差率；

$h_{\max}$，$h_{\min}$——喷头最大、最小工作压力，m。

（3）水泵——管路工况约束。管路特性曲线与水泵流量——扬程曲线交点才是机组的实际运行工况点，在优化过程中必须保证水泵工况与管路工况的一致性。管路特性由管路水力计算确定，兼顾计算精度与简化计算的要求，水泵工况由三次多项式拟合的水泵流量——扬程关系确定。

$$H = c_0 + c_1 Q + c_2 Q^2 + c_3 Q^3 \tag{3-33}$$

式中　　　　H——水泵实际工作扬程，m；

c_0、c_1、c_2、c_3——水泵流量——扬程曲线拟合的多项式回归系数。

在优化过程中，以管路水力计算得到的管道进口流量 Q_0 作为水泵流量 Q，由式（3-33）计算水泵扬程，若所得水泵扬程与管路进口压力相同，则满足水泵——管路工况约束条件，即

$$H_0 = H \tag{3-34}$$

式中　H_0——管路水力计算得到的管道进口压力，m。

（4）喷头数量约束。等径、等距、等量出流管道的喷头极限个数为

$$N_m = \text{INT}\left\{\left[\frac{(m+1)[\Delta h] D^b}{k f a q_p^m}\right]^{\frac{1}{m+1}} + 0.52\right\} \tag{3-35}$$

则平坡管道喷头数量取值范围为

$$N_m(D_{\min}) \leqslant n \leqslant N_m(D_{\max}) \tag{3-36}$$

式中　N_m——喷头极限数量；

　　　　n——实际喷头数量；

　　$[\Delta h]$——允许喷头压力极差，$[\Delta h] = 0.2 h_p$；

　　　　D——管道内径，mm；

　　　　a——喷头间距，m；

　　　　k——局部水头损失加大系数，$k = 1.1 \sim 1.15$；

f、m、b——与管材有关的水头损失计算系数；

　　　　q_p——设计喷头流量，m^3/h；

$D_{\max}$、$D_{\min}$——分别为备选管道内径的最大和最小值，mm。

四、轻小型喷灌机组遗传算法优化

1. 决策变量与编码方式

上述优化数学模型的决策变量为喷头数量、管径和管道进口压力。管道进口压力和末端喷头压力有一一对应的关系，如果以管道末端喷头的工作压力为决策变量，在遗传算法

初始化群体时赋予其初值，将为管路的逆递推水力计算提供方便。因此，确定喷头数量、各管段管径和管道末端喷头工作压力为决策变量。喷头数量范围由备选管道的直径确定，其数值有限，可以将喷头数量由最小值到最大值排序，逐一进行优化计算，在优化结果中选择能耗最小而且满足约束条件的结果作为最优解。

管道末端喷头工作压力是连续的实数变量，采用实数编码方式。将备选管径与其序号一一对应形成整数序列，采用整数编码方式。

2. 初始化群体

在 0.9 倍的设计喷头工作压力和喷头最大额定工作压力范围内，随机生成满足种群规模的喷头末端压力初始值，在 1 至喷头备选管径最大序号范围内，随机生成满足种群规模的各管段管径，作为第一代遗传群体。

3. 适应度计算

采用罚函数法对优化数学模型进行无约束化处理，得到

$$\min f(n, h_n, D_i) = E_p + \mu_1 \mid H_0 - H \mid + \mu_2 \mid \min[0, h_{\min} - 0.9 h_p] \mid + \mu_3 \left| \max\left[0, \frac{h_{\max} - h_{\min}}{h_{\min}} - 0.2\right] \right|$$

$$(3-37)$$

式中　μ_1、μ_2、μ_3——惩罚因子。

为满足遗传算法对适应度函数最大化的要求，将上述数学模型中目标函数的最小化问题转化为最大化问题，构造出如下的适应度函数

$$\mathrm{Fit} = \frac{1}{1 + f(n, h_n, D_i)} \qquad (3-38)$$

要计算适应度大小，需先进行水力计算。参照图 3-9 所示的管道布置与编号，根据初始群体及进化过程中群体的喷头末端压力（h_n）和各管段管径（D_i），按照式（3-6）至（3-13），由管道末端向管道进口逆递推进行管道水力计算。

（1）管路水力计算完成后，令 $Q = Q_0$，由式（3-33）计算水泵扬程 H，确定水泵效率

$$\eta_b = b_1 Q + b_2 Q^2 + b_3 Q^3 \qquad (3-39)$$

式中　b_1、b_2、b_3——水泵流量—效率特性曲线拟合的多项式回归系数。

（2）根据管路水力计算结果，确定 $h_{\min}$ 与 $h_{\max}$。假定动力机的运行效率为定值，由式（3-38）即可计算适应度的值。

4. 遗传操作

应用竞赛规模为 2 的锦标赛选择算子实现选择操作，应用算术交叉算子实现交叉操作，应用实值变异算子实现变异操作。

5. 算法流程

遗传算法程序流程如图 3-9 所示。

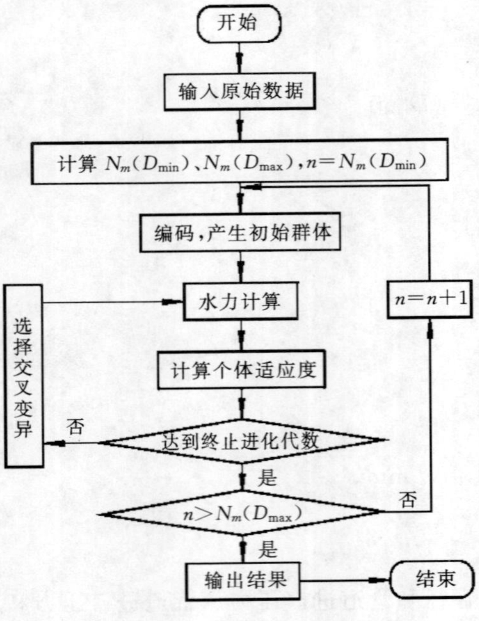

图 3-9　程序流程图

```
开始
  ↓
输入原始数据
  ↓
计算 N_m(D_min)、N_m(D_max)，n = N_m(D_min)
  ↓
编码，产生初始群体
  ↓
水力计算 ←──────┐
  ↓              │
计算个体适应度    n = n+1
  ↓              │
达到终止进化代数  │
 否→ 选择交叉变异  │
 是↓             否
n > N_m(D_max) ──┘
 是↓
输出结果 → 结束
```

6. 优化算例

以配备 50ZB－30Q 型水泵的喷灌机组为优化算例，原始数据见表 3－4。

表 3－4 算例原始数据表

h_p /m	q_p /(m³/h)	d_p /mm	a /m	d /mm	l /m	备选管径 D /mm			Le /m	le /m
25	0.96	4	12.5	15	1.5	65	50	40	20D	60d

η_p	η_d	c_0	c_1	c_2	c_3	b_1	b_2	b_3
0.9	0.4	31.12	0.0404	－0.001	－0.0005	7.5082	－0.2738	0.003

应用上述遗传算法，以种群规模为 100，遗传代数为 30，交叉概率为 0.8，变异概率为 0.05，惩罚系数 $\mu_1＝100$、$\mu_2＝1$、$\mu_3＝1$，进行优化计算，优化结果见表 3－5 所示，输水管道与喷头流量，沿程压力分布曲线如图 3－10 所示。

表 3－5 优化设计结果

n	D/mm			H/ m	Q/ (m³/h)	η_b/ %	H_0/ m	Q_0/ (m³/h)	H_p/ m	h_{min}/ m	h_{max}/ m	h_v/ %	E_p/ (kW·h·mm^{-1}·hm^{-2})
	1～15	16～18	19										
19	65	50	40	28.67	17.87	63.85	28.67	17.87	25.0	23.02	26.15	12.5	3.3985

表 3－5 与图 3－10 说明算法不但能够优化喷头个数与管道直径，还能够对系统流量、压力、效率、单位能耗等工作参数进行计算与设计。表 3－5 中，水泵流量与管路进口流量相同，水泵压力与管路进口压力相同，说明水泵与管路在同一个工况下运行；$h_{min}＞0.9h_p$，$h_v＜20\%$，说明优化结果满足设计条件的要求。图 3－10 中，输水管道与喷头流量，沿程压力分布趋势符合多孔出流管道水力特性，喷头沿程流

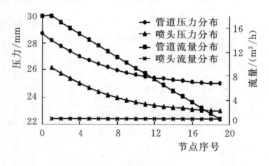

图 3－10 管道与喷头流量、压力分布曲线

量分布较为均匀，说明优化结果准确可靠。该算法程序在 Intel E2180 计算机上的运行时间为 20s，计算结果的精度可以达到 0.01% 以上，说明算法的求解速度快、精度高。

为克服随机因素对算法求解性能评估的干扰，将算法程序独立运行 100 次，比较计算结果与最优解的相对偏差，结果见表 3－6。100 次的计算结果中，相对偏差小于 1% 的概率达到 56%，小于 5% 的概率达到 100%，说明算法计算结果稳定，具有很高的计算精度。

表 3－6 优化结果的相对偏差

相对偏差	＜0.1%	＜0.5%	＜1%	＜3%	＜5%
出现次数	26	39	56	84	100

五、轻小型喷灌机组优化配置与节能降耗

1. 轻小型喷灌机组性能试验

(1) 试验条件。

轻小型喷灌机组性能试验规范性引用文件包括《农业灌溉设备 旋转式喷头 第1部分：结构和运行要求》(ISO7749-1：1995，MOD)，通过对五种机组系统管路优化设计及合理配置，在江苏大学西山草坪分别对50ZB-30Q&14×10PXH、50ZB-25D&20×15PY、150QJ 20-65/6-5.5&3×30PY、65ZB-40C&10×20PY 和 50ZB-30C&14×10PXH 五套喷灌机组进行了试验研究。

试验过程中雨量筒放置的试验场平整（最大允许坡度为1%），试验场内没有阻碍喷洒的水自由分布的障碍物。试验场设在室外开阔地里，附近没有树木或其他障碍物，以免引起试验场上空的气流扰动。表3-7为各喷灌机组配套喷头的性能参数，表3-8为现场试验中所采用的仪器设备。

表 3-7　　　　　　　　　喷 头 性 能 参 数

喷头型号	设计工作压力/MPa	流量/(m³/h)	射程/m
10PXH	0.25	1.07	12
15PY	0.20	1.18	13
20PY	0.35	2.62	19
30PY	0.40	6.46	25

表 3-8　　　　　　　　　现 场 试 验 设 备

仪器名称	型　号	精　度	量　程
涡轮流量计	LW-80	0.5级	
压力表	YB-150	0.4级	0~0.6MPa
真空压力表	YB-150	1.6级	-0.1~0MPa
转速仪	DT-2234B		1~9999r/min
风速仪	AR826	±3%	0~45m/s
量杯	开口直径 D=20cm 专用量杯	最小刻度为 0.1mm/h	10mm/h
秒表	JD-1II	最小刻度为 0.01s	

(2) 优化配置机组水力性能。

试验研究中分别对 50ZB-30Q&16×10PXH、50ZB-30C&16×10PXH、50ZB-25D&32×15PY、65ZB-40C&15×20PY 四种喷灌机组进行了试验，验证对喷灌机组优化的合理性。表3-9为试验测量的原始数据。

表 3-9　　　　　　　　　试 验 测 量 原 始 数 据

泵型号	喷头数量×型号	泵转速/(r/min)	喷头 p 首/MPa	喷头 p 末/MPa
50ZB-30Q	16×10PXH		0.224	0.215
50ZB-30C	16×10PXH		0.249	0.234
50ZB-25D	32×15PY	2860	0.199	0.191
			0.198	0.184
65ZB-40C	15×20PY	2920	0.323	0.291

从表3-9中的数据可以看出，优化后的喷灌机组同时满足国家标准《喷灌工程技术规范》（GB/T 50085—2007）中4.2中的要求：即喷头的实际工作压力不低于设计工作压力的90%，同一条支管上任意两个喷头工作压力差在设计工作压力的20%以内。因此，喷灌机组的优化合理。

2. 轻小型喷灌机组技术指标综合评价

通过首次构建出以水泵与管路工况为约束条件的喷灌机组优化数学模型，提出轻小型移动喷灌机组配置与设计的遗传算法优化方法，能够优化设计输水管路、合理配置喷头数量、确定机组最优工作参数。优化算法的运算结果稳定可靠、求解速度快、精度高，具有良好的通用性和实用性。通过机组的优化设计，有助于降低首部供水压力，提高整机配置的合理性，保证水泵与管路同在优化的工况下工作，实现机组装置效率最大化，有效降低运行能耗。

应用优化设计方法，对五种轻小型移动式喷灌机组进行优化配置与设计，并通过室外试验验证。试验结果表明，优化设计后机组水力性能与灌水质量满足《喷灌工程技术规范》规定的要求。采取提高水泵效率与机组优化配置的方法降低能耗，通过改进水泵设计、提高水泵效率、优化管路设计、合理配置喷头等方法，使机组整体能耗平均降低14.41%，最高降幅达18.58%。表3-10为机组效率提高与优化配置后能耗综合降低值。

表3-10　　　　　　　　　　五种喷灌机组主要技术指标完成情况对照表

机组动力形式	汽油机		电机		潜水电泵		柴油机		柴油机	
型号	50ZB-35Q		50ZB-25D		50ZB-65QJ		65ZB-40C		50ZB-30C	
规定及试验值	规定	试验	规定	试验	规定	试验	规定	试验	规定	试验
流量/(m³/h)	15	14.2	25	24.6	20	19.5	30	29.3	16	14.4
扬程/m	30	28.7	25	24.1	65	66	40	38.3	30	29.0
转速/(r/min)	3600	3520	2850	2860	2850	2850	2900	2920	3000	2950
喷头数量及型号	14×10PXH	14×10PXH	20×15PY	20×15PY	3×30PXH	3×30PY	10×20PY	10×20PY	14×10PXH	14×10PXH
平均喷灌强度/(mm/h)	8	7.13	8	4.52	8	7.68	8	6.69	8	7.13
喷洒均匀系数	0.85~0.90	0.857	0.85~0.90	0.878	0.85~0.90	0.853	0.85~0.90	0.857	0.85~0.90	0.857
一次灌溉面积/亩	5.3	5.6	7.5	12.8	6.0	7.7	10.5	10.8	5.3	5.6
效率提高能耗降低/%	9.92		7.64		5.76		7.87		13.86	
优化配置能耗降低/%	5.68		8.95		0		7.66		4.72	
能耗综合降低/%	15.60		16.59		5.76		15.53		18.58	

第四节　河南栾川县抗旱应用实例

一、基本情况

2009 年 2—3 月，整个河南省出现了百年不遇的干旱，大面积的农田庄稼严重缺水，为响应政府号召，抗旱救灾，江苏大学流体机械工程技术研究中心专家特意赶赴救灾现场，将国家"863"科研成果《低能耗轻小型灌溉机组》在抗旱现场进行应用，给麦田庄稼及时浇灌，使得缺水地区平稳度过了旱情，确保了庄稼的生长。由于轻小型喷灌机组机构合理，移动方便，搭建快捷，在抗旱地区应用非常方便，深受广大农户的喜爱。

二、轻小型灌溉机组的示范应用

图 3-11 为喷灌机组试验示意图，试验中将喷头摆放成一线型。定义喷灌机组在一个工作位置上的喷洒面积为一次灌溉面积，图 3-11 中矩形区域内为一个工作位置的喷洒面积。通过室内试验得到单喷头的水量分布数据，再通过仿真将数据叠加计算出图 3-11 中区域Ⅰ内的平均喷灌强度和喷洒均匀系数。

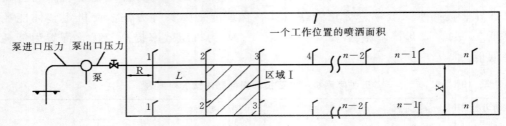

图 3-11　喷灌机组试验示意图

表 3-11 为轻小型移动式喷灌机组参数表，喷灌机组型号为 65ZB-40C，每个机组配备 12 个 15PXH 隙控式全射流喷头。表 3-12 为各喷灌机组配套喷头的性能参数。

表 3-11　　　　　　　　　　　轻小型移动式喷灌机组参数表

型号	机组动力形式	轴功率/kW	流量/(m³/h)	扬程/m	转速/(r/min)
65ZB-40C	柴油机	5.9	30	40	2900

型号	自吸高度/m	出口管径/mm	喷头数量及型号	允许喷灌强度/(mm/h)	喷洒均匀系数	一次灌溉面积/亩
65ZB-40C	5	65	12×15PXH	8	0.85~0.90	10.5

表 3-12　　　　　　　　　　　喷 头 性 能 参 数

喷头型号	设计工作压力/MPa	流量/(m³/h)	射程/m
15PXH	0.30	2.22	17.5

三、轻小型灌溉机组田间喷灌结果和分析

1. 一次灌溉面积计算

根据图 3-11 中线条区域，列出计算公式如下：

$$S = [(n-1)L + R]2X / 666$$

式中　S——一个工作位置的喷洒面积，亩；

　　　n——喷头个数；

　　　L——喷头的间距，m；

　　　R——喷头射程，m；

　　　X——支管之间的距离，m。

现场配套 12 个 15PXH 型隙控式喷头。即：$n=12$，$L=18$，$R=17.5m$，$X=18m$。则：

$$S=[(12-1)\times18+17.5]\times2\times18/666=7758/666=11.65 \text{ 亩}$$

2. 灌溉制度的拟定

设计灌水定额：适合麦田湿润层深度为 $h=30cm$，适宜土壤含水量上下限取田间持水量的 50%～75%；土壤容重 $r=1.6g/cm^3$；田间持水量为 23%；喷洒水利用系数 $\eta=0.85$。按灌水定额的公式，设计灌水定额为：

$$m=0.1\gamma_s Z(\theta_{max}-\theta_{min})\frac{1}{\eta}$$

$$m=0.1\times1.6\times30\times(0.75\times23-0.5\times23)\times\frac{1}{0.85}=32.5(\text{mm})$$

取 33mm，即每亩灌水定额为 21.78m³/亩。所以每个喷灌区域只需喷灌 45min 即可移动一次。移动时间为 15min，抗旱期间每台机组每天工作 12h，则每天每台机组能喷灌 $11.65\times12=139.8$ 亩。根据实际受灾农田面积，便可计算出需要该轻小型移动式喷灌机组的数量。

3. 设计灌溉周期

麦田灌水临界期的日需水量为 4～6mm，取 $ETa=5mm/d$，则灌水周期为：

$$T=\frac{m}{E_{max}}\eta=33\times0.85/5=5.61\approx6d$$

因此，取 6d 作为灌溉周期。

4. 结论

轻小型移动式喷灌机组实行田间喷灌，方便快捷，一次灌溉面积、平均喷灌强度和喷洒均匀系数均达到喷灌工程技术规范要求，及时解决了河南栾川县麦田的干旱问题，减少了农业损失，受到了广大用户的喜爱。轻小型移动式灌溉机组现场示范如图 3-12 所示。

图 3-12　轻小型移动式灌溉机组现场示范

参 考 文 献

[1] 袁寿其，王新坤. 我国排灌机械的研究现状与展望 [J]. 农业机械学报，2008，39（10）：52－58.

[2] 兰才有，仪修堂，薛桂宁，等. 我国喷灌设备的研发现状及发展方向 [J]. 排灌机械，2005，23（1）：1－6.

[3] 李英能. 浅论我国喷灌设备技术创新 [J]. 排灌机械，2001，19（2）：3－7.

[4] 潘中永，刘建瑞，施卫东，等. 轻小型移动式喷灌机组现状及其与国外的差距 [J]. 排灌机械，2003，21（1）：25－28.

[5] 侯永胜. 多喷头轻小型移动式喷灌机组优化配套研究 [D]. 北京：中国农业机械化科学研究院，2007.

[6] 韩文霆. 变量喷洒可控域精确灌溉喷头及喷灌技术研究 ［博士学位论文］[D]. 杨凌：西北农林科技大学，2003.

[7] Christiansen J E. Irrigation by sprinkling [R]. Bulletin 670，California agricultural experiment Station，University of California，Berkeley，California，1942.

[8] 周世峰. 喷灌工程学 [M]. 北京：北京工业大学出版社，2004.

[9] Melissa C B，Michael D D，Grady L M. Analysis of residential irrigation distribution uniformity [J]. Journal of Irrigation and Drainage Engineering，2005，131（4）：336－341.

[10] Ravindra V K，Rajesh P S，Pooran S M. Optimal design of pressurized irrigation subunit [J]. Journal of Irrigation and Drainage Engineering，2008，134（2）：137－146.

[11] Singh A K，Sharma S P，Upadhyaya A et al. Performance of low energy water application device [J]. Water Resource Management，2010，（24）：1353－1362.

[12] 雷应海，朱旦生. 喷洒均匀度与实际均匀度 [J]. 甘肃水利水电技术，1994，（2）：31－32.

[13] 李久生. 灌水均匀度与深层渗漏量关系的研究 [J]. 农田水利与小水电，1993，（1）：1－4.

[14] 黄修桥，廖永诚，刘新民. 有风条件下喷灌系统组合均匀度的计算理论与方法研究 [J]. 灌溉排水，1995，14（1）：12－18.

[15] 王文元，杨路华. 微喷头布置形式对喷洒均匀度的影响 [J]. 灌溉排水，1994，13（2）：9－12.

[16] 朱旦生，刘佳莉. 用傅里叶变换表示喷灌组合均匀度 [J]. 水利学报，1998，29（10）：27－31.

[17] Han Wenting，Fen Hao，Wu Pute et al. Evaluation of sprinkler irrigation uniformity by double interpolation using cubic splines [J]. 2007 ASABE Annual International Meeting. 2007，7P.

[18] 邓鲁华，郝培业. 六方（四方）形摇臂式喷头喷洒效果分析（三）[J]. 节水灌溉，2003，（4）：11－14.

[19] 李小平，罗金耀. 单喷头水量分布的三角形组合均匀度叠加计算 [J]. 水利学报，2005，36（2）：238－242.

[20] 袁寿其，朱兴业，李红，等. 基于 MATLAB 全射流喷头组合喷灌计算模拟 [J]. 排灌机械，2008，26（01）：47－52.

[21] 劳东青，韩文霆. 喷头水量分布仿真及组合优化软件系统研究 [J]. 节水灌溉，2010，（1）：42－46.

[22] Trung M C，Nishiyama S，Anyoji H. Application of unsteady flow analysis in designing a multiple outlets sprinkler irrigation system [J]. Paddy Water Environ，2007，（5）：181－187.

[23] Anwar A A. Factor G for pipelines with equally spaced multiple outlets and outflow [J]. Journal of Irrigation and Drainage Engineering，1999，（1）：34－38.

[24] Chinea R R，Dominguez A. Total friction loss along multiple outlets pipes with open end [J]. Jour-

nal of Irrigation and Drainage Engineering，2006，（1）：31－40.

[25] 蔡守华，张展羽，周明耀．以灌水量均等为目标的喷灌支管设计方法［J］．灌溉排水学报，2004，23（5）：62－65.

[26] 严海军，金宏智．圆形喷灌机末端出流多口系数的研究［J］．农业机械学报，2003，34（5）：65－68.

[27] 王春堂，祝培育，杨光球．用逐级计算法进行支管水力计算［J］．节水灌溉，2000，（5）：13－16.

[28] 白丹．机压喷灌干管管网优化［J］．农业机械学报，1996，（3）：52－57.

[29] 白丹，王新．基于遗传算法的多孔变径管优化设计［J］．农业工程学报，2005，21（2）：42－45.

[30] 赵凤娇，王福军．管道式喷灌系统水力解析的改进前进（EFSM）算法［J］．农业工程学报，2005，21（7）：73－76.

[31] 朱常平，刘富峰，王强，等．园林喷灌系统支管管径优化研究［J］．节水灌溉，2007，（3）：59－61.

[32] 王新坤，袁寿其，刘建瑞，等．轻小型喷灌机组能耗计算与评价方法［J］．排灌机械工程学报，2010，28（3）：247－250.

[33] 王新坤，袁寿其，朱兴业，等．轻小型移动喷灌机组低能耗遗传算法优化设计［J］．农业机械学报，2010，41（10）：58－62.

[34] 朱兴业，袁寿其，刘建瑞，等．轻小型喷灌机组技术评价主成分模型及应用［J］．农业工程学报，2010，26（11）：98－102.

[35] 李炜．水力计算手册［M］．北京：中国水利水电出版社，2007.

[36] 赵昕，张晓元，赵明登，等．水力学［M］．北京：中国电力出版社，2009.

[37] 高传昌，冯跃志．井灌区喷灌管路系统的效率分析［J］．灌溉排水，2000，19（3）：38－41.

[38] 陈学敏．用电子计算机计算组合喷灌强度和均匀度［J］．喷灌技术，1981，（1）：6－12.

[39] 张新华，刘亭林，薛克宗，等．有风条件下多喷头组合喷洒均匀度的解析计算方法［J］．喷灌技术，1981，（2）：8－12.

[40] 中华人民共和国国家标准．喷灌工程技术规范［S］：GB/T 50085－2007.

[41] 中华人民共和国国家标准．旋转式喷头标准［S］：GB/T 2229－2008.

[42] Barbosa R N，Griffin J L，Hollier C A. Effect of spray rate and method of application in spray deposition［J］. Applied Engineering in Agriculture，2009，25（2）：181－184.

[43] Ravindra V K，Rajesh P S，Pooran S M. Optimal design of pressurized irrigation subunit［J］. Journal of Irrigation and Drainage Engineering，2008，134（2）：137－146.

[44] Bahceci I，Tari A F，Dinc N et al. Performance analysis of collective set-move lateral sprinkler irrigation systems used in central anatolia［J］. Turkish Journal of Agriculture and Forestry，2008，（32）：435－449.

[45] Romero J N O，Martinez J M，Martinez R S et al. Set Sprinkler Irrigation and Its Cost［J］. Journal of Irrigation and Drainage Engineering，2006，132（5）：445－452.

[46] Martinez J M，Martinez R S，Tarjuelo J M et al. Analysis of water application cost with permanent set sprinkler irrigation systems［J］. Irrigation Science，2004，（23）：103－110.

[47] 韩文霆．喷灌均匀系数的三次样条两次插值计算方法［J］．农业机械学报，2008，39（10）：134－139.

[48] 王桂锋，王雯婷，徐飞，等．喷灌系统喷头组合形式与组合间距的优化计算［J］．黑龙江水专学报，2006，33（2）：36－39.

[49] 王云秀．模糊综合评判法在喷灌形式优选中的应用［J］．节水灌溉，2005，（2）：43－44.

[50] 门宝辉，梁川．喷头水力性能评价的属性识别模型及应用［J］．节水灌溉，2002，（5）：5－6.

第四章 大中型喷灌机

自 20 世纪 20 年代以来，为了降低劳动强度，将劳动者从繁重的移动管道灌溉作业中解放出来，苏联和美国相继研制出滚移式喷灌机。尽管滚移式喷灌机具有明显的优点，但属于半自动化喷灌设备，不能自动移动，需要人为操纵，而且对地形和水源的要求较高，不能灌溉高秆作物，因而应用受到较大的限制。为此，20 世纪 50 年代初，美国研制出圆形喷灌机；20 世纪 60 年代，卷盘喷灌机问世；20 世纪 70 年代又出现了平移式喷灌机。如今各种类型的喷灌机已在全世界灌溉着数千万公顷的耕地、沙丘和草原，是世界农业灌溉史上的一项革命性成果。

第一节 卷盘式喷灌机

一、概述

卷盘式喷灌机，也称绞盘卷管式喷灌机，是一种自走式灌溉装备。在各类喷灌装备中，卷盘式喷灌机是出现较晚的一种类型。它问世于 20 世纪 60 年代前期，但是由于当时软管的材质问题没能解决，卷盘喷灌机使用寿命短，价格高，未能得到推广。70 年代以后，随着科学技术发展和农业劳动力成本的增加，农业对灌溉的机械化、自动化要求日趋迫切，从而为卷盘喷灌机的发展提供了可能性，卷盘喷灌机进入巩固发展阶段。卷盘喷灌机的结构趋于完善、工艺比较可靠、性能基本上能满足农艺要求[1]。20 世纪 80 年代，卷盘式喷灌机得到了迅速发展，开始在欧洲批量生产，经过不断改进，在适应性、灵活性上与电动（柴动）圆形时针式、滚移式、平移式喷灌机相比更为优越，已成为世界上应用颇为广泛的喷灌机具类型之一。欧洲各国都生产卷盘式喷灌机，较为著名的是奥地利、法国、意大利和美国。其产品不但规格品种多，而且技术先进。例如，奥地利 Bauer、法国 Irrifance、意大利 Idrofoglia 等公司生产的卷盘喷灌机，具有很高的可靠性和很好的机动性，也具有广泛的适用性、很高的自动化程度及生产效率；并且在一些机型上已采用自动控制技术，既可控制卷管的速度，也可设定开始喷灌的时间，并能进行安全运行的检测。此外，在启动卷盘车、起吊喷头车等方面也由液压装置来完成，既快速又安全。

卷盘喷灌机能够适应各种大小形状和地形坡度起伏的地块。可灌溉各种高秆作物（如玉米、大豆、土豆、牧草等），以及某些果树和经济作物（如甘蔗、茶叶、香蕉等）。由于卷盘喷灌机的软管作业时需拖出，因此要求作业区域土质不能太黏重。

卷盘喷灌机在实际应用中主要有以下优缺点：

（1）优点。喷头车在喷洒过程能自走、自停，管理简便，操作容易，省工（基本上一人可管理一台），劳动强度较低；结构紧凑、成本较低，材料消耗较少，田间工作量少；机动性好，供水可用压力干管，也可用抽水机组；适应性强，不受地块中障碍物限制。

（2）缺点。耗能大，大型机组一般工作压力要求600～700kPa，管道水头损失较大，运行费用较高；机行道较宽，一般要求4～6m，占地较多；工作条件差、道路不光滑时，带水的软管管道很容易磨损；喷灌强度较大，受风影响较大。

二、卷盘式喷灌机工作原理

卷盘式喷灌机样机如图4-1所示。喷灌机被动力机牵引至地头后将地锚旋入土内固定。工作时由泵站引来的压力水由入水口进入到水涡轮箱中推动水涡轮旋转，然后再进入卷盘中心的空心轴并沿径向流入盘绕在卷盘架上的PE卷管，最后由安装在PE管末端喷头车上的旋转式喷头喷出。工作的初始状态为PE管随喷头车从卷盘架上脱离并由牵引机拉伸至其全部展开时的最远端；此时，喷灌机体固定不动，在水涡轮（或其他动力源）的驱动下通过齿轮减速箱等变速机构后使卷盘转动，拉动PE卷管不断地回收并卷绕在卷盘架上[2]；回收过程中，喷头

图4-1 卷盘式喷灌机样机

不断地将水喷洒在田间的喷灌带上；当PE卷管卷绕到头时，喷头车自动举升到运输位置，并碰撞关闭杆，让减速箱脱档，最终使卷盘架的转动自动停止，从而结束一个喷灌作业过程。

三、卷盘式喷灌机运行特性

使用卷盘式喷灌机进行喷灌作业时，无论被喷灌地块形状规则与否，都应根据卷管的长度和喷头射程（必须考虑两边有重叠）进行规划，将土地分成如图4-2所示的条带形状。输送压力水的干管（或其他提供压力水的设施）最好敷设在地块的中间，并在干管上相应每个条带的中间设置给水栓。喷灌时首先用拖拉机（或其他动力）将喷灌机牵引至第

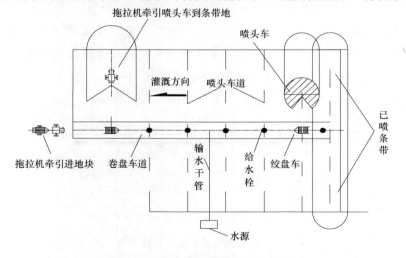

图4-2 卷盘式喷灌机田间运行图

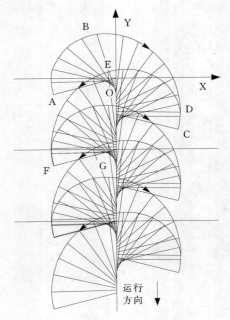

图4-3　喷头车纵向移动时的
喷洒重叠区域示意图

一个条带的给水栓处，然后将喷头车拉至条带的端头，卸下拖拉机，接上压力水源即可喷灌。喷灌时卷盘缓慢转动，缠绕软管，带动喷头车向卷盘车方向移动。喷完一个条带时喷头车移动至卷盘车旁，自动停机，这时可更换工作位置继续作业。新工作位置可以是平行的相邻条带，也可以是原条带的另一端[3]。

为了给喷头车作业留出后退时的干路，喷头喷水形状一般约为210°的扇形，这样喷出湿润外周的轨迹就构成一个有缺口圆螺旋型的重叠区域，如图4-3所示。通过它能够直接观察某段时间内喷头与喷头移动小车的作业过程。图4-3中单喷头移动小车由点O开始按照一定的速度移动喷洒至位置G，喷头的速度保持恒定，其正转时的喷洒曲线为ABDC，反转时的曲线为CDEF。喷头完成一次正反转即完成一次来回喷洒作业。接着单喷头开始第2次正反转喷洒作业，所形成的轨迹与第一次相同。如此循环，即构成了喷头车纵向匀速移动时的喷洒重叠区域。

四、卷盘式喷灌机调速特性

根据卷盘式喷灌机的运行特性可以看出，影响喷洒效果和机械性能的关键因素是喷头车的移动速度。引起喷头车移动速度变化的因素较多，其中最主要的有以下两个方面[4-5]：

（1）卷盘上软管直径的变化。喷洒均匀度的变化及调整示意图如图4-4所示。喷灌开始时，在每个条带上，喷头车处于条带的末端，软管几乎全铺展在地面上，喷头车愈靠近卷盘车，被牵引的PE软管的长度愈短，缠绕在卷盘上的愈多，即缠绕在卷盘上的PE软管的缠绕外圈直径愈大。如果卷盘转动角速度不变，喷头车移动速度v就会愈来愈大，并慢慢趋向于v_1，因而造成地面上的施水量h愈来愈少，也慢慢趋向于h_1。

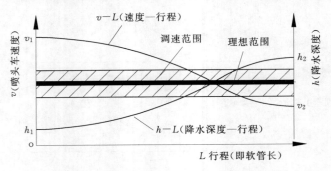

图4-4　喷洒均匀度的变化及调整示意图

（2）卷盘上软管（及其中水体）质量的变化。如果卷盘上软管缠绕层数增多，卷盘质量也会不断增大；而软管由开始拖在地面上逐渐变为完全缠绕在卷盘上，它与地面的摩擦力逐渐减小，直至为零。如果驱动功率不变，喷头车移动速度 v 就会愈来愈大，并慢慢趋向于 v_1，使地面上的施水量 h 愈来愈少，也慢慢趋向于 h_1。

综上所述，软管质量和卷盘上软管外圈直径的变化，是单喷头移动小车行走速度变化的主要原因。有效的解决方法是使驱动功率随之变化，将降水深度的变化限制在作物需水要求允许的范围内，或将卷盘直径增大以减少卷管层数，使单喷头移动小车行走速度的变化减小，以保证整个系统的喷灌均匀性即喷灌质量。

五、卷盘式喷灌机能耗

采用卷盘式喷灌机进行喷灌作业，相比地面灌溉能更好节约利用水资源，但比其他喷灌机能耗大，其原因是：该类型喷灌机的软管缠绕在卷盘上，使输水损失较大；采用远射程喷头灌溉方式，输出流量大，流速较高，而管径又不可以太大，因此沿程水力损失较大；软管缠绕在卷盘上，压力水在圆环形流道中流动，局部损失较大[6]。

近年来，新型的卷盘式喷灌机中卷管缠绕卷盘的内圈直径加大，缠绕层数相应减少。进行喷灌作业时，由于软管缠绕卷盘的层数较少，使得喷头车的移动速度变化不大，喷洒均匀性较好。此外，对管径、管长进行合理匹配，可使得输水损失降低，从而保证喷灌质量。

六、卷盘式喷灌机灌溉系统设计

卷盘式喷灌机灌溉系统的设计应遵循以下步骤[7]：

1. 机型选择

机型应综合分析下列诸因素后确定：设计灌溉面积大小，地形及田块形状，作物种类及其根系深度、高峰需水量，土壤性质及其持水能力，水源来水情况；泵的扬程或给水栓处提供的压力，风的情况等。

2. 系统总流量估算

$$Q=\frac{0.667AE_p}{t\eta} \tag{4-1}$$

式中　Q——系统总流量，m^3/h；

　　　A——系统控制的总灌溉面积，亩；

　　　E_p——高峰期日需水量，mm/d；

　　　t——机组一天内净工作小时数，h；

　　　η——喷洒水利用系数。

3. 喷头和软管选择

（1）喷头选择。如果喷头的流量等于或大于系统总流量，则只需一台机组，否则就要多台机组。校核喷头喷灌强度，应不超过土壤允许喷灌强度。注意，如需作扇形喷洒时，喷灌强度要增大。从横向均匀考虑，扇形角以 270° 为好。风速较大时，应选用低仰角喷头。

（2）软管选择。软管主要根据灌溉面积和所需流量来选择。其次，要求水力摩阻小，有较高的强度，耐腐耐磨。

4. 田间布置

将田块分成长条形地块。对于不规则的地块，亦可分成长度不等的条田来灌溉。在喷灌机及软管拖移路线上留 2.4～3.6m 宽的通道，可以种植低矮的饲料作物。要考虑风向和地面坡度。条田的轴线应垂直主风向。虽然这种机型能用于 11°坡度的地面，但最好避免在拖移路线上有明显的坡度。为了横向灌水均匀，条田间的湿润范围要搭接一部分。条田轴线之间的距离与风速及喷枪的湿润直径有关。

5. 轮灌设计

（1）确定机组牵引速度。

$$v = \frac{1000Q}{Bm} \tag{4-2}$$

式中　v——喷头车移动速度，即机组牵引速度，m/h；

　　　B——条形地块轴线的间距，m；

　　　m——灌水定额，mm。

（2）一条条田所需的灌水时间。

$$t_1 = \frac{L}{v} \tag{4-3}$$

式中　t_1——一条条田所需灌水时间，h；

　　　L——条田长度，m。

（3）轮灌周期。

$$T = \frac{m}{E_p}\eta \tag{4-4}$$

式中　T——轮灌周期，d。

（4）一台机组所负担的条田数目。

$$n = \frac{T}{t_1} \tag{4-5}$$

求出一台机组喷灌的条田数 n 后，即可算出其灌溉面积。

（5）所需机组的台数。设计灌溉面积需要机组的台数，可从总条田数除以一台机组可担负的条田数 n 而得。条田长度不一时，则在轮灌排序后，再确定所需机组台数。

6. 泵站扬程推算

泵站扬程根据喷灌地面与水源水位的高差、各级管道的水头损失以及设计喷头工作压力等因素确定。

第二节　圆 形 喷 灌 机

一、概述

圆形喷灌机又称时针式喷灌机、中心支轴式喷灌机。它是将装有许多喷头的薄壁金属长管道的一端，用可旋转的弯头与位于地块中央的固定竖管连接，竖管作为支轴并供给压力水。薄壁金属管高架在等间距的若干个塔车上，中心支轴处和各搭车上有一套保证管道可靠移动的系统，使管道保持近似直线绕中心支轴按调节好的速度连续旋转进行喷灌作业[8]。

中心支轴喷灌机 1952 年首创于美国。早期圆形喷灌机以液压驱动和水力驱动为主，

1965 年出现电力驱动圆形喷灌机。此后，圆形喷灌机在全世界得到了广泛应用，到 20 世纪 70 年代，圆形喷灌机喷灌面积占美国总喷灌面积的 40%。如今圆形喷灌机已在全世界灌溉着数千万顷的耕地、沙丘和草原，可称为世界农业灌溉史上的一次革命，曾被美国著名科技期刊《Scientific American》称赞为"自从拖拉机取代耕畜以来意义最重大的农业机械发明"。

我国最早于 1977 年 6 月从美国 Valmont 公司引进了 7 台电动、1 台水动圆形喷灌机，此后中国农机院、吉林省农机院、黑龙江省农机院等单位对样机进行仿制，于 1982 年试制成功我国第一台水动圆形喷灌机。但由于缺乏大型喷灌机具的理论指导和制造技术，产品普遍存在机型杂、质量差、可靠性差、材料浪费大等问题。1981 年机械部委托中国农机院、等单位承担了"大型喷灌机主要部件研究"课题。1983 年课题通过部级鉴定，其中桁架结构、驱动装置和同步控制系统等部件的技术指标已接近美国当时同类产品水平，为我国大型喷灌机的研究奠定了技术基础。1992 年我国颁布了电动大型喷灌机技术条件和试验方法等 2 项国家机械行业标准。至此，我国已初步形成了具有自主知识产权的大型喷灌机设计理论和试验手段。

圆形喷灌机存在一个重大的弱点，即灌溉面积是圆形，与地块形状和传统农艺耕作方式不一致，近 20% 的方形地块面积得不到有效灌溉。为解决正方形耕地四个角不能受水的问题，可以在圆形喷灌机末端加远射程喷头，当机组转至地角时，用自动启闭阀门和升压泵启动远射程喷头对地角做扇形喷洒。也可以在末端塔架设角臂装置，多加一段支管和一个塔架，角臂平时收靠在末端塔架的支管旁边，当机组转向地角时，角臂逐渐收回，角臂上的喷头自动停止工作。

由于圆形喷灌机对地形的适应性强，对水源的要求低，因而非常适应人多地少地区的农业生产。国外生产圆形喷灌机的厂商较多，仅美国就有 Lindsya 公司、Vamlnot 公司、Reinke 公司、T-L 公司、Lockwood 公司等，其他如奥地利的 Buaer 公司、法国的 lrrifrance 公司、西班牙的 RKD 公司、意大利的 lrriland 公司、沙特阿拉伯的 AJkhoryaef 公司等。

圆形喷灌机在实际应用中主要有以下优缺点[8-10]：

1. 优点

（1）自动化程度高。和地面灌溉相比可节省 90% 以上的劳力，和其他喷灌机相比可节省 25%～75% 的劳力。能昼夜自动喷灌，一人在中心控制室可同时控制 8～12 台（有的甚至 20 余台），灌溉近万亩土地，工作效率很高。

（2）节约用水。喷水量可在 5～100mm 内调节，均匀度高（均匀系数可达 85%），比沟灌少用水 30%～60%。

（3）增加产量。一般玉米可增产 10%～20%，其他作物增产效果也很显著。

（4）适应性强。可灌溉地形坡度达 30% 左右的丘陵山坡地，几乎适宜于灌溉所有的作物和土壤。

（5）一机多用。可结合喷施化肥与农药等，对于氮肥溶液有更好的喷洒效果。

2. 缺点

（1）喷灌面积为圆形，方形地块的四个地角无法喷到，灌溉面积约占方形地块面积的

78%。目前虽有些补救办法，但投资大，都不太理想。

（2）为了增加外圈的控制面积，常采用远射程大流量喷头喷洒，末端平均喷灌强度很大，甚至超过 100mm/h，致使喷灌强度远大于土壤入渗速度，增加了地表积水和径流的可能性。

（3）低压喷头对工作压力的敏感性强，往往需要安装压力调节器或流量调节器，增加了成本。

（4）在作物需水高峰期，要求喷灌机连续运转，一旦有一处出故障，就会影响到全机工作，因此，需要有足够的备件和维修力量。

圆形喷灌机几乎适用各种质地的土壤及大田作物、经济作物、蔬菜、牧草等各种作物类型。我国西北、东北、华北各省区和广东、广西、云贵高原等地的广大农牧业区，凡土地连片，地中无障碍物，均可使用。其对于干旱缺水的浅丘区与黄土高原区，深井和高扬程灌区以及土壤贫瘠、渗漏严重的地区效果更好。

二、圆形喷灌机组成

目前，圆形喷灌机的驱动方式有电力驱动和液压驱动，以电力驱动为主。电动圆形喷灌机由中心支座、塔架车、末端悬臂和电控同步系统等部分组成。装有喷头的桁架支承在若干个塔架车上。国内外各公司生产的圆形喷灌机已实现标准化、系列化，形成自己的定型产品，各公司之间的产品略有差异。

一般根据地块规格、水源、土壤、农作物等基本情况，选择主输水管路规格、单跨跨距、塔架数及地隙等技术参数的最优组合。每台圆形喷灌机单圈控制面积 23.3～86.7hm²。相邻塔架之间用柔性接头连接，以适应坡地作业。在每个塔架上配有 0.75～1.1kW 电动机作为驱动力，专配有电控同步系统用于启闭塔架车上的电机。当相邻两个塔架同步角形成一个不大于 19°的工况时，塔架车就一个跟着一个地走起来，绕着中心支轴旋转，同时装在桁架上的喷头喷灌作业，其控制面积是一个圆形面积，如图 4-5 和图 4-6 所示。

图 4-5　圆形喷灌机现场图

图 4-6　圆形喷灌机工作鸟瞰图

三、圆形喷灌机规划和布置

1. 控制面积的确定

确定喷灌机控制面积应考虑以下因素：

（1）水源的供水能力。特别是由井中提水时，要考虑单井出水量的限制。如多用井汇流，则要增加水源工程的投资。

（2）喷灌强度的限制。这种机型的特点是离中心支轴愈远的喷头所担负的灌溉面积愈大，要求出流量愈大，喷灌强度愈大。同时，为了充分发挥机组的效率，亦希望喷灌强度大些，转动速度快些。因此，在设计中常以离中心支轴最远的末端喷头的喷灌强度为控制数，允许土壤表面局部积水成洼，但以不产生径流为限。

（3）其他原因。喷灌区域地形应平坦，地面坡度在该种机型的爬坡能力之内，不存在妨碍机组运行的特殊地形和地物。田块内土质一致，单一作物种植，农业技术措施也应做到一致；照顾到其他机械化作业、产品运输等对田块大小的要求；从整体规划考虑，田块愈大，田块间留出的空地亦愈大，可利用来布置居民点、综合加工基地等，使土地得到充分利用；从农业经济体制考虑，以一个田块为一个基本的经济核算单位为宜。

2. 田块的布置

田块有正方形布置和三角形布置两种形式，采用何种布置应根据具体情况而定。方形布置土地利用率为 78.54%，三角形布置时为 90.67%，即后者空地率比前者减少 2.3 倍。如利用空地安排居民点或加工点，则方形布置时空地面积较大，布置较为有利，且与外界联系的道路顺直，高压线等布置亦较方便。

3. 规划布置中应统筹考虑的其他问题

水源为地下水时，应对其可开采量作出适当评价；水源为河川径流由管网输水时，应对分级加压和集中加压等不同方案作出论证；在多水源情况下，应分析各水源可提供的水量，并从经济供水角度分析提出各水源提供水量的比例。

动力用电的高压线应从田块边界通过，低压电缆送至中心支轴处，力求使连接于各喷灌机中心支轴处的低压电缆总长度最短。

四、圆形喷灌机灌溉系统设计

圆形喷灌机灌溉系统的设计应遵循以下步骤[7]：

1. 确定湿润圆半径 R 及相应湿润圆面积 A

在确定 R 时，一般不必担心机组是否能组合成这一长度。如美国有标准跨度与长跨度两类桁架共 5 种：前者长为 32m、38.4m、44.8m；后者长为 51.8m、56.4m。末端悬臂尚有 6.1m、9.1m、12.8m、19.2m、25.9m 等 5 种。再加上可附加末端喷枪，一般可组合成各种长度。我国生产的机组，桁架跨度一般为 40m。

2. 确定支管需要总流量 Q_0

$$Q_0 = \frac{0.0278 E_p A}{\eta} \qquad (4-6)$$

上式是按 24h 连续工作时计算的流量。一般圆形喷灌机可通过的流量在 90～340m³/h。

3. 确定转一圈的最短时间 t_1

$$t_1 = \frac{2\pi R_L}{60 v_{max}} \qquad (4-7)$$

式中　R_L——末端塔架至中心支轴的距离，m；

v_{max}——末端塔架最大前进速度，m/min。

4. 确定按 v_{max} 转一圈的最小净灌水深 h_j

$$h_j = \frac{E_p t_1}{24} \tag{4-8}$$

此时百分率时间继电器的读数是 100%。当其读数为 $0 \sim 100\%$ 之间的任一数值 $x\%$ 时，

$$h_j = \frac{E_p t_1}{24x} \tag{4-9}$$

相应末端塔架前进速度 v_x 为

$$v_x = v_{max} x \tag{4-10}$$

5. 确定运行的最小速度 v_{min}

当土壤透水性大时，v_{min} 可由机组本身的性能确定。但百分率时间继电器在 $0 \sim 10\%$ 这一段运行不可靠，所以至少应调至略大于 10% 的读数运行，此时即是机组的 v_{min}。

当土壤黏重时，由允许地面积水深的数值来确定 v_{min}。

(1) 末端喷头的最大喷灌强度 ρ_{max}。

$$\rho_{max} = \frac{1273 Q_0}{R_L R} \tag{4-11}$$

式中　R——末端喷头射程，m。

上式是假设末端喷头沿圆形轨迹切线方向的水量分布呈椭圆形，其中的最大喷灌强度为 ρ_{max}。

(2) 以土壤表面允许积水深的数值为控制数，求距中心支轴 R 处通过某一地面标记点（椭圆形曲线通过该点）所需的时间 t，此即该点最长的受水时间。超过这一时间，积水深即超过允许值，形成径流。

允许最长受水时间 t 根据具备的资料情况按以下方法推求：

1) 当有系统的试验资料时，以 ρ_{max} 为纵坐标，t 为横坐标，在双对数纸上画出允许积水深为不同常数的一组线。使用时，可由 ρ_{max} 通过相应某一允许积水深的线，直接查得 t 值。

2) 当无上述试验资料时，必须具有土壤入渗过程线，并将末端喷头沿运行轨迹切线方向的水量分布图（假定为椭圆形）亦画在该图上。取不同 t 时，椭圆与入渗曲线所圈出的阴影面积亦不同。可进行试算，当阴影面积值接近土壤表面允许积水深值时，t 即所求。

阴影面积（地表积水量）可分时段累加而得。土壤入渗率常可用下式表示：

$$I = K t^{-b} \tag{4-12}$$

式中　I——入渗率，mm/h；

　　　t——入渗时间，h；

　K、b——特性系数和指数，与土壤种类有关。

(3) 末端塔架运行的最小速度 v_{min}。

$$v_{min} = \frac{2r}{60t} \tag{4-13}$$

以 $v_{\min}$ 运行一圈相应所需时间为 t_2。

$$t_2 = \frac{2\pi R_L}{60 v_{\min}} = \frac{\pi R_L t}{r} \qquad (4-14)$$

喷灌机运行一圈的时间可在 $t_1 \sim t_2$ 内调节。t_2 相应的灌水深 h_j 为

$$h_j = \frac{E_p t_2}{24} \qquad (4-15)$$

6. 灌水定额 m 与灌水周期 T

灌水定额和灌水周期以灌溉区域土壤贮水能力的 $1/3 \sim 1/2$ 定为净灌水定额（m_j），再按 $T = m_j/E_P$ 计算灌水周期。

五、圆形喷灌机水力计算

从系统设计的角度看，必须求出中心支轴处的压力和流量，以便选配泵和动力。另外还必须知道其喷头配置及水量分布状况是否满足设计要求[7]。

1. 支管流量分布

$$Q = Q_0 \left(1 - \frac{r^2}{R'^2}\right) \qquad (4-16)$$

式中　r——支管上某一点离中心支轴的距离，m；

　　　R'——湿润半径，$R' = R_L + R$，m；

　　　Q_0——进入支管的总流量，m³/h；

　　　Q——r 点处的流量，m³/h。

2. 中心支轴处需要的最小压力水头 h_0

$$\frac{h_0 - h_{R'}}{h_m} = F \qquad (4-17)$$

式中　$h_{R'}$——支管末端需要的压力水头，m；

　　　h_m——支管上无喷头出流，通过全部流量时的水头损失值，m。

式（4-17）中分子是支管上有喷头出流时首位压差，所以 F 实际上是多口系数。圆形喷灌机上喷头数目多，所以 F 值接近常数 0.538（钢管）。

3. 支管上的压力分布

为简便计，设流量指数 $m = 2$。

$$K_h = \frac{h_r - h_{R'}}{h_0 - h_{R'}} = 1 - \frac{15}{8}\left(x - \frac{2x^3}{3} + \frac{x^5}{5}\right) = 1 - 1.875x + 1.25x^3 - 0.375x^5 \qquad (4-18)$$

式中　K_h——压力分布系数；

　　　h_r——r 点的压力水头，m；

　　　x——距离比，$x = r/R'$。

4. 消能孔板孔径 d

中心支轴附近约 $1/3$ 支管长度上的喷头，出流量小，要求压力小，但支管内压力大，故常需在装喷头的竖管上装一孔板，消除其多余的压力，孔板孔径可按下式计算：

$$d = 8.9357 \frac{q^{0.5}}{\mu^{0.5} \Delta h^{0.25}} \qquad (4-19)$$

式中　q——该处喷头流量，m³/h；

μ——孔板的流量系数，一般为 $0.6\sim0.65$；

　　Δh——欲消除的多余压力水头，m。

第三节　平移式喷灌机

一、概述

　　平移式喷灌机又称直线连续自走式喷灌机，是为了克服圆形喷灌机灌溉后的近22％方形地块面积无法得到有效灌溉的不足而发明的。1971年美国 Wade Rain 公司根据钢索牵引卷盘式喷灌机拖着软管边向前移动边喷灌的工作原理，在早期的水动圆形喷灌机基础上，首先研制出钢索牵引水动平移式喷灌机。1977年美国 Vamoni 公司在电动圆形喷灌机的基础上利用地埋导向跟踪装置研制出电动平移式喷灌机。几乎同时，美国 Lindsya 公司研制出用沿渠道地面上的固定钢索导向的电动平移式喷灌机。

　　平移式喷灌机一般从明渠中取水（用井水作水源时，需二次提水，多井汇流于渠中），明渠位于喷灌机的中央（或一侧）。喷灌机由若干个跨架单元组成一直线型的机组，在中央（或一侧）装有控制中心，称为中央跨架。喷灌机运行时其轴线垂直于渠道中心线，即喷灌机的塔车轮子的移动轨迹是平行于渠道中心线的。中央跨架骑渠（或在渠道的一边）行走，柴油机、水泵、发电机、控制与导向设备等安装在中央跨塔车的吊架上，悬挂在渠道水面上方。在中央跨的两边各由几个标准跨架单元联结而成，标准跨架单元是由管道腹架、塔车及驱动、控制、喷洒等部件组成。平移式喷灌机如图4-7所示。

图 4-7　平移式喷灌机

　　平移式喷灌机在实际应用中主要有以下优缺点：

　　1. 优点

　　（1）能灌溉矩形地块，没有浇不上的地角，有效灌溉面积可高达98％，而圆形喷灌机加上末端远射程喷头，有效灌溉面积也只有87％。

　　（2）与传统的农业耕作措施和耕作方向相适应，轮辙对农机（特别是收割机）作业影响很小，播前不需平整轮辙；对于牧场，每周需割2～3次草，圆形喷灌机的圆形轮辙对割草机作业很不利。

　　（3）沿机方向喷洒均匀，受风的影响小，喷灌质量高。

（4）适于低压喷洒，管道水头损失较小，能耗少。采用低压喷头，还有利于兼施化肥农药。

（5）结构简单，喷灌管道可用不同直径的管子组成，喷头采用相同型号等距布置，每一塔车电控设备完全相同，装配、保养、维修方便。

（6）自动化程度高，喷灌机长度可长可短，控制面积可大可小，而且比相同机长的圆形喷灌机控制面积大，降低了单位面积投资和耗能指标。

（7）运行速度调节范围大，能满足各种作物不同生育期的需水要求。

（8）可用于喷施化肥、杀虫剂、杀菌剂、除草剂、植物生长调节剂等，还可部分代替中耕、植保等农业机械，做到一机多用。

2．缺点

适应堤坡能力较差，要求地面较平；增加了导向系统，使造价提高且妨碍交通；如采用明渠供水，需设拦污设备等。

平移式喷灌机和圆形喷灌机适应范围基本一样，但平移式喷灌机适应地形坡度能力要小，而对不同土壤及不同风速风向的适应能力较强。

二、平移式喷灌机结构

与圆形喷灌机相同，平移式喷灌机的驱动方式也以电力驱动为主，同时有采用液压驱动等。电动平移式喷灌机由驱动车、塔架车、桁架末端悬臂、电控同步系统和导向装置等部分组成。平移式喷灌机的大部分零部件与电动圆形喷灌机相同，零部件通用率达85%。但由于供水方式、运行状况不同，平移式喷灌机也有其独特结构。

1．中央跨架

中央跨架是平移式喷灌机的"首脑"，它起着圆形喷灌机中心支轴座的作用。中央跨架由两个塔车承受抽水机组与吊架重量，左右对称，分立在渠道两旁（或一侧），塔车结构和标准塔车相同，只是底梁管壁稍厚些。

2．导向系统

平移式喷灌机不像圆形喷灌机有固定的中心支座，如果它在横向运动时无约束，则喷灌机会偏离渠道吸不上水，甚至使中央跨架掉入渠中，损坏机器。因此，必须有导向控制系统来约束它在横向（喷灌机轴线方向）的位移。导向控制系统主要有触杆微动开关式、无线电跟踪式和机车牵引式等三种形式。

3．喷头

平移式喷灌机上的喷头多用相同型号的低压喷头，等距离布置。由于通过塔车处受到局部限制及管道的沿程水头损失，为使喷头喷水量一致，喷头孔径有微小区别，即愈靠外端，孔径愈大。

平移式喷灌机是沿直线自走式喷灌机，呈矩形喷洒，喷灌面积覆盖率达98%，比圆形喷灌机提高15%~20%，但结构较复杂，运行时对导向性和同步性要求较高，需要完善的电控系统，操作维护复杂。

三、平移式喷灌机规划与布置

1．喷灌机控制面积的确定

喷灌机控制面积的确定取决于以下因素：

（1）水源供水能力。由于整机平移，一般由渠道供水，沿渠吸水喷灌。亦可采用一侧以一段软管接给水栓，喷一段距离后再改换下一个给水栓的办法来供水。田块的大小应与水源的供水能力相适应。如为了获得足够的水量而修建一些水源工程（如群井汇流等），则应充分考虑到由此带来的投资造价与运行费用的增加。

（2）喷灌强度。在机长确定后，喷灌强度决定了该机控制灌溉面积的能力，喷灌强度 ρ 由下式确定：

$$\rho = \frac{1000Q_0}{2RB} \tag{4-20}$$

式中　　Q_0——喷灌机流量，$\mathrm{m^3/h}$；

$\qquad R$——喷头射程，m；

$\qquad B$——喷幅宽度（即沿平移机长度方向的湿润宽度），m。

当选定喷头后，R 即已确定，将土壤允许喷灌强度 ρ_y 代入上式，则可反求出机组最大流量值：

$$Q_{\max} = \frac{2R\rho_y}{1000}B \tag{4-21}$$

喷灌机的流量不能超过 $Q_{\max}$。当 B，Q_0 已确定，则田块长度 L 亦确定：

$$L = \frac{1000tQ_0}{B}\frac{1}{E_p} \tag{4-22}$$

式中　　t——日净喷洒作业小时数。

（3）其他因素。确定田块大小时应考虑的其他因素与中心支轴式系统相同，此处不再重复。

2. 田块布置

由于是长方形地块，L，B 确定后，布置比较方便。可视不同机型要求在中间轴线处布置渠道和路，或者一侧布置压力管道或给水栓。

四、平移式喷灌机灌溉系统设计

平移式喷灌机灌溉系统设计应遵循以下步骤[7]：

1. 求系统总流量 Q_0

$$Q_0 = \frac{0.0278E_pA}{\eta} \tag{4-23}$$

上式是按 24h 连续工作时计算的流量。一般平移式喷灌机可通过的流量在 $90\sim340$ $\mathrm{m^3/h}$。

2. 确定灌一次水的最短时间 t_1

$$t_1 = \frac{L}{60v_{\max}} \tag{4-24}$$

式中　　L——地块长度，m；

$\qquad v_{\max}$——机组最大行进速度，m/min。

3. 计算最小净灌水深 h_j

$$h_j = \frac{E_pt_1}{24x} \tag{4-25}$$

式中　x——百分率时间继电器读数。

4. 确定最小行进速度 $v_{\min}$

（1）先求最大降雨强度 $\rho_{\max}$。

$$\rho_{\max}=\frac{636.62Q_0}{BR} \tag{4-26}$$

式中　Q_0——系统总流量，m^3/h；

B——田块宽度，m。

垂直支管方向的降水分布呈椭圆形。

（2）再求最小行进速度 $v_{\min}$。

$$v_{\min}=\frac{2R}{60t} \tag{4-27}$$

则灌一次水的最长时间

$$t_2=\frac{L}{60v_{\min}} \tag{4-28}$$

相应地

$$h_j=\frac{Et_2}{24} \tag{4-29}$$

5. 确定灌水定额 m 与灌水周期 T

以灌溉区域土壤贮水能力的 $1/3\sim1/2$ 定为净灌水定额（m_j），再按 $T=m_j/E_p$ 计算灌水周期。

五、平移式喷灌机水力计算

平移式喷灌机的水力计算步骤如下[7]：

1. 求支管流量的分布

$$Q=Q_0\left(1-\frac{b}{B}\right) \tag{4-30}$$

式中　b——支管中任一点与支管起点的距离，m；

Q——b 处支管中的流量，m^3/h；

B——总喷幅宽，m；

Q_0——机组总流量，m^3/h。

2. 求支管需要的最小压力水头 h_0

$$\frac{h_0-h_b}{h_m}=F \tag{4-31}$$

式中　h_b——支管上任一点 b 处（距支管起点的距离为 b）的压力水头，m；

F——多口系数，平移式取 0.3448；

其他符号意义同前。

3. 求支管上的压力分布

$$K_h=\frac{h_b-h_B}{h_0-h_B}=1-3x+3x^2-x^3 \tag{4-32}$$

式中　h_B——支管末端需要的压力水头，m；

x——距离比，$x = b/B$。

实际上支管各点压力、流量均不等，各喷头处流量有差别。在设计中有两种处理办法：

（1）为使各喷头出流均匀，最末一个喷头按设计喷头工作压力工作，则前面各喷头的压力均超过设计工作压力，为保持喷头流量一致，应加消能设施。

（2）为减少各喷头出流量不一致，而维持支管总出流量保持不变，即总出流量等于喷头设计流量和喷头数目的乘积，则支管需要的最小压力水头 h_0 按下式确定：

$$h_0 = h_p + \frac{2}{3} h_f \tag{4-33}$$

此式也可用于其他按平移方式工作的支管设计中。

参 考 文 献

［1］　郝金栋. 国外卷盘式喷灌机的发展和现状 ［J］. 喷灌技术，1997，（3）：64-75.

［2］　杜厉. 星雨卷盘式喷灌机特性分析 ［J］. 中国农村水利水电，2000，（6）：57-58.

［3］　张会娟. 卷盘卷管式喷灌机逆向联动双喷头移动小车的研究与实现 ［D］. 西安：西北农林科技大学，2007.

［4］　许一飞，Francis T. 软管卷盘式自动喷灌机特性分析 ［J］. 节水灌溉，1979，（3）：39-45.

［5］　陈大雕，林中卉. 喷灌技术 ［M］. 第二版. 北京：科学出版社，1992.

［6］　张敏. 卷盘式移动节水喷灌机软管最佳弯曲参数的试验研究 ［D］. 长春：吉林农业大学，2005.

［7］　喷灌工程设计手册编写组. 喷灌工程设计手册 ［D］. 北京：水利电力出版社. 1989.

［8］　严海军. 基于变量技术的圆形和平移式喷灌机水量分布特性的研究 ［D］. 北京：中国农业大学，2004.

［9］　金宏智，兰才有. 节水灌溉技术 ［M］. 北京：中国农业出版社，2000.

［10］　郑耀泉，刘婴谷，金宏智，等. 喷灌微灌设备使用与维修 ［M］. 北京：中国农业出版社，2000.

第五章 喷灌工程规划设计

第一节 喷灌工程规划设计技术要求

一、背景资料

1. 地形地貌资料

在实施喷灌系统规划设计前，需要喷灌地域的地形地貌资料，为喷灌系统规划设计做好准备。对实施喷灌的地域和田块进行实地考察，对有规划图的地域进行核对校正，对没有规划图的地域，通过绘制地形地貌的特征图纸，标出喷灌地域的水源、地形等高线、行车道路等[1]。

2. 土壤资料

确定喷灌强度的大小，需要了解土壤的特性，如土壤的黏度、含水量，土壤的容重，水分常数，即田间持水量、凋萎系数等，作为制定作物灌溉制度设计喷灌系统的依据。同时需要了解喷灌地域一年四季土壤温度的变化，以确定喷灌管道预埋深度，选择管材及确定施工技术，还需要了解喷头的型号及水滴直径对土壤的影响[1]。

3. 作物生长资料

了解喷灌作物的种类、生长周期、种植面积、分布位置，作物的耗水量和生长根系深度及当地实际灌溉的情况资料等。这是确定灌溉制度用水量的依据，也是确定水源工程规模和确定水泵型号的依据[1]。

4. 水源资料

水源是整个喷灌系统规划设计的前提，一定要了解清楚，包含取水荷塘、水库、渠道、井泉一年四季水位与水量的变化，特别是旱期水位的变化。经过计算分析，获得喷灌系统规划设计的水量和水位，确保灌溉水量的平衡[1]。

5. 气候资料

根据当地的气象资料，了解喷灌地区近几年每年的四季气温变化、雨量大小，以及湿度变化、风速风向等，作为确定灌水量和灌溉制度的依据。由于喷灌时水量分布受风速和风向的影响较大，因此要掌握灌溉季节的主风向，最大、最小和平时常见风速资料，以便在规划设计时确定喷头的布置形式、喷洒方式、管道布置方式和喷灌系统的有效工作时间[1]。

工程规划设计的内容主要包括设计说明书、设计图纸、设计预算书等三部分。当工程规模较小时，可以将设计说明书和设计预算书合并。

二、设计说明书

设计说明书应包含设计内容、设计依据、规范或标准、计算方法、计算公式及计算结果等设计步骤。作为解读设计图纸的文字说明和审查预算书是否合理的依据，设计说明书主要包括以下内容[1]。

（1）基本资料。

（2）设计依据。

（3）系统选型和布局。

（4）作物灌溉制度的拟定，灌溉用水量的计算。

（5）水源分析与水源工程设计。

（6）系统分区、分级，出水口和灌水器的布置，灌水器选型与组合。

（7）管材与管径的选择。

（8）系统工作制度的拟定。给出有关各项数据，进行轮灌编组，安排轮灌顺序。

（9）系统结构设计。

（10）系统设计流量和设计扬程的确定，水泵及动力机选配，各级管道的压力校核。

（11）技术经济分析。

（12）施工和运行管理要点。

在设计说明书中，还要对施工及运行管理提出必要的要求，阐明有关注意事项，编制使用说明书及保养维护程序等。

三、设计图纸

提交的设计图纸应包括系统平面布置图，管道纵、横剖面图，管道系统结构示意图，泵房设计图，水泵安装图，电气设计图，工程建筑物设计图等。

1. 系统平面布置图

绘图一般按1：1绘制，图中应标明灌区边界及内部分区线，水源、水源工程及泵站的位置，输电线路的位置和走向。各个分区设置阀门井，标明各个分区喷头的规格和数量，各个分区及管道走向，管道材质，管道规格，各类管道数量，泵房位置，取水口位置，各类闸阀位置，各类管道连接方式和埋深、防冻措施，给水栓以及其他附属设施的位置，还应标明管道的名称及编号等，见图5-1。

2. 管道纵、横剖面图

管道纵、横剖面图应绘出地面线、管底线，标出各种管件（如阀门、三通、四通、异径管等）大小尺寸，布置位置及长度，阀门井位置，镇支墩的位置等。底栏应包括桩号、地面高程、挖深、纵坡和管径等。

3. 管道系统结构示意图

以透视图形式绘出固定管道系统的结构示意图，标出各段管道的材质、长度、管径及各种管件的规格型号，见图5-2。

4. 泵房设计图

根据选择设计水泵大小及运行管理方式，设计泵房尺寸和操作室空间，设计水泵安装基础、真空泵安装基础、控制柜位置基础，以及电缆沟走向、照明用电布置等。

5. 水泵安装图

根据喷灌需要选择水泵，设计水泵进出口管道和连接方式。离心泵和混流泵的启动，可采用真空泵或真空负压罐的吸水方式。设计真空泵与主泵的连接方式，主管道走向，管道中的阀门、止回阀、压力表的连接方式，泵房排污水形式等。

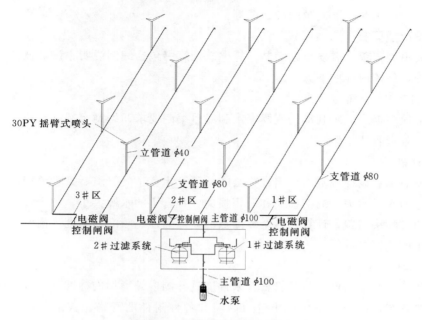

图 5-1 喷灌系统平面布置图

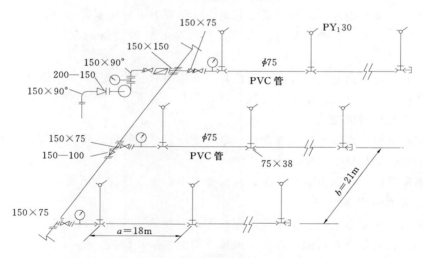

图 5-2 管道系统结构示意图

6. 电气设计图

设计喷灌主泵的电气启动方式，以及真空泵与供水主泵配合启动的控制方式。15kW以上的水泵最好采用软启动。当出水管道需要恒压供水时，需采用变频启动和控制，如采用电磁阀区域控制和分区喷灌控制，5个电磁阀以内可采用时间继电器控制切换，5个电磁阀以上最好采用PLC控制。设计一次电路图、二次电路图、电气元件连接图，以及控制柜大小、面板仪表和按钮布置图等。

7. 工程建筑物设计图

工程建筑物设计图包括泵站平面图、立面图、电气进线主结构图，以及蓄水池、工作池、阀门井、泄水井、镇支墩的设计图等。

四、设计预算书

对于大中型工程，需要单独编制预算书。预算书包括编制说明、设计概算表、主材和附件四部分，具体内容如下。

1. 编制预算书的依据

预算书应根据当地水利部门或国家水利项目编制要求、编制定额、收费比例等逐项编写，并列出各项收费依据。

2. 设计概算表

根据喷灌工程设计规范，列出计算公式，计算出各个主管道、支管道的流量、流速以及弯头管道的水头损失、局部损失和沿程损失，各管道的水锤大小，各个喷头的出口压力和流量。通过喷头布置，计算出各个喷灌点的喷灌强度、喷灌均匀度、雨滴大小、雾化指标和喷洒水的利用系数等。

3. 工程材料直接费

（1）各类管材及附件。各类管材及附件应选择国内外通用的标准管材和通用件，根据设计管道布置图，在预算书中标出管道阀门和各种附件的规格、数量、长度、材质、品牌、耐压大小、单价、复价等。

（2）各类水泵及附件。根据水泵安装图，在预算书中标出水泵型号、功率、效率、材质、品牌、生产厂家、单价、复价，以及安装水泵的附件辅材的数量、材质、单价、复价等。

（3）控制柜。根据电气设计图，在预算书中标出对应低压开关柜的国标型号，列出柜中电气元器件的承受电流、电压、电气元器件品牌、数量、二次电压形式，单价、复价，以及电线规格和辅材价格等。

（4）控制电缆。逐项列出电缆配置、电缆规格、电缆长度、电缆品牌、电缆单价、复价，以及护套管的规格、长度、价格等。

（5）泵房建设。根据泵房设计图，在预算书中标出泵房建设所需要的建筑费、基础水电安装费、简单的装修费等。

（6）阀门井和土方挖土。根据管道布置图，在预算书中标出阀门井规格大小、数量、单价、复价，根据管道布置图计算出管道预埋的土方量及价格。

4. 工程间接费

工程间接费应依据当地或国家的取费标准和收费条款逐项列出，按规定比例逐项收费，再根据当地地税标准，综合各项费用总和乘以税率得出。

5. 工程总报价

根据各个单项的收费综合相加，计算出工程总费用，作为工程总体报价。对于较大的工程，需要搭建临时实施工程的，要有临时实施费，外地工程要增加运输差旅费。有不可预见项目的要列出不可预见费，有二次搬运的要有二次搬运费等。

6. 采购周期及堆放

最后列出采购以上材料所需的采购进场时间、进场安置的临时备料间等。

第二节　喷灌系统设计方法

一、喷灌技术参数

根据《喷灌工程技术规范》（GB/T 50085—2007）[9]的规定，喷灌灌水质量按以下三个方面评价：

（1）喷灌强度不超过土壤的允许喷灌强度值。

（2）喷灌均匀度不低于规范规定值，在设计风速下喷灌均匀度不应低于75%。

（3）雾化指标不低于田块所种作物要求的数值。

以上三个指标（通常称为喷灌的三大技术要素）中，当喷灌强度和雾化指标满足要求时，喷灌均匀度就成为控制喷灌质量的重要指标。

喷灌的质量主要取决于喷头和喷头组合。合理的喷头组合，既要能保证喷灌质量，又要尽量减小能耗。喷头技术指标主要有喷灌强度、喷灌均匀度、雾化指标等，同时，水滴打击强度、水量分布等指标也能反映出喷头的雾化程度和喷洒均匀度等，它们是喷灌系统设计的重要依据。

1. 喷灌强度

喷灌强度是指单位时间内喷洒在单位面积上的水量，或单位时间的喷洒水量，单位一般用mm/h表示。喷灌强度是评价喷灌系统的重要指标：喷灌强度过大，地面将积水或产生径流，破坏土壤结构，不利于保土保肥；喷灌强度过小，会产生水分漂移等现象，降低喷灌效率，增加成本。工程及实验中，常有以下五种方式表示喷灌强度：点喷灌强度、平均喷灌强度、计算喷灌强度、设计喷灌强度和组合喷灌强度等。

（1）点喷灌强度 ρ_i。常用足够小面积上（认为此面积上的降水量相同）的水量 Δh，与相应的足够短的时间增量 Δt（忽略 Δt 内喷洒受到其他因素的影响）之比来表示，即

$$\rho_i = \frac{\Delta h}{\Delta t} \tag{5-1}$$

（2）平均喷灌强度 $\bar{\rho}$。指控制面积内各点喷灌强度的平均值（面积和时间都平均），主要用来计算喷灌均匀度，校核规划设计的喷灌是否符合实际。可按下面公式对各点所代表的面积进行加权后求得，即

$$\bar{\rho} = \frac{\sum\limits_{i=1}^{n} A_i \rho_i}{\sum\limits_{i=1}^{n} A_i} \tag{5-2}$$

式中　A_i——i 点所代表的面积，m²；

　　　　n——总点数。

（3）计算喷灌强度 ρ。指喷灌系统单位面积上的喷洒水量，不考虑水滴在空气中的蒸发和飘移损失，根据喷头喷出水量与喷洒在地面上的水量相等的原理计算，可如式表示：

$$\rho = 1000 \frac{q_p}{A} \tag{5-3}$$

式中　q_p——喷头流量，m³/h；

A——喷洒面积，m^2。

（4）设计喷灌强度 ρ_s。在评价喷头的水力性能时一般采用设计喷灌强度，由于喷头喷洒的水量不可避免地存在漂移损失和蒸发损失，所以实际的喷灌强度和计算喷灌强度有一定的差异，因此引入田间喷洒水利用系数 η 表示实际喷洒到地面和作物的水量与喷头喷洒的水量差异。设计喷灌强度可按下式计算：

$$\rho_s = 1000 \frac{q_p}{A} \eta \tag{5-4}$$

式中　η——田间喷洒水利用系数，根据实测资料一般为 0.8～0.95。

（5）组合喷灌强度 ρ_z。在实际应用中，喷灌系统通常是按照多喷头组合设计的，这时单喷头的喷灌强度并不能表示整个系统的实际喷灌强度。因此可以采用下式计算：

$$\rho_z = \frac{1000 Q \eta}{S_{有效}} \tag{5-5}$$

$$S_{有效} = ab \tag{5-6}$$

式中　$S_{有效}$——一个喷头的有效湿润面积，m^2；

　　　a——支管上喷头间距，m；

　　　b——支管间距，m；

　　　ρ_z——多喷头的组合喷灌强度，mm/h；

　　　Q——多喷头的总流量，m^3/h；

　　　η——田间喷洒水利用系数，根据实测资料一般为 0.8～0.95。

设计喷灌系统时，合理选择设计喷灌强度，对于保证合理喷灌，提高灌水质量，提高效率，降低能耗，有着重要意义。根据《喷灌工程技术规范》的规定，喷灌强度应与土壤渗透能力相适应，系统喷灌强度不超过土壤的允许喷灌强度值，以使喷洒的水量能及时入渗到土壤中，而不会在地面形成积水或径流。

2. 喷灌均匀度

喷灌均匀度是指喷灌面积上水量分布的均匀程度。它是衡量喷灌质量的重要指标之一，直接关系到农作物的产量。在喷灌系统中，喷灌均匀度指大面积的均匀度，即喷头组合在一起时的均匀度。喷灌均匀度与喷头结构、工作压力、喷头布置形式、组合间距、喷头旋转速度均匀性、竖管高度、地形等因素有关，常用均匀系数和水量分布图来表示。下面仅对均匀系数进行介绍。计算均匀系数的公式有很多，我国的国家标准《喷灌工程技术规范》中规定采用克里斯琴森（Christiansen）系数[10]。该均匀系数为各测点的水深与平均水深偏差的绝对值之和，它可以较好地表征整个田间水量分布与平均值偏差的情况。

$$C_u = \left(1 - \frac{\overline{|\Delta h|}}{\overline{h}}\right) \times 100 \tag{5-7}$$

式中　C_u——均匀系数，%；

　　　$\overline{h}$——喷洒面积上各测点平均喷洒水深，mm；

　　　Δh——喷洒水深平均偏差，mm。

计算 $\overline{h}$ 和 Δh 时，要根据各测点代表的不同面积分别对待，通常有下面两种情况：

（1）若各点代表面积相等，则有

$$\overline{h} = \frac{\sum_{i=1}^{n} h_i}{n} \quad \Delta h = \frac{\sum_{i=1}^{n} |h_i - \overline{h}|}{n} \tag{5-8}$$

式中　n——总点数；

　　h_i——第 i 点面积的喷洒水量。

（2）若每个点代表面积不相等，则以面积为全权，求加权平均值即可：

$$\overline{h} = \frac{\sum_{i=1}^{n} S_i h_i}{\sum_{i=1}^{n} S_i} \quad \Delta h = \frac{\sum_{i=1}^{n} S_i |h_i - \overline{h}|}{\sum_{i=1}^{n} S_i} \tag{5-9}$$

式中　S_i——i 点代表的喷洒面积。

3. 水滴打击强度

水滴打击强度是指在喷洒范围内、单位受水面积上，一定量土壤或农作物所获得的打击动能，与水滴大小、降落速度和密集程度密切相关。实践中一般用水滴直径或雾化指标来间接反映水滴打击强度。

水滴直径主要取决于喷头的工作压力和喷嘴直径，粉碎机构及转速对其也有一定影响。当喷嘴直径相等时，水滴平均直径随着压力的提高而迅速减小；在相同的压力下，喷嘴直径越大，水滴平均直径也越大。此外，一般近处小水滴较多，远处大水滴较多。

实践表明，水滴过大，对作物打击较大，易打伤幼苗，将土溅到作物叶面上不利于作物生长，播种时易将种子冲出，造成土壤板结，影响水分渗透，形成径流冲蚀土壤等；而水滴小，虽然有利于农作物生长，但能耗高，效率低，射程低，受风的影响大，蒸发严重，容易飘移。因此，根据灌溉作物、土壤性质，喷头射程末端水滴直径适宜范围为 1～3mm，大田作物、果树等不宜大于 3mm，蔬菜等细嫩作物不宜大于 2mm。

在实际中多用雾化指标 P_d 来反映喷射水流的粉碎程度和打击强度，此指标也常用于喷头及喷灌系统设计，计算公式如下：

$$P_d = \frac{h_p}{d} \tag{5-10}$$

式中　h_p——喷头工作压力水头，m；

　　d——喷嘴直径，m。

4. 水量分布

通常用水量分布图来表示喷头的喷洒情况。喷头工作压力、分布、喷头的类型、结构和风速风向等对喷头水量分布有较大影响。

二、喷灌系统灌溉制度

（1）喷灌系统的设计保证率。应根据自然和经济条件确定，一般不应低于 85%。

（2）作物日耗水量确定。一般按最大日耗水量作为设计依据，根据作物不同生长周期，调整不同的日耗水量。

（3）设计灌水定额。

$$m = 0.1\gamma H_h (\beta_1 - \beta_2) \tag{5-11}$$

或

$$m = 0.1 H_h (\beta_1' - \beta_2') \tag{5-12}$$

式中　m——设计灌水定额，mm；

　　　γ——土壤干容重，kN/m³；

　　　H_h——计划湿润层深度，cm，一般大田作物可取为 $40\sim60$cm，蔬菜取 $20\sim30$cm，果树取 $80\sim100$cm；

　　β_1、β_1'——分别为以干土重的百分数和以土体积的百分数表示的适宜土壤含水量上限，一般取为田间持水量的 $80\%\sim100\%$；

　　β_2、β_2'——分别为以干土重的百分数和以土体积的百分数表示的适宜土壤含水量下限，一般取为田间持水量的 $60\%\sim80\%$。

灌水定额除以水层深度（mm）表示以外，还常以单位面积的水体积（m³/亩）表示，两者的关系是：3mm＝2m³/亩。

（4）设计灌水周期。

$$T=\frac{m}{E_p} \tag{5-13}$$

式中　T——设计灌水周期，d；

　　　m——设计灌水定额，mm；

　　　E_p——作物日需水量，mm/d，一般取符合设计保证率的代表年灌水临界期的平均日需水量。

（5）设计流量。当灌区只种植一种作物时，根据设计灌水定额和设计灌水周期，按下式计算设计流量：

$$Q_j=\frac{mA}{tT\eta}=\frac{E_pA}{t\eta} \tag{5-14}$$

$$Q_m=\frac{Q_j}{\eta_c} \tag{5-15}$$

式中　Q_j、Q_m——喷灌系统设计净流量和毛流量，m³/h；

　　　m——设计灌水定额，m³/亩；

　　　A——灌溉面积，亩；

　　　T——设计灌水周期，即灌水延续天数，d；

　　　t——每日净灌溉时间，h；

　　　η——喷洒水利用系数；

　　　η_c——喷灌输水系统水的利用系数。

（6）水源水量分析。作为灌溉工程的水源，可以有河川径流、荷塘、地方径流、地下水及已建成的水利工程等不同类型。因水源类型以及掌握的数据情况不同，水源水量的计算方法也不同[1]。

三、喷灌系统管道布置

田间管道系统的布置受到田块形状、地面坡度、耕作与种植方向、灌溉季节的风速与风向、喷头的组合间距、管道间距、喷头射程、喷头的喷水量等因素的影响，依据这些因素进行设计并做方案比较，择优选用[1]。

1. 田间管道系统布置原则

田间管道系统的布置一般应遵循以下原则：

（1）符合喷灌工程规划的要求。

（2）管道总长度短，少穿越其他障碍物。

（3）喷洒支管应尽量与耕作和作物种植方向一致。

（4）喷洒支管最好平行于等高线布置，应尽量避免逆坡布置。

（5）在风向比较恒定的喷灌区，支管最好垂直于主风向布置，应尽量避免平行主风向布置。

（6）喷洒支管与上一级管道的连接，应避免锐角相交，支管铺设应力求平顺，减少折点。

（7）主、支管道一般与等高线平行布置，和作物种植方向一致，而支管垂直于等高线。

（8）管道的纵剖面应力求平顺。

2. 影响田间管道系统布置的主要因素

在贯彻以上原则时，有时会出现矛盾，这时应根据具体情况进行分析比较，分清主次，因地制宜地确定布置方案。影响管道布置的因素主要有下列几个方面：

（1）地形条件。在地形起伏的地区，支管平行等高线成水平铺设，有利于支管和竖管喷头的施工安装。当支管无法沿等高线布置时，应将配水干管或分干管布置在高处，使支管由高处向低处铺设，以地形高差弥补支管水头损失。对于地面坡度较陡或梯田地形，若采用半固定或移动系统，一般将移动支管布置成平行等高线。

（2）地块形状。地块形状不规则会给管道布置带来困难。当地块较大时，可用分区布置的方法解决。分区时应使小地块基本规整，支管在小地块内的走向一致。移动式系统因配水干管都设置在地面，为使移动方便和避免损伤作物，干管应尽量布置在分区边界。

（3）耕作与种植方向。有的灌区处于漫坡地带，耕作、种植方向是顺坡，如果支管平行于等高线布置，则与耕作、种植方向就不能保持一致，这时一般应按耕种方向布置喷洒支管，配水干管沿等高线布置并使其处于支管上方，支管顺坡下铺。有时在同一地块内存在不同的耕作种植方向，造成管道布置困难，这时宜根据管道布置的要求，对耕作方向作必要的调整和统一。

（4）风向和风速。喷灌季节如果灌区内风速很小，则支管的布置可不考虑风向；如果风速超过1级风，且存在主风向时，支管最好垂直主风向布置。但在有些地方，如河谷地，其主风向往往与等高线平行，这时应根据喷灌系统的类型采用不同方法处理。对于固定式系统，配水干管或分干管宜沿等高线布置在高处，支管下顺铺设；对于半固定或移动式系统，喷洒支管是移动的，一般仍沿等高线布置。

（5）水源位置。当水源或地块位置可以选择时，宜将水源布置在地块中央，依次布置干管、分干管、支管，可降低管道系统投资。当水源有选择余地但不能布置在地块中央时，应先布置田间管网，再布置配水干管或分干管，最后视地形、地质等情况进行方案比较，确定输水管和水源位置。

3. 田间管道系统的布置形式

田间管道系统布置主要有丰字形布置和梳子形布置两种形式，图5-3为管道系统"丰"字形布置示意图。

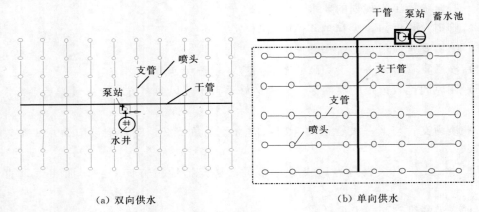

（a）双向供水　　　　　　　　　　　　（b）单向供水

图 5-3　田间管道系统"丰"字形布置示意图

四、喷灌系统管道水力计算[1,15]

（一）管嘴和小孔出流计算

$$Q=\mu A \sqrt{2gH_0} \qquad (5-16)$$

式中　Q——流量，m^3/s；

μ——流量系数，为收缩系数和流速系数的乘积，管嘴一般为 0.95，孔口一般为 0.60~0.65；

A——断面面积，m^2；

H_0——出口前稳定段的总水头，或者管道中的压力水头，m。

（二）管道水力计算

管道水力计算的内容包括计算管道水头损失和校核管道实际工作压力。

管道水头损失计算，首先应该确定管道的流量，再根据系统的运行情况确定管道级别（干管还是支管）、管道的水力类型（水力长管还是水力短管），以及管道上出水口的出流形式（单口出流还是多口出流），从而正确地进行水头损失计算。

管道水力计算的另外一个重点是计算各级管道的工作压力、管路上的压力分布以及管道中的水压瞬变，用于校核管道压力和流量是否满足有关标准和规范的要求，是否满足系统运行安全的要求。

1. 系统设计流量的确定

所有管道流量应包括每个片区各管段所用喷头的最大流量，流量分配与叠加，设计流量与实际工作流量调整，干管汇流，系统流量损失的叠加，从而确定系统设计流量。

2. 系统设计扬程的确定

系统的设计扬程由三大部分构成，即位置差、总水头损失、灌水器工作压力水头。

$$H=(Z_d+h_s-Z_s)+h_p+h_f+h_j \qquad (5-17)$$

式中　H——系统设计扬程，m；

Z_d——典型出水点的地面高程，m；

h_s——典型出水点灌水器至地面的高度，m；

Z_s——水源水面高程，m；

h_p——典型出水点灌水器的工作压力水头，m；

h_f——由水泵吸水管至典型点的灌水器进口处之间管道的沿程水头损失，m；

h_j——由水泵吸水管至典型点的灌水器进口处之间管道的局部水头损失，m。

3. 管道水头损失计算公式

（1）管道水头损失计算是管道水力计算的主要内容。由于节水灌溉系统所采用的管道大都是水力长管，管道水头损失中局部水头损失占的比重较小，所以重点是计算管道的沿程水头损失，按照一定的比例估计沿程水头损失。

$$h_w = h_f + h_j = (1+k)h_f \tag{5-18}$$

其中

$$h_f = \lambda \frac{l}{d} \frac{v^2}{2g}$$

$$h_j = \xi \frac{v^2}{2g}$$

式中　h_w——管道总水头损失；

h_f——沿程水头损失，m；

h_j——局部水头损失，m；

k——局部水头损失与沿程水头损失的比值，一般取 5%～10%；

λ——沿程水头损失系数；

l——管长，m；

d——管径，m；

v——管道中水的流速，m/s；

ξ——局部水头损失系数。

（2）串联管道与并联管道的水力计算。

1）串联管道。由管径不同的管段依次连接而成的管道，称为串联管道。串联管道内的流量可以是沿程不变的，也可以是沿程每隔一定距离有流量分出，从而各段有不同的流量。因为各管段的流量、直径不同，所以各管段的流速也不同。这时，整个管道的总水头损失等于各管段水头损失之和，即

$$h_w = \sum_{i=1}^{n} h_{w_i} = \sum_{i=1}^{n}(h_{f_i} + h_{j_i}) \tag{5-19}$$

式中　h_w——串联管道总水头损失，m；

h_{w_i}——串联管道各管段的水头损失，m；

n——串联管道管段数。

2）并联管道。凡是两条或两条以上的管道从同一点分叉而又在另一点汇合所组成的管道称为并联管道。在汇合点，管道的流量等于各分支管道流量之和，而各分支管道的水头则相等。因此，按下列公式计算水头损失。

$$\left. \begin{array}{l} h_w = h_{w1} = h_{w2} = h_{w3} = \cdots \\ Q = Q_1 + Q_2 + Q_3 + \cdots \end{array} \right\} \tag{5-20}$$

4.《喷灌工程技术规范》中规定的水头损失计算公式

喷灌中使用的管道，按管材不同来确定流态的分区，选用不同的沿程水头损失计算公

式。作简单分区可以使设计、计算变得简单，而且误差一般不会太大。

《喷灌工程技术规范》中计算沿程水头损失 h_f 的基本公式如下：

$$h_f = f\frac{LQ^m}{d^b} \tag{5-21}$$

式中　Q——管道流量，m^3/h；

　　　L——计算管长，m；

　　　d——管道内径，mm；

　　　f——摩擦损失系数；

　　　m——流量指数；

　　　b——管径指数。

该公式中摩擦损失系数 f 只是简单的数值，没有待定系数。摩擦（阻）损失系数 f、流量指数 m、管径指数 b 可查表 5-1。

表 5-1　　　　　　　规范规定沿程水头损失公式中的 f、m、b 值

管　材		流态	f	m	b
混凝土管、钢筋混凝土管	$n=0.013$	粗糙区	1.34×10^6	2	5.33
	$n=0.014$	粗糙区	1.56×10^6	2	5.33
	$n=0.015$		1.79×10^6	2	5.33
旧钢管、旧铸铁管		过渡区	6.25×10^6	1.9	5.1
塑料硬管		光滑区	0.948×10^5	1.77	4.77
铝管、铝合金管		光滑区	0.861×10^5	1.74	4.74

由于选用材料略有不同，因此在分区和取值上有所不同。

5. 多口系数计算

固定式、半固定式和移动式管道喷灌系统的支管，以及大型喷灌机（平移式、时针式）的支管、滴灌出流等一般都属多口出流管道。在喷洒支管上，每隔一定距离有一个喷头分流，支管内的流量是沿程减小的。在计算管道的沿程损失时，可以逐段计算两喷头之间管道的沿程水头损失，相加后即为该支管的沿程水头损失。但这样计算相当繁琐，可采用简化方法进行计算。

多口出流管道的沿程水头损失 H_f，与同一管道但全部流量只在管末出流时的沿程水头损失 h_f 之比，称为多口系数，以 F 表示，即

$$F = \frac{H_f}{h_f} \tag{5-22}$$

因此，按非多口出流沿程水头损失 h_f，再乘以多口系数 F，就可求得多口出流管道（如喷灌支管、微喷灌和滴灌毛管）的沿程水头损失 H_f，即

$$H_f = Fh_f$$

（1）固定管道（包括喷灌支管和微灌支管、毛管）的多口系数公式：

$$F = \frac{NF_1 - 1 + X}{N - 1 + X} \tag{5-23}$$

$$F_1 \approx \frac{1}{m+1} + \frac{1}{2N} + \frac{\sqrt{m-1}}{6N^2} \tag{5-24}$$

式中　F——多口系数；

　　　N——支管等的孔口数；

　　　m——所采用的沿程水头损失公式中的流量指数；

　　　X——第一出水口至支管等进口距离（l_1）与出水口间距（l）的比值，$X = l_1/l$。

（2）大型喷灌机支管的多口系数公式：

$$F = 1 - \frac{m}{3} + \frac{m(m-1)}{10} \tag{5-25}$$

在喷灌系统规划设计中，用到多口系数计算的场合，绝大多数是半固定式或固定式的移动支管（大型喷灌机的多口系数公式很少用到），一般都是用塑料管或铝管，而且在多数情况下，支管上所布置的喷头数在 5~12 个。为设计方便，在表 5-2 中给出这两种管道的常用多口系数，设计时可直接查用。

表 5-2　　　　　　　　　　塑料管或铝管的常用多口系数

开口数 X	5	6	7	8	9	10	11	12	13	14	∞
1	0.47	0.45	0.44	0.43	0.42	0.42	0.41	0.41	0.40	0.40	0.36
0.5	0.41	0.40	0.40	0.39	0.39	0.39	0.38	0.38	0.38	0.38	

6. 管径及长度确定

由于每一条管道，以及同一条管道的不同管段在轮灌过程中流量有变化，一般应取各管或管段中通过的最大流量为该管或管段的设计流量。有时最大流量通过的时间在设计灌水周期内所占总过水时间比例很小，可取次大流量作为设计流量。

（1）支管管径的选择。支管是指直接连接竖管和喷头的一级管道，有时亦称喷洒支管。支管管径的选择除与支管的设计流量有关外，还应力求使同一支管上的各喷头喷水量均匀，同时又较为经济、适用。管径选得越大，管道沿程水头损失越小，同一支管上各喷头的压力差也越小，各喷头的喷水量也就越接近。但若管径取得过大，则会增加支管的投资造价，对于移动支管来说还会增加拆装、搬移的劳动强度。管径选得越小，管道沿程水头损失越大，各喷头压力差和喷水量的差别就越大，影响喷灌质量。为了保证同一支管上各喷头实际喷水量的相对偏差不超过 10%，《喷灌工程技术规范》规定："同一支管上任意两个喷头之间的工作压力差应在喷头设计工作压力的 20% 以内"。

若支管在平坦的地面铺设或逆坡铺设，其首末两端喷头间的工作压力差应为最大；但是当支管顺坡铺设或铺设在地形起伏的地面上时，其最大的工作压力差不一定发生在首末喷头之间，此时需要绘出压力水头线和地面线，从中找出压力差最大的两个喷头的位置，再进行计算。

对支管喷头工作压力差的控制要求，在考虑地形高差的影响后，可用下面公式表示：

$$h_w + \Delta Z \leq 0.2 h_p \tag{5-26}$$

式中　h_w——同一支管上任意两个喷头间的水头损失差，m，一般情况下可用支管段的沿

程水头损失代替;

  ΔZ——两喷头的进水口高程差,m;

  h_p——喷头设计工作压力,m。

喷头设计工作压力可从喷头性能表中查得。两喷头进水口高程差(实际上就是两喷头所在地的地面高差)可以由系统平面布置图中查得。利用式(5-26),在其他参数已知的情况下反求管径 d,d 就是该支管可选用的最小管径的计算值,将计算管径取整,介于国标管径之间的值,一般按照大管径的标准选择管材。另外,支管管径选择还应考虑到施工和管理运行的方便,对于半固定、移动式喷灌系统的移动支管,力求使各支管采用统一的规格;对于较大的喷灌系统,若不能全灌区支管管径一致,至少也需做到在一个作业区内统一,最大管径一般不超过 90mm。对固定的地埋支管,管径可以变化,但规格不宜太多。

[例 5-1] 某铝合金喷灌支管,全长 120m,共带有 PY_120 喷头(喷嘴直径 7mm)8个,喷头工作压力为 0.3MPa,喷头间距 16m,第一个喷头距支管入口处 8m。支管逆坡铺设,首末端喷头高差 1.8m,试确定其管径。

解: ①从喷头性能表查得喷头流量 $q=2.96$(m^3/h)。

②水头损失 $h_w=Fh_f$ 为多口出流管道沿程水头损失,用式(5-21)计算:

$$h_w=Fh_f=f\frac{FLQ^m}{d^b}=0.861\times10^5\frac{FLQ^{1.74}}{d^{4.74}}$$

查表,铝管:$f=0.861\times10^5$,$m=1.74$,$b=4.74$。

③第一个喷头到末端的支管管段长 $L=7\times16=112(m)$

相应管段的入口流量 $Q=7\times2.96=20.72(m^3/h)$

由孔口数 $N=7$ 及 $X=0.5$,查表 5-1 得多口系数 $F=0.439$,将 L,F,Q 代入步骤②,得

$$h_w=0.861\times10^5\frac{0.439\times112\times20.72^{1.74}}{d^{4.74}}$$

④已知 $\Delta Z=1.8m$,$h_p=30m$,将 ΔZ,h_p 及 h_w 代入式(5-26)并解方程得 $d\geqslant56.2mm$。

按铝合金管规格,采用 $\Phi=65mm$ 的管,其内径 $d=62mm$。

(2)干管管径的选择。干管是指支管以上的各级管道。干管管径是在满足下一级管道流量和压力的前提下按年费用最小的原则选择的,这种管径称为经济管径。年费用包括年投资和年运行费,确定经济管径,需要分别计算出多种管径的年投资和年运行费,然后再求得使两种费用之和为最低。由于喷灌管道系统年工作小时数少,所占投资比例又大,因此一般在喷灌所需压力能得到满足的情况下,选用尽可能小的管径是经济的,但管中流速应控制在 $2.5\sim3$ m/s 以下。计算出的管径应该按照规格取整。

对于规模不大的喷灌工程,也可用如下经验公式来估算干管的管径。

$$当 Q<120m^3/h 时,D=13\sqrt{Q} \tag{5-27}$$

$$当 Q\geqslant120m^3/h 时,D=11.5\sqrt{Q} \tag{5-28}$$

式中 D——管径,mm。

[**例 5 – 2**]　有一喷灌干管，拟采用镀锌钢管，设计流量为 $80\text{m}^3/\text{h}$，试用经验法确定其管径。

解： 因 $Q=80\text{ m}^3/\text{h}<120\text{m}^3/\text{h}$，故按式（5 – 27）计算：

$$D=13\sqrt{Q}=13\sqrt{80}=116.3(\text{mm})$$

查镀锌钢管规格表，选定与计算值接近的 $D=125\text{mm}$ 的管子。

7. 管道系统各控制点压力的确定

管道系统各控制点的压力是指支管、分干管、干管的入口以及其他特殊点的测管水压。在这些控制点处通常设有调节阀门和压力表，以保证系统正常运行。计算各控制点在各个轮灌组时的压力水头，一方面为选择水泵提供依据，另一方面也给系统运行提供基础数据。

支管入口压力的计算是系统中其他各控制点压力计算的基础。根据《喷灌工程设计规范》，系统中任何喷头的实际工作压力不得低于喷头设计工作压力的 90%，而且同一支管上两喷头间最大压力差不超过喷头设计工作压力的 20%，支管入口压力应保证任一喷头的实际工作压力在喷头设计工作压力的 90%～110% 范围之内。而且，支管入口压力还应使支管的实际流量等于设计流量，也就是支管上喷头的平均流量等于设计流量。

确定支管入口压力常采用下面介绍的近似计算方法：

（1）按支管上工作压力最低的喷头计算：

$$H_{\text{支}}=h'_f+\Delta Z+0.9h_p \tag{5 – 29}$$

式中　$H_{\text{支}}$——支管入口的压力水头，m；

$\quad\quad h'_f$——支管相应管段沿程水头损失，m；

$\quad\quad \Delta Z$——支管入口地面到工作压力最低的喷头进水口的高程差，逆坡时为正值，顺坡时为负值，m；

$\quad\quad h_p$——喷头设计工作压力，m。

（2）按降低 $0.25h_f$ 来计算：

$$H_{\text{支}}=h'_f+\Delta Z+h_p-0.25h_f \tag{5 – 30}$$

式中　h_f——支管首末两喷头间管段的沿程水头损失，m。

此方法适用于支管沿线地势平坦且支管上喷头数较多（$N>5$）的情况。

（3）按离支管总长 1/4 位置的点的压力为设计工作压力点计算：

$$H_{\text{支}}=h''_f+\Delta Z+h_p \tag{5 – 31}$$

式中：h''_f——支管入口地面到入口处约为支管总长 1/4 处喷头进水口处的沿程水头损失，m；

$\quad\quad \Delta Z$——上述两位置的高程差，m；

其他符号意义同前。

此方法适用地形平坦或一面缓坡的情况，在微灌的毛管水力计算中也常采用。

支管入口的压力确定后，即可根据系统在各轮灌组运行时的流量，分别计算各分干管、干管的沿程水头损失和局部水头损失，最后计算出各控制点在各轮灌组作业时的压力。将各轮灌组作业时各控制点的压力算出之后，应将结果按轮灌组顺序列成表格，作为运行时的依据。与此同时，可以得到系统的流量范围和干管入口的压力范围，作为选择水泵所必需的数据。根据系统流量和压力的变化范围选择水泵，保证实际的工况点始终在高效区。

8. 管道水锤计算

水锤（或称水击），是指在有压管道中，由于流速急剧变化而引起管道中水流压力急剧升高或降低的现象。常见的水锤包括水泵起动时产生的起动水锤、充水水锤、关闭阀门产生的关阀水锤，以及突然停泵时产生的事故停泵水锤，其中事故停泵水锤危害最大。通过水锤计算，可以确定是否要采取一定的安全防护措施以确保管道的安全。

（1）水锤计算用参数。

1）水锤波传播速度 a。

对于匀质圆管，有

$$a = \frac{1425}{\sqrt{1 + \frac{kd}{Ee}}} \qquad (5-32)$$

式中　a——水锤波传播速度，m/s；

　　　d——管径，m；

　　　e——管壁厚度，m；

　　　k——水的体积弹性模数，Pa，一般 $k = 2.025\text{GPa}$；

　　　E——管道材料的纵向弹性模数，Pa。

对于钢筋混凝土管，有

$$a = \frac{1425}{\sqrt{1 + \frac{k}{E_c} \frac{d}{e(1 + 9.5\alpha_0)}}} \qquad (5-33)$$

式中　E_c——钢筋混凝土的弹性模数，$E_c = 20.58\text{GPa}$；

　　　α_0——管壁内环向含钢系数，$\alpha_0 = 0.015 \sim 0.05$；

其他符号意义同前。

几种主要管材的 E_c 值见表 5-3。

表 5-3　　　　　　　　　　　　几种主要管材的 E_c 值

管材	E_c/GPa	管材	E_c/GPa	管材	E_c/GPa
钢管	206	铸铁管	108	铝管	70
聚氯乙烯管	2.8~3	聚乙烯管	1.4~2	聚丙烯管	1.2~2

根据喷灌中常用的不同管材 E 值和 d/e 值，可得到不同管道水锤波传播速度，见表 5-4。

表 5-4　　　　　　　　　　　不同管道中水锤波传播速度 a

管材	$a/(\text{m/s})$	管材	$a/(\text{m/s})$
钢管	1100~1200	钢筋混凝土管	1000~1100
铸铁管	1200~1300	聚乙烯、聚氯乙烯管	350~400
铝管	900	聚丙烯	<300

2）水锤相时 μ。水锤相时 μ 表示水锤波在管道中来回传播一次所需的时间（s），用下式求出：

$$\mu=\frac{2L}{a} \tag{5-34}$$

式中　L——计算管长，m；

　　　a——水锤波传播速度，m/s。

3）管道中水柱惰性时间常数 T_b。

$$T_b=\frac{Lv_0}{gH_0} \tag{5-35}$$

式中　v_0——关阀前管道内的流速；

　　　H_0——关阀前管道内的压力；

　　　g——重力加速度，$g=9.81\text{m/s}^2$。

（2）水锤压力计算。

1）瞬时完全关闭阀门时，阀前产生的最高水压为

$$H_{max}=H_0+av_0/g \tag{5-36}$$

喷灌主干管道内压力一般在 40～60m 水压，流速一般在 1.5～2m/s，据此可求出不同管道内瞬时关闭阀门的阀前最高压力值，见表5-5。

表 5-5　　　　　　　　　　　　　瞬时关闭阀门的阀前水锤压力

管材	水锤压力/m 水头	管材	水锤压力/m 水头
钢管	200～300	钢筋混凝土管	190～260
铸铁管	220～320	聚乙烯、聚氯乙烯管	90～140
铝管	170～220	聚丙烯管	增加值<1

从表5-5中可以看出，除聚丙烯管外，其他管材在瞬时关闭的情况下，其水锤压力均较原管道中的压力增加1倍以上。根据《喷灌工程技术规范》的规定，水锤压力超过管道试验压力（一般为管道工作压力的1.5倍）时应采取防护措施。

2）缓慢关闭阀门时，阀前产生的水锤压力为

$$H_{max}=H_0+\frac{H_0}{2}\cdot\frac{T_b}{T_s}\left[\frac{T_b}{T_s}+\sqrt{4+\left(\frac{T_b}{T_s}\right)^2}\right] \tag{5-37}$$

式中　T_s——关阀历时，s；

其他符号意义同前。

根据公式 $\mu/T_b=\dfrac{2LgH_0}{aLv_0}=\dfrac{2gH_0}{av_0}$，一般情况 $H_0=40\sim60\text{m}$ 水压，$a=300\sim1300\text{m/s}$，$v_0=1.5\sim2\text{m/s}$，可知 $\mu/T_b=0.3\sim2$，基本是同数量级。按照《喷灌工程技术规范》的规定，当关闭历时满足 $T_s\geqslant20\mu$ 时，有 $H_{max}\leqslant(1.14\sim1.03)H_0$，可以不必验算水锤压力。

（3）水锤防护。由前面分析可知，正常运行（包括缓闭阀门）时都不会产生过大的水锤压力，管道一般可以承受，但在瞬时关闭或水泵突然停泵时，管道内可能出现较大的水泵压力，此时需要靠水锤防护措施消除水锤的破坏。一般采用的防护方法主要有以下几种：

1) 安全阀。在首部枢纽的后部，系统干管、分干管上低凹处和上坡的坡脚处，设置安全阀，其作用是在水锤发生时可以急速打开，释放出管道的部分水，消除水锤压力，相当于将瞬时关闭状态变为常态。

2) 空气阀。在系统的若干高处安装一定数量的空气阀，既可在正常运行时排除管道中的空气，保证系统内是单相流，不致出现有完全分隔时更为严重的水锤，同时还可在管道内出现负压时补气，防止产生负压水锤。

3) 逆止阀。在系统的一些重要设施部位后部设置逆止阀，可以防止出现水锤时对这些设施造成破坏。

[例 5-3]　某喷灌系统中采用铝合金管材，管径 $d=104$mm，壁厚 $e=2$mm，通过流量 $Q=50$m³/h，系统正常工作压力水头 $H_0=44.22$m，管道长 $L=230$m，设阀门（下游末端）在 $T_s=0.5$s 时间内瞬时完全关闭，试求水锤压力。

解：①计算水锤波传播速度 a。已知 $d=104$mm，$e=2$mm，$E=69.58$GPa，$k=2.025$GPa，代入式（5-32）得

$$a=\frac{1425}{\sqrt{1+\dfrac{2.025\times10^9\times0.104}{69.58\times10^9\times0.002}}}=898.9(\text{m/s})$$

②判断水锤种类。

水锤相时

$$\mu=\frac{2L}{a}=\frac{2\times230}{898.9}=0.512(\text{s})$$

$T_s=0.5\text{s}<\mu=0.512\text{s}$，所以关闭阀门产生的是直接水锤。

③计算水锤压力。

$$v_0=\frac{Q}{A}\frac{50}{3600\times3.14\times0.104^2/4}=1.64(\text{m/s})$$

将 v_0 代入公式（5-36）得阀门前管内最高压力水头为

$$H_{\max}=H_e+\frac{av_0}{g}=44.22+\frac{898.9\times1.64}{9.8}=194.26(\text{m})$$

④由 $\dfrac{H_{\max}}{H_0}=\dfrac{197.26}{44.22}=4.39$ 可知，直接水锤产生的压力水头为正常工作压力水头的 4.39 倍，应采取措施避免直接水锤的发生[1]。

五、喷灌工程设计要点

(一) 喷头选型和组合间距确定[1]

选择喷头和确定组合间距应满足喷灌质量和经济合理等要求，同时便于操作和管理。按照《喷灌工程技术规范》的规定，选择喷头和确定组合间距的具体要求如下：

(1) 喷灌强度不超过土壤的允许喷灌强度值。

(2) 组合均匀系数不低于规范规定的数值。

(3) 雾化指标不低于作物要求的数值。

(4) 有利于减少喷灌工程的年费用。

喷头的选择包括喷头型号、喷嘴直径和工作压力。在选定喷头之后，喷头的流量、射程等性能参数也就随之确定。在一定的自然条件下，如果组合间距和运行方式确定，则喷

灌强度、组合均匀度和雾化指标便都可确定。

1. 喷头的基本参数

（1）喷头的进水口直径（D）。喷头的进水口直径指喷头空心轴或进水口管道的内径，单位为 mm。我国常以进水口公称直径命名喷头型号，对旋转式喷头，国标《旋转式喷头类型与基本参数》（GB 5670.1—85）规定的进水口公称直径为 10mm、15mm、20mm、30mm、40mm、50mm、60mm、80mm 八种。

（2）喷嘴直径（d）。喷嘴直径指喷头出口直径，即喷嘴流道等截面段的直径，单位为 mm。对非圆形的异形喷嘴，用当量喷嘴直径来表示。

（3）喷射仰角（α）。喷嘴出口射流轴线与水平面的夹角，称为喷射仰角，单位为度。目前我国常用旋转式喷头的喷射仰角多为 27°～30°。为了提高抗风能力，有些喷头采用 21°～25° 喷射仰角；对于树下喷灌、温室喷灌或防霜等特殊用途的喷灌，可采用喷射仰角小于 20° 的低仰角喷头。为了适应工矿企业除尘要求，我国还研制了仰角大于 30° 的高仰角除尘喷头。

（4）工作压力（h_p）。喷头的工作压力是指从喷头进水口下 20cm 处的竖管上测取的静水压力，通常用符号 h_p 表示，单位为 kPa（或 m）。

（5）喷头流量（q）。喷头流量即喷水量，指单位时间内喷头喷出的水的体积，单位为 m³/h。喷头流量可用体积法、重量法、堰法、流量计法等测定，也可用管嘴出流量公式进行计算：

$$q = 3600 \mu A \sqrt{2gh_p} \qquad (5-38)$$

式中　q——喷头流量，m³/h；

　　　μ——流量系数，取 0.85～0.95；

　　　A——喷嘴过水断面面积，m²；

　　　g——重力加速度，m/s²；

　　　h_p——喷头工作压力，m。

（6）喷头射程（R）。喷头射程是指在无风情况下喷头正常工作时的有效射程。即当喷头流量大于 0.075m³/h 时，喷灌强度能达到 0.25mm/h 的那一点到喷头中心的最大距离；当喷头流量小于 0.075m³/h 时，喷灌强度能达到 0.13mm/h 的那一点到喷头中心的最大距离。单位为 m。

（7）喷头的雾化指标（P_d）。喷头的雾化指标反映喷头喷洒水滴的大小、水滴降落的速度以及水滴的密度。计算公式见式（5-10）。主要作物的雾化指标可参见表 5-6。

表 5-6　　　　　　　　　　　　主 要 作 物 雾 化 指 标

作物种类	雾化指标
蔬菜及花卉	4000～5000
粮食作物、经济作物及果树	3000～4000
牧草、饲料作物、草坪及绿化林木	2000～3000

（8）喷头的水量分布特性。在喷头喷洒范围内，各点的喷灌强度与相应点位置间的关系，常用水量分布曲线或水量分布等值线图表示。它们是根据实测喷头喷洒范围内各点喷

灌强度绘制的，水量分布的等值线图实际就是单位时间的等水深线图，一般又在等值线图的下方和右方给出相互垂直的两个方向的剖面图，见图5-4。

风和工作压力对水量分布的影响较大。风对水量分布的影响如图5-5所示。顺（逆）风向和垂直风向的喷洒半径都减小，整个湿润面积缩小，喷灌强度增加，水量分布等值线，逆风带变陡而收缩，顺风带变缓而伸长，垂直风向的喷洒半径收缩更明显，并往往出现两个峰值点，水量分布性能变差。

工作压力对水量分布的影响如图5-6所示。压力过高时，水量向近处集中，射程减小，压力过低，粉碎不足，水量分布曲线呈笔架形；压力适中时，射程最远，水量分布曲线呈三角形或梯形，有利于提高组合均匀度。

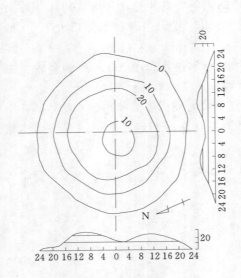

图5-4　喷头水量分布图
（横坐标为距喷头距离，m；纵坐标为喷灌强度，mm/h；
等值线上数值为喷灌强度，mm/h）

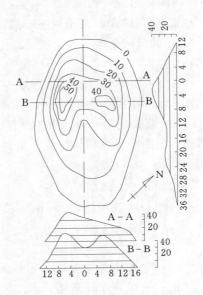

图5-5　风对喷头水量分布的影响图
（纵横坐标及等值线数值含义
及单位同图5-4）

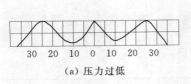

（a）压力过低

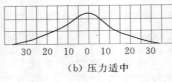

（b）压力适中

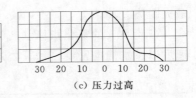

（c）压力过高

图5-6　工作压力对水量分布的影响图
（数值代表距喷头距离，m）

2. 喷头的喷洒方式和组合布置形式

（1）喷头有多种喷洒方式，如全圆喷洒、扇形喷洒、矩形喷洒、带状喷洒等。一般情况下使用全圆喷洒，但在田边、路旁或房屋附近等场合有时使用扇形喷洒。

（2）喷头的基本组合布置形式有两种，分别为矩形布置和平行四边形布置。矩形布置用喷头沿支管布置的间距 a、相邻两支管的布置间距 b 表示〔见图 5-7（a）〕。平行四边形布置除用喷头间距 a 及支管间距 b 外，还需增加两相邻支管上喷头偏移的距离 e，〔见图 5-7（b）〕。

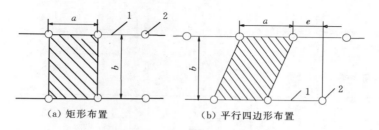

（a）矩形布置　　　　　（b）平行四边形布置

图 5-7　喷头的基本组合布置形式
1—支管；2—喷头

　　一般情况下，无论是矩形布置还是平行四边形布置，应尽可能使支管间距 b 大于喷头间距 a，以利于节省支管（对于固定式喷灌系统），或避免频繁移动支管（对于半固定式、移动式喷灌系统）。在有稳定风向时，宜采用 $b > a$ 的组合，并应使支管垂直风向，支管与风向的夹角大于 45°。当风向多变时，应采用等间距，即 $a = b$ 的组合，矩形布置变成了正方形布置，如图 5-8（a）所示。当平行四边形布置的 $e = a/2$ 时，则平行四边形分为两个面积完全相等的等腰三角形，亦称等腰三角形布置，如图 5-8（b）所示。

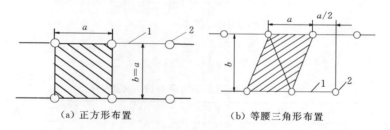

（a）正方形布置　　　　　（b）等腰三角形布置

图 5-8　风向多变时的喷头组合布置形式
1—支管；2—喷头

（二）设计喷灌强度

当风速不超过 1m/s 时，湿润面积较无风时并无显著缩小，采用式（5-5）计算。当风速超过 1m/s，多喷头设计喷灌强度可用下式计算：

$$\rho_z = K_w C_\rho \rho \tag{5-39}$$

式中　ρ_z——组合喷灌强度，mm/h；

　　C_ρ——组合系数，根据表 5-7 的公式计算；

　　K_w——风系数，根据表 5-8 的公式计算；

　　ρ——见式（5-3），也可由喷头性能表查出。

　　对于单支管多喷头同时全圆喷洒的 C_ρ 值，除用表 5-7 的公式计算外，也可用图 5-9 中的 $C_\rho - a/R$ 曲线求取。

表 5-7   不同运行情况下的组合系数 C_p 值

运行情况	C_p
单喷头全圆喷洒	1
单支管多喷头同时全圆喷洒	$\pi \Big/ \left[\pi - \dfrac{\pi}{90} \arccos \dfrac{a}{2R} + \dfrac{a}{R} \sqrt{1 - \left(\dfrac{a}{2R}\right)^2} \right]$
多支管多喷头同时全圆喷洒	$\dfrac{\pi R^2}{ab}$

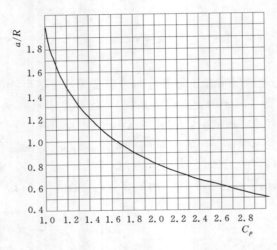

图 5-9 单支管多喷头同时全圆喷洒的 $C_p - a/R$ 曲线

表 5-8   不同运行情况下的风系数 K_w 值

运行情况		K_w
单喷头全圆喷洒		$1.15 v^{0.314}$
单支管多喷头同时 全圆喷洒	支管垂直风向	$1.08 v^{0.194}$
	支管平行风向	$1.12 v^{0.302}$
多支管多喷头同时全圆喷洒		1

注 表中 v 为风速（m/s）。

（三）控制喷灌均匀度的方法

喷灌均匀度是指喷灌面积上水量分布的均匀程度。《喷灌工程技术规范》中要求在设计风速下，喷灌均匀度系数不应低于 75%，对于行喷式喷灌系统，不应低于 85%。控制喷灌均匀度的方法如下。

1. 喷头选择

喷灌喷头型号很多，大小不一，目前市场主要有 PY 摇臂式、PX 全圆式、PXH 隙控式、WZSD 单向折射式、WZSY 折射全圆式、WXSB 旋转式喷头和国外雨鸟喷头、尼尔森喷头、亨特喷头、陀螺喷头等。喷头应根据需要喷灌的面积大小、不规则程度，需要喷灌植物的雾化指标、雨滴大小、喷灌强度，以及土壤的黏度等综合指标来选定，形成雨量分布图形合理、喷灌强度适中、雨滴打击强度合理的喷灌要求。

2. 压力控制

规划设计中，使系统中各喷头的工作压力尽量限定在一定范围内，从而使喷头的流量误差限定在一定范围内，保证喷洒的均匀性。《喷灌工程技术规范》中规定，同一支管上任意两个喷头之间的工作压力差应在设计喷头工作压力的 20% 以内，任意两个喷头的流量差应在设计流量的 10% 以内，从而保证了支管上的流量均匀。

3. 间距控制

喷头的组合间距与喷头射程有关，也受喷灌强度的制约，且有一定的均匀度要求。因此，组合间距的确定，应在保证喷灌质量的前提下与喷头的选择结合进行。

确定喷头组合间距的常用方法有 3 种：第一种是先选定喷头及其参数，再定组合间距，然后验算是否满足喷灌质量的要求；第二种是先确定控制喷灌质量的参数，再据以选择喷头及参数，然后确定组合间距；第三种是先确定组合间距，再按喷灌质量要求找出控制条件，然后据以选择喷头及其参数[1]。

六、喷灌工作制度确定

喷灌工作制度包括喷头在工作点上喷洒的时间、每日可喷洒的工作位置数、同时喷洒的喷头数和轮灌方案。在选择完喷头、确定好组合间距后，按组合间距将支管、喷点、干管、控制设备等绘制于地形图上，形成管系平面布置图，然后拟定喷灌工作制度。

（一）喷头在工作点上喷洒的时间

喷头在工作点上喷洒的时间与灌水定额、喷头参数和组合间距有关，可用下式求得：

$$t = abm/1000q \tag{5-40}$$

式中　t——喷头在工作点上喷洒的时间，h；

a——喷头间距，m；

b——支管间距，m；

m——设计灌水定额，mm；

q——喷头流量，m^3/h。

（二）每日可喷洒的工作位置数

每日可喷洒的工作位置数可用下式求出：

$$n = t_d/(t + t_m) \tag{5-41}$$

式中　n——每日可喷洒的工作位置数；

t_d——每日喷灌作业时间，h；

t_m——移动、拆装和启闭喷头的时间，h；

其他符号意义同前。

如果拆装、移动和启闭可不占用喷灌的作业时间，此时 t_m 为零。

（三）同时喷洒的喷头数

对于每一喷头可独立启闭的喷灌系统，每次同时喷洒的喷头数可用下式计算：

$$n_p = N/nT \tag{5-42}$$

式中　n_p——每次同时喷洒的喷头数；

N——灌区内喷点总数；

n——每日喷洒的工作位置数；

T——设计灌水周期，d。

注意：n、n_p 都应该进行取整处理。

（四）轮灌方案

轮灌可使管道的利用率提高，从而降低设备投资。确定轮灌方案时，应考虑以下几点：

（1）轮灌的编组应该使操作简单方便，便于运行管理。

（2）各轮灌组的工作喷头总数应尽量接近，使系统的流量保持在较小的变动范围之内。

（3）轮灌编组应该有利于提高管道设备利用率，应考虑流量分散原则，避免流量集中于某一条干管。

（4）轮灌编组时，应使地势较高或路程较远组别的喷头数略少；地势较低或路程较近组别的喷头数略多，以利于保持水泵始终工作在高效区。

[**例 5 - 4**] 有一块长方形耕地，布置固定管道式喷灌系统，水源和泵站位于地块一侧的中部，干管布置在田块中央，进行编组后需要两条支管同时工作，每条支管装有 5 个流量为 q 的喷头。按两个工作方案考虑其轮灌顺序，支管移动中的两种极限情况如图 5-10 所示。

方案 1：两条支管在干管的同一端同时向另一端移动，其支管移动过程中的两种极限情况是：①干管 L_{ab} 段和 L_{bc} 段，均为 $Q=0$；②干管 L_{ab} 段和 L_{bc} 段，流量均为两条支管的流量和，即 $Q=10q$。

方案 2：两条支管分别由干管的两端开始工作，相对移动，其支管移动过程中的两种极限情况是：①干管 L_{ab} 段，流量为一条支管的流量，即流量 $Q=5q$；干管 L_{bc} 段，流量 $Q=5q$。②干管 L_{ab} 段，流量均为两条支管的流量和，即 $Q=10q$；干管 L_{bc} 段，$Q=0$。

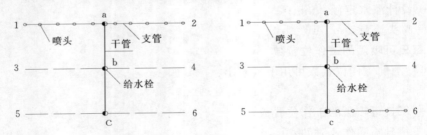

图 5-10 支管移动过程中的两种极限情况

干管的设计流量应取两种极限情况的大值。方案 1 中，干管 L_{bc} 的设计流量应为 $10q$，而方案 2 中干管 L_{bc} 的设计流量为 $5q$。显然，经比较方案 2 较优。进行轮灌编组和轮灌顺序的确定是一项琐碎而细致的工作，应认真进行多方案比较，从中选择最佳方案。

（五）随机用水的喷灌设计流量计算

当喷灌工程控制面积较大，灌区内用水单位较多，作物的种类较多，各用水单位和各种作物需要灌水的时间和用水量的任意性较大，难以执行统一编制的轮灌制度。在这种情况下，可将管网上各种取水口的启闭看成是一个个独立的随机事件，按随机用水推求各级

管道的设计流量，其公式为

$$Q = \sum_{i=1}^{j} n_i p_i q_i + U \sqrt{\sum_{i=1}^{j} n_i p_i p'_i q_i^2}$$ （5-43）

式中　Q——管道的设计流量，m^3/h；

　　　n_i——某一等级取水口的数目；

　　　p_i——某一等级取水口的开启几率；

　　　p'_i——某一等级取水口的不开启几率，$p'_i = 1 - p_i$；

　　　q_i——某一等级取水口的标准流量，m^3/h；

　　　U——正态分布函数中的自变量；

　　　j——取水口等级数目。

1. 取水口开启几率 p

表示取水口的开启时间占日灌水时间的比例，可按取水口控制面积内需要的水量与取水口可提供的水量的比值计算：

$$p = \frac{0.667 E_p A}{nq t_r}$$ （5-44）

式中　E_p——作物日需水量，mm/d；

　　　A——取水口控制面积，亩；

　　　n——取水口数目；

　　　q——取水口标准流量，m^3/h；

　　　t_r——日喷灌工作时间，h。

管网中每一等级取水口的开启几率均应小于 1。p 愈小，随机性愈大，同时每一取水口流量增大，管网流量亦随之增大。

2. 正态分布函数中的自变量 U

$$P(x_i \leqslant X) = \Phi\left(\frac{X - np}{\sqrt{npp'}}\right) = \Phi(U)$$ （5-45）

式中　X——灌溉时取水口可能开启的数目；

$P(x_i \leqslant X)$——取水口开启数小于或等于 X 个的累积概率。

累积概率 P 表示同时开启的取水口不超过某一数目（或流量不超过某一数值）出现的机会，反映了其保证程度，称为设计流量保证率。管网愈大，取水口愈多，P 值可愈小，但一般以不低于 80% 为宜；当取水口数目 $n \leqslant 5$ 时，取 $P = 100\%$，此时 $Q = nq$。

U 值可根据 P 值从标准正态分布函数值表中查取，见表 5-9。

表 5-9　　　　　　　　　　　　　　　　U 值

$P/\%$	70	80	85	90	95	99	99.9	99.9997
U	0.525	0.842	1.033	1.282	1.645	2.37	3.09	4.5

3. 喷灌随机用水特点

喷灌系统中一种随机用水是较大的灌区内有若干分区，用水单位较多，独立性较强，但基本上是在一个时间段内统一灌溉，而灌水时间前后和每天取水口开启早晚有所不同，这种情况下开启几率一般可定为0.75左右，设计流量保证率P值可取85%，相应的U值为1.033。此时计算出的设计流量较不随机的情况略有放大（约为1.2倍左右）。

喷灌系统中另一种随机用水是露地蔬菜或大棚作物的随机用水（大棚内的灌溉在大多数情况下是微灌），这是一种有限的无峰值的用水。一是可能限制在一天内的若干时间内取水（如白天或6：00～20：00等），一是限制某些取水口在供水时间内的某一时段内可开启（如一半大棚上午开，一半大棚下午开），而在开启时间内取水口的流量是连续的，总流量没有明显峰值。此种情况开启几率不能如上一种定为0.75，应根据实际情况计算确定，设计流量保证率在限定条件下可提高，如取95%，相应的U值为1.645[1]。

第三节　镇江南山茶场喷灌工程规划设计实例

一、喷灌工程规划设计基本资料

（一）基本情况

镇江南山茶场依南山北面而建，茶林种植田块面积共有130多亩，因为依山而建，每个田块都有3～5m的高差，最高田块与水源的高差约38m。整个茶园需要安装固定式喷灌设备，由于茶园面积较大且分布不规则、不均匀，高差起伏大。为了节省能源，合理使用水泵供水，将整个茶园田块分成6个区域，采用控制阀分别灌溉。其中2号区域的田块中使用了10PXH隙控式全射流喷头，其他茶园田块采用PY20摇臂式喷头、10PXH型隙控式全射流喷头与PY20型摇臂式喷头在同一根管道的压力下混合使用，喷头出口压力偏大（近0.4MPa），使得喷嘴出口处就开始雾化，射程大于额定射程有14m左右。

（二）地理土壤情况

茶园地势呈波状起伏，形成以丘陵山冈为主的地貌地形。以黄棕壤为主，冈地以黄土为主。土壤容重为1.6g/cm³，土壤湿润比70%，土壤含水率上、下限分别为60%～70%。

（三）气候情况

根据当地气象资料得知，属北亚热带南部季风气候区，降水协调，四季分明。年平均气温16.4℃，日照2113h，无霜期238d，降水量106mm。平时常见风力为2～3级。

（四）作物情况

茶园基地一般土地比较贫瘠，生产季节经常出现"伏旱"和"秋旱"，有时也有"春旱"，对茶叶质和量影响很大。茶园土壤相对含水量在50%～75%之间最适宜茶树生长，低于50%时茶芽生长缓慢，如果含水量减少到30%，茶芽就会停止生长，持续时间过长时，茶树会出现萎蔫甚至死亡现象。若土壤相对含水量大于75%，茶树受渍，生长受抑制，持续时间较长将也会死亡。

（五）水源情况

距离该茶园80m左右有一内河塘，我们在河塘旁设计安装了泵站，可以作为灌溉供水水源，该河塘平时水位离水泵平面落差为1.2m；枯水期（12月至次年2月）水位离水泵平面的落差为2.0m左右。

二、喷灌工程规划设计及灌溉制度拟定

（一）设计灌水定额

（1）按灌水定额的公式，计划适合茶树湿润层深度为 $h=38$cm，适宜土壤含水量上、下限取田间持水量的 50% 和 75%；土壤容重 $\gamma_s=1.4$g/cm³；田间持水量为 25%；喷洒水利用系数 $\eta=0.85$，设计灌水定额为

$$m=0.1\gamma_s Z(\theta_{\max}-\theta_{\min})\frac{1}{\eta}$$

$$m=0.1\times1.4\times38\times(0.75\times25-0.5\times25)\times\frac{1}{0.85}=39.12\text{(mm)}$$

取 $m=39$mm，即每亩灌水定额为 25.74m³/亩。

（2）设计灌溉周期。茶树灌水临界期的日需水量为 $5\sim7$mm，取 $ETa=6$mm/d 计算，则灌水周期为

$$T=\frac{m}{E_{\max}}\eta=39\times0.85/6=5.5\approx6\text{(d)}$$

取 6d 作为灌溉周期。

（二）系统选型

该地区种植的作物为经济作物，比较管道式喷灌的三种类型：固定管道式喷灌运行管理方便，劳动强度最轻，但成本较高；半固定式喷灌劳动强度稍大于固定管道式，设备利用率大大提高，运行管理方便；全移动管道喷灌亩投资最低，但劳动强度较大，运行管理不方便。根据分析，确定采用固定管道式喷灌系统，即干管地埋式固定管道，喷洒支管为伸出茶林 1.2m 管道，采用全射流喷头和摇臂式喷头组合喷洒喷灌。

（三）喷头选型和组合

（1）计算允许的喷头最大喷灌强度。查得壤土的允许喷灌强度为 $\rho_{\text{允}}=10$mm/h，喷头采用单行多喷头同时喷洒的运行方式，喷头组合形式为三角形。按风向 45° 这种最不利的情况考虑，经计算，最终确定 $\rho_{\text{smax}}=4.32$mm/h。

（2）选择喷头。茶叶属经济作物，要求的雾化指标应在 $3000\sim4000$ 范围内。查喷头性能表，初选 PY20-2 型喷头：工作压力 $H_p=300$kPa，主喷嘴直径 $d=6.5$mm，副喷嘴直径 $d=3.0$mm，流量 $q=3.41$m³/h，射程 $R=18$m，$\rho_s=2.95$mm/h；则有 $H_p/d=100\times300/6.5=4615>4000$；10PXH 隙控式全射流喷头：工作压力 $H_p=300$kPa，主喷嘴直径 $d=8$mm，额定流量 $q=0.96$m³/h，射程 $R=11$m；则有：

$$H_p/d=100\times300/8=3750>3000。$$

（3）确定组合间距。

PY20-2 型喷头：射程 $R=18$m，侧喷头间距和管道间距同为 18m，则组合喷灌强度：

$$\rho=1000\times\frac{q_p}{ab}=1000\times\frac{2.95}{18\times18}=9.1<\rho_s=10\text{(mm/h)}$$

10PXH 隙控式全射流喷头：射程 $R=11$m，侧喷头间距和管道间距同为 11m，则组合喷灌强度：

$$\rho = 1000 \times \frac{q_p}{ab} = 1000 \times \frac{0.96}{11 \times 11} = 7.9 < \rho_s = 10(\text{mm/h})$$

由此可见，选择的两种喷头的喷灌强度和雾化指标都满足设计要求。

（四）拟定喷灌制度

（1）计算 PY20-2 型喷头在一个工作点上的工作时间：

$$t = \frac{abm}{1000q_p} = \frac{18 \times 18 \times 30}{1000 \times 2.95} = 3.29(\text{h})$$

即喷头在每个喷点上的喷洒时间为 3.29h。

计算 10PXH 型隙控式全射流喷头在一个工作点上的工作时间：

$$t = \frac{abm}{1000q_p} = \frac{11 \times 11 \times 30}{1000 \times 0.96} = 3.78(\text{h})$$

即喷头在每个喷点上的喷洒时间为 3.78h。

（2）计算在每个区域能同时工作的喷头数。为了充分利用每天可能的喷灌时间，以每个区位为一个喷灌单位，以最大划分区的喷头数量来计算喷头数量。从图中得知最大区域的喷头数量为 $n=14$ 只。

（3）由于南山茶场依山而建，部分茶园的地理位置较高，为了确保高处茶园的供水压力，我们选择离水泵位置最高最远处为参考点，从现场测量得知，最远处离泵房有 320m，最高处相对泵房有 40m 的高差。

（4）流量与水头设计。根据喷灌系统最大划分区域的喷头数量计算系统流量 Q，则

$$Q = \sum_{i=1}^{n} q_i = \sum_{i=1}^{14} 2.95 = 2.95 \times 14 = 41.3(\text{m}^3/\text{h})$$

采用地埋式管道敷设，选用 UPVC 管道（属于硬质塑料管），支管道长度相差不大，可采用同一种管径，按照《喷灌工程技术规范》的要求，支管上任意两只喷头之间的压差都不能超过喷头工作压力的 20%，即 $h_w + \Delta Z \le 0.2h_p$。其中，$h_w$ 可用沿程水头损失 h_f 的 1.1 倍来计算。

（五）管道水头损失及水泵造型

（1）设计流量：

$$Q = \frac{0.667AE_C}{t_{日}\eta} = \frac{0.667 \times 14 \times 6}{14 \times 0.85} = 4.7(\text{m}^3/\text{h})$$

（2）管道水头损失计算。支管全长 $L=592\text{mm}$，通过流量 $Q=45\text{m}^3/\text{h}$，按 14 个喷头同时工作，喷头间距 $l=18\text{m}$，第一个喷头离支管进口距离为 $l_1=9\text{m}$，管道外径×壁厚 = 50×3.0，查得相应管径 $S_0 = 4.440 \times 10^{-3}$，代入公式 $h_f = S_0Q^{1.77}L = 4.440 \times 10^{-3} \times 45 \times 592 = 118.28$（m）。当 $N=14$ 时，$F_{0.5} = 0.375$，则支管的水头损失为

$$H_f = F_{0.5} \times h_f = 0.375 \times 118.28 = 44.36(\text{m})$$

（3）水泵选择。

根据水泵流量：
$$Q = \sum N_{喷头} \times q$$

水泵扬程：
$$H = H_s + \sum \Delta H_f + \sum \Delta H_j \pm \Delta Z$$

选择扬程为 80m。所以，根据以上计算，该喷灌系统选择 ISG50-80 型的离心管道泵，完全满足整个茶场喷灌的需要。喷灌现场照片如图 5-11 所示。

图 5-11　南山茶场喷灌现场

参 考 文 献

［1］　周世峰．喷灌工程学［M］．北京：北京工业大学出版社，2004.

［2］　陈大雕，林中卉．喷灌技术［M］．北京：科学出版社，1992.

［3］　Keller J Bliesner R D. Sprinkle and Trickle Irrigation［M］．New York：VanNostrand Reinhold，1990.

［4］　赵竟成，任晓力．喷灌工程技术［M］．北京：中国水利水电出版社，2003.

［5］　朱兴业，袁寿其，李红，等．全射流喷头的原理及实验研究［J］．排灌机械，2005，23（2）：23-26.

［6］　李红，袁寿其，谢福祺，等．隙控式全射流喷头性能特点及与摇臂式喷头的比较研究［J］．农业工程学报，2006，22（5）：82-85.

［7］　袁寿其，朱兴业，李红，等．全射流喷头重要结构参数对水力性能的影响［J］．农业工程学报，2006，22（10）：113-116.

［8］　朱兴业，袁寿其，李红，等．全射流喷头产业化开发中的问题及其改进［J］．排灌机械，2006，24（6）：24-27.

［9］　北京工业大学继续教育学院，中国水利水电科学研究院．GB/T 50085—2007 喷灌工程技术规范［S］．北京：中国计划出版社，2007.

［10］　Christiansen J E. Irrigation by Sprinkling［R］．Berkeley：Univ. of California，Calif. Agric. Experiment Station，Calif. 1942.

［11］　李炜．水力计算手册［M］．北京：中国水利水电出版社，2007.

［12］　赵竟成，任晓力，等．喷灌工程技术［M］．北京：中国水利水电出版社，1999.

［13］　金兆森，朱克成．喷微灌工程规划设计指南［M］．南京：河海大学出版社，2003.

［14］　黄秋生，胡中兴，倪进现．农业节水灌溉工程实用规划与设计［M］．北京：中国水利水电出版社，2010.

［15］　江苏大学流体机械工程技术研究中心，等．GB/T 25406—2010 轻小型喷灌机［S］．北京：中国标准出版社，2011.

第六章　多功能轻小型灌溉机组

第一节　概　　述

喷灌与滴灌技术作为高效的节水灌溉技术，为解决全世界的粮食问题及农业水资源的短缺问题起到了关键性的作用，在我国应用越来越广泛。全世界范围内水资源及能源的日益短缺使得低压低能耗及多功能已经成为喷灌、滴灌发展的主要方向之一。根据我国地理条件、作物种植特点、水源分布状况、土地经营特点等国情采用适宜配套的喷滴灌技术，是我国目前喷滴灌发展急需解决的任务之一。

我国农村大多实行的是以户为单位的联产承包责任制，每户种植面积多为 0.67hm² （10 亩）左右，而且一般都不能够做到连片经营，地块较为分散。随着近年来我国部分地区土地流转、适度规模经营的推行，以及大范围内农村劳动力的转移，需要在传统喷滴灌设备基础上，开发节水节能、对地形及作物适应性强，并可以根据灌溉季节需要固定或移动、同时便于灌溉面积拓展的喷滴灌设备形式，为我国先进节水灌溉技术的推广及广大农村抗旱灌溉需求提供可靠保障。我国山地丘陵的耕地有 6.7 亿亩，占总耕地面积的 45%，也需要采用适应性强的喷灌方式或喷滴灌共用方式进行灌溉。我国东北、华北主要是"冬小麦＋夏玉米"或"花生＋玉米"的轮作方式，需要喷滴灌两种灌溉系统模式与之匹配。华南、华东一带为"小麦＋水稻"轮作方式，湖南、云南一带为"烟＋稻"轮作方式[1-3]，需要喷灌与低压管道两种灌溉模式。针对于不同的气候条件、地形条件、经济条件、管理水平及灌溉水量与灌溉次数，需要固定或季节性固定式灌溉系统、半固定式灌溉系统及移动式灌溉系统与之相适应。对于经济条件好、灌水次数多、田块面积较大而且相对固定的用户，可采用固定或季节性固定式灌溉系统；对于经济条件较好、灌水次数较多的用户，可采用管道移动或首部移动的灌溉系统；对于经济条件差、灌水次数少的用户，可采用首部、管道全移动的灌溉系统。因此，采用多用途、多目标的喷灌与滴灌系统组合模式，实现喷灌、滴灌轮流使用与混用，能够满足作物轮作、间作所需的喷灌或滴灌要求，可供不同经济条件与灌溉条件种植区域的选择。

轻小型移动式灌溉机组机动灵活、便捷耐用、价格低廉，适合我国当前农村经济体制和农业经营规模，一直都是我国广泛应用的一种节水灌溉模式。轻小型移动式灌溉机组的多功能、多用途开发，能够满足不同自然地貌、不同作物、不同经济条件用户多种用途的需求，有益于提高设备综合利用率及劳动生产效率，是今后轻小型移动式灌溉机组的发展趋势，喷滴灌两用灌溉机组与多功能轻小型移动式喷灌机组是符合发展趋势的新机组。

第二节　喷滴灌两用灌溉机组

一、喷滴灌两用灌溉系统研究现状及发展趋势

喷灌是利用水泵等加压设备将有压水通过管道送至灌溉田块，利用喷头将水喷洒至空中，再以水滴状态均匀地喷洒入田间进行灌溉的灌水方式，具有省水、省时、适应性强，便于机械化、自动化控制的优点，喷灌技术在密植作物与矮秆作物的应用较为常见。滴灌是借助安装在毛管上的灌水器将水滴缓慢、均匀、定时、定量地滴入作物根部周围土壤的灌水方式，整个过程主要依靠土壤毛细管张力使水分入渗并扩散。滴灌技术还可与施肥相结合，实现水肥同步，滴灌技术在条播作物、果树及园林的应用较为常见。喷灌和滴灌有其各自的适用条件与优缺点，在作物轮作或间作时，需要喷滴灌两用灌溉系统和技术与之相适应。

现阶段国内外对喷滴灌系统的研究大多集中于大型灌区，对轻小型喷滴灌机组的研制尚属初步阶段。奕永庆[4]等提出了适用于浙江省余姚市的"经济型喷滴灌"新思路，从管材、管道、水源等多方面对系统进行优化设计，降低系统造价，按作物需水灌溉，促进优质高产。吕忠良[5]等对新疆地区的田间滴灌与喷灌两用系统进行了设计，具体介绍了系统的管网布置形式及田间与水源系统的设计，并对系统的投资与效益进行分析。王薇[6]重点研究了针对不同农作物和轮作方式的喷、滴灌结合技术，并提出了设计关键及设计难点。刘新红[7]分析了工程实际中，两用系统喷、滴灌各自的水力解析方法，并提出注意要点供设计借鉴。夏明华[8]等开发了一套喷灌、滴灌两用系统模式，该系统模式共用部分为水源和地下管道，需喷灌运行时配置喷灌移动管道，需滴灌运行时配置滴灌灌水器，运行时需要调节流量和压力。金志妙[9]等从滴灌系统安装的多个侧面，详细讲解了浙江省景宁县喷滴灌系统的构架方式，方便喷滴灌系统的应用与推广。

喷滴灌两用灌溉机组[10]在现有喷滴灌系统的基础上开发而成，可采用多用途、多目标的系统组合模式，能够实现喷灌、滴灌轮流使用与混用灌溉目的，解决作物轮作、间作所需的喷滴灌要求，满足不同经济条件与灌溉条件地区的选择。

二、轻小型喷滴灌两用灌溉机组结构设计

现有喷滴灌两用系统主要存在问题有：一是首部设备笨重，首部施肥设备多采用传统的施肥罐，过滤设备采用三级过滤组合的形式；二是能耗高，系统多按喷灌工况进行设计，管路、喷头、滴灌灌水器等配置不合理。为扩展现有喷灌机组功能，增强喷灌机组适应能力，解决现有喷滴灌系统首部设备笨重、造价高的问题，研究种轻小型移动喷滴灌两用灌溉机组组成及结构，增加机组结构紧凑性，减轻重量，方便移动。

（一）轻小型喷滴灌两用机组构成

1. 机组结构

构建如图 6-1 所示的轻小型喷滴灌两用灌溉机组。机组主体部分包括小推车、柴油机、喷滴灌双工况泵、施肥桶及过滤器。小推车的一端固定装有自吸泵，自吸泵的一侧配有柴油机，柴油机与自吸泵为轴承连接，为自吸泵运转提供动力。

为提高机组效率，降低能耗，选用喷滴灌两用自吸泵 50ZB-25C，作为提水加压设备，喷滴灌两用自吸泵参数见表 6-1，图 6-2 为喷滴灌两用自吸泵的特性曲线图。

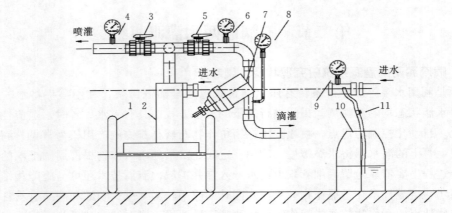

图 6-1　轻小型喷滴灌两用灌溉机组结构简图

1—小推车；2—喷滴灌双工况泵和柴油机；3—喷灌阀门；4—压力表；5—滴灌阀门；6—压力表；
7—过滤器；8—压力表；9—真空表；10—施肥桶；11—施肥阀门

表 6-1　　　　　　　　　　自吸泵（50ZB-25C）基本参数

型　号	流量 $Q/(\text{m}^3/\text{h})$	扬程 H/m	转速 $/(\text{r/min})$	轴功率 P/kW	效率 $EP/\%$	自吸高度 $/\text{m}$	自吸时间 $/\text{s}$
50ZB-25C	15.1	25.1	3000	1.55	61	5	59

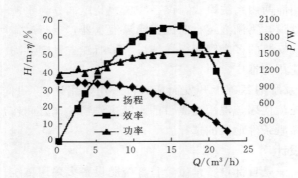

图 6-2　50ZB-25C 型两用泵特性曲线图

由表 6-1 和图 6-2 可知，喷滴灌两用自吸泵 50ZB-25C 效率高于标准 5 个百分点，流量扬程曲线较陡，高效区较宽，能保证机组在较宽范围的工况下运行，对于不同大小田块的适应能力较强。

为简化施肥装置结构，减轻重量，采用由自吸泵进口自吸注肥的方式，在进水管上侧面安装吸肥管，通过阀门，经软管连入开敞式施肥桶，用阀门来控制施肥的流量。

自吸泵出水管处经管道分支连接滴灌通路及喷灌通路。滴灌通路上接有控制阀门、压力表及过滤设备，喷灌通路上同样接有控制阀门及压力表。图 6-3 为机组样机图。

当机组喷灌工况运行时，开启喷灌阀门，关闭滴灌阀门，通过接头连接喷灌支管，机组实现喷灌工况运行；反之，滴灌工况运行。该机组可实现喷、滴灌 2 种灌溉形式，拓展了目前常规机组的灌水方式，拓宽了其适应范围。

2. 设计指标

设计要求：①喷滴灌两用机组与现有标准泵单工况设计的机组相比，能耗降低 5%～15%。②灌水均匀系数 0.8 以上。

（二）轻小型喷滴灌两用机组适用范围及运行模式

1. 机组适用范围

通过分析喷滴灌两用机组的结构型式及工作特性，其主要适用于以下几种情况：①适用于作物的轮作倒茬及间作需要。②适用于小水源不同灌溉模式间的轮换使用。③实现灌溉系统的分区分压设计，在低压灌区使用滴灌运行，在高压灌区喷灌运行。

图 6-3　机组样机

2. 机组运行模式

轻小型喷滴灌两用机组采用多用途、多目标的系统组合模式，实现喷灌、滴灌轮流使用与混用灌溉目的，解决作物轮作、间作或混作所需的喷滴灌要求，满足不同经济条件与灌溉条件地区的选择。分别有以下 4 种运行模式：

（1）季节性固定：经济条件好、灌水次数多的用户，如图 6-4 所示。

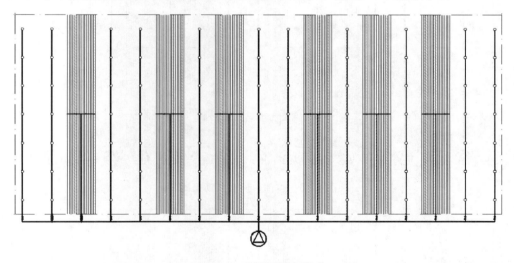

图 6-4　季节性固定模式

（2）首部移动：经济条件较好、灌水次数较多的用户，如图 6-5 所示。

（3）首部、喷头移动：经济条件一般、灌水次数较少的用户，如图 6-6 所示。

（4）首部、喷头、管道全移动：经济条件差、灌水次数少的用户，如图 6-7 所示。

机组工作状况及平面布置见图 6-8～图 6-12。

三、喷滴灌双工况自吸泵设计

（一）双工况泵的设计原理

农业生产灌溉中，自吸泵扮演着十分关键的角色。水泵一般有最佳运行工况点，通常是设计在该点运行，水泵效率最高，偏离该点，水泵效率会发生下降。为实现喷滴灌不同

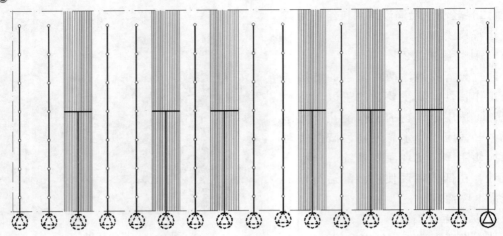

图 6-5　首部移动模式

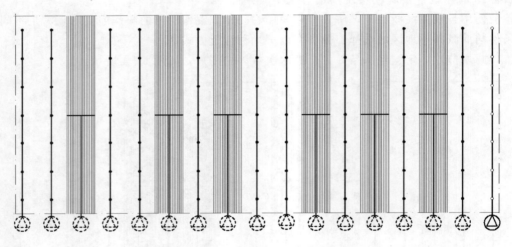

图 6-6　首部、喷头移动模式

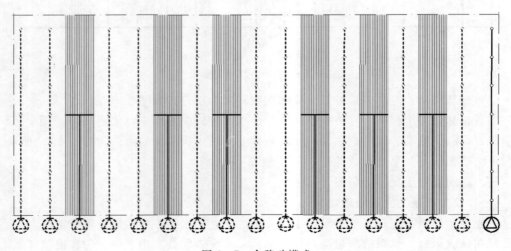

图 6-7　全移动模式

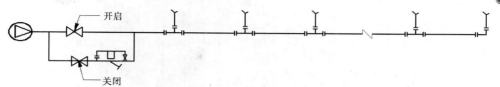

图 6-8 喷灌工况结构图

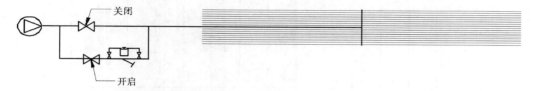

图 6-9 滴灌工况结构图

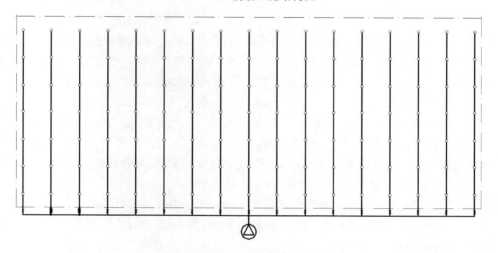

图 6-10 （轮作）喷灌平面示意图

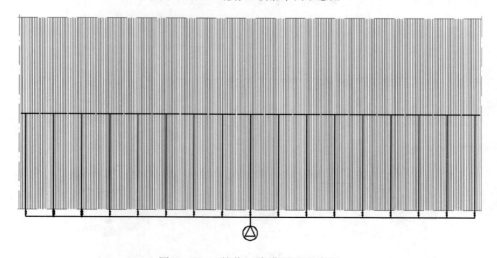

图 6-11 （轮作）滴灌平面示意图

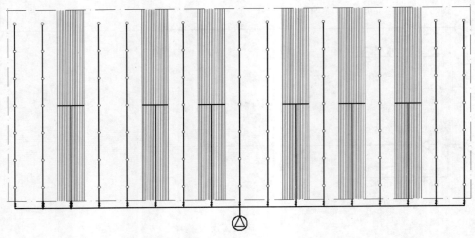

图 6-12　喷滴灌混用（间作）平面示意图

工况的运行，研发了一种喷滴灌双工况自吸泵，同时能满足喷、滴灌两个工况下的扬程需求，即喷灌工况运行时，扬程较高；滴灌工况运行时，扬程较低，而流量变化不大，即要求水泵具有陡峭的流量—扬程曲线，同时满足泵在两种工况下有较高的效率。

该泵理想工况是流量为 15m³/h 时，喷灌工况扬程为 30m，滴灌工况扬程为 20m。在双工况泵的实际设计中，将工况调整为，以 15m³/h 作为额定工况点，在 0.8Q 工况即流量为 12m³/h 时，扬程值为 30m，在 1.2Q 工况即流量为 18m³/h 时扬程值为 20m，两个设计工况点的流量差值为 6m³/h，扬程差值为 10m。以此为目标，采用 DOE 试验设计及析因分析法，将 0.8Q 和 1.2Q 工况点之间的扬程差值，1.0Q 工况点的轴功率和效率，0.8Q，1.0Q，1.2Q 工况点处的扬程作为响应变量，选取叶片包角、叶片出口安放角和叶片出口宽度 3 个叶轮的几何参数作为自变量因子，分析各参数对叶轮性能的影响。在原有自吸泵型号 50ZB-30C 基础上设计出喷滴灌双工况自吸泵 50ZB-25C[14]。50ZB-25C 结构见图 6-13。

叶轮计算模型图和快速成型的叶轮结构分别如图 6-14 和图 6-15 所示。

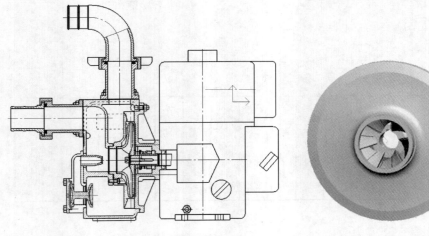

图 6-13　50ZB-25C 自吸泵结构图　　　　图 6-14　叶轮计算模型图

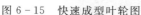

图 6－15　快速成型叶轮图

图 6－16　50ZB－25C 自吸泵

（二）双工况泵的试验性能

试验样机 50ZB－25C 自吸泵如图 6－16 所示。

50ZB－25C 型双工况泵的特性曲线图见图 6－2。自吸泵的性能参数见表 6－2。

表 6－2　　　　　　　　　　　　50ZB－25C 型喷灌泵性能参数表

工况点	流量 /(m³/h)	扬程 /m	效率 /%	额定转速 /(r/min)	自吸时间 /s
0.8Q	12	29	55		
1.0Q	15	25	61	3000	59
1.2Q	18	20	55.6		

从特性曲线图可知，该泵具体较陡的流量—扬程曲线，能更好地满足机组在喷、滴灌 2 个工况下均在泵的高效区内运行。它具有结构新颖、体积小、便于移动等优点。

四、基于迭代法的轻小型喷滴灌两用机组水力计算方法

轻小型喷滴灌两用机组主要由泵机组（柴油机与双工况泵）与管路装置（灌水器、配套管路、连接部件等）组成，只有当机组水力计算合理，各主要部件配置恰当，工作参数满足运行要求时，才能实现机组的稳定运行，达到最佳的工作效率。水力计算的目的是将机组首部的压力水按照所需的方式运送并分配至各个灌溉单元和灌水器，机组优化设计建立在水力计算的基础上。

由于喷滴灌两用机组涉及喷灌及滴灌两种灌溉系统，需要分别研究其水力计算方法。为解决现有喷、滴灌系统设计中，管路装置与水泵工况不匹配的问题，采用迭代法，研究水泵工况与管路装置一致性水力计算方法。

（一）喷灌系统水力计算方法

采用喷灌工程技术规范中的水头损失计算方法，应用退步法进行喷灌系统的水力计算，计算过程中采用图解或试算的方法，保持管路与水泵工况的一致性。退步法是一种逆递推逐步逼近的方法，当机组水泵及灌水器型号确定的情况下，假定一个喷头末端压力水头，可通过逆递推的方式，计算每段管路的流量、水头损失与节点压力，当推算到管路进口时，就得到管路进口流量与压力，再加上水泵进出口间的管路损失及水面与泵出口管路中线高差，就得到喷灌管路需要扬程与流量。假定一系列喷头末端压力水头，就可以绘制

出管路需要流量与扬程曲线，该曲线与水泵流量扬程曲线的交点就是喷灌系统的工况点。图解法应用起来比较繁琐，而且也易于计算机编程计算，因此研究基于迭代法的计算方法。计算中使用的管路装置简图如图 6-17 所示。

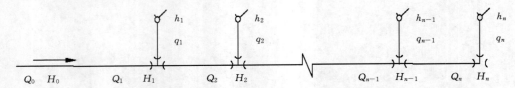

图 6-17　管路装置水力计算示意图

机组喷灌管路按图 6-17 方式编号，按照如下的方法与步骤进行水力计算，为便于理解，按平地进行计算，坡地可参照此方法，在水力计算时加入地形坡度即可。

（1）假定系列喷头末端压力水头 h_n，求解末端处竖管的流量和管道末端的流量及压力水头

$$q_n = \mu \frac{\pi d_p^2}{4} \sqrt{2gh_n} = 0.01252 \mu d_p^2 h_n^{0.5} \tag{6-1}$$

$$H_n = h_n + f \frac{q_n^m}{d^b}(l+le_n) + l \tag{6-2}$$

$$Q_n = q_n \tag{6-3}$$

（2）计算 $n-1$ 至 1 管道的管道及喷头的压力水头

$$H_i = H_{i+1} + f \frac{Q_{i+1}^m}{D_{i+1}^b}(a+Le_{i+1}) \tag{6-4}$$

$$h_i = H_i - f \frac{q_i^m}{d^b}(l+le_i) - l \tag{6-5}$$

$$q_i = q_p h_p^{-0.5} h_i^{0.5} \tag{6-6}$$

式（6-16）、式（6-17）应用 Matlab 求解

$$Q_i = Q_{i+1} + q_i \tag{6-7}$$

（3）计算管路的进口压力水头及流量

$$H_0 = H_1 + f \frac{Q_1^m}{D^b}(a+Le_i) \tag{6-8}$$

$$Q_0 = Q_1 \tag{6-9}$$

式中　n——喷头个数；

　　H_i——输水管段第 i 个节点的压力水头，m；

　　Q_i——输水管段第 i 个节点的流量，m^3/h；

　　h_i——第 i 个喷头的工作压力水头，m；

　　q_i——第 i 个喷头流量，m^3/h；

　　a、l——喷头间距及竖管长度，m；

Le_i、le_i——输水管和竖管处局部损失的当量长度，m；

h_p——喷头的额定压力水头，m；

q_p——喷头的额定流量，m^3/h。

（4）完成管路的水力计算后，令 $Q=Q_0$，水泵的运行工况采用三次多项式拟合得到水泵的流量—扬程关系

$$H=c_0+c_1Q+c_2Q^2+c_3Q^3 \qquad (6-10)$$

式中　c_0、c_1、c_2、c_3——流量—扬程曲线三次拟合多项式回归系数。

水泵的效率为

$$\eta_b=b_1Q+b_2Q^2+b_3Q^3 \qquad (6-11)$$

式中　b_1、b_2、b_3——流量—效率曲线三次拟合多项式回归系数。

（5）迭代法计算喷灌管路与水泵工况交点

1）$H'=H_0+h_b$。

2）若 $|H'-H|<\varepsilon$，则计算结束，否则转下一步。

3）若 $H'<H$，则 $h_n=h_n+\Delta h$，否则 $h_n=h_n-\Delta h$。

4）转（1）继续计算。

式中　h_b——水泵进出口间的管路损失及水面与泵出口管路中线高差；

ε——预设精度；

Δh——预设计算步长。

计算得到的 Q、H、η_b 就是机组当前配置下，喷灌系统工作时，水泵的实际工况点。

（二）滴灌系统水力计算方法

采用张国祥《节水灌溉 2005 年第 6 期》"微灌灌水小区水力设计的经验系数法"推荐的计算方法，计算滴灌灌水小区进口流量与压力，再加上水泵进出口间的管路损失及水面与泵出口管路中线高差，就得到滴灌管路需要扬程与流量。同样采用迭代法可以得到滴灌实际工况。滴灌灌水小区管路如图 6-18 所示。

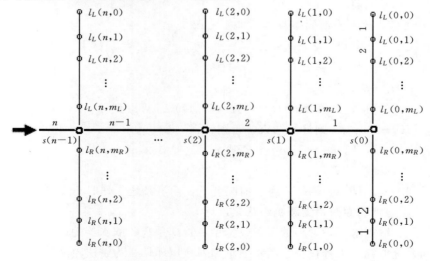

图 6-18　滴灌灌水小区管路示意图

1. 支管进口压力计算

为便于理解，按平地进行计算，坡地可参照此方法，在计算时考虑地形坡度即可。"微灌灌水小区水力设计的经验系数法"推荐的灌水小区进口压力计算方法为

$$H_0 = h_{\max} + \frac{k_1 f S_0 (N q_{a\max})^{1.75}}{d^{4.75}} + \frac{k_2 f S_{0支} (n N q_d)^{1.75}}{D^{4.75}} \tag{6-12}$$

其中

$$h_{\max} = (1 + 0.65 q_{V毛})^{1/x} (1 + 0.65 q_{V支})^{1/x} h_d \tag{6-13}$$

$$q_{a\max} = (1 + 0.65 q_{V支}) q_d \tag{6-14}$$

式中　H_0——支管进口的水头，m；

$h_{\max}$——小区灌水器的最大工作水头，m；

$q_{a\max}$——小区内流量最大毛管的灌水器平均流量，L/h；

k_1、k_2——分别为毛管、支管的局部损失扩大系数；

f——沿程摩阻系数；

$S_{0支}$——支管进口段长度，m；

S_0——毛管进口段长度，m；

N——每根毛管上的灌水器个数；

n——支管上出流孔个数；

d——毛管内径，mm；

D——支管内径，mm；

$q_{V支}$——支、毛管布置后，实际采用支管的流量偏差率；

$q_{V毛}$——支、毛管布置后，实际采用毛管的流量偏差率；

q_d、h_d——分别为灌水小区灌水器的设计流量和设计工作水头，L/h 和 m；

其他符号意义同前。

2. 采用迭代法计算滴灌管路与水泵工况交点

(1) 假定一个 q_d，$Q = Q_0 = n N q_d$。

(2) 由式 (6-12) 计算出 H_0。

(3) $H' = H_0 + h_b$。

(4) 由式 (6-10) 计算得到 H，由式 (6-11) 计算得到 η_b。

(5) 若 $|H' - H| < \varepsilon$，则计算结束，否则转下一步。

(6) 若 $H' < H$，则 $q_d = q_d + \Delta q_d$，否则 $q_d = q_d - \Delta q_d$。

(7) 转 (2) 继续计算。

计算得到的 Q、H、η_b 就是机组当前配置下，滴灌系统工作时，水泵的实际工况点。

(三) 轻小型喷滴灌两用灌溉机组优化设计

田间管路、输配水干管管路的布置、选型，首部系统、灌水器的选型及参数设计，将直接影响到系统能耗、工程投资、灌水质量和安全可靠性。为解决喷滴灌机组配置与运行的匹配性问题，研究轻小型喷滴灌两用灌溉机组的合理配置与优化设计，实现机组装置效

益最大化，有效降低机组运行费用。

（四）轻小型喷滴灌两用灌溉机能耗计算方法

轻小型喷滴灌两用灌溉机组优化设计的目标为造价与能耗，开展优化设计，首先要对轻小型机组能耗计算与评价方法近些年搞研究。目前，机压灌溉管网多采用绝对能耗作为评价指标来进行系统的设计与优化配置，而灌溉机组的能耗则与柴油机（电动机）、离心泵、管道、灌水器等装置的配置息息相关。而当配置机组的效率、灌溉面积及灌溉水量不同的前提下，采用机组绝对能耗作为能耗大小的衡量指标，衡量标准不符合实际且不具有可比性。因此，本文采用单位面积灌溉单位水量的单位能耗 E_0，作为喷滴灌两用机组能耗的评定指标。评定目的在于，确保机组在灌溉面积和灌溉水量相同的情况下，能耗最少。

在轻小型喷滴灌两用机组中，在动力机一定的前提下，双工况泵的工况、效率是影响机组能耗的重要指标。对喷、滴灌工况而言，机组的运行工况点为两用机组水力计算获得的管路特性曲线与试验测得双工况泵水力性能曲线的交点。机组运行工况点确定后，在运行工况下进行机组的能耗计算与分析。

在喷滴灌两用机组的设计与实际应用时，需对泵机组的运行效率及能耗进行考量，通过水泵的能耗公式推导出机组的单位能耗计算方法。

水泵运行时的轴功率按式（6-15）计算

$$N=\frac{QH}{367\eta_b} \tag{6-15}$$

式中　N——水泵的轴功率，kW；

　　　Q——水泵流量，m^3/h；

　　　H——水泵扬程，m；

　　　η_b——水泵的运行效率。

动力机的输入功率为

$$P=\frac{N}{\eta_d}=\frac{QH}{367\eta_b\eta_d} \tag{6-16}$$

式中　P——动力机的输入功率，kW；

　　　η_d——动力机运行效率。

水泵运行 t h 后能量消耗为

$$W_b=Pt=\frac{QH}{367\eta_b\eta_d}t \tag{6-17}$$

式中　W_b——水泵机组的运行能耗，kW·h。

根据水泵流量—扬程曲线与管路特性曲线的交点，得到机组的实际运行工况点，工作时间 T 后，可得两用机组的能耗为

$$E=\frac{QHT}{367\eta_b\eta_d}, T=\frac{M}{Q\eta_p} \tag{6-18}$$

式中　M——1 个灌溉季节的灌水量，m^3。

对于已确定的灌溉面积，有

$$M = Am \tag{6-19}$$

式中　A——机组不同工况下的灌溉面积，hm^2；

　　　m——灌溉定额，m^3/hm^2。

　　整理可得轻小型喷滴灌两用机组的能耗公式：

$$E = \frac{HAm}{367 \eta_b \eta_d \eta_p} \tag{6-20}$$

式中　E——机组的总能耗，$kW \cdot h$；

　　　η_d——田间喷洒水利用系数。

　　定义机组 $1hm^2$ 灌溉 $1m^3$ 水量时的能耗为单位能耗 E_0，则

$$E_0 = \frac{H}{367 \eta_b \eta_d \eta_p} \tag{6-21}$$

式中　E_0——机组的单位面积能耗，$kW \cdot h/(m^3 \cdot hm^2)$。

　　由式（6-21）计算出的单位能耗，与灌溉规模无关，易于不同灌溉规模的机组间，进行能耗对比。

（五）机组喷灌系统优化配置

1. 建立优化数学模型

　　喷灌机组一般是根据水泵进行喷头、管道及连接管件的配置，喷头型号一般根据土壤、作物、运行环境等选定。对于田块长度未定的情况，水泵及喷头型号选定后，以年费用最低为目标，可进行喷头数量、管道直径及工作参数的优化配置与设计。对于田块长度已定的情况，水泵及喷头型号选定后，以年费用最低为目标，可进行管道直径及工作参数的优化配置与设计。以图 6-17 所示的管路装置建立优化数学模型。

　　（1）优化目标。喷灌机组的年费用主要由年折旧费用与年运行能耗费构成，轻小型移动喷灌机组的能耗与动力、水泵、喷头、管道等设备的配置有关，不同配置机组的装置效率、灌溉面积、喷洒水量存在差异，在灌溉面积与喷洒水量不同的情况下，以机组单位折旧费与单位能耗费之和作为单位年费用评价指标，具备统一的衡量标准及可比性。

　　定义机组单位灌溉面积的年折旧费为单位折旧费，则有

$$C_F = rC/(MA) \tag{6-22}$$

式中　C_F——单位折旧费，元/（年 $\cdot hm^2$）；

　　　r——年折旧率；

　　　C——喷灌机组造价，$C = C_b + naC_g + nC_s$，元；

　　　C_b——水泵与电机的造价，元/套；

　　　n——喷头数量；

　　　a——喷头间距；

　　　C_g——管道单价，元/m；

　　　C_s——喷头、立杆与接头的单价，元/套；

　　　M——机组工作位置数量；

　　　A——机组一个工作位置的灌溉面积，$A = (n-1)ab/10000$，hm^2；

　　　b——管道移动间距，m。

按照式（6-21）计算单位能耗费 E_0，以单位年费用最小为目标，有

$$\min C_F + E_0$$

（2）约束条件。现行《喷灌工程技术规范》规定，任何喷头的实际工作压力不得低于设计喷头工作压力的 90%，即

$$h_{\min} \geqslant 0.9 h_p \tag{6-23}$$

式中　$h_{\min}$——喷头最小工作压力水头，m；

　　　h_p——设计喷头工作压力水头，m。

现行《喷灌工程技术规范》规定，同一条支管上任意两个喷头之间的工作压力差应在设计喷头工作压力的 20% 以内，即

$$h_v = \frac{h_{\max} - h_{\min}}{h_p} < 20\% \tag{6-24}$$

式中　h_v——喷头压力极差率；

　　　$h_{\max}$——喷头最大工作压力水头，m。

管路特性曲线与水泵流量—扬程曲线交点才是机组的实际运行工况，在优化过程中必须保证水泵工况与管路工况的一致性。管路特性由管路水力计算确定，兼顾计算精度与简化计算的要求，水泵工况由三次多项式拟合的水泵流量—扬程关系确定

$$H = c_0 + c_1 Q + c_2 Q^2 + c_3 Q^3 \tag{6-25}$$

式中　c_0、c_1、c_2、c_3——水泵流量—扬程曲线拟合多项式回归系数；

　　　　　Q——水泵流量，$\mathrm{m^3/h}$。

在优化过程中，以管路水力计算得到的管道进口流量 Q_0 作为水泵流量 Q，由式（6-10）计算水泵扬程，若所得水泵出口扬程与管路进口压力相同，则满足水泵—管路工况约束条件，即

$$H = H_管 \tag{6-26}$$

其中，$H = c_0 + c_1 Q + c_2 Q^2 + c_3 Q^3$，$H_管 = H_0 + h_b$

式中　H_0——管路水力计算得到的管道进口压力水头，m；

　　　h_b——水泵进口至管路进口间的水头损失及水源水面与管路进口的高差，m；

　　　$H_管$——管路需要扬程，m。

对于等径、等距、等量出流管道的喷头极限个数按下式进行计算：

$$N_m = \mathrm{INT} \left\{ \left[\frac{(m+1)[\Delta h] D^b}{k f a q_p^m} \right]^{\frac{1}{m+1}} + 0.52 \right\} \tag{6-27}$$

则平坡管道喷头数量取值范围为

$$N_m(D_{\min}) \leqslant n \leqslant N_m(D_{\max}) \tag{6-28}$$

式中　　　n——喷头数量；

　　　$[\Delta h]$——允许喷头压力极差，$[\Delta h] = 0.2 h_p$；

　　　　D——管道内径，mm；

　　　　a——喷头间距，m；

　　　　k——考虑局部损失的水头损失系数，取 $1.1 \sim 1.15$；

　f、m、b——与管材有关的水头损失计算系数；

q_p——设计喷头流量，m^3/h；

D_{max}、D_{min}——分别为备选管道内径的最大值和最小值，mm。

2. 遗传算法实现

（1）决策变量与编码方式。上述优化数学模型的决策变量为喷头数量、管径和管道进口压力。管道进口压力和末端喷头压力有一一对应的关系，如果以管道末端喷头的工作压力为决策变量，在遗传算法初始化群体时赋予其初值，将为管路的逆递推水力计算提供方便。

受限于机组流量，喷头数量一般不多，可以将喷头数量由最小值到最大值排序，逐一进行优化计算，在优化结果中选择能耗最小而且满足约束条件的结果作为最优解。

因此，确定喷头数量、各管段管径和管道末端喷头工作压力为决策变量。管道末端喷头工作压力是连续的实数变量，采用实数编码方式。将备选管径与其序号一一对应形成整数序列，采用整数编码方式。

（2）初始化群体。在 0.9 倍的设计喷头工作压力和喷头最大额定工作压力范围内，随机生成满足种群规模的喷头末端压力初始值，在 1 至喷头备选管径最大序号范围内，随机生成满足种群规模的各管段管径，作为第一代遗传群体。

（3）适应度计算。采用罚函数法对优化数学模型进行无约束化处理，得到

$$\min f(n, h_n, D_i) = C_F + E_F + \mu_1 |H_{管} - H| + \mu_2 |\min(0, h_{min} - 0.9 h_p)|$$
$$+ \mu_3 \left| \max\left(0, \frac{h_{max} - h_{min}}{h_p} - 0.2\right) \right| \quad (6-29)$$

式中 μ_1、μ_2、μ_3——惩罚因子；

h_n——管道末端喷头的工作压力水头，m。

为满足遗传算法对适应度函数最大化的要求，将上述数学模型中目标函数的最小化问题转化为最大化问题，构造出适应度函数

$$Fit = \frac{1}{1 + f(n, h_n, D_i)} \quad (6-30)$$

要计算适应度大小，需先进行水力计算。参照图 6-1 所示的管道布置与编号，根据初始群体及进化过程中群体的末端喷头压力 h_n 和各管段管径 D_i，由管道末端向管道进口逆递推进行管道水力计算，按照式（6-1）～式（6-10）的方法进行水力计算。由式（6-30）即可计算适应度的值。

（4）遗传操作。应用竞赛规模为 2 的锦标赛选择算子实现选择操作，应用算术交叉算子实现交叉操作，应用实值变异算子实现变异操作。

（5）算法流程。遗传算法程序流程如图 6-19 所示。

上述遗传算法，不但能优化喷头数量与管路配置，还能计算出运行工况点，及各节点的运行压力，为田块规划与管道选型提供依据。

（六）机组滴灌系统优化配置

对于田块长度未定的情况，水泵及灌水器型号选定后，以年费用最低为目标，可进行管道直径、长度及工作参数的优化配置与设计。对于田块长度已定的情况，水泵及灌水器型号选定后，以年费用最低为目标，可进行管道直径及工作参数的优化配置与设计。以如图 6-18 所示的管路装置建立优化数学模型。

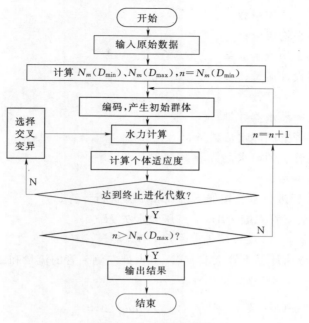

图 6-19 程序流程图

机组滴灌系统由支管和毛管组成，支管和毛管均为多孔出流管，支管管径与毛管长度的优化设计，有助于降低造价、能耗，为田块规划提供依据。

1. 数学模型

机组滴灌系统的优化不仅要使管网运行费用最低，还需要确定滴灌支管进口压力、支管左侧和右侧毛管的灌水器数量。以如图 6-18 所示对支管节点、毛管孔口和管段进行编号。进口压力可以由支管最末端的孔口压力进行推算。以灌水器设计流量、灌水均匀度为约束条件，以毛管管径、支管长度、支管末端孔口压力和左侧毛管孔口数为优化变量，灌水小区运行费最低为目标，按照式（6-21）计算单位能耗费 E_0，可构造如下数学模型

$$\min \quad F = \sum_{i=1}^{n} \left\{ S_s(i)C_s(i) + \left[\sum_{j=0}^{m_L} s_{l_L}(i,j)C_l(i,j) + \sum_{k=0}^{m_R} s_{l_R}(i,k)C_l(i,k) \right] \right\} + E_0$$

（6-31）

$$\text{s. t. } dC_u = 1 - \frac{\Delta \bar{q}}{\bar{q}} - C_u \geqslant 0 \tag{6-32}$$

$$\bar{q} - q_d = 0 \tag{6-33}$$

$$m_L + m_R + 2 = m_l \tag{6-34}$$

式中　F——灌水小区造价，元；

　$S_s(i)$——支管第 i 管段的长度，m；

$S_l(i, j)$——毛管第 j 管段的长度，m；

　$C_s(i)$——支管第 i 管段的管道单价，元/m；

$C_l(i, j)$——毛管第 j 管段的管道单价，元/m；

　dC_u——计算灌水均匀系数与设计灌水均匀系数差值；

C_u——设计灌水均匀系数；

$\bar{q}$——灌水器平均流量；

$\Delta\bar{q}$——灌水器平均流量偏差；

q_d——灌水器设计流量；

n——支管上的毛管数；

m_l——毛管上的灌水器数量；

m_L——左侧毛管上的灌水器数量；

m_R——右侧毛管上的灌水器数量。

2. 水力计算

$\bar{q}$、$\Delta\bar{q}$和灌水小区进口水头按如下公式和步骤进行计算。

Step1：随机生成支管末端 $s(0)$ 节点压力水头 $H_s(0)$

$$h_{cmin}\leqslant H_s(0)\leqslant h_{cmax} \tag{6-35}$$

Step2：应用二分法计算支管末端 $s(0)$ 节点处左侧毛管的流量和压力

①设 $Q_{l_L}(0,0)=0$，$h'=h_{cmin}$，$h''=h_{cmax}$ $\tag{6-36}$

②令 $h_{l_L}(0,0)=\dfrac{1}{2}(h'+h'')$，则 $q_{l_L}(0,0)=kh_{l_L}(0,0)^x$ $\tag{6-37}$

③$Q_{l_L}(0,j)=Q_{l_L}(0,j-1)+q_{l_L}(0,j-1)$ $\tag{6-38}$

④$\Delta h_{l_L}(0,j)=\alpha f\dfrac{Q_{l_L}(0,j)^m}{d_l^b}S_{l_L}(0,j)+S_{l_L}(0,j)I_{l_L}(0,j)$ $\tag{6-39}$

⑤$h_{l_L}(0,j)=h_{l_L}(0,j-1)+\Delta h_{l_L}(0,j)$，$q_{l_L}(0,j)=kh_{l_L}(0,j)^x$ $\tag{6-40}$

$$j=1,2,\cdots,m_L$$

⑥$H_{l_L}(0)=h_{l_L}(0,m_L)+\alpha f\dfrac{Q_{l_L}(0,m_L)^m}{d_l^b}S_{l_L}(0,m_L)+S_{l_L}(0,m_L)I_{l_L}(0,m_L)$ $\tag{6-41}$

⑦若 $H_{l_L}(0)-H_s(0)\leqslant\varepsilon$，则左侧毛管计算结束。否则，若 $H_{l_L}(0)>H_s(0)$，则 $h''=h_{l_L}(0,0)$；若 $H_{l_L}(0)<H_s(0)$，则 $h'=h_{l_L}(0,0)$，重复②~⑦的步骤。

Step3：应用 Step2 的方法计算支管末端 $s(0)$ 节点处的右侧毛管流量和压力。

Step4：$Q_s(i)=Q_{l_L}(i-1,m_L)+Q_{l_R}(i-1,m_R)$ $\tag{6-42}$

Step5：$H_s(i)=H_s(i-1)+af\dfrac{Q_s(i)^m}{d_s^b}S_s(i)+S_s(i)\times I_s(i)$ $\tag{6-43}$

Step6：以 $H_s(i)$ 为支管第 i 号节点压力水头，应用 Step2 的方法计算支管 i 号节点处的左、右侧毛管流量及压力，重复 Step4~Step6 直至计算出灌水小区进口水头 $H_s(n)$。

Step7：$\bar{q}=\dfrac{1}{(n+1)(m_L+m_R+2)}\sum\limits_{i=0}^{n}\Big[\sum\limits_{j=0}^{m_L}q_{l_L}(i,j)+\sum\limits_{k=0}^{m_R}q_{l_R}(i,k)\Big]$ $\tag{6-44}$

Step8：$\Delta\bar{q}=\dfrac{1}{(n+1)(m_L+m_R+2)}\sum\limits_{i=0}^{n}\Big[\sum\limits_{j=0}^{m_L}|q_{l_L}(i,j)-\bar{q}|+\sum\limits_{k=0}^{m_R}q_{l_R}|(i,k)-\bar{q}|\Big]$

$$\tag{6-45}$$

式中　　h_{cmin}、h_{cmax}——灌水器允许最大和最小工作水头，m；

$h_{l_L}(i,j)$、$h_{l_R}(i,j)$——左、右侧毛管孔口压力，m；

$q_{l_L}(i,j)$、$q_{l_R}(i,j)$——左、右侧毛管孔口流量，L/h；

$\Delta h_{l_L}(i,j)$、$\Delta h_{l_R}(i,j)$——左、右侧毛管管段水头损失，m；

$Q_{l_L}(i,j)$、$Q_{l_R}(i,j)$——左、右侧毛管管段流量，L/h；

$H_{l_L}(i)$、$H_{l_R}(i)$——左、右侧毛管进口压力，m；

d_l、d_s——支管和毛管管径，mm；

$H_s(i)$——支管孔口压力，m；

$Q_s(i)$——支管管段流量，L/h；

α、f、m、b——水头损失计算系数；

$I_{l_L}(i,j)$、$I_{l_R}(i,j)$——左、右侧毛管地形坡度；

$I_s(i)$——支管地形坡度；

ε——计算精度。

3. 遗传算法模型

（1）构造适应度函数。采用罚函数法将数学模型转化为如下的无约束形式的目标函数

$$f[d_s,d_l,m_L,H_s(0)]=\min\{F+\mu\mid\min[0,dcu]\mid+\mu\mid\bar{q}-q_d\mid+\mu\mid H_{管}-H\mid\} \quad (6-46)$$

其中，$H=c_0+c_1Q+c_2Q^2+c_3Q^3$，$H_{管}=H_0+h_b$

式中 $\mu\mid\min[0,dcu]\mid$、$\mu\mid\bar{q}-q_d\mid$——惩罚项；

μ——惩罚因子。

目标函数 $f[d_s,S_l,m_L,H_s(0)]$ 由目标函数与惩罚约束条件组成，表示了一组优化变量 $[d_s,S_l,m_L,H_s(0)]$ 所计算出的解的优劣程度。但为了使适应度函数高的值对应于目标函数的优秀解，还需要式（6-46）转化为最大化问题，形成如下形式的适应度函数。

$$Fit=\frac{1}{1+f[d_s,S_l,m_L,H_s(0)]} \quad (6-47)$$

式中 Fit——遗传算法的适应的函数。

（2）编码。该遗传算法的优化变量为 $[d_s,S_l,m_L,H_s(0)]$，将支管和毛管的管径及单价与其待选商用管径序号一一对应，则变量 d_s、m_L 都为整数变量，可采用整数编码方式。S_l、$H_s(0)$ 是一个连续的实数变量，采用实数编码方式。算法的编码为整数编码与实数编码的混合编码方式。

（3）选择。采用竞赛规模为 2 的锦标赛选择法。随机从种群中选择 2 个个体，将最好的个体选作父个体。重复这个过程，直到完成个体的选择。

（4）交叉。采用算术交叉方式。对任意两个已配对好的父个体 X_1、X_2，随机产生交叉点，交换交叉点后的变量值，交叉点前的值保持不变。对于交叉点处的变量，随机生成两个 $[0,1]$ 间的实数 λ_1、λ_2，则 $\lambda_1X_1+(1-\lambda_1)X_2$ 和 $\lambda_2X_1+(1-\lambda_2)X_2$ 都具有父个体 X_1、X_2 的遗传基因，可以作为交叉后的子个体，实现交叉操作，而且这样的遗传操作也可以使解向量限制在可行解域内。

（5）变异。采用实值变异的方式。随机产生需要变异的个体和变量，在变量的可行域内随机产生新的值，替代原变量的值。

（6）算法实现。在 $[d_s,S_l,m_L,H_s(0)]$ 的可行域内随即生成一定规模初始群体作为第一代遗传群体，按照滴灌系统水力计算方法进行水力计算，由式（6-47）计算个体适

应度，按照设计的选择、交叉、变异操作生成新一代群体，重复执行直到个体适应度的值满足精度要求为止。

上述遗传算法，不但能优化管道直径与管管道长度，还能计算出运行工况点，及各节点的运行压力，为田块规划与管道选型提供依据。

五、轻小型喷滴灌两用灌溉机组优化配置实例

轻小型喷滴灌两用灌溉机组，可适用于多种地块的需要，对于不同的田块布置方式，机组可以采用不同的配置，按照较优工况进行工作。现假定两种田块模式，按照上述水力计算及优化配置方法，进行机组的水力计算、机组优化配置及能耗分析。

（一）田块一的配置方式

1. 配置方式与工况点计算

假定田块一纵向长度为 105m，横向长度为 270m，灌溉面积为 2.84hm²，分 18 区进行喷灌，田块规划、喷头、滴灌带参数见表 6-3、表 6-4 及表 6-5，管道选用涂塑软管。按照上述水力计算及优化配置方法，两用机组喷灌系统配置 7 个喷头，滴灌系统配置 34 条滴灌带，具体见表 6-6。

表 6-3   田 块 一 参 数

地块长/m	地块宽/m	总面积/hm²	分区/个
105	270	2.84	18

表 6-4   喷 头 参 数

型　号	工作水头/m	流量/(m³/h)	射程/m	喷嘴直径/mm
15PY2	25	1.94	14.6	5×3

表 6-5   滴 灌 带 参 数

工作水头/m	流量/(L/h)	滴头间距/m	流态指数	毛管间距/m
10	2.713	0.3	0.55	0.9

表 6-6   机 组 配 置

喷头数/(个/区)	毛管数/(个/区)	支管直径/mm	毛管直径/mm
7	34	65	16

喷灌系统管道采用一字形布置，涂塑软管采用快速接头的连接方式。喷灌管道布置的具体形式见图 6-20。

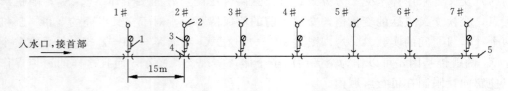

图 6-20　喷灌管道布置示意图
1—压力表；2—15PY₂ 喷头；3—喷头竖管；4—三通接头；5—堵头

滴灌系统和喷灌系统共用一套泵机组和部分主管道，同时配置有滴灌辅管及若干条毛管。滴灌管道布置的具体方式见图 6-21。毛管铺设间距为 $l=0.9\text{m}$，选用毛管内径为 $d=16\text{mm}$，孔口间距 $s=0.3\text{m}$，滴头平均流量 $qd=2.713\text{L/h}$。且毛管的铺设长度为 52.5m，每条支管上配有 34 条毛管。

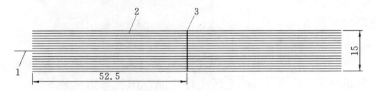

图 6-21 滴灌管道布置示意

1—支管；2—辅管；3—滴灌带

按照前文介绍的方法，进行喷灌、滴灌系统的水力计算，分析喷灌与滴灌工况与额定工况的关系，绘制出管路特性曲线，将其与泵的流量—扬程曲线的关系绘于图 6-22。

机组在喷、滴灌工况下的、具体参数见表 6-7。

由图 6-22 和表 6-7 可知，对于田块一形式，进行机组的配置，喷灌与滴灌工况点均靠近额定工况点，使得机组具有较高的运行效率。喷头与滴灌灌水器也基本在额定参数下运行。

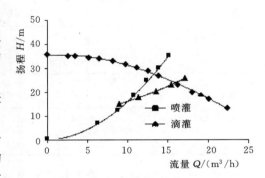

图 6-22 机组运行工况点确定

表 6-7 运行工况点参数

运行工况	流量/(m³/h)	扬程/m	效率/%	轴功率/kW
额定	15	25	61	1.5
喷灌	13.01	27.7	56.0	1.75
滴灌	16.14	23.0	57.3	1.77

2. 喷滴灌技术参数计算与校核

对田块一配置方式确定的运行工况点喷滴灌技术参数进行计算与校核，结果如下：

喷灌强度 $\rho_s = 1.94/15/15 = 0.0086 = 8.6(\text{mm/h})$

雾化指标 $\rho_d = \dfrac{1000h_d}{d} = 1000 \times 27.7/6 = 4617$

喷头最小工作压力 $h_{min} = 27.7 - 2.1 - 1.186 = 24.4(\text{m}) > 0.9h_p$

喷头最大工作压力 $h_{max} = 27.7 - 2.1 - 0.502 = 25.1(\text{m})$

喷头压力极差率 $h_v = \dfrac{h_{max} - h_{min}}{h_p} = (25.1 - 24.4)/25.7 = 2.7\% < 20\%$

滴头最小工作压力 $h_{min} = 23.0 - 3.5 - 5.5 - 4.4 = 9.6(\text{m})$

滴头最大工作压力 $h_{max} = 23.0 - 3.5 - 5.5 - 2.3 = 11.7(\text{m})$

滴头的工作水头偏差率 $h_v = \dfrac{h_{\max} - h_{\min}}{h_d} = (11.7 - 9.6)/10 = 21\% < |h_v| = 37\%$

经计算、校核，机组在喷滴灌工况下的主要技术指标，满足喷微灌工程技术规范的要求，喷、滴灌压力能够平衡。

(二) 田块二的配置方式

1. 配置方式与工况点计算

为了与田块一配置相比较，田块面积保持不变，纵向长度缩短为90m，横向长度增加到315m，灌溉面积为2.84hm²，分18区进行喷灌，田块参数见表6-8，喷头、滴灌带参数见表6-4及表6-5，管道选用涂塑软管。按照上述水力计算及优化配置方法，两用机组喷灌系统配置6个喷头，滴灌系统配置48条滴灌带，具体见表6-9。

表6-8　　　　　　　　　　田 块 二 参 数

地块长/m	地块宽/m	总面积/hm²	分区/个
90	315	2.84	18

表6-9　　　　　　　　　　机 组 配 置

喷头数/(个/区)	毛管数/(个/区)	支管直径/mm	毛管直径/mm
6	48	65	16

配置方式二中喷灌系统管道同样采用一字形布置，管道选用涂塑软管，采用快速接头的连接方式。喷灌管道布置的具体形式见图6-23。

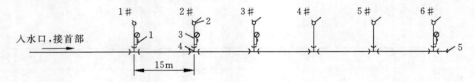

图 6-23　喷灌管道布置示意图

1—压力表；2—15PY2喷头；3—喷头竖管；4—三通接头；5—堵头

配置方式二滴灌管道布置的具体方式见图6-24。毛管铺设间距 $l = 0.83$m，选用同种型号的内镶式滴灌带，滴头平均流量 $q_d = 2.51$L/h。毛管的铺设长度为45.0m，每条支管

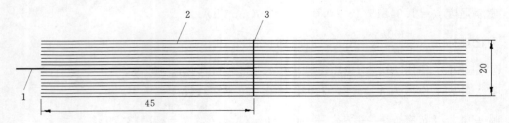

图 6-24　滴灌管道布置示意

1—支管；2—辅管；3—滴灌带

上配有 48 条毛管。

按照前文介绍的方法，进行喷灌、滴灌系统的水力计算，分析喷灌与滴灌工况与额定工况的关系，绘制出管路特性曲线，将其与泵的流量－扬程曲线的关系绘于图 6-25。

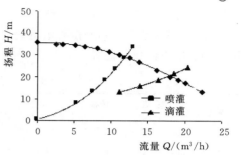

采用同样的计算方法确定机组的运行工况点，如图 6-25 所示。

机组在喷、滴灌工况下的具体参数见表 6-10。

图 6-25 机组运行工况点确定

表 6-10 运 行 工 况 点 参 数

运行工况	流量/(m³/h)	扬程/m	效率/%	轴功率/kW
额定	15	25	61	1.5
喷灌	12.3	29.5	53.8	1.72
滴灌	18.04	20.1	55.6	1.78

由图 6-25 和表 6-10 可知，对于田块二形式，进行机组的配置，喷灌与滴灌工况点均距额定工况点较远，机组整体运行效率低于田块一。喷头与滴灌灌水器运行参数偏离额定参数，滴灌灌水器运行参数基本与额定参数相同。

2. 喷滴灌技术参数计算与校核

对配置方式一确定的运行工况点喷滴灌技术参数进行计算与校核，结果如下：

喷灌强度 $\rho_s = 2.05/15/15 = 0.0086 = 9.1 \text{(mm/h)}$

雾化指标 $\rho_d = \dfrac{1000h_d}{d} = 1000 \times 29.5/6 = 4917$

喷头最小工作压力 $h_{\min} = 29.5 - 1.9 - 0.939 = 26.7\text{(m)} > 0.9h_p$

喷头最大工作压力 $h_{\max} = 29.5 - 1.9 - 0.409 = 27.2\text{(m)}$

喷头压力极差率 $= (27.2 - 26.7)/27 = 1.9\% < 20\%$

滴头最小工作压力 $h_{\min} = 20.1 - 3.8 - 5.8 - 2.63 = 7.8\text{(m)}$

滴头最大工作压力 $h_{\max} = 20.1 - 3.8 - 5.8 - 1.41 = 9.1\text{(m)}$

滴头的工作水头偏差率 $h_v = \dfrac{h_{\max} - h_{\min}}{h_d} = (9.1 - 7.8)/8.6 = 15\% < [h_v] = 37\%$

经计算、校核，机组在喷滴灌工况下的主要技术指标，满足喷微灌工程技术规范的要求，喷、滴灌压力能够平衡。

（三）两种田块配置方式能耗分析

对轻小型喷滴灌两用灌溉机组的两种田块配置进行能耗分析，与现有工程额定工况设计方法相对比。轻小型喷滴灌两用灌溉机组使用的是自行研发的喷滴灌两用自吸泵 50ZB-25，按照目前工程设计方法，喷滴灌均采用单一的额定工况设计，为满足喷头设计工作压力要求，只能选择 50ZB-30 自吸泵，因此选用市场效率较高的一款 50ZB-30 自吸泵作为对照，进行能耗分析。

1. 田块一配置单位能耗分析

50ZB-30 型水泵的额定参数见表 6-11。按照式（6-21）计算田块一配置与对照机组各种工况下的单位能耗。

表 6-11　　　　　　　　　　　　　　田块一配置单位能耗对比计算

泵型号	系统类型	扬程/m	流量/(m³/h)	效率/%	能耗/[kW·h/(m³·hm²)]	能耗合计/[kW·h/(m³·hm²)]
50ZB-30	喷灌	30.0	10	56.0	0.191	0.405
	滴灌				0.215	
50ZB-25	喷灌	27.7	13.01	56.0	0.176	0.337
	滴灌	23.0	16.14	57.3	0.161	

由表 6-11 可知，按照额定单工况设计的 50ZB-30 机组能耗为 $E_1 = 0.223 \text{kW·h/(m}^3 \cdot \text{hm}^2)$；按双工况设计的 50ZB-25 机组，$E_2 = 0.186 \text{kW·h/(m}^3 \cdot \text{hm}^2)$。

计算可知两用机组工作时能耗可降低：

$$\Delta_1 E = \frac{E_1 - E_2}{E_1} \times 100\% = 16.6\%$$

田块一配置单位能耗与对照机组相比，能耗降低 16.6%。

2. 田块二配置单位能耗分析

按照式（6-21）计算田块二配置与对照机组各种工况下的单位能耗，见表 6-12。

表 6-12　　　　　　　　　　　　　　田块二配置单位能耗对比计算

泵型号	系统类型	扬程/m	流量/(m³/h)	效率/%	能耗/[kW·h/(m³·hm²)]	能耗合计/[kW·h/(m³·hm²)]
50ZB-30	喷灌	30.0	10	56.0	0.191	0.405
	滴灌				0.215	
50ZB-25	喷灌	29.5	12.3	53.8	0.195	0.340
	滴灌	20.1	18.04	55.6	0.145	

由表 6-12 可知，按照额定单工况设计的 50ZB-30 机组能耗为 $E_1 = 0.223 \text{kW·h/(m}^3 \cdot \text{hm}^2)$；按双工况设计的 50ZB-25 机组，$E_2 = 0.187 \text{kW·h/(m}^3 \cdot \text{hm}^2)$。

计算可知两用机组工作时能耗可降低：

$$\Delta_1 E = \frac{E_1 - E_2}{E_1} \times 100\% = 16.6\%$$

田块一配置单位能耗与对照机组相比，能耗降低 16.1%。

图 6-26 为两种田块配置方式下机组运行工况点对比。从图中可以更直观地看出两种配置方式都能满足喷滴灌灌水要求，能耗均低于现有工程方法。田块一配置更接近泵的额定工况点，能耗略低，喷头及滴灌灌水器均在额定点附近，运行相对比田块一配置方式可靠。

通过运行参数与能耗分析可知，采用喷滴灌两用泵，配合两工况设计方法，拓宽了机组的运行工况，使得机组在不同田块条件下，能够合理地进行配置，增强了机组的适应

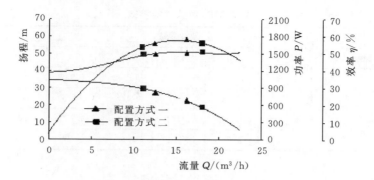

图 6-26 两种配置下机组工况点对比

能力。

六、轻小型喷滴灌两用机组运行及喷洒试验

喷滴灌两用机组在实际运行中，柴油机及水泵的效率，灌水器的运行状态、管路安装状况、天气因素及地理状况均可对机组的运行工况产生影响。在理论计算中，因无法考虑上述因素而使计算结果有一定误差。因此，采用室外试验验证的方法检验结果准确性，确保其具有实际意义。试验主要内容包括：①对喷滴灌两用机组在设计配置方式下的运行情况及单位能耗进行分析；②在喷、滴灌各自的工况下，测量并计算机组的水量分布情况，对试验结果进行分析，并与期望参数值进行对比。

（一）实验用喷滴灌灌水器校验

在进轻小型喷滴灌两用灌溉行机组试验前，应先对机组选用的的喷头与滴灌灌水器进行水力性能试验，考察其性能参数是否符合规范要求要求，能否满足机组配置及室外试验的要求。

1. 喷头校验

轻小型喷滴灌两用机组试验选用 7 个 $15PY_2$ 双喷嘴摇臂式喷头，试验用 $15PY_2$ 喷头见图 6-27，室内试验现场见图 6-28。

图 6-27 $15PY_2$ 喷头

图 6-28 $15PY_2$ 水力性能测试现场

通过试验得到，7 个喷头在额定压力 0.25MPa 时的流量、射程、喷灌均匀系数和喷灌强度见表 6-13，水量分布见图 6-29。喷头平均压力—流量关系见图 6-30。

表 6-13　　　　　　　　　　　　　0.25MPa 喷头性能参数

性能参数	编　　号							平均值
	1#	2#	3#	4#	5#	6#	7#	
流量/(m³/h)	1.920	1.930	1.935	1.960	1.942	1.946	1.912	1.94
射程/m	14.1	14.7	15.3	14.2	14.8	14.6	14.5	14.6
C_u	0.745	0.810	0.790	0.741	0.731	0.737	0.727	0.754
ρ_s/(mm/h)	3.07	3.08	3.23	3.50	3.56	3.27	3.34	3.28

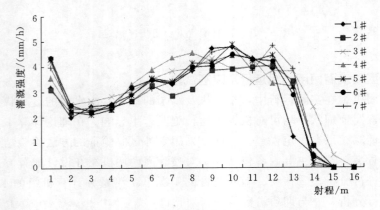

图 6-29　0.25MPa 喷头径向水量分布

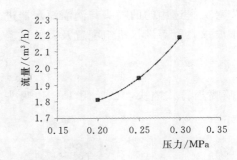

图 6-30　流量—压力关系

由表 6-13 及图 6-30 可知，0.25MPa 工作压力时，7 个喷头的平均流量为 1.94m³/h，射程为 14.6m，喷灌均匀系数为 0.75，喷灌强度为 3.28mm/h。从平均参数值可以看出，试验喷头的流量及射程均已超过国家标准值，喷灌均匀系数达 0.75，满足规范要求，喷头性能较优，可用于机组试验。

2. 试验用滴灌带校验

按照《塑料节水灌溉器材内镶式滴灌管、带》要求进行滴灌带性能参数校验，图 6-31 为滴灌带水力性能测试装置。

实验随机抽取 5 个试样，每个试样长度满足有 5 个完整灌水器，并保证两端同试验设备相连需要的长度。试验测得压力—流量关系见图 6-32。拟合得到滴灌带压力—流量间的关系式：$q=0.215p^{0.55}$。

经计算可得，滴头平均流量 $\bar{q}=2.71$L/h，滴头流量标准偏差 $S=0.049$L/h，平均流量相对于额定流量偏差 $C=0.49\%$，流量变异系数 $C_v=1.80\%$。满足规范变异系数应小于 5% 的要求，可用于机组试验。

（二）轻小型喷滴灌两用灌溉机组田间试验

喷滴灌两用机组室外试验在江苏大学图书馆后的草坪上进行。喷滴灌两用机组室外试验现场照片如图 6-33 所示。

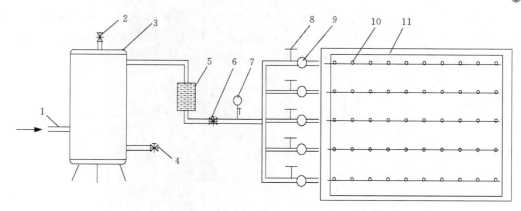

图6-31 滴灌带水力性能试验装置

1—进水管；2—排气阀；3—稳压装置；4—泄水阀；5—过滤器；6—调压阀；

7—压力表；8—调压阀；9—压力表；10—滴头；11—试验台

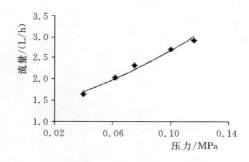

图6-32 滴灌带压力—流量

（a）50ZB-25C泵机组

（b）管道布置

图6-33 机组室外试验

1. 喷灌工况试验

试验依据《喷灌工况技术规范》开展。

（1）试验设备：双喷嘴15PY$_2$喷头；量程为0~0.1MPa的1.6级真空表1个，量程为0~0.6MPa的1.6级压力表4个，量程为0~0.6MPa的0.4级压力表4个，100m皮尺1只；直径20cm集雨筒若干；500mL量筒2个，用于测量测试时间内接收到的水量；电磁流量计1台，AR826型风速仪1台，温湿度计1只，DT-2234B型转速表1个。

（2）试验布置。喷灌工况试验布置如图6-34所示。

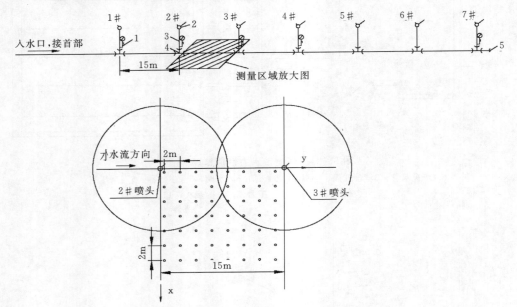

图6-34 喷灌试验布置示意图

1—压力表；2—15PY₂喷头；3—喷头竖管；4—三通；5—堵头

喷灌工况现场如图6-35所示。

（a）集雨筒布置

（b）试验用压力表

图6-35 喷灌工况室外试验

（3）试验方案及步骤。测计气候参数及风速风向；柴油机在设计转速下运行，系统切换到喷灌模式，阀门全开，使喷头工作压力达0.25MPa左右且保证压力稳定，机组正常运行；确定配置喷头数为6~7个；配置喷头数确定后，按两种不同的配置方式，分别测试管道沿程工作压力，水泵扬程、流量以及喷灌均匀性，用于进行最佳配置方式的对比选择；测试喷灌均匀性时，在喷头均匀性最好的2#和3#喷头间的试验区域布置集雨筒，开阀，调试泵转速，使喷头在额定工作压力范围内平稳运转，进行 30min 的水量分布试验。每隔 10min 测 1 次配有压力表的各喷头压力。试验完毕，测量各个集雨筒内的水量；对测得数据进行记录、计算及分析；完成试验后，处理试验数据，获得结果与理论计算值进行比对分析；计算水量分布试验中 2♯、3♯ 喷头间测试区域的喷洒均匀度。

（4）运行工况分析。

1）配置 7 个喷头。

气候参数：温度 $T=29℃$；风向为东风，平均风速 $v=1.13\text{m/s}$。

表 6-14 为管道沿程各测点的平均压力值。图 6-36 表示机组稳定运行 30min 内管道沿程压力变化的情况。

表 6-14 　　　　　　　　　　　管道沿程各测点平均压力值

转速 /(r/min)	p_{in} /MPa	p_{out} /MPa	p_m/MPa				
			1♯	2♯	3♯	4♯	7♯
3000	−0.026	0.248	0.244	0.242	0.241	0.239	0.238

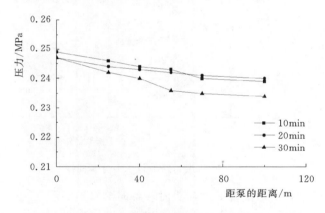

图 6-36　机组管路沿程压力分布曲线

从图 6-36 中可以看出，各时刻管道沿程压力分布曲线均比较平稳，局部略有起伏，是由于地势变化引起。

对机组运行情况进行分析：由表 6-16 可知，泵进口处负压为 2.6m，出口处压力水头为 24.8m，因此水泵扬程为 $H=27.4\text{m}$，$Q=13.26\text{m}^3/\text{h}$。由该泵性能曲线上查得，$N=1.761\text{kW}$，$\eta=56.2\%$。试验结果与理论计算结果基本相符，整理得试验测量结果与理论计算结果的对比值，并计算出它们之间的相对误差，见表 6-15。

表 6-15 　　　　　　　　　　　　试验结果与计算结果对比

	p/MPa	p_m/MPa				
		1♯	2♯	3♯	4♯	7♯
计算值	0.277	0.251	0.248	0.246	0.245	0.244
试验值	0.274	0.244	0.242	0.241	0.239	0.238
相对误差/%	1.08	2.79	2.42	2.03	2.45	2.46

由表 6-15 可知，各个喷头压力值的相对误差为 1.08%～2.79%。误差为风速及地形坡度造成的影响。试验结果与理论计算结果具有较好的一致性。

2）配置 6 个喷头。

气候参数：温度 $T=28℃$；风向为东风，平均风速 $v=1.03m/s$。

表 6-16 为管道沿程各测点的平均压力值。图 6-37 表示机组稳定运行 30min 内管道沿程压力变化的情况。

表 6-16　　　　　　　　　　管道沿程各测点平均压力值

转速 /(r/min)	p_{in} /MPa	p_{out} /MPa	p_m/MPa			
			1#	2#	3#	6#
3000	−0.024	0.266	0.264	0.261	0.260	0.258

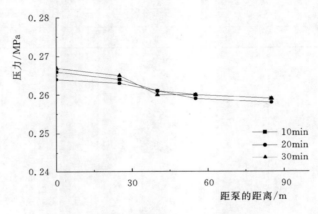

图 6-37　机组管路沿程压力分布曲线

从图 6-37 中可以看出，配置 6 个喷头时，各时刻管道沿程压力分布曲线同样较为平稳，满足机组设计要求。

对机组运行情况进行分析：由表 6-17 可知，泵进口处负压为 2.4m，出口处压力水头为 26.6m，因此水泵扬程为 $H=29.0m$，$Q=11.80m^3/h$。由该泵性能曲线上查得，$N=1.720kW$，$\eta=54.2\%$。试验结果与理论计算结果基本相符，总结出试验测量结果与理论计算结果的对比值，并结算出它们之间的相对误差。

表 6-17　　　　　　　　　　试验结果与计算结果对比

	p/MPa	p_m/MPa			
		1#	2#	3#	6#
计算值	0.295	0.264	0.261	0.260	0.259
试验值	0.290	0.264	0.261	0.260	0.258
相对误差/%	1.69	0	0	0	0.39

由表 6-17 可知，各个喷头压力值的相对误差为 0.39%～1.69%。试验结果同理论计算值基本相符。

（5）组合喷灌的均匀系数。根据国家标准规定选用克里斯琴森系数，应用到组合喷灌水量分布试验结果的分析中，即为式（6-55）所示

$$C_u = \left(1 - \frac{\sum\limits_{i=1}^{n} |h_i - h|}{nh}\right) \times 100 \tag{6-48}$$

式中　C_u——均匀系数，%；

　　　h_i——各测点的喷灌水深，mm，$h_i = \dfrac{1000 \times W_i}{A}$，其中，$A$ 为集雨筒的接水面积，

　　　　　cm^2，W_i 为集雨筒内收集的水的体积，cm^3；

　　　h——平均水深，mm；

　　　n——集雨筒数量。

1）配置 7 个喷头。所配置喷头 $15PY_2$ 在 $p=0.25MPa$ 的压力下，喷头间距为 $a=15m$，集雨筒布置间距为 $2m \times 2m$，运行 30min 后各测点水深见表 6-18。

表 6-18　　　　　　　　　喷灌工况水量分布集雨筒集水深

排　数	不同集雨筒号集水深/mm							
	1	2	3	4	5	6	7	8
1	2.25	2.75	3.25	3.38	3.25	2.38	1.65	2.75
2	1.88	2.60	3.20	3.25	3.13	2.55	1.70	2.13
3	2.00	2.60	3.00	3.13	3.00	2.50	1.25	1.13
4	1.55	2.63	3.13	3.25	2.80	2.50	1.45	1.25
5	1.50	2.00	2.63	3.38	2.25	2.00	1.40	1.30
6	1.38	1.55	1.65	1.63	2.13	1.38	1.80	1.75
7	1.18	0.88	0.75	0.63	0.95	1.25	1.38	1.45

表 6-18 中数据为机组在单个工作位置上喷灌所测得的水量分布。但在实际灌溉中，组合喷灌的水量分布还需要考虑在相邻的工作位置上喷洒水量对该区域的影响。因为每个工作位置上机组的工作状态及水量分布形式基本一致，可采用叠加法获得该测量区域的水量分布。

经计算得到，当机组配置 7 个 $15PY_2$ 喷头时，喷灌均匀系数为 $C_u = 80.0\%$。

2）配置 6 个喷头。喷头间距为 $a=15m$，集雨筒布置间距为 $2m \times 2m$，运行 30min 后各测点水深见表 6-19。

表 6-19　　　　　　　　　喷灌工况水量分布集雨筒集水深

排数	不同集雨筒号集水深/mm							
	1	2	3	4	5	6	7	8
1	3.25	3.00	3.50	3.38	3.13	2.50	1.88	2.63
2	2.13	2.63	3.25	3.25	3.00	2.50	1.75	1.75
3	2.38	2.75	3.38	3.13	3.25	2.63	1.75	1.20

续表

排数	不同集雨筒号集水深/mm							
	1	2	3	4	5	6	7	8
4	2.13	3.00	3.13	3.38	3.00	2.75	1.88	1.25
5	1.88	2.38	2.63	3.25	3.13	2.38	1.70	1.63
6	1.88	2.13	2.13	2.25	2.38	1.63	1.75	1.75
7	1.38	1.25	1.00	1.00	1.13	1.25	1.38	1.25

表 6 - 19 中数据同样需采用叠加法后获得该测量区域的水量分布。

经计算得到，当机组配置 6 个喷头时，喷灌均匀系数为 $C_u = 80.7\%$。

结果可知，无论机组配置 6 个或 7 个喷头，喷灌均匀系数均高于 80%，高于国家标准《喷灌工况技术规范》中均匀系数高于 75% 的要求，性能较优。

在机组组合喷灌均匀性的试验中，配置 6 个 15PY2 和 7 个 15PY2，均匀系数均高于 80%，符合规范要求，配置 6 个喷头时均匀性较高，喷头工作压力高于额定值。

2. 滴灌工况

试验按照《微灌工况技术规范》（GB/T 50485—2009）开展。

(1) 试验设备。内镶式滴灌带；量程为 0～0.25MPa 的 1.6 级压力表 3 个，量程为 0～0.16MPa 的 1.6 级压力表 6 个，100m 皮尺 1 只；方形盛水盘若干；1000mL 量筒 4 个，用于测量测试时间内接收到的水量；电磁流量计 1 台，AR826 型风速仪 1 台，温湿度计 1 只，DT-2234B 型转速表 1 只。

(2) 试验布置。滴灌工况试验布置如图 6 - 38 所示。

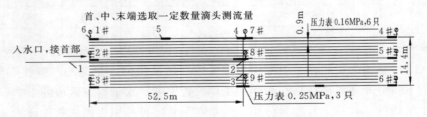

图 6 - 38　滴灌试验布置示意图

1—共用主管道；2—三通接头；3—滴灌辅管；4—滴头；5—盛水盘；6—压力表

根据滴灌带布置方式，选择距共用主管段最近及最远的 6 条滴灌带进行滴水均匀性测试。依据地势，分别在各条滴灌带首、中、末端各选取一定数量的滴头，在其下方布置方形盛水盘，测定滴灌工况下的雨量分布。分别在辅管中部及两端设置压力表，测试的 6 条滴灌带的末端同样设置压力表，并对压力表进行编号，编号见图 6 - 38。滴灌带随末端压力表的编号予以排序。图 6 - 39 所示为滴灌工况试验现场布置图。

(3) 试验方案及步骤。测计气候参数及风速风向；柴油机在设计转速下运行，系统切换到滴灌模式，阀门全开，使滴头工作压力达 0.1MPa 左右，应保证压力稳定，机组正常运行。确定配置滴灌带条数为 34～48 条；配置滴灌带条数确定后，按两种不同的配置方

（a）盛水盘布置

（b）试验用压力表

图 6 - 39　滴灌工况室外试验

法，分别测试辅管入口、毛管入口、毛管末端的工作压力，水泵扬程、流量以及滴灌均匀性，用于进行最佳配置方式的对比选择；测试滴灌均匀性时，在选取的 6 条滴灌带首、中、末端依据地形选取一定数量的滴头，在其下方设置盛水盘，测试滴灌工况运行 10min 每个滴头的流量；对测得的数据进行记录、计算及分析；试验结束后，对两种配置方式进行对比分析；计算滴灌工况的灌水均匀度。

（4）运行工况分析。

1）配置 48 条滴灌带。

气候参数：温度 $T=30℃$；风向为东风，平均风速 $v=0.83m/s$。

表 6 - 20 为机组各测点的平均压力值。

表 6 - 20　　　　　　　　　　　　滴灌工况试验测量数据

转速 /(r/min)	p_{in} /MPa	p_{out} /MPa	p_m/MPa								
			1#	2#	3#	4#	5#	6#	7#	8#	9#
3000	−0.039	0.156	0.072	0.076	0.072	0.068	0.067	0.063	0.080	0.082	0.080

从表 6 - 20 中可以看出，辅管入口和毛管入口压力与滴灌带额定工作压力相比较低，为 0.08MPa 左右，测试滴灌带末端压力约为 0.07MPa。虽然滴灌带的运行压力较低，但仍在滴灌带可正常运行的压力范围内，机组可正常运行。

对机组运行情况进行分析：由表 6 - 20 可知，泵进口处负压为 3.9m，出口处压力水头为 15.6m，因此水泵扬程为 $H=19.5m$，$Q=18.40m^3/h$。由该泵性能曲线上查得，$N=1.784kW$，$\eta=54.8\%$。试验结果同理论计算结果相吻合。误差产生主要原因为地形坡度的影响。

2）配置 34 条滴灌带。

气候参数：温度 $T=28℃$；风向为东风，平均风速 $v=1.27m/s$。

表 6 - 23 为机组各测点的平均压力值。

表 6-21   滴灌工况试验测量数据

转速 /(r/min)	p_{in} /MPa	p_{out} /MPa	p_m/MPa								
			1#	2#	3#	4#	5#	6#	7#	8#	9#
3000	−0.036	0.188	0.102	0.095	0.095	0.088	0.092	0.091	0.110	0.112	0.110

从表 6-21 中可以看出，辅管入口和毛管入口压力接近且略高于滴灌带额定工作压力，测试滴灌带末端压力接近且略低于滴头的额定工作压力。由此可见，滴头的平均工作压力接近滴头的额定工作压力，各滴头能稳定运行，机组运行平稳。滴灌带压力局部波动由地形坡度引起。

对机组运行情况进行分析：

由表 6-21 可知，泵进口处负压为 3.6m，出口处压力水头为 18.8m，因此水泵扬程为 $H=22.4$m，$Q=16.55$m³/h。由该泵性能曲线上查得，$N=1.772$kW，$\eta=57.0\%$。

试验结果同理论计算值基本吻合。误差产生主要原因为地形坡度。

（5）滴灌灌水的均匀系数。根据国家标准《微灌工况技术规范》规定，对已建成的滴灌系统应采用灌水均匀系数对灌水均匀性进行评价，灌水均匀系数应按式（6-49）和式（6-50）计算。

$$C_u=\left(1-\frac{\overline{\Delta q}}{\overline{q}}\right)\times100 \tag{6-49}$$

$$\overline{\Delta q}=\frac{1}{n}\sum_{i=1}^{n}|q_i-\overline{q}| \tag{6-50}$$

式中　C_u——微灌均匀系数，%；

　　　$\overline{\Delta q}$——灌水器流量的平均偏差，L/h；

　　　q_i——各个灌水器的流量，L/h；

　　　$\overline{q}$——灌水器的流量平均值，L/h；

　　　n——所测灌水器数目。

1）配置 48 条滴灌带。滴灌带的配置方式如图 6-38 所示，在选定 6 条滴灌带的首、中、末端依据地势条件选取一定数目的滴头，在滴头下方放置盛水盘，运行 10min 后各测点流量见表 6-22。

表 6-22   滴灌工况水量分布各测点流量

编号	不同滴灌带编号流量/(L/h)											
	1#		2#		3#		4#		5#		6#	
1	1.70	2.23	2.35	2.33	2.22	2.42	2.26	2.45	2.44	2.28	1.92	2.31	2.18	2.05
2	2.53	2.21	2.40	2.47	2.30	2.42	2.26	2.45	2.27	2.30	1.92	2.30	2.24	2.10
3	2.44	2.40	2.39	2.40	2.38	2.47	2.26	2.45	2.02	2.16	1.92	2.30	2.18	2.09
4	2.58	2.50	2.35	1.92	2.28	2.45	2.30	2.49	1.96	2.33	1.90	2.29	2.16	2.11
5	2.54	2.49	2.40	2.04	2.21	2.47	2.26	2.40	1.94	2.28	1.89	2.33	2.15	1.68
6	2.54	2.50	2.40	2.42	2.30	2.50	2.35	2.36	1.91	2.30	1.85	2.34	2.21	2.11

编号	不同滴灌带编号流量/(L/h)												
	1#			2#		3#		4#		5#			6#	
7	2.50	2.53		2.47	2.23	2.47		2.49	1.53	2.28	1.93		2.18	2.10
8	2.71	2.38		2.54	2.30	2.40		2.40	1.87	2.21	1.93		2.21	2.06
9	2.21	2.54		2.54	2.21	2.45		1.92	1.87	2.28	1.92		2.21	2.03
10	2.50	2.30		2.53	2.28	2.47		2.44	1.98	2.28	1.90		2.23	1.82

表 6-22 中数据为机组在单个工作位置上滴灌所测得的水量分布。经计算得到，当机组配置 48 条滴灌带时，滴灌灌水均匀系数为 $C_u = 93.6\%$。

2）配置 34 条滴灌带。滴灌带的配置方式如图 6-38 所示，在选定 6 条滴灌带的首、中、末端依据地势条件选取一定数目的滴头，在滴头下方放置盛水盘，运行 10min 后各测点流量见表 6-23。

表 6-23 中数据为机组在单个工作位置上滴灌灌水所测得的水量分布。经计算得到，当机组配置 34 条滴灌带时，滴灌灌水均匀系数为 $C_u = 91.6\%$。

表 6-23　　　　　　　　　滴灌工况水量分布各测点流量

编号	不同滴灌带编号流量/(L/h)												
	1#			2#		3#		4#		5#			6#	
1	2.54	2.75	2.62	2.73	2.73	2.56	2.73	2.70	2.59	2.78	2.37	2.78	2.62	2.51
2	2.56	2.73	2.86	2.84	2.78	2.18	2.56	2.82	2.62	2.78	2.40	2.73	2.67	2.56
3	2.89	2.78	2.84	2.75	2.78	2.84	2.51	2.81	2.59	2.78	2.40	2.73	2.67	2.56
4	3.14	2.85	2.81	3.00	2.73	2.95	2.73	2.70	2.40	2.84	2.40	2.73	2.62	2.56
5	2.54	2.78	2.62	2.73	2.70	2.95	2.56	2.70	2.37	2.75	2.37	2.78	2.56	2.29
6	2.81	2.78	2.86	2.70	2.78	2.95	2.78	2.67	2.37	2.75	2.35	2.78	2.67	2.51
7	2.82	2.73		2.84	2.73	2.95		2.70	2.35	2.78	2.48		2.62	2.51
8	3.00	2.84		2.84	3.00	2.67		2.75	2.54	2.75	2.45		2.73	2.45
9	2.93	2.74		2.84	2.95	2.89		2.73	2.32	2.84	2.18		2.73	2.40
10	3.00	2.75		2.73	3.00	3.00		2.73	2.44	2.78	2.10		2.73	2.51

（6）试验结果分析。

1）在机组滴灌灌水均匀性的试验中，配置 48 条滴灌带和 34 条滴灌带时，均匀系数均高于 90%，高于国家标准《微灌工况技术规范》要求的 80%，符合要求。

2）当机组配置 48 条滴灌带时，均匀性更好，可达 93.6%，灌水器压力低于额定值。

（三）小结

机组配置 7 个喷头和 6 个 15PY$_2$ 喷头，喷洒均匀性为 80.7% 和 80.0%，配置 34 条滴灌带与 48 条滴灌带，灌水均匀性为 93.6% 和 91.6%，均匀性都能达到合同与规范要求，能耗比对照机组低 16.1% 和 16.6%。

第三节　移固两用喷灌机组

一、普通轻小型移动式喷灌机组

（一）现有机组型式

根据配套喷头形式及数量的不同，轻小型移动式喷灌机组主要有四类：手持喷枪式（或无喷枪）轻小型喷灌机、单喷头轻小型喷灌机组、多喷头轻小型喷灌机组和软管固定（半固定）多喷轻小型喷灌机组。

（1）手持喷枪式（或无喷枪）轻小型喷灌机。该机组型式由动力机泵、进出水管路组成，喷洒器为手持喷枪或者直接手持末端管道进行浇灌，它不要求雾化指标，因此系统压力较低，并能在干地后浇灌，移动方便，适于经济条件较落后地区应急抗旱时使用，但喷灌均匀性较差。

（2）单喷头轻小型喷灌机组。一般选用 40PY 或 50PY 喷头。其特点为：系统压力高，喷头射程远，单喷头控制面积大，喷洒均匀性稍差，相对能耗较高，亩投资最省；操作简单，移动方便；因为是扇形喷洒，能保持在干地往后移动喷头支架。但该机组型式喷头喷洒反冲力及水滴打击强度均较大，对土壤入渗能力有一定要求，可以用于牧草灌溉。该机型上世纪末应用较多，目前逐年减少。

（3）多喷头轻小型喷灌机组。它可以根据灌溉作物及地块面积的大小，选择不同工作压力、相应数量的喷头，因此机组的流量、扬程及功率等参数选择范围较大，机组用途拓展具有较大空间，喷灌均匀性高于前面两种机型，能耗降低。江苏大学"十一五"期间开发的轻小型移动式喷灌机组系列，如表 6-24 所示，灌溉面积为 50 亩左右。

表 6-24　　　　　　　　　低能耗轻小型喷灌系统配置及参数

机组型号	动力机		水泵					喷头					
	功率 /kW	泵型号	流量 /(m³/h)	扬程 /m	转速 /(r/min)	效率 /%	吸程 /m	型号	配数	喷嘴直径 /mm	工作压力 /MPa	射程 /m	喷水量 /(m³/h)
PQ30-2.2	2.19	50ZB-30Q	15	30	3600	61.1	5	10PXH	16	4	0.25	10.7	0.973
PD25-2.7	2.66	50ZB-25D	25	25	2850	68.8	5	15PY	28	4.2	0.2	14.8	0.894
PD65-7.5	7.5	50ZB-65QJ	20	65	2850	67.9	—	30PY	3	12	0.4	25.9	6.66
PC40-5.9	5.9	65ZB-40C	30	40	2900	66.8	5	20PY	12	6	0.35	18.4	2.92
PC30-2.2	2.2	50ZB-30C	16	30	3000	63.9	5	10PXH	16	4	0.25	10.7	0.973

目前多喷头轻小型喷灌机组约占轻小型喷灌机组三分之一的市场份额。该机组型式一个喷灌周期内一般需要移动支管 7～10 次，每次移动时需将每节管道及喷头的连接全部拆开，移动下一块农田再重新连接。因此存在由于喷灌后地面泥泞所导致的搬移困难、劳动强度较大的缺点。

（4）软管固定（半固定）多喷轻小型喷灌机组。软管多喷轻小型喷灌机组是管道式喷灌的一种类型。系统中所有管道是固定的，但是干管、支管均铺设在地面，并且全部采用可拆卸的快速接头连接，灌溉季节结束后可以收存入库。管道一般采用涂塑软管，每条支管入口处设置了轮灌阀门，可实现分区轮灌作业。其配套动力一般为 $11\sim22$kW 柴油机，喷灌面积可达 $250\sim300$ 亩。该机型实际上是传统的一字形或丰字形灌溉布置形式向大型网状布置形式的一种拓展。它结合了固定式和移动式喷灌系统的优点，喷灌均匀，劳动强度较低，同时投资减少，操作简单方便，具有较好的应用前景。

（二）机组适应性分析

轻小型移动式喷灌机组非常适合我国水源分散、小型农户小型地块、平原及缓坡地带等地形坡度在 $20°$ 以下的场合，也适合适度规模化经营的小型农场。但是轻小型移动式喷灌机组存在安装、移动时用工量大的情况，有些地区玉米、小麦等作物需要一个灌溉季节内固定灌溉系统，有些场合下则可以在一个灌溉季节内移动，降低系统投资；经济作物如茶园需要永久固定灌溉。

同时，随着我国农业机械化程度的提高及土地适度规模经营的展开，轻小型喷灌机组配套功率逐步提高、应用场合日益拓展，单台喷灌机组的灌溉面积也逐渐增加，使得目前普遍采用一字形布置的轻小型喷灌机组便捷性较差、灌溉面积有限、喷头配置过多时管道沿程喷头工作压力极差率较大等缺点日益凸显，对喷灌机组系统型式及管道布置方式都提出了新的要求。

因此，为了满足不同场合用户的灌溉需求，本节对现有轻小型移动式喷灌机组型式分析的基础上，提出了一种移动固定多目标喷灌系统和一种组合式双支管喷灌系统，对机组关键部件进行改进，并提出了多种管道布置方式，供用户进行选择。

二、移固两用喷灌机组结构设计

（一）轻小型喷灌机组系列

1. 机组参数

对已有轻小型移动式喷灌机组产品进行系列化配置开发，系统参数见表 6-24。动力机采用 $1.5\sim15.0$kW 的柴油机或 $1.1\sim18.5$kW 的电动机，喷头的选择涵盖 10PY、15PY、20PY、30PY、40PY、50PY 等六种型号。适用于不同地形的粮食作物、经济作物的灌溉。该系列机组配置方式多样，机组动力范围较宽，适合多目标、多应用条件的系统分析。

2. 基本配置

利用表 6-25 中轻小型喷灌机组可以根据农户种植规模构建灌溉面积 $50\sim350$ 亩（$3.33\sim24$hm^2）的喷灌系统，具有使用便捷，运行成本低，喷灌均匀性较高等优点。

表 6-25　　　　　　　　　　新增轻小型喷灌系统配置及参数

机组型号	动力机		水泵						喷头					
	型号	额定功率 /kW	泵型号	流量 /(m³/h)	扬程 /m	转速 /(r/min)	效率 /%	吸程 /m	型号	配数	喷嘴直径 /mm	工作压力 /MPa	射程 /m	喷水量 /(m³/h)
PC20-2.2	R165	2.2	50BP-20	15	20	2600	58	7-9	10PY	10	5×2	0.15	10	1
PC35-2.9	170F	2.9	50BP-35	15	35	2600	56	7-9	15PY	7	5×3	0.3	15	2.16
PC35-2.9	170F	2.9	50BP-35	15	35	2600	56	7-9	20PY	4	6×3.1	0.3	19	2.97

续表

机组型号	动力机		水泵						喷头					
	型号	额定功率/kW	泵型号	流量/(m³/h)	扬程/m	转速/(r/min)	效率/%	吸程/m	型号	配数	喷嘴直径/mm	工作压力/MPa	射程/m	喷水量/(m³/h)
PC35 - 2.9	170F	2.9	50BP - 35	15	35	2600	56	7 - 9	30PY	1	12	0.35	27	9.5
PC45 - 4.4	R175	4.41	50BP - 45	20	45	2600	58	7 - 9	15PY	9	5×3	0.3	15.5	2.16
PC45 - 4.4	R175	4.41	50BP - 45	20	45	2600	58	7 - 9	20PY	6	6×3.1	0.4	19.5	3.4
PC45 - 4.4	R175	4.41	50BP - 45	20	45	2600	58	7 - 9	40PY	1	15	0.4	35	17.6
PC55 - 8.8	S195	8.8	65BP - 55	36	55	2900	64	7 - 9	20PY	10	6×3.1	0.4	19.5	3.4
PC55 - 8.8	S195	8.8	65BP - 55	36	55	2900	64	7 - 9	40PY	2	15	0.35	29.5	14
PC55 - 8.8	S195	8.8	65BP - 55	36	55	2900	64	7 - 9	50PY	1	20	0.5	42.3	31.2
PC55 - 11	S1100	11	80BP - 55	50	55	2900	66	7 - 9	20PY	15	6×3.1	0.4	19.5	3.4
PC55 - 13.2	S1110	13.2	CB80 - 55	50	55	2900	70	7 - 9	20PY	18	6×3.1	0.4	19.5	3.4
PC60 - 18.5	ZS1125	18.5	100BP - 60	60	60	2900	66	7 - 9	20PY	22	6×3.1	0.4	19.5	3.4

当灌溉面积为 50 亩（3.33hm²）时，机组多采用全移动的方式。灌溉面积为 350 亩（24hm²）时，采用软管固定（半固定）多喷系统以降低机组移动时的用工量，同时可以满足部分作物季节性固定灌溉的需求。故以 50 亩（3.33hm²）和 350 亩（24hm²）为例，对机组进行配置，方案如下：

（1）50 亩。

1）方案一：选用 PC30 - 2.2 手抬式喷灌机组。机组照片见图 6 - 40。基本配置为：1 台 R165 柴油机、1 台 50ZB - 30C 喷灌自吸泵、Φ50 橡胶进水管 8m、手抬式机架及机组安装螺栓。

选配一：Φ50 的涂塑软管 20m，手持喷枪 1 个；

选配二：7 套 15PY 喷头及配套装置（7×15PY）、Φ50 的涂塑软管 105m。

单台控制面积为 2.36 亩，组合间距 15m×15m，平均喷灌强度 7.13mm/h。当一次性作业

图 6 - 40 PC30 - 4.4 手抬式喷灌机组

时间 2h，灌溉周期为 5d 时，灌溉周期内控制面积 47.3 亩。

2）方案二：选用 PC45 - 4.4 手抬式喷灌机组。机组照片见图 6 - 41。基本配置为：1 台 R175 柴油机、1 台 50BP - 45 喷灌自吸泵、Φ50 橡胶进水管 8m、手抬式机架及机组安装螺栓。

选配一：Φ50 出水涂塑软管 20m，手持喷枪 1 个；

选配二：1 套 40PY 喷头及配套装置（1×40PY）、Φ50 的涂塑软管 40m；

选配三：6 套 20PY 喷头及配套装置（6×20PY）、Φ50 的涂塑软管 120m。

单台控制面积为 3.6 亩，组合间距 20m×20m，平均喷灌强度 7.81mm/h。当一次性作业时间 2.4h，灌溉周期为 5d 时，灌溉周期内控制面积 54 亩。

（2）350 亩。

350 亩的典型地块形式为 400m×584m，系统采用软管固定（半固定）多喷系统形式。选用 PC60-18.5 手推式喷灌机组。基本配置为：1 台 ZS1125 柴油机、1 台 100BP-60 喷灌自吸泵、Φ80 橡胶进水管 8m、手推式机架及机组安装螺栓。

图 6-41　PC45-4.4 手抬式喷灌机组

选配 22×20PY、Φ80 的涂塑软管 440m。系统布置见图 6-42。

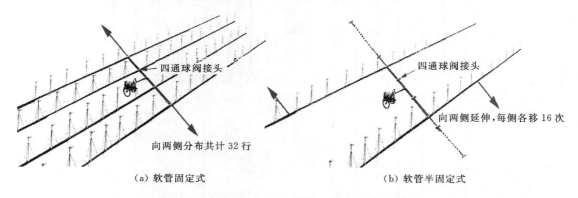

（a）软管固定式　　　　　　　　　　（b）软管半固定式

图 6-42　PC60-18.5 机组灌溉 350 亩时系统布置形式

机组单台控制面积为 12 亩，组合间距 20m×18m，平均喷灌强度 7.82mm/h。当一次性作业时间 2.44h，灌溉周期为 5d 时，灌溉周期内控制面积 350 亩。

该系统型式能适用于灌水次数多，价值较高的经济作物如蔬菜、果园、茶叶等或园林工程，也可用于大豆、玉米等大田粮食作物。

其他灌溉面积的机组方案及配置方式选择跟上述方法类似。

3. 存在的不足

经市场调研得到，该系列喷灌机组应用场合在江苏、安徽、山东、山西、吉林、黑龙江等地都有一定应用。机组在研发、应用、推广的过程中，性能不断完善，如水泵自吸高度提高，喷头配套形式更加丰富，但轻小型移动式喷灌机组固有的移动固定用工量大，同一机组应对不同作物、不同灌溉面积及不同应用场合仍显得形式单一。因此提出移动固定多目标喷灌系统、组合式双支管多喷喷灌系统两种低能耗轻小型移动式喷灌机组型式，以满足不同场合的应用需求及机组灌溉面积拓展需要。

（二）移动固定多目标喷灌系统

1. 系统组合模式

为了解决传统的采用一字形布置的单一方式，根据用户需要，提出了一种移动固定多目标喷灌系统，如图 6-43 所示。根据地形、水源、种植结构、气候条件等因素，构建出适合我国农村条件的四种系统组合模式，可满足不同经济条件与灌溉条件地区的选择：①季节性固定模式，适用于经济条件好、灌水次数多的用户，如图 6-43（a）所示。②首部移动模式，适用于经济条件较好、灌水次数较多的用户，如图 6-43（b）所示。以上两种模式机组灌溉面积较大。③首部、喷头移动模式，适用于经济条件一般、灌水次数较少的用户，如图 6-43（c）所示。喷头移动有利于机耕，管道固定则大大降低移管过程中的劳动强度。④首部、喷头、管道全移动模式，适用于经济条件差、灌水次数少的用户，如图 6-43（d）所示。

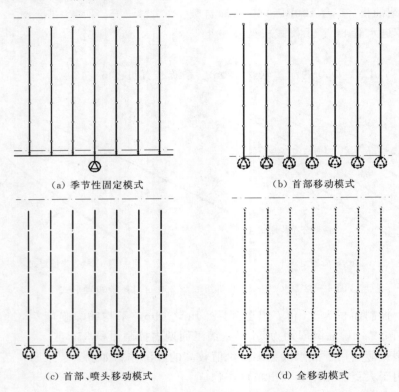

图 6-43　轻小型喷灌机组固定及移动方式

上述移动固定多目标喷灌系统组合方式灵活，采用现有的水泵机组及喷头，管道采用涂塑软管，因而通用性较强，实施方便。但由于喷头与管道的连接是采用螺纹连接，且通过三条支杆插入地面固定，因而喷头的安装及移动耗工较大，机组长期使用易使螺纹连接部分锈蚀，拆卸困难，因此需要提高喷头与管道连接、移动的便捷性。

另一方面，轻小型喷灌机组中管道是多组首尾顺次相连，安装、拆卸过程复杂。系统安装过程中，当管道位置未确定时，喷头位置不能确定，造成总的安装时间的增加。管道位置挪动时，喷头立管也随之移动，易使安装好的喷头倾倒，压伤作物幼苗，因而喷头及管道连接部分的固定也是非常必要。

因此，喷头及管道连接方式的改进是提高轻小型喷灌机组便捷性的关键。

2. 机组关键部件改进

为提高轻小型移动式喷灌机组管道及喷头连接、移动的便捷性，实现移动固定多目标喷灌，开发了一种快速连接管件和一种喷灌用喷头及管道固定装置。

（1）快速连接管件。轻小型喷灌机组喷头安装时，需将喷头立管与三通、两侧管道连接好之后，再套上三条支杆、安装喷头，最后再对三条支杆进行固定。移动拆卸时，由于喷头立管与三通采用螺纹连接，需先将三条支杆松开，才能旋动喷头立管。如图6-43所示当喷头需要移动到下一个工作位置时，需要重复上述操作，一方面喷头安装过程繁复，拆卸存在一定难度，而且支杆频繁地插入和拔出泥土，极易对支杆造成损坏，系统便捷性和可靠性都较低。因此，为满足半固定式系统中的地埋干管与可移动支管或喷头快速连接的需要，开发快速连接管件，如图6-44所示。浮球式结构使得喷头立杆插在接口内即能取水，拔出接口即能自行密封，实现喷头和立管的快速安装与拆卸，移动方便，具有结构简单、通用性强的特点。

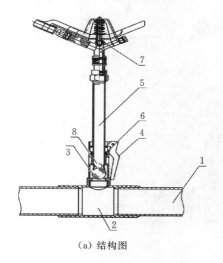

（a）结构图

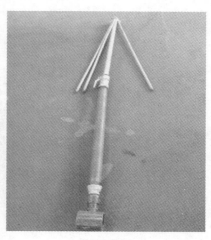

（b）实物图

图6-44　快速连接管件示意图

1—输水软管；2—快速三通接头；3—浮球；4—手柄；5—立管；6—密封圈；

7—喷头；8—立管进水孔

（2）喷头及管道固定装置。对于采用地面软管输水的轻小型喷灌机组，田间使用时对喷头及管道进行固定也十分必要。一方面是因为可以提高作业效率，同时对作物损伤减少；另一方面是因为灌溉过程中地面变湿、喷洒水量入渗至土壤中会导致土质变松，土壤与喷头支架插入泥土部分之间的摩擦力变小，削弱了喷头支架对立管的固定作用，加之喷头本身运转对立管产生的侧向力矩，以及风的影响，易使喷头立管倾斜或倾倒，导致喷头不能正常运转，影响喷灌系统的正常工作。

为了解决上述问题，同时满足机组季节性固定的需要，开发如图6-45所示的一种喷灌用喷头及管道固定装置[21]。它由支座稳定盘、双头螺柱、插地尖头和备用螺母组成。支座稳定盘则由底盘、可移动固定板、定位螺栓和立管定位肋组成[21]。

图6-45中，支座稳定盘能提供一定面积的水平操作平面，通过自重及与地面的接触

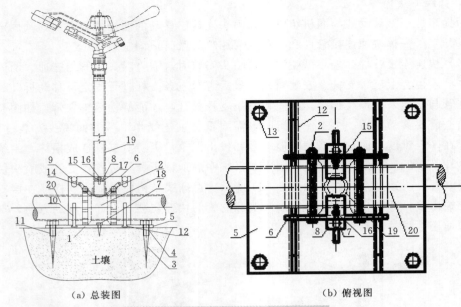

(c) 实物图

图 6-45 一种喷灌喷头及管道固定装置

1—支座稳定盘；2—双头螺柱；3—插地尖头；4—备用螺母；5—底盘；6—可移动固定板；7—定位螺栓；
8—立管定位肋；9—插地尖头承放口；10—侧边设有加强板；11—外螺纹；12—T 形导轨；
13—通孔；14—倾斜腰圆孔；15—腰圆孔；16—移动立管定位螺栓；
17—承接台；18—三通；19—喷头立管；20—铝管

对喷头及管道起到稳定和支撑作用。底盘、管道两侧可移动固定板及双头螺柱对主管道起到固定作用，立管固定肋能防止立管在旋转过程中倾斜。插地尖头与支座稳定盘的螺纹连接使该固定装置既能用于田间土壤，又能用于水泥平地，且方便搬运储存。备用螺母的存在使该装置能用于田间坡地及局部低洼的场合。底盘上的 T 形导轨、可移动固定板上的腰圆孔及立管定位肋的设置使该装置能应用于不同管径的管道。

（三）组合式对称支管多喷喷灌系统

1. 系统构成

一种组合式对称支管多喷喷灌系统如图 6-46 所示，由传统的一字形布置改变为由一条主管道与多对对称支管及喷头组成的系统模式[22]。该系统能根据用户对灌溉均匀性的要求及地块形状、风向风速情况，通过所有对称支管和喷头转动角度的改变，方便地实现矩形喷洒、三角形喷洒，如图6-47所示；在经济条件较差地区或需要应急抗旱的场合，可以手持支管直接进行浇灌，如图6-48所示。由于每个喷头与支管单独连接，故能很好地适应地形坡度的变化。对称支管分流则使管道水力损失变小，喷头工作压力稳定，灌溉均匀性提高，能耗也有可能降低。

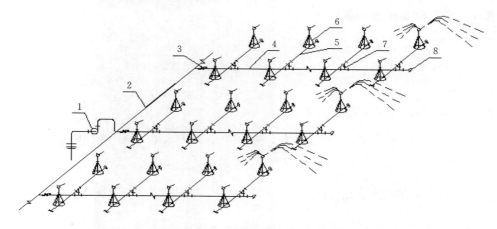

图6-46 一种组合式对称支管多喷喷灌系统的分布结构示意图

1—水泵机组；2—供水主管；3—支路控制阀；4—分干管；5—若干组双支管；

6—喷头；7—组合四通；8—堵头

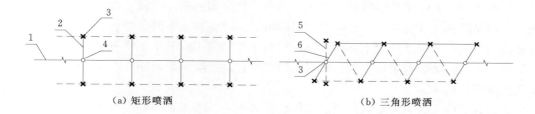

（a）矩形喷洒 （b）三角形喷洒

图6-47 矩形及三角形喷洒

1—分干管；2—若干组双支管；3—喷头；4—组合四通；5—矩形

喷洒工作位置；6—三角形喷洒工作位置

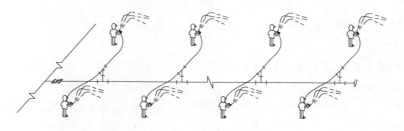

图6-48 手持支管浇灌

2. 关键部件设计

组合式对称支管多喷喷灌系统的关键部件是连接分干管和组合式对称支管的组合四

通。其结构图如图 6-49、图 6-50 所示，由上三通和下三通交错连接组成，上三通连接对称支管及喷头，下三通连接分干管。对于不同管径管道，上三通基本不变，只需变换下三通，因此结构通用性强，且能回收。该结构使得对称支管及喷头可以成组地安装、移动，每条分干管与相应的双支管及喷头形成一个单元模块，控制方便，供水主管固定、收卷方便，故在灌溉季节该系统管路能有序布设，提高作业效率。当部分喷头发生故障，维修工作不影响其他喷头的正常进行。

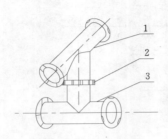

图 6-49　组合四通结构图
1—上三通；2—连接口；3—下三通

图 6-50　不同管径组合四通实物图

　　组合四通及对称支管的使用还可以使系统方便地应用于丘陵地区坡地喷灌及作物间作套种。此时，主管道可以沿等高线布置，对称支管及喷头顺山势自上而下布置。当坡度大于一定值时，地势较高的喷头采用压力更低的喷头，地势低的喷头采用压力较高的喷头。与采用两条分干管、沿等高线布置、直接与两行喷头相连相比，施工难度明显降低，且系统压力容易平衡。作物间作套种时，同时种植的两种作物，灌溉定额会有差异，因而对喷灌强度及雨滴打击强度的要求不同。采用规格不同的喷头或可从小喷头一侧支管处再连接分路补充安装喷头。与采用一字形布置的轻小型移动式喷灌机组相比，该系统喷头连接及系统扩展更加灵活。

　　组合式对称支管多喷喷灌系统，与传统的采用一字形布置的轻小型移动式喷灌系统相比支管管径减小、成本及能耗降低，可配喷头数增多，机组便捷性、灵活性提高。适用于经济作物及幼嫩作物的灌溉，以及需要浅水勤灌的场合，经济条件好或劳动力较缺乏的场合。该系统形式为喷灌机组在一定流量及动力范围内机组灌溉面积及用途的拓展提供了帮助。

（四）管道配置方式拓展

1. 布置形式

　　在机组实际应用中，对于不同水源位置情况、不同地块特点，不同经济条件的农户，对管道布置形式及机组构成部分的固定、移动方式的需求不一。如图 6-51 所示，一般认为当配置喷头数达 10 个以上时，采用两条平行支管布置或组合式对称支管的布置方式可以降低管道沿程损失及喷头工作压力极差，在一定范围内使配置喷头数增加。将三种支管布置方式与图 6-52 喷灌管网梳齿形、丰字形两种基本的管道布置形式结合起来，构成两级以上的喷灌管网，使机组灌溉面积及应用场合得以拓展，为机组的实际应用及用户的多元化选择提供参考[23]。

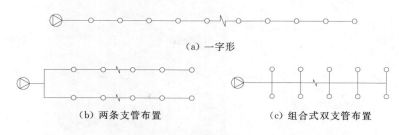

（a）一字形

（b）两条支管布置　　　　　　　　（c）组合式双支管布置

图 6-51　轻小型移动式喷灌机组基本布置方式

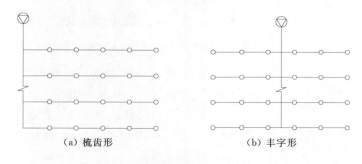

（a）梳齿形　　　　　　　　　　　（b）丰字形

图 6-52　固定式喷灌系统管道布置方式

考虑系统的固定、半固定及全移动等形式，以机组配置 10 个喷头为例，构建出如图 6-53～图 6-56 所示 11 种管道布置方式。

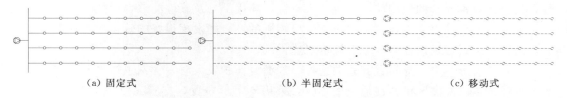

（a）固定式　　　　　　　　（b）半固定式　　　　　　　　（c）移动式

图 6-53　梳齿形与"一"字形布置相结合

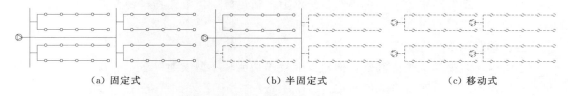

（a）固定式　　　　　　　　（b）半固定式　　　　　　　　（c）移动式

图 6-54　梳齿形与两条支管布置相结合

上述 11 种管道布置方式中，管道连接处均采用快速连接。当喷头需要采用三角形喷洒时，管道布置方式通过调整后即可实现。

当考虑图 6-43 移动固定多目标喷灌系统不同的系统组合模式时，可以形成的管道布置方式更多，但都是在上述 11 种管道布置形式的基础上实现。机组关键部件的改进及组合四通的使用，会使管道的多元化配置实现更加便捷、灵活。

2. 管道布置方式选择

田间应用时，喷灌系统管道布置方式的选择主要影响因素有：①地形条件；②水源位

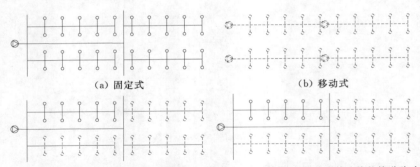

(a) 固定式　　　　　　　　　　(b) 移动式

(c) 半固定式（与对称支管连接的管道固定）　(d) 半固定式（与对称支管连接的管道移动）

图 6-55　梳齿形与组合式对称支管布置相结合

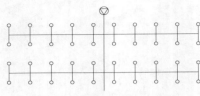

图 6-56　丰字形与组合式
对称支管布置相结合

置；③耕作与种植方向；④风向风速[23]。轻小型移动式喷灌机组中，机组各部件的固定或移动还取决于当地经济条件及劳动力情况。管道的布置方式决定了轻小型喷灌机组中支管的移动方向及劳动强度的大小，需综合考虑。

（1）一字形、两条支管、组合式对称支管的选择。当机组配置 6 个喷头左右或以下时，采用一字形布置即可。两条支管布置结构简单，组合喷灌均匀性较一字形布置更高，但安装过程较繁复。组合式对称支管的使用较灵活，如果系统各连接部分及管件能够合理配套，使成本进一步降低、可靠性提高，在需要多喷头低压喷洒的场合能发挥很好的效益。三种支管布置方式的优劣需通过理论计算、综合评价对比得到。

（2）梳齿形与丰字形布置方式的选择。当灌溉面积较大时，管网主体布置形式主要取决于水源位置。井灌区机井在地块中心时，采用丰字形布置，支管一般按耕种方向布置。当水源在地角或边缘，田间机行道或农业机械操作方向在地块边缘时，采用梳齿形布置。一般丰字形布置管道水力损失更小，系统水力平衡更好。当沿作物耕种方向喷灌支管过长时，宜改用丰字形布置。

三、移固两用喷灌机组优化配置

主要以一台喷灌机组为基础，构建低能耗多功能轻小型喷灌机组，进行机组的多喷头配置对比及不同支管布置方式的对比。

（一）多喷头配置

对于每一台轻小型移动式喷灌机组而言，能够配置的喷头种类及数量都是多样的。因此轻小型喷灌机组的多种喷头配置方式优化对机组配置方式的选择具有较强的理论和实际意义。

1. 优化指标的选取

采用机组单位能耗 E_p、年费用 C_A、总费用 C_{total} 分别作为优化指标，对同一台机组，配置不同喷头时的情况进行优化。

2. 机组及喷头的选择

机组中的动力机泵及进水管价格之和见表 6-26。

表 6-26　　　　　　　　　　　　　喷灌机组动力机泵及进水管价格之和

编　号	机组型号	动力机、水泵及进水管造价 C_b/(元/套)
1	PC20-2.2	1760
2	PC35-2.9	1990
3	PC45-4.4	2260
4	PC55-8.8	3430
5	PC55-11	4170
6	PC55-13.2	4210
7	PC60-18.5	5200

　　选用表 6-26 中的机组 PC45-4.4，构建低能耗多功能轻小型喷灌机组。据调研结果显示该机组在江苏、安徽、山东等地使用较多，配套水泵型号为 50BP-45，水泵性能曲线见图 6-57[24-25]。以该机组分别配置 15PY、20PY、40PY 为例，采用不同优化目标对机组进行优化。部分喷头实物图如图 6-58 所示。管道价格见表 6-27。

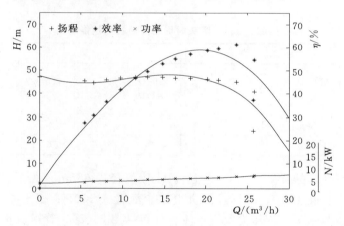

图 6-57　水泵 50BP-45 性能曲线

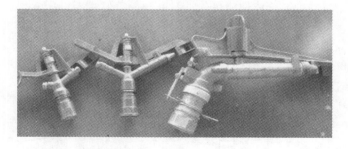

图 6-58　系列一新增机组备选喷头（从左到右依次为 15PY、20PY、30PY）

表 6-27　　　　　　　　　　　　　　管道备选管径及单价

管径 D/mm	40	50	65	80
单价/(元/m)	3.5	4	5	6.5

机组优化计算参数取值如下。

对于以柴油机为动力的喷灌机组，燃料采用 0♯ 柴油，价格按 7.54 元/L 计，换算得燃料价格 $E_{diesel}=0.8$ 元/(kW·h)。汽油的价格按 7.54 元/L 计，换算得到 $E_{petrol}=0.88$ 元/(kW·h)。电费按 $E_{electricity}=0.5$ 元/(kW·h) 计。人工费为 $C_{lb0}=8$ 元/h。动力机运行效率取 $\eta_d=0.4$，田间喷洒水利用系数取 $\eta_p=0.9$。水泵折旧年限 10 年，管道折旧年限 5 年，故机组折旧年限取 10 年，折旧率 0.20。年利率 0.095，年平均大修率 0.01[24]。机组年运行时间取 300h，每个灌溉周期内平均移动 15 次。

以配置 9×15PY 喷头、$D=50mm$ 管道作为初始配置。以 Visual Basic 6.0 为平台，运用退步法进行管道水力计算，采用遗传算法对不同优化目标下的最佳配置方式及管道沿程各喷头压力、流量等参数进行计算，此时最佳配置即优化配置。

3. 优化结果及讨论

(1) 优化效果分析。以单位能耗为目标时，最优配置方式为 12×15PY，常规的配置为 9×15PY，记为配置（1）；优化配置 12×15PY 记为配置（2）。优化前后机组各项参数见表 6-28。

表 6-28　　　　　　　　　机组配置 15PY 喷头时优化前后机组性能对比

编号	配套方式	管道			水泵			单位能耗 E_p /[kW·h/(mm·hm²)]
		管径 D /mm	最小工作压力水头 h_p /(min/m)	工作压力极差率 h_v/%	流量 Q /(m³/h)	扬程 H /m	效率 η /%	
（1）	9×15PY	50	31.9	22.3	20.7	40.8	54.7	5.918
（2）	12×15PY	65/50	27.2	18.7	25.1	33.1	51.2	5.487

从表 6-28 可知，配置 12×15PY，且前 11 段管径为 65mm，最后一段管径为 50mm 时，喷头工作压力变化率为 18.7%，与机组初始配置 9×15PY 相比能耗降低了 7.3%。优化配置前后管道与喷头沿程压力及管道流量分布见图 6-59。管道流量线性变化，则各喷头处为均匀出流。优化后系统工作压力明显降低，管道沿程工作压力变化更加平缓，喷灌均匀性将有所提高，机组总体性能更优。

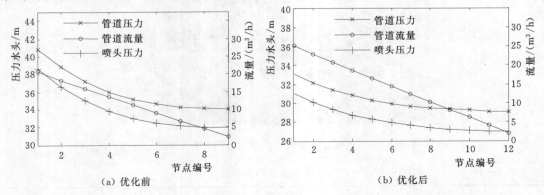

图 6-59　以能耗最小为目标优化前后机组配置 15PY 喷头时管道沿程压力分布对比

（2）最佳配置方式对比。采用喷灌机组单位能耗、年费用及使用年限内总费用 3 个指标，考虑 4 种配置方式得到的最佳喷头数优化结果对比见表 6－29[24]。

表 6－29　　　　　　　　　　机组配置不同喷头时优化结果对比

喷头型号	优化目标（评价指标）			优化结果	
	单位能耗 E_p /[kW・h/(mm・hm²)]	年费用 C_A /[元/(年・hm²)]	总费用 C_{total} /(元/hm²)	喷头数 n	管径 D /mm
10PXH	5.535	784.6	7145.8	24	65/50
15PY	5.487	650.3	6674.6	12	65/50
20PY	5.985	685.1	6284.8	7	65
40PY	5.704	652.8	6748.6	1	65

表 6－29 中对比可得，以单位能耗为目标时，机组最优配置方式为 12×15PY，此时能耗为 5.487kW・h/(mm・hm²)。以年费用为目标，最优配置方式也为 12×15PY。配置 12×15PY 时机组年费用比常规配置时降低 22.1%。配置 1×40PY 时，机组年费用也很低，且 $H＝45.44m$，$Q＝18.0m^3/h$，$\eta_b＝58.6\%$，机组工作在水泵额定工况点附近。目标为总费用时，配置 7×20PY 机组总费用最低，为 6284.8 元/hm²，比机组初始配置 6×20PY 时降低 15.1%，比配置 12×15PY 时降低 5.8%，比配置 1×40PY 时降低 6.9%。

（3）讨论。①评价指标的影响：从表 6－29 知，在不同评价指标下，得到的最佳喷头组合方式有所不同。单位能耗及机组年费用能反映短期效益，总费用更能反映长期灌溉效益。考虑近期效益时，配置 12×15PY 或 1×40PY 时比较合适，长期使用选用 7×20PY 系统总投资最低，且机组效率较高、喷头工作压力偏差率小，灌溉效果更佳。②年费用及总费用构成分析：对于只有一级或二级管道的轻小型喷灌机组，能耗费 E_F、运行费 C_{opt} 分别是系统折旧费 C_F、建设费 C_{ctr} 的 2 倍左右，喷头数少时比例更大。能耗费或运行费占年费用或机组总费用的主要部分，因此采用中低压喷头、降低系统工作压力对降低系统能耗具有重要意义。③各项配置适用场合分析：表 6－29 中，配置 15PY 喷头时，系统单位能耗、年费用都是 4 种组合中最低的，总费用也不高；同时喷头工作压力低，组合喷灌均匀性高，但其缺点是移动时用工量较大。适合于粮食作物幼苗或经济作物的灌溉，采用浅水勤灌。配置 40PY 时，机组单位能耗较高，但年费用很低，而且系统构成简单，移动、维修都比较方便。经厂家前期调研，该方式对一般农户的吸引力很大。但其缺点是喷头工作压力高，对作物打击力大，且喷灌中由于喷头运转产生的反向冲力较大，易使立杆倾斜，因而适用于大田作物如玉米、成熟小麦、草坪等的灌溉，是干旱季节应急抗旱的推荐产品。配置 20PY 时，系统单位能耗最高，因喷头工作压力为 0.4MPa，运行在喷头额定工作压力 0.30～0.40MPa 的上限值。在轻小型机组长期使用中，农户形成的经验为倾向于使用中压喷头，配置喷头数较少，运行压力稍高，从而使系统初投资降低。优化分析也表明，该配置下机组总费用最低。从喷灌质量、系统投资、便捷性、运行稳定性等角度考虑，该配置方式下机组总体性能较优，通用性强，使用范围较广，可应用于粮食作物和经济作物苗期或土壤松软的田块喷灌。

（二）不同支管布置方式

1. 支管布置选择依据

根据前期机组水力计算结果及用户的实践经验，当机组配置喷头数 $n \leqslant 10$ 时，管道一般宜采用一字形布置；当喷头数 $10 < n < 20$，管道宜采用两条支管或组合式双支管布置；当喷头数 $n > 20$，管道宜采用多条支管布置。在保证每条支管喷头工作压力极差率 $h_v < 20\%$ 的前提下，有些机组由于配置的喷头流量小，喷头数 $n > 10$ 时也可采用一字形布置。当地块为方形、为提高喷灌均匀性或为了改善田间小气候时，$n \leqslant 20$ 的场合也可以采用多条支管布置。

对于大多数喷头数 $n > 10$ 的轻小型喷灌机组而言，管道的三种布置方式（a）一字形、（b）两条支管、（c）组合式双支管哪种更优，需要通过优化计算及综合比较决定。

2. 不同支管布置计算结果对比

（1）配置计算。仍采用轻小型喷灌机组 PC45 - 4.4，管道布置采用三种方式：①一字形；②两条支管；③组合式双支管。分别以单位能耗、年费用及总费用为目标，采用后退法进行管道的水力计算，利用遗传算法对机组进行优化。一个灌溉季节内，机组移动次数以 $M = 15$ 计。优化结果见表 6 - 30。喷灌均匀性由管道中段相邻喷头组合喷洒的喷灌均匀性来表征，喷灌均匀性及操作时间见表 6 - 31。

表 6 - 30　　　　　　　　　　不同管道配置优化结果对比

管道布置编号	优化目标（评价指标）			优化结果	
	单位能耗 E_p /[kW·h/(mm·hm²)]	年费用 C_A /[元/(年·hm²)]	总费用 C_{total} /(元/hm²)	喷头数 n	管径 D /mm
①	5.479	630.4	5753.6	12	65
②	5.065	619.2	5772.7	12	65
③	5.383	621.5	5734.3	12	65/50

表 6 - 31　　　　　　　　　　三种支管布置操作时间对比

支管布置编号	平均工作压力 p_{avg} /MPa	CU /%	操作时间 $T_{p,sum}$ /min	
			初始安装	正常使用
①	0.28	75.7	97.5±7.9	75.6±6.6
②	0.28	75.7	89.5±7.3	67.6±5.9
③	0.285	75.9	71.9±5.9	60.9±5.2

（2）结果讨论。①能耗及成本对比：从表 6 - 30 中三种支管布置方式的能耗 E_p、年费用 C_A 和总费用 C_{total} 对比可以看到，采用一字形布置①三项指标均为最高；两条支管布置②能耗比组合式双支管布置③低，年费用二者差别不大，但总费用组合式双支管布置最低。②喷灌均匀性及操作时间：喷灌机组的组合喷灌均匀性与管道沿程喷头工作压力变化是否平缓有关，也与平均工作压力大小有关。表 6 - 31 显示布置③机组喷灌均匀系数 CU 最大。操作时间布置③最低，布置②次之，布置①最高。这是由于布置③虽然管道连接件增多，但是由于采用组合四通，并且每个喷头只有单侧与管道相连，每次安装时系统需要

连接的部件减少。布置②和③相比布置①系统中喷头布置更加集中，利于机组部件分配和作业，因而操作时间降低。

四、移固两用喷灌机组田间试验验证

低能耗多功能轻小型移动式喷灌机组在实际应用时，一方面，水源的远近、水位的高低会影响到水泵供水到喷头处的压力，地块的形状和坡度会影响到管道的布置从而影响水力损失的大小，这些都会间接影响到机组能耗的高低；另一方面，管道布置形状、田间风向风速及管道沿程压力变化对喷灌均匀性影响较大。上述田间实际因素的存在会使得喷灌机组的实际运行组态与机组优化、评价的理论结果存在一定的差异，因而需结合实际情况，对前面机组单目标、多目标配置优化及管道水力计算的结果进行试验验证。

机组单位能耗、成本、喷灌均匀性、操作时间四项指标是本章机组优化和综合评价的基础。机组的单位能耗、喷灌均匀性对机组的配置情况比较敏感。因而本章喷灌机组田间试验的主要目的是测量机组的能耗及均匀性。

（一）试验材料

1. 研究对象

（1）以 PC45-4.4 轻小型喷灌机组作为研究对象，配套水泵为 50BP-45。机组分别配置 15PY 和 20PY 喷头。此时，喷头间距分别采用 $a=15m$、$a=20m$。管道采用涂塑软管，呈一字形布置。

（2）喷头。由表 6-29 可知，机组 PC45-4.4 的最优配置为 $12\times15PY$ 或 $7\times20PY$。因此，选择相应数量的喷头用于机组配置田间试验中，所有喷头由江苏旺达喷灌机有限公司提供，喷头实物图如图 6-58 所示。对所有喷头进行机组配置额定工作压力下的室内运转试验。并从中选择 5 个 15PY 喷头、3 个 20PY 喷头测量不同工作压力下的流量、射程及单喷头水量分布等水力性能参数。图 6-60 为两种喷头的工作压力与流量关系曲线。

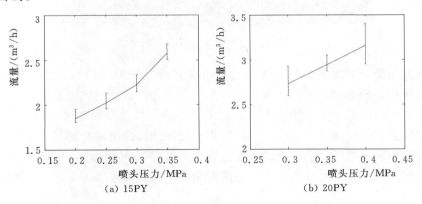

$$（a）15PY \qquad （b）20PY$$

图 6-60　15PY、20PY 喷头流量压力曲线图

所选的 15PY、20PY 两种喷头流量与平均值之间差异都在 5% 以内，可以用于喷灌机组的优化配置室外试验中。

机组配置时额定工作压力下喷头 15PY、20PY 的流量、射程等参数见表 6-32。

表 6-32   喷头水力性能

喷头型号	喷头工作压力 p/MPa	流 量 Q/(m³/h)	射 程 R/m
15PY	0.30	2.217	15.2
15PY	0.35	2.571	16.0
20PY	0.35	2.940	18.7
20PY	0.40	3.156	19.4

2. 试验场地

（1）试验布置。喷灌机组室内单喷头试验在江苏大学喷灌实验室进行。实验室直径 44m、高 10m，可以满足 15PY、20PY 喷头的全圆喷洒测试要求。

室外试验场地为江苏大学校园内，北纬 32°12′，东经 119°27′。可供测试的地块长 180m，宽 50m，地形坡度在 1% 以内。水源为一池塘，水泵进水管进口距水泵出口及主测试区的高程为 2.0m。测试区雨量筒采用方格形布置，布置间距为 2m×2m，实验现场布置如图 6-61 所示。试验时间为 2013 年 7 月、10 月。

图 6-61 试验现场布置图

（2）试验设备。喷灌机组能耗及均匀性田间试验过程中用到的主要试验设备有压力表、电磁流量计、转速表、风向风速仪、小型气象站、自制便携式雨量筒等。所用设备型号见表 6-33，具体见图 6-62。自制便携式雨量筒，顶部直径为 20cm、总高度 50cm。是由透明的组合式集雨漏斗、支撑立杆和可移动底座三部分组成。测量部分锥台形的设计使得该雨量筒在喷头喷灌强度较低时读数比普通的直径为 20cm 的集雨筒人工测量方式精确。该装置集承雨与计量功能于一体，能同时满足田间坡地及水泥平地上的喷灌水深测量需要。

（二）机组室外试验

1. 试验目的

对于每一台轻小型喷灌机组，不同应用场合时可以配置不同型号的喷头。虽然不同指标下机组多喷头配置的理论计算结果能为机组的优化配置提供一定的参考，但实际应用中对于特定的机组，哪种配置方式最佳，还需要参考试验结果综合决定。

表 6-33　　　　　　　　　　　田间试验主要设备及参数

编号	仪器名称	型　号	数量	备　注
1	压力表	YB-150　精度 0.4 级	4	0~0.6MPa
		YB-100　精度 0.6 级	2	0~0.6MPa
2	电磁流量计	EM-LDE DN65	1	
3	转速表	DT-2234B	1	
4	风向风速仪	WindMate-300	1	
5	小型气象站	HOBO U30/NRC	1	
6	便携式田间喷灌雨量筒	Diameter 20cm on top　Height：50cm	150	自制

（a）压力表　　　　　　（b）电磁流量计　　　　　　（c）转速表

（d）风向风速仪　　　　（e）小型气象站　　　（f）便携式田间喷灌雨量筒

图 6-62　试验设备

2. 试验方案

对喷灌机组分别配置 15PY、20PY 喷头时的机组运行工况进行测量，每组试验持续一个小时，测量的参数包括气候参数、水泵转速和流量、管道沿程各喷头工作压力，均匀地测量三组数据，求平均值作为最后结果。

3. 测量结果与分析

（1）管道沿程压力分布。机组 PC45-4.4 分别配置 15PY、20PY 喷头，管道采用 $D=65\text{mm}$，对应喷头间距分别为 $a=15\text{m}$ 和 $a=20\text{m}$ 时，柴油机油门全开，当喷头数 n 发生变化时，管道沿程工作压力分布如图 6-63 所示。

（2）管道首端与末端喷灌均匀性。当机组采用 10×15PY 配置时，1♯与 2♯喷头间的水量分布如图 6-64 所示，7♯与 8♯喷头之间的水量分布如图 6-65 所示，试验中各喷头工作压力非常稳定，测量 3 次的误差均在 2% 以内。

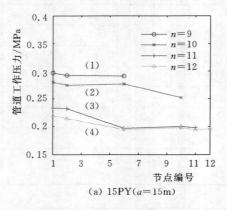

(a) 15PY(a=15m)

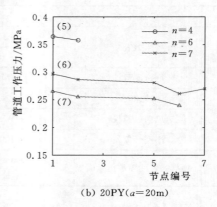

(b) 20PY(a=20m)

图 6-63　机组配置 15PY、20PY 时不同喷头数下管道沿程工作压力分布

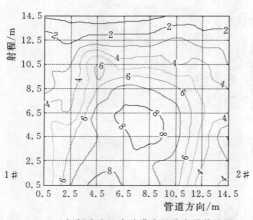

（a）相邻喷头组合喷灌水量分布等值线图

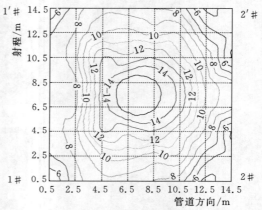

（b）四个喷头组合喷灌水量分布等值线图(b=15m)

图 6-64　区域 A（1♯与 2♯喷头之间）组合的水量分布三维图与等值线图（运转 30min）

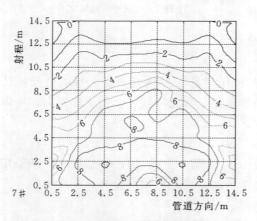

（a）相邻喷头组合喷灌水量分布图

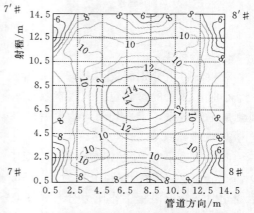

（b）四个喷头组合喷灌水量分布图(b=15m)

图 6-65　区域 B（7♯与 8♯喷头之间）组合的水量分布三维图与等值线图

表 6-34 给出了四种配置下管道首端与末端组合喷灌强度和均匀性。表中风向用与北向的夹角 θ 表示，例如南风角度为 0°，西风为 90°。风速用 v 表示，T 为空气温度，同时测量的其他气候参数还有空气相对湿度、露点温度、湿球温度，不依次列出。上述实验四种方案的测试时间为 2013 年 10 月初，测试期间下空气相对湿度在 35.5%～52.8% 之间，满足标准《轻小型喷灌机》要求相对湿度低于 80% 的规定。风速低于 2.0m/s，试验结果具有一定的可靠性。

表 6-34　　　　　　　不同配置下管道首末均匀性对比

配置编号	配置方式	温度 T /℃	风速 v /(m/s)	风向 θ /(°)	测试区	喷头工作压力 p/MPa		喷灌强度 ρ_s /(mm/h)	CU /%
						1#	2#		
1	10×15PY	27.6	0.9	183	A	0.274	0.265	9.14	74.5
					B	0.255	0.251	8.97	79.8
2	8×15PY	25.5	0.45	174	A	0.312	0.305	11.66	77.3
					B	0.296	0.289	10.33	78.9
3	7×20PY	28.9	1.58	196	A	0.296	0.286	9.60	72.3
					B	0.260	0.269	8.64	70.1
4	6×20PY	23.7	0.8	194	A	0.265	0.256	8.09	74.9
					B	0.252	0.24	8.43	78.6

表 6-34 显示，机组配置 15PY 喷头时均匀性比配置 20PY 喷头时更高。从图 6-64 与图 6-65 的对比可以看到，当前工作位置与下一工作位置上的喷头组合喷洒以后，测试区域内水量分布均匀了很多。

（3）管道水力计算方法验证。以机组 PC45-4.4 配置 15PY 喷头，喷头间距采用 $a=$ 15m 为例，对比前进法与后退法进行管道水力计算及优化时的差别。两种方法计算得到的机组最优配置均为 12×15PY，管径 $D=65$mm，该配置下管道沿程压力分布如图 6-64（a）所示，水泵转速 $n=2347$r/min。将该工况转换到额定转速 $n=2600$r/min 下，得到水泵扬程之

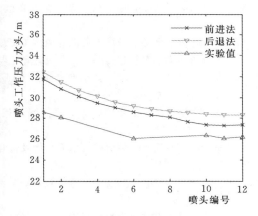

图 6-66　管道沿程喷头工作压力分布前进法、后退法与试验结果对比

后，再推算管道沿程喷头工作压力分布，并与前进法和后退法的理论计算结果进行比较，对比情况如图 6-66 所示。

从图 6-66 可以看到，试验得到的管道沿程喷头工作压力分布趋势与理论计算方法基本相符，管道首端管长的前半段压力变化较大，后半段趋于平缓。试验得到的管道首端喷头工作压力 h_{p1} 与前进法偏差 9.81%，与后退法得到的结果偏差为 11.76%；管道末端喷头工作压力 h_{pm} 与前进法偏差 4.07%，与后退法的计算结果偏差 7.46%。试验结果中存在

一定的偶然因素，总体上管道沿程喷头工作压力分布试验结果不是十分平坦，与后退法的计算结果有一定差异，与前进法描绘的规律更加接近。

参 考 文 献

［1］　王晖，杨伟球．稻麦轮作条件下土壤硝态氮残留分析［J］．现代农业科技，2011，（1）：280－282.

［2］　张红．烟稻轮作与稻稻连作对稻田土壤养分的影响［D］．长沙：湖南农业大学，2011.

［3］　吴永成．华北地区冬小麦—夏玉米节水种植体系氮肥高效利用机理研究［D］．北京：中国农业大学，2005.

［4］　奕永庆，周水高．经济型喷滴灌设计和推广［J］．中国农村水利水电，2009，（11）：81－85.

［5］　吕忠良，王江涛，夏明华．农田滴灌与喷灌共用系统设计［J］．节水农业，2005，（6）：44－45.

［6］　王薇．喷、滴灌结合设计技术要点解析［J］．科技信息，2009，（23）：375－376.

［7］　刘新红．喷滴灌工程管网的水力计算［J］．共用工程设计，2009，（11）：75－76.

［8］　夏明华，吕忠良，王江涛．大田作物滴灌喷灌共用系统设计［J］．安徽农业科学，2010，38（31）：17840－17841.

［9］　金志妙，陈昌明，潘冠金，等．喷滴灌安装技术［J］．现代农业科学，2011，（4）：248.

［10］　袁寿其，胡斌，王新坤，等．轻小型喷滴灌两用机组管路的优化配置及性能试验［J］．农业工程学报，2014，30（3）：56－62.

［11］　中华人民共和国水利部．喷灌工程技术规范［S］．北京：中国计划出版社，2007.

［12］　中华人民共和国水利部．微灌工程技术规范［S］．北京：中国计划出版社，2009.

［13］　刘建瑞，周贵平，施卫东，等．新型高效自吸喷灌泵的设计与试验［J］．排灌机械，2006，24（4）：1－4.

［14］　李磊．基于实验设计的离心泵叶轮多工况设计研究，［D］．镇江：江苏大学，2013.

［15］　王新坤．微灌系统遗传算法优化设计理论与应用［M］．北京：中国水利水电出版社，2010.

［16］　朱兴业，蔡彬，涂琴．轻小型喷灌机组逐级阻力损失水力计算［J］．排灌机械工程学报，2011，29（2）：180－184.

［17］　胡斌，袁寿其，王新坤，等．喷滴灌两用轻小型机组设计及能耗分析［J］．节水灌溉，2013，（7）：65－68.

［18］　王新坤，蔡焕杰．微灌毛管水力解析及优化设计的遗传算法研究［J］．农业机械学报，2005，36（8）：55－58.

［19］　王新坤，袁寿其，刘建瑞，等．轻小型喷灌机组能耗计算与评价方法［J］．排灌机械工程学报，2010，28（3）：247－250.

［20］　王新坤，袁寿其，朱兴业，等．轻小型移动灌溉机组低能耗遗传算法优化设计［J］．农业机械学报，2010，41（10）：58－62.

［21］　李红，涂琴，陈超，等．一种喷头及管道固定装置：ZL201310192217.2［P］．2013－09－24.

［22］　李红，涂琴，陈超，等．一种组合式双支管多喷喷灌系统：ZL201320339024.0［P］．2013－11－06.

［23］　崔毅．农业节水灌溉技术及应用实例［M］．北京：化学工业出版社，2005.

［24］　涂琴，李红，王新坤，等．不同指标轻小型喷灌机组配置优化［J］．农业工程学报，2013，29（22）：83－89.

［25］　涂琴，李红，王新坤，等．轻小型喷灌机组能耗分析与多元回归模型［J］．排灌机械工程学报，2014，32（2）：162－166，178.

第七章 微灌条件下土壤水分—溶质分布及施肥技术

近年来，微灌技术的迅速发展，在一定程度上带动了微灌施肥技术的发展。微灌施肥是将肥料溶于灌溉水，通过微灌系统输送到作物根部，供作物吸收利用。目前，微灌施肥技术已在很多国家和地区应用，并取得了较好的效果。以色列实践发现，采用微灌施肥技术，有效调节了肥料供应量，使其香蕉产量在 30 年间提高了 1 倍[1]。Boman 在美国佛罗里达州连续 4 年的柑橘试验表明，微灌施肥比肥料撒施增产 9％，可溶性固形物增加 8％[2]，肥料撒施每生产 1t 柑橘需氮 2.75kg，而微灌施肥需氮 2.57kg，节约肥料 7％[3]。巴西的甘蓝试验表明，微灌施肥比肥料撒施增产 22.6％[4]。印度在香蕉上试验后发现，与肥料撒施相比，微灌施肥可节约氮肥 60％，氮肥利用率提高了 1 倍[5]。墨西哥的研究发现，要达到相同的番茄产量，直接撒施时，N、P_2O_5 和 K_2O 的需要量分别为 400kg/hm^2、200kg/hm^2 和 600kg/hm^2，而微灌施肥需肥量分别为 158kg/hm^2、98kg/hm^2 和 78kg/hm^2[6]。我国灌溉施肥始于 1974 年，且随着微灌技术的应用推广得到不断发展。从学习和引进微灌设备，进行国产设备研制，开展微灌应用试验，到出现配套的国产微灌设备，规模化生产基地正逐步形成，开始试点推广，再到灌溉施肥理论研究得到高度重视，理论研讨和技术培训大量开展，灌溉施肥技术在国内某些省份得到大面积推广。目前，我国灌溉施肥技术应用的辐射范围已开始由华北地区扩大到西北干旱区、东北寒温带和华南的热带亚热带地区，覆盖蔬菜、花卉、苗木等多种经济作物[7]。我国的生产实践表明，微灌施肥相对传统灌溉、施肥方式表现出较为明显的优势，并将在我国农业生产中逐渐显现出来。

第一节 微灌条件下水分分布

一、滴灌条件下水分分布

（一）地表滴灌

在点源滴灌中，水以水滴形式进入土壤，在土壤重力势和基质势的作用下，不仅向土壤深处运动，而且也在土壤基质势的作用下，向水平方向移动，逐渐湿润灌水器附近的土壤。土壤水分纵、横方向的移动范围和湿润模式与土壤特性（土壤质地、结构、初始含水量等）、灌水器流量和灌水时间有关[8]。

如图 7-1 所示，由于土壤差异很大，湿润模式差别也很大。质地细的土壤，如黏土和黏壤土，具有大的基质势，其渗透模式具有普

图 7-1 均质土中滴头湿润土体形状

通灯泡的形状，而且横向湿润有时超过垂直渗透；均匀而疏松的土壤，基质势与重力势相差不大，土壤水分的水平扩散与垂直下渗深度相近，湿润体呈半球形状；砂性很强的土壤，基质势较小，重力势相对较大，垂直入渗占绝对优势。

一般情况下，在同一土壤中，灌水器流量越大，灌水时间越长，其土体湿润范围也越大（见图7-2）；同一质地的土壤，土壤初始含水量越大湿润范围也越大。同一土壤，滴灌带间距越窄，土壤含水率越高，滴灌带间距越宽，土壤的含水率相对较低[9]。滴灌土壤湿润区水平运移与滴头下方地表积水区扩展有关[10-12]。土壤湿润区宽度随地表积水区半径的扩展而增加，积水区由窄行向两侧的宽行扩展。由于地表蒸发作用削弱了积水区和土壤湿润区的水平运移速度，使宽行的土壤含水率始终低于窄行土壤含水率，由此形成田间带状干、湿间隔的土壤湿润区分布。

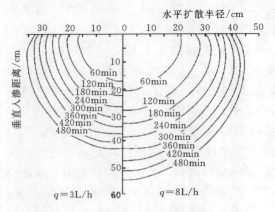

图7-2 地表滴灌土壤湿润体

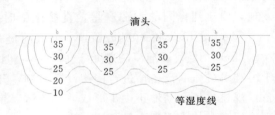

图7-3 线源滴头土壤湿润模式

如图7-3所示，"线水源"（滴头间距较小的滴灌管或滴灌带——也称线源滴头）灌溉时，相当于多个"点水源"有规律地组合在一条直线上，各"点水源"湿润体相互搭接形成湿润带。其大小与形状还取决于出水口间距。

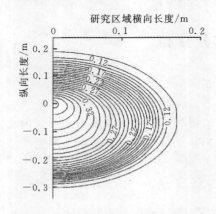

图7-4 地表滴灌土壤湿润体地下滴灌

（二）地下滴灌

地下滴灌是通过地埋毛管上的灌水器把水或水肥的混合液缓慢供给到作物根区土壤中，借助毛细管作用或重力作用将水分扩散到整个根层，供作物吸收利用。与地表滴灌相比，具有更加节水、节能、省工、增产、提高农产品品质及改善土壤环境等优点[13-19]。如图7-4所示，地下滴灌的湿润体一般为椭球或近似球体，其最显著的特点是可能出现表层一定深度土壤不湿润或仅很小部分湿润，呈现比地表滴灌更加明显的非均匀分布特征[20]。依据其埋设深度的不同，有浅埋式滴灌和深埋式滴灌之分。对于均质土而言，同一土壤，灌水器在土层中布设深度的不同，其湿润模式也不同；不同土壤情况下其差异会更大。地下滴灌时，在土壤基质势的作用下，特别是具有较大基质势的黏土和黏壤土，水分还会向地表方向运动；对于砂性很强的土壤，基质势比较小，重力势相对较大，与地面滴灌比较，易产生深层渗漏。此外，在地表上同一出水量的灌水器，当埋设在地下时，不同土壤质地和土壤含水量情况下，它们的出流量可能会发生变化，也会影响到土壤的湿润大小。

在沙土、粉壤土和复合土的土壤中用流量为 1.65L/h 的滴头灌溉 1h、4h、26h，滴头周围土壤含水率的变化情况如图 7-5 所示。

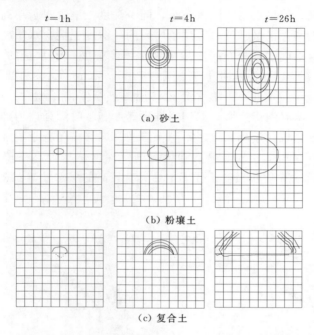

图 7-5 在沙土、粉壤土和复合土的土壤中用流量为 1.65L/h 的
滴头灌溉后 1h、4h、26h，滴头周围土壤含水率的变化情况[21]

对于沙土，1h 后的土壤湿润图形为 9cm 湿润半径的近似圆形，比同一时间粉壤土的湿润半径（7.5cm）稍大；4h 时，湿润图形成椭圆形，有更多的水分在滴头所在位置以下；26h 时，水分已经达到剖面的底部，只有少量的水分运动到滴头上面区域，高含水率位于滴头下面，水分很容易从根区流失。

对于粉壤土，湿润形状大致成圆形，湿润半径随时间的延长而增大（1h、4h 和 26h 的湿润半径分别为 7.5cm、10cm 和 30cm）。在 26h 时，距滴头 15cm 范围内的土壤是饱和的。在这种情况下，水分被完全保存在作物根区内，易于为作物吸收利用，不易流失。

对于复合结构的土壤，滴头下方的黏土导水率很低，水流入渗缓慢，大部分水留在了作物根系层（粉土层），水很容易达到土壤表面。

二、微喷灌条件下水分分布

微喷灌时水流以较大的流速由微喷头喷出，在空气阻力的作用下粉碎成细小的水滴降落在地面或作物叶面[22]。在灌溉过程中，供给的水分比较均匀地喷洒在植物表面和地面上，然后逐步渗入到根系活动层。湿润土壤过程中，如果设定的供水速率低于土壤的渗透率，土壤不会破坏土壤结构，且能保持土壤有良好的通透性，土壤含水率稳定而适中，土壤水分始终处于低张力状态，便于植物对水的吸收利用[23,24]。

Kouman（2006）等[25]研究认为由于微喷后土壤剖面湿润面积小，时间和空间土壤水分含量变化不大，导致大部分植物根系主要集中在上层土壤。土壤较干和土壤基质势梯度小导致了水流通量较低。另一方面，土壤含水量增加越大，其损耗越多。Arulkar 等（2008）[26]通过试验比较微喷灌条件下，91L/h 与 45.5L/h 不同流量，距喷头不同距离不同土壤水分分布情况。结果表明，流量越小，同一深度土壤含水量越高；相同流量，距喷头越远，同一深度土壤含水量越低；土层越厚，同一深度土壤含水量越高。

微喷灌条件下，土壤水分分布受土壤质地、喷灌强度、喷水量的影响。有研究[27]对黏质重度盐渍土、砂质重度盐渍土喷灌强度在 1.72mm/h、3.13mm/h、5.27mm/h、8.75mm/h、10.11mm/h 条件下土壤水分运移规律进行室内试验，结果表明喷灌强度与土壤黏粒含量显著影响湿润锋运移。湿润锋推进速度随着喷灌强度增加而增大，而湿润深度随之减小，且土壤黏粒含量越高，越不利于湿润锋运移；随着土壤水分再分布过程的推进，黏质重度盐碱土在 3.13mm/h 喷灌强度下同一深度体积含水率较其他处理大，砂质重度盐碱土在 1.72mm/h 喷灌强度条件下土柱具有较高的保水性（图 7-6～图 7-8）。

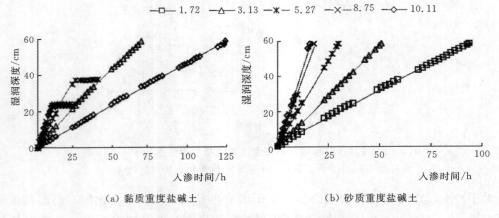

图 7-6　不同喷灌强度下喷灌过程中湿润锋运移

喷灌强度和土壤黏粒含量对湿润锋运移有显著影响。湿润锋随着喷灌强度的增加，运移速率增大。对于黏质重度盐碱土，喷灌强度小，有利于土壤水分的垂直运动，对于砂质重度盐碱土，喷灌强度与土壤水分湿润深度没有显著影响。两种土壤湿润锋运移速率表明土壤黏粒含量越高，越不利于湿润锋运移。不同喷灌强度处理和滨海盐碱地不同质地重度盐碱土水分再分布特征差异显著。滨海盐碱地黏质重度盐碱土，随着喷灌强度增大，同一深度土壤体积含水率呈增大的趋势，当喷灌强度增大到大于 3.13mm/h，同一深度土壤体积含水率随着喷灌强度的增大而减小。随着水分再分布的推进，土壤各处的土水势逐渐趋于平衡。滨海盐碱地砂质重度盐碱土，具有较强的导水性能，随着土层深度增加，土壤体积含水率总体呈增加态势。除喷灌强度 1.72mm/h 条件下土壤表现出较好的保水性能外，其余各喷灌强度处理下同一深度土壤体积含水率没有显著差异。

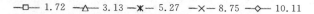

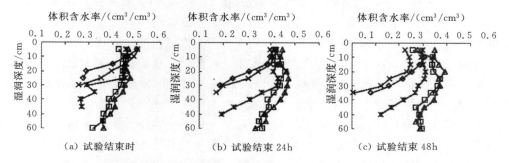

图 7-7 不同喷灌强度下喷灌结束黏质重度盐碱土体积含水率随时间变化曲线

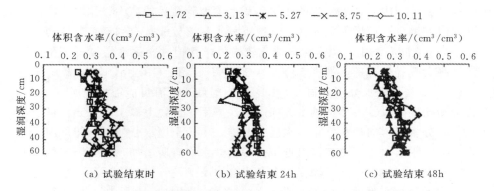

图 7-8 不同喷灌强度下喷灌结束砂质重度盐碱土体积含水率随时间变化曲线

三、涌泉灌条件下水分分布

涌泉根灌的孔径、孔深是影响湿润体形状及其水分分布的重要因素[28]。大孔径和小孔径相比较，小孔径情况下向上入渗速度比大孔径情况下的快，但大孔径情况下水平扩散速度和向下入渗速度比小孔径情况下的快，在大孔径情况下，水分较均匀地向四周扩散。随孔径变小，湿润体含水率等值线呈扁长状，水分集中分布在孔洞积水深度段周围，水分在水平方向上运动距离短。在大孔径情况下，水分较均匀地向四周扩散，表现在湿润体含水率等值线与湿润锋运移曲线图形状近似圆形，在达到相同的湿润效果下，大孔径孔洞可以比小孔径孔洞深度浅。

随着孔深加深，向上入渗速度加快，水平扩散速度减慢，向下入渗速度减慢，湿润圈同步下移，湿润锋曲线形状由圆形向扁长状发展。在不同孔深情况下，含水率等值线示意图与湿润锋运移曲线形状相似，随孔深加深，土壤湿润区域同步下移，高土壤含水率的区域随着积水深度的增大而上移，高含水率的区域在水平方向上和竖直向下方向下不断减小，水分曲线形状由水分分布均匀的圆形，向分布不均匀的扁长状发展。

涌泉根灌湿润体体积大小还受流量影响[29]，随着流量增大，土壤水分运移至同一点处的时间缩短，同一点处，流量较大时土壤含水率亦较大，且灌水过程中土壤含水率变化速率较快，但土壤水分增加的趋势相对一致，均表现为：一开始迅速增加，待含水率增加到一定值后变化缓慢。柱状入渗面分布在土体表面以下 25～35cm 处，流量为 4.4～8.0L/h 时，距入渗面较近的点处流量差异对土壤水分变化的影响不显著。与滴灌不同，涌泉根灌流量较大，灌水器流量大于土壤入渗速率，水分未能及时入渗于土壤而以积水的形式储存于套管内，随着积水增加，土壤中的入渗方式形成典型的柱状出流入渗，流量增大，水分将充满整个入渗面，增加了水分与土壤的接触面，从而促进了土壤水分水平和垂向的扩散。距入渗面中心轴 5cm，向下 10cm 的点处，土壤水分运移的速率较慢，此时土壤水分入渗的动力除了重力势及土壤自身基质势吸力以外，还有积水压力水头作用，而入渗面附近的点处水分运移较快，套管内积水促进了土壤水分水平方向的运移速率，土壤水分在重力势、基质势、毛管势及积水压力势共同作用下运移。距灌水器中心轴 10cm 不同深度点处含水率的变化规律与上述结果基本一致，只是由于离灌水器较远之后，水分运移至不同点处的时间有所延长，且该点含水率达到的最大值较小。

涌泉根灌在孔洞中会产生一定的积水，积水深度随孔径的减小、孔深的增加、流量的增大、灌水时间的延长而增大。大孔径情况下积水深度较浅，有利于水分的均匀入渗，孔深在 30～50cm 之间孔洞中的积水深度变化较均匀，且相对变化不是很大，在大流量灌溉情况下，选择大孔径较合适，选择流量时，最好不要超过 10L/h，如果流量过大，灌水 4h 左右会造成地表湿润水分蒸发损失，如果灌水时间过长有可能溢出地面。

在再分布初期阶段，上部土壤水分向下部及周围扩散，上部土壤水分含量减少，下部及周围土壤水分含量增加，在停止供水后 24h 内，由于土壤水分的再分配作用，湿润锋继续向前推移，停止供水时的湿润锋附近土体中的含水率有所增加，而孔洞底部附近土体中的含水率有所降低，并且在同一深度层上各点含水率的差异呈现出逐渐减小的趋势。土壤水分在 24h 内的再分布过程中运动变化较大。在停止供水后 48h 内，土壤含水率基本稳定，土壤水分扩散已经极缓慢，土壤湿润锋基本不再扩展，基本达到稳定状态。

第二节　微灌条件下盐分分布

一、滴灌条件下盐分分布

（一）影响土壤盐分分布的因素

由于不同的灌溉方法对土壤水分含量、水分剖面分布、运动方向影响明显，因此滴灌在一定程度上影响盐分的运移与积累。由于重力势和基质势的作用，水向各个方向运动，从滴头向周围运动时，带走一部分盐分，从而在根系范围内形成一个低盐区，为作物生长发育提供一个良好的环境。相关试验表明局部湿润灌溉具有明显的洗盐作用，在土壤不同层次的盐分会有不同程度的降低[30]。

滴灌条件下，影响土壤中盐分分布的因素很多，如土壤表面的蒸发量（与气候、土壤质地有关）、灌溉水质、灌水总量、滴头流量、滴头位置（地上还是地下，地下埋设深度、滴头间距）以及淋洗情况等。在相同的气候、土壤和水质条件下，影响土壤中盐分分布的两个主要因素是灌水量和滴头位置，其一般规律如下[8]：

（1）当灌水量大时，滴头下面的土壤出现淋洗区，盐分在湿润线聚集。

（2）当滴头间距较小，出现湿润线重叠时，盐分分布形式有所变动，滴头下面为典型淋洗区，在湿润线重叠处只有轻度积盐现象。但此时湿润区边缘地表积盐比大间距情况下大得多。

（3）土壤浅层积盐情况，地下滴灌比地表滴灌积盐面积大、积盐相对较多。

另一方面，滴灌条件下盐分又因为土壤蒸发随着水分的向上运动而逐渐向表层迁移、聚集，同时灌水量小、没有淋洗作用，出现明显的表聚现象，土壤剖面中层盐分含量低。随着灌溉年限的延长，土壤盐分在灌前聚集的层次逐渐向地表移动，不同深度土层的含盐量都有明显的增加，并且差异达到极显著水平。因此，局部湿润灌溉长期应用存在盐分累积的风险[31,32]。

吕殿青等人在粉沙质黏壤土上，进行的室内试验表明：膜下滴灌土壤盐分分布可划分为达标脱盐区、脱盐区和积盐区[33]（图7－9）。土壤含盐量分布具有水平脱盐距离大于垂直脱盐距离的特点，滴头流量、土壤初始含水量和初始含盐量的增加不利于达标脱盐区的形成，灌水量的增加有助于土壤脱盐。因此，在此类盐碱地上滴灌，应选有小流量滴头，延长灌水历时加大灌水量。

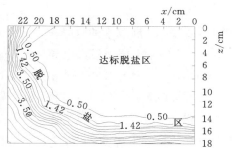

图7－9　土壤（粉沙质黏壤土，初始含水量4.5％，$q=1.086$L/h，$t=9$h）含盐量等值线图

（二）滴灌条件下的土壤盐分管理

1. 土壤盐分控制

当气候、土壤、水质条件确定时，由于影响土壤中盐分分布的主要因素是灌水量和滴头位置。如地表滴灌，通常情况下，可通过调整滴头间距和灌水量，有效地控制作物根区的盐分聚积。

由于滴灌条件下，地表盐分分布是不均匀的，在有天然降水能使土壤充分淋洗的地区，滴灌情况下作物行间所造成的盐分积累可以忽略。但在降水很少的干旱区，特别是盐渍土地区，天然降水不能将盐分淋洗到根层以下。针对不同作物和情况应该采取以下措施：

（1）对于一年生行播作物，如棉花、瓜菜等，每年利用水源充足的季节，彻底洗盐一次，或播前灌采用地面灌，压碱洗盐后播种布设滴灌系统；也可在播种后利用滴灌系统（地表滴灌）本身，采用加大灌水量的办法进行淋洗。

（2）对于多年生作物，如葡萄、啤酒花、果树等，可每隔几年淋洗一次。除有条件采用淹灌洗盐者外，可利用滴灌系统（地表滴灌）本身，采用加大灌水量的办法，实现淋洗。

（3）盐分积累的主要区域是沿着湿润表面的边缘。一场小雨能够将这些积盐淋冲到根系活动层对作物造成严重伤害，为了将盐分淋洗到根区以外，降雨时应开启滴灌系统进行灌水，使可能的盐害减到最小。

（4）对于特殊地区、特殊作物，土壤中盐分虽然多，由于林带行距较宽，降水又很少，采用地表滴灌并加大灌量，将盐分积聚在两行树的中间和根系层以下，无须再采用其他措施也是可行的。

2. 作物耐盐度和产量

土壤水的电导率直接与离子浓度成正比，可用土壤水的电导率来指示土壤水的盐分浓度。EC_e 为土壤饱和提取液的电导率，最小 EC_e 值是产量不受影响的盐分浓度最大值（土壤水分满足作物蒸腾需要情况下的土壤饱和提取液的最大电导率）；最大 EC_e 值是产量减少到 0 的理论盐分浓度。表 7-1 为不同作物的最小和最大 EC_e 值。

滴灌条件下，当 $EC_w >$ 最小 EC_e 时，盐分对各种作物造成的理论减产幅度（$Y, \%$）可用式（7-1）计算。

$$Y = \frac{EC_w - \min EC_e}{\max EC_e - \min EC_e} \times 100 \tag{7-1}$$

式中　EC_w——灌溉水的电导率，mmho/cm；

　　$\max EC_e$——土壤水最大电导率，mmho/cm；

　　$\min EC_e$——土壤水最小电导率，mmho/cm。

当 $EC_w \leqslant$ 最小 EC_e 时，理论减产幅度为 0。

3. 淋洗需水量

在盐分是一个主要问题的干旱区，在进行滴灌系统规划设计时，应当考虑淋洗需水量。

在盐碱化比较严重的干旱区，基本上没有能够淋洗土壤中盐分的降水；滴灌系局部灌溉，只有很小一部分土壤需要淋洗；可用（7-2）式计算淋洗水量。

$$LR = \frac{L_n}{(d_n + L_n)} = \frac{L_N}{(D_n + L_N)} = \frac{EC_w}{EC_{dw}} \tag{7-2}$$

式中　LR——滴灌条件下淋洗水量比；

　　d_n——每次灌水作物所消耗的水量，mm；

　　D_n——年（或季）作物所消耗的水量，mm；

　　L_n——每次灌水净淋洗水量，mm；

　　L_N——年（或季）净淋洗水量，mm；

　　EC_w——灌溉水的电导率，mmho/cm；

　　EC_{dw}——排出水的电导率，mmho/cm。

对于每日和隔日的高频灌水，可用式（7-3）计算。

$$LR = \frac{EC_w}{2(\max EC_e)} \times 100\% \tag{7-3}$$

式中　$\max EC_e$——最大土壤水（土壤饱和提取液）电导率，mmho/cm。

此种情况下的净灌溉用水量为

$$IR_n = \frac{ET_c \times K_r}{1 - LR} \tag{7-4}$$

式中　IR_n——考虑淋洗情况下的净灌溉用水量，mm/d；

　　ET_c——参照作物腾发量，mm/d；

　　K_r——覆盖率影响系数 %；

其他符号同前。

表 7-1　　　　　　　　　　不同作物最大和最小的土壤水电导率 EC_e 值

作物	EC_e/(mmho/cm)		作物	EC_e/(mmho/cm)	
	最小	最大		最小	最大
大田作物			葡萄	1.5	12
大麦	8.0	28	扁桃	1.5	7
棉花	7.7	27	李子	1.5	7
甜菜	7.0	24	树莓	1.0	5.5
小麦	6.0	20	草莓	1.0	4
高粱	4.0	18	蔬菜作物		
玉米	1.7	10	花椰菜	2.8	13.5
亚麻	1.7	10	西红柿	2.5	12.5
蚕豆	1.6	12	黄瓜	2.5	10
豇豆	1.3	8.5	甜瓜	2.2	16
菜豆	1.0	6.5	菠菜	2.0	15
果树			圆白菜	1.8	12
无花果	2.7	14	马铃薯	1.7	10
石榴	2.7	14	甜玉米	1.7	10
柑橘	1.7	8	红薯	1.5	10.5
柠檬	1.7	8	辣椒	1.5	8.5
苹果	1.7	8	莴苣	1.3	9
梨	1.7	8	萝卜	1.2	9
核桃	1.7	8	洋葱	1.2	7.5
桃子	1.7	6.5	胡萝卜	1.0	8
杏子	1.6	6			

注　表中数据摘自《美国国家灌溉工程手册》。

二、微喷灌条件下盐分分布

随着水分垂直入渗，不同喷灌强度条件下，盐碱土壤中的盐分均随水分向下迁移，上层土壤含盐量增幅较小，在湿润锋处急剧增加且达到最大值，出现上层脱盐，下层积盐的现象，且随着水分再分布过程的推进，除湿润锋外，整个湿润剖面上土壤含盐量相对减少，为作物正常生长创造有利条件。有研究表明，不同喷灌强度对黏质重度盐碱土盐分均有淋洗作用，喷灌强度越小，脱盐区范围越大，土壤淋洗盐分效果越好。经喷灌水盐调控后，除湿润锋外，土壤不同深度盐分得到明显淋洗，而选用较小的喷灌强度具有更好的淋洗效果。图 7-10（b）、（c）显示喷灌结束 24h、48h，不同喷灌强度条件下的土壤盐分随时间变化情况。由图 7-10 可知，随着土壤水分再分布过程的推进，不同喷灌强度条件下土壤盐分运移规律表现出明显的差异。

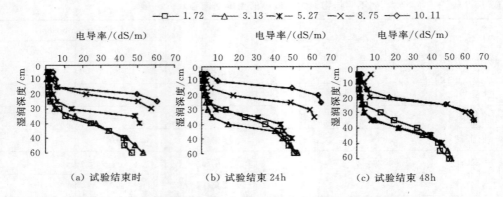

图 7-10　不同喷灌强度下喷灌结束黏质重度盐碱土盐分随时间变化曲线

图 7-11 显示不同喷灌强度条件下，土柱不同深度砂质重度盐碱土含盐量随时间变化。由图可知，上层土壤得到充分淋洗，含盐量均低于 3dS/m。随着水分再分布，土壤含盐量虽略有上升，但土柱 35cm 处，土壤含盐量均低于 4dS/m。喷灌结束后 24h、48h，土壤中盐分随着水分向下迁移，并在湿润锋附近累积，于土柱 60cm 处含盐量增至最大值，表明喷灌结束后，湿润锋上方的土壤中的盐分被有效淋洗至湿润锋处，且随着入渗量的增大，通过入渗进入土壤的盐分增加，这些盐分在水分不断入渗的过程中随水分积累至湿润锋处，因此喷灌结束 24h 湿润锋处土壤含盐量大于喷灌结束时土壤含盐量，同时，随着水分再分布，迁移至土柱 60cm 的高含盐量水分经过土柱底部小孔排出，从而导致喷灌结束 48h 湿润锋处土壤含盐量小于 24h 土壤含盐量。

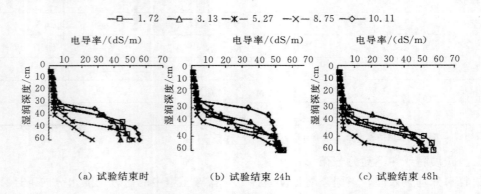

图 7-11　不同喷灌强度下喷灌结束砂质重度盐碱土盐分随时间变化曲线

微喷灌可以对土壤的盐分进行有效淋洗，土柱 0～15cm 上层土壤含盐量均低于 6dS/m，土柱 50～60cm 土壤含盐量略高于初始值。不同土壤适宜的喷灌强度不同，对于黏质重度盐碱土，喷灌结束时，土壤淋洗盐分效果随着喷灌强度的增大而减弱，但随着水分再分布过程的推进，5 个喷灌强度处理中，3.13mm/h 对土壤的淋洗效果最好。喷灌条件下，同一喷灌强度处理，砂质重度盐碱土淋洗效果优于黏质重度盐碱土，8.75mm/h 喷灌强度下的砂质重度盐碱土盐分淋洗效果最优。

第三节　微灌施肥条件下氮素分布

一、滴灌条件下氮素分布

滴灌条件下，土壤中 $NO_3^- - N$ 很少被土壤颗粒所吸附，主要以溶质的形式存在于土壤溶液中，且易随水分的运动而运移，容易在湿润锋边缘产生积累。其运移规律和分布主要受土壤特性、灌水器流量、肥液浓度及灌水量、土壤含水量、水流运动状态和土壤物理性质的影响。据此，侯振安等[34]在温室条件下引用 ^{15}N 标记尿素进行了不同滴灌施肥方式对土壤氮素分布的影响试验，根据滴灌灌水和施肥的先后顺序，设置 4 种不同氮肥施用方式。结果表明（图 7 - 12），氮肥滴灌施肥 24h 后 ^{15}N 主要分布在 0～20cm 深度土层，灌水全程施用氮肥处理 ^{15}N 在土壤中的垂直分布最深，但水平分布范围较小，且收获后土壤硝态氮（图 7 - 13）在下层大量积累，容易造成淋失。相比之下，先施肥后灌水处理 ^{15}N 在 0～20cm 土层分布最均匀，收获后土壤硝态氮的残留量也最小。Bar - yosef[35]等人对滴灌条件下黏土和砂土中水分、$NO_3^- - N$ 的分布进行了试验研究，结果表明，黏土中，灌水结束后，湿润体边缘有 NO_3^- 的积累，而湿润体内部 NO_3^- 浓度小于灌溉水中的浓度，砂土中也有类似的现象。沈仁芳[36]等人进行室内土柱试验，认为 $NO_3^- - N$ 迁移基本上随土壤水分运动，尤其是以对流为主。李久生[37]等人利用室内试验，对滴灌点源施肥灌溉条件下 $NO_3^- - N$ 和 $NO_3 - NH_4$ 的分布规律进行了研究，结果表明，$NO_3^- - N$ 在距滴头一定范围内呈均匀分布，在湿润边界上硝态氮产生累积。滴灌条件下，由于灌溉水量较小，产生的湿润体很小，极大地降低了深层渗漏，所以可有效调控水分运动，达到遏制氮淋失的目的。

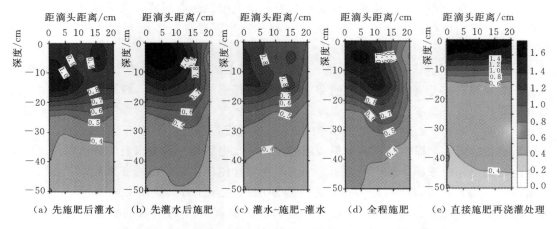

（a）先施肥后灌水　（b）先灌水后施肥　（c）灌水-施肥-灌水　（d）全程施肥　（e）直接施肥再浇灌处理

图 7 - 12　灌水施肥结束 24h 后土壤中 ^{15}N 丰度（％）的空间分布

相关试验表明降水和灌溉是影响氮素淋失的主要因素之一。隋方功等[38]的研究表明，滴灌处理 100cm 土层土壤溶液中的 $NO_3^- - N$ 在整个甜椒生育期内显著低于常规施肥沟灌处理，滴灌施肥技术可以有效减轻土壤和地下水 $NO_3^- - N$ 污染。Alva[39]、习金根等[40]研究表明，滴灌可以使表层土壤较快地湿润，并达到所要求的水分，同时显著减少灌溉水的

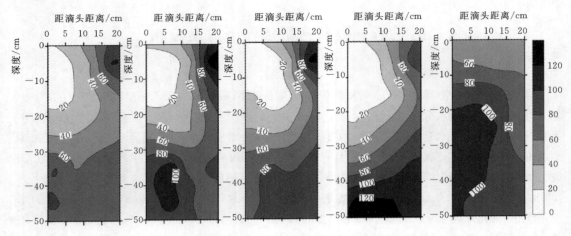

图 7 - 13 收获后土壤残留 $NO_3^- - N$ 含量 （mg/kg） 的空间分布

深层渗漏，提高灌溉水的利用效率。而且滴灌施肥显著地减少了 $NO_3^- - N$ 向土壤下层的淋失，尤其是在容易发生养分流失、质地较粗的土壤上，滴灌施肥的效果更为明显。因此，局部湿润灌溉条件下，合理的施用氮肥是控制土壤 $NO_3^- - N$ 淋失风险的关键所在。因此，在滴灌条件下，氮素主要以 $NO_3^- - N$ 的形式存在，并且易随水分的运动而运移而在湿润峰边缘产生积累，局部湿润灌溉可有效降低深层渗漏，达到遏制氮淋失的目的。

二、微喷灌条件下氮素分布

土壤养分的运移分布与水分的状况和运动有关，土壤硝态氮由于不易吸附在土壤表面，所以容易随水运移。氮素既是作物生长所必需的营养元素，又是日益增长的污染因素。因此，土壤硝态氮的运移转化问题成为农业研究中的热点问题。喷灌在发展和应用过程中，不可避免地存在土壤硝态氮的分布运移和利用问题，很多研究者对此进行了大量研究。

李久生等[41]进行了喷灌施肥条件下均匀系数对土壤水氮时空分布及淋失影响的田间试验。结果表明：土壤硝态氮随时间和空间表现出很强的变化特征，灌溉季节内土壤硝态氮分布的均匀性主要取决于初始硝态氮分布的均匀程度，而喷灌均匀系数对土壤氮素的空间分布无明显影响。而高鹭等[42]的研究表明，在喷灌条件下，土壤硝态氮的变异系数受不同灌水量的影响，灌水量多的处理表层硝态氮分布更均匀。随灌水量的减小硝态氮向下层淋洗的量也相应减小；和土壤含水率的空间变异性比较，硝态氮的变异性大。各层次的分布主要与喷灌的均匀度相关。王小龙[43]在沙土地上进行的试验结果表明，氮素速效养分，随着喷灌量增大和湿润深度增加作同步移动。魏新平[44]的室内试验结果表明，漫灌入渗条件下，NO_3^- 运移快，入渗结束后，NO_3^- 浓度集中分布在土壤深层的作物主根区之外。而在喷灌入渗条件下，NO_3^- 运移慢，入渗结束后，NO_3^- 浓度的峰值迁移浅，NO_3^- 浓度集中分布在土壤表层作物主根区内，有利于作物吸收利用。郭大应等[45]试验证实喷灌 50mm 的水将土壤表层硝态氮和表施的尿素淋洗到 5~20cm 作物根系密集层，利于作物吸收。刘坤等[46]研究认为灌溉促进了表层硝态氮的吸收和向下迁移，但少量多次和多次少量两种灌溉方式下硝态氮在土体内的迁移均未超出 60cm 土体，仍在根层之内。

第四节　微灌施肥技术

一、微灌施肥特点

微灌施肥是指肥料随同灌溉水进入田间的过程，是施肥技术（Fertilization）和微灌技术（Irrigation）相结合的一项新技术，是精确施肥与精确灌溉相结合的产物。采用微灌施肥技术可以很方便地调节灌溉水中营养物质的数量和浓度，使其与植物的需要和气候条件相适应；可以大幅度提高化肥利用率；提高养分的有效性；促进植物根系对养分的吸收；提高作物的产量和质量；减少养分向根系分布区以下土层的淋失；还可以大幅度节省时间、运输、劳动力及燃料等费用，实施精确施肥。灌溉施肥的原则是根据作物的吸收规律提供养分，需要多少提供多少[47]。

微灌作为一种全新的灌溉施肥技术，具有如下特点：

（1）局部灌溉。微灌灌水集中在作物根系周围，土壤的湿润比依据作物种植特点和微灌方式确定，一般在30％～90％之间，在微灌条件下，一部分土壤没有得到灌溉水。在地下部分，因作物根系分布深度不同，水的湿润深度在30～100cm以内，减少了深层渗漏和侧面径流。局部灌溉可造成局部土壤pH值的变化和土壤养分的迁移，并在湿润区的边峰富集。

（2）高频率灌溉。由于每次进入土壤中的水量比较少，土壤中储存的水量小，需要不断补充水分来满足作物生长耗水的需要。在高频率灌溉情况下，土壤水势相对平稳，灌溉水流速保持在较低状态，可以使作物根系周围湿润土壤中的水分与气体维持在适宜的范围内，作物根系活力增强，有利于作物的生长。

（3）施肥量减少。作物根系主要吸收溶解在土壤水中的养分，微灌条件下，肥料主要施在作物根系周围的土壤中。微灌施肥每次施肥量都是根据作物生长发育的需要确定，与大水漫灌冲肥相比既减少了施肥量，又有利于作物吸收利用，大水漫灌造成的肥料流失现象基本不存在。

（4）施肥次数增加。微灌使土壤水的移动范围缩小，在微灌水湿润范围之外的土壤养分难以被作物吸收利用。要保证作物根系周围适宜的养分浓度，就要不断地补充养分。在微灌施肥管理中，要考虑作物不同生育期对养分需求的不同及各养分之间的关系，因此，微灌施肥技术使施肥更加精确。

二、微灌施肥方法

按照控制方式的不同，灌溉施肥可分为两大类：一类是按比例供肥，其特点是以恒定的养分比例向灌溉水中供肥，供肥速率与滴灌速率成比例。施肥量一般用灌溉水的养分浓度表示，如文丘里注入法和供肥泵法；另一类是定量供肥又称为总量控制，其特点是整个施肥过程中养分浓度是变化的，施肥量一般用kg/hm²表示。按比例供肥系统价格昂贵，但可以实现精确施肥，主要用于轻质和砂质等保肥能力差的土壤；定量供肥系统投入较小，操作简单，但不能实现精确施肥，适用于保肥能力较强的土壤。

三、肥料选择

微灌施肥作业中，由于灌水器流道较小，极易堵塞，故对肥料要求相对较高。肥料的选择要综合考虑以下几个方面[48-50]：

（1）固体肥料的溶解性。建议施肥时尽量使用液体肥料，这样可直接与水混合成理想浓度，操作方便且能有效防止堵塞的发生。但如果处于造价原因，采用固体肥料时，在使用前应仔细观察其溶解后配置成的肥液是否为透明液体，确认包衣脱落沉淀或漂浮水面而非絮凝悬浮等状态，这样才可将透明肥液注入灌溉系统。而在配置肥液过程中，将肥液放置一段时间或连续搅拌，可达到提高溶解度的目的，当然，有时也可考虑降低肥料浓度来提高溶解。

（2）多种肥料的兼容性。施肥作业时经常需要一次施入多种肥料，这时应考虑肥料间的兼容性，通常即应保证肥料混合时安全可靠，混合后不产生沉淀或絮状物以免造成堵塞（表7-2）。如若水中含钙镁离子浓度高，水质硬度过大时，施用磷酸盐肥料、中性过磷酸类肥料或硫酸盐化合物结合就会形成不可溶物质堵塞灌水器。

表 7 - 2　　　　　　　　　　　　灌 溉 用 肥 混 合 表[48]

项目	NH_4NO_3	Urea	$(NH_4)_2SO_4$	$(NH_4)_2HPO_4$	KCl	K_2SO_4	KNO_3	$Ca(NO_3)_2$
NH_4NO_3	—	√	√	√	√	√	√	√
Urea	√	—	√	√	√	√	√	√
$(NH_4)_2SO_4$	√	√	—	√	×	√	×	×
$(NH_4)_2HPO_4$	√	√	√	—	√	√	√	×
KCl	√	√	×	√	—	√	√	√
K_2SO_4	√	√	√	√	√	—	√	×
KNO_3	√	√	×	√	√	√	—	√
$Ca(NO_3)_2$	√	√	×	×	√	×	√	—

注　√表示可以混合；×表示混合后会产生沉淀。

（3）肥液在土壤中的运移吸收程度不同，肥料施用后在土壤中的运移不同，如氮肥在土壤中运移较快，而许多磷肥则运动缓慢，这样必须考虑不同肥料的运移吸收过程，进而确定施肥速度和时间，优化灌溉施肥模式。同时，不同肥料所含养分不同，配置时要考虑其浓度是否恰当。如二胺、尿素等含氮量是不一样的。

（4）施用肥料的腐蚀性。选择肥料还要注意检查肥料是否会对灌溉管道进行腐蚀，尤其是铸铁管等金属管道、管件等。如磷酸盐会腐蚀黄铜喷头，尤其是有铵存在时；而304号不锈钢和铝制品也有可能被腐蚀。不同材料和不同肥料间的腐蚀性如表7-3所示。

表 7 - 3　　　　　　　　　　　　肥 料 腐 蚀 表[48]

项目	$Ca(NO_3)_2$	$(NH_4)_2SO_4$	NH_4NO_3	Urea	磷酸	DAP
镀锌铁	中等	严重	严重	轻度	严重	轻度
铝板	无	轻度	轻度	无	中等	中等
不锈钢	无	无	无	无	轻度	无
青铜	轻度	明显	明显	无	中等	严重
黄铜	轻度	中等	明显	无	中等	严重

总之，特定工作环境下，有些肥料会损坏灌溉系统，堵塞灌水器或腐蚀管件，有些肥料会因为配置混合问题造成养分流失等。因此，微灌施肥时要精确了解各种肥料的优缺点，选择合适的肥料、制定合理的施肥方法，保证施肥安全有效的进行。

参 考 文 献

［1］ Lahav E, Lowengart A. Water and nutrient efficiency in growing bananas in subtropics ［J］. Acta Hort, 1998, 49: 117-125.

［2］ Boman B J. Fertigation versus conventional fertilization of flatwood grapefruit ［J］. Fertilizer Research, 1996, 44: 123-128.

［3］ Alva A K, Paramasivam S. Nitrogen management for high yield and quality of citrus in sandy soil ［J］. Soil Sci Soc Am J, 1998, 62: 1335-1342.

［4］ Klar A E, Fonseca I C B, Banderalli M, et al. Fertigation in lettuce - use of soil fertilizer residue by maize. In Dahlia Greidinger International Symposium on Fertigation. Technion-ⅡT, Haifa, Israel, 1995, 297-302.

［5］ Parikh M M, Savani N G, Shrivastava P H, et al. Nitrogeneconomy in banana through fertigation. In Dahlia Greidinger International Symposium on Fertigation. Technion-ⅡT, Haifa, Israel, 1995, 365-370.

［6］ Nunez-Escobar R. Development and present status of fertigation in Mexico. In dahlia Greidinger International Symposium on Fertigation ［J］. Technion-ⅡT, Haifa, Israel, 1995, 287-296.

［7］ 王留运, 叶清平, 岳兵. 我国灌溉技术发展的回顾与预测 ［J］. 节水灌溉, 2000 (3): 3-7.

［8］ 张志新. 滴灌工程规划设计原理与应用 ［M］. 北京: 中国水利水电出版社, 2007.

［9］ 李明思, 康绍忠, 杨海梅. 地膜覆盖对滴灌土壤湿润区及棉花耗水与生长的影响 ［J］. 农业工程学报, 2007, 23 (6): 49-54.

［10］ 李明思, 康绍忠, 孙海燕. 点源滴灌滴头流量与湿润体关系研究 ［J］. 农业工程学报, 2006, 22 (4): 32-35.

［11］ 刘小瑛, 杨振刚, 王天俊. 滴灌条件下土壤水分运动规律的研究 ［J］. 水利学报, 1990, (1): 11-21.

［12］ 李久生, 张建君, 薛克宗. 滴灌施肥灌溉原理与应用 ［M］. 北京: 中国农业科学技术出版社, 2003: 84-86.

［13］ 徐俊增, 卫琦, 彭世璋, 等. 局部湿润灌溉土壤水分分布特征及其潜在环境效应 ［J］. 水资源与水工程学报, 2012, 23 (4): 1-6.

［14］ Camp C R. Subsurface drip irrigation lateral spacing and management for cotton in the southeastern coastal plain ［J］. Trans of the ASAE, 1997, 40 (4): 993-999.

［15］ 马孝义, 康绍忠. 果树地下滴灌灌水技术田间试验研究 ［J］. 西北农业大学学报, 2000, 28 (1): 57-61.

［16］ 李久生. 层状土壤质地对地下滴灌水氮分布影响的试验研究 ［J］. 农业工程学报, 2009, 25 (7): 25-31.

［17］ Oron G, Demalach Y, Gillerman L, et al. Improved saline-water use under subsurface drip irrigation ［J］. Agricultural Water Management, 1999, 39: 19-33.

［18］ Burt C M, Al Amoudi O, Paolini A. Salinity patterns on row crops under subsurface drip irrigation on the westside of the San Joaquin Valley of California ［R］. ITRC Report No. 003-004, 2003.

［19］ 李道西, 罗金耀. 地下滴灌土壤水分运动数值模拟 ［J］. 节水灌溉, 2004 (4): 4-7.

[20]　王超，李援农．地下滴灌条件下湿润体特性的试验研究 [J]．中国农村水利水电，2011 (3)：38－40.

[21]　澳大利亚．滴灌土壤湿润体和溶质运移．第六届国际微灌大会论文译文集，2001，8.

[22]　王凤民，张丽媛．微喷灌技术在设施农业中的应用 [J]．地下水，2009，31 (141)：115－116.

[23]　李巧珍，郝卫平，龚道枝，等．不同灌溉方式对苹果园土壤水分动态、耗水量和产量的影响 [J]．干旱地区农业研究，2007，25 (2)：128－133.

[24]　李德信，刘吉全，祝信贺，等．微喷灌在山区茶园的应用效果研究 [J]．灌溉排水，2001，20 (1)：78－80.

[25]　Kouman S，Koumanov Jan，Hopmans W，et al. Spatial and temporal distribution of the root water uptake of an almond tree under microsprinkler irrigation [J]．Irrig Sci，2006，24：267－278.

[26]　Arulkar K P，Sarode S C，Bhuyar R C. Wetting pattern and salt distribution in drip and micro sprinkler irrigation [J]．Agriic. Sci. Digest，2008，28 (2)：124－126.

[27]　褚琳琳，康跃虎，陈秀龙，等．喷灌强度对滨海盐碱地土壤水盐运移特征的影响 [J]，农业工程学报，2013，29 (7)：76－82.

[28]　黎朋红．陕北黄土丘陵枣林地涌泉根灌湿润体研究 [D]．陕西：杨凌，2010.

[29]　李耀刚．涌泉根灌土壤水分运动特性试验及模拟研究 [D]．陕西：杨凌，2013.

[30]　王兴鹏，严晓燕．不同灌溉方式下枣树根区土壤洗盐效果试验 [J]．灌溉排水学报，2011，30 (1)：130－133.

[31]　戈鹏飞，虎胆．吐马尔白．棉田膜下滴灌年限对土壤盐分积累的影响研究 [J]．水土保持研究，2010，17 (5)：118－122.

[32]　殷波，柳延涛．膜下长期滴灌土壤盐分的空间分布特征与累计效应 [J]．干旱地区农业研究，2009，27 (6)：228－231.

[33]　吕殿青，王全九，王文焰，等．膜下滴灌土壤盐分特性及影响因素的初步研究 [J]．灌溉排水，2001，20 (3)：28－31.

[34]　侯振安，李品芳，吕新，等．不同滴灌施肥方式下棉花根区的水、盐和氮素分布 [J]．中国农业科学，2007，40 (3)：549－557.

[35]　Bar－Yosef B，Sheikholslami M R. Distribution of water and ions in soil irrigated and fertilized from a trickle source [J]．Soil Science Society of America Journal，1976，40：575－582.

[36]　沈仁芳，赵其国．排水采集器原装土柱中红壤元素淋溶的研究 [J]．土壤学报，1995，32 (S)：178－181.

[37]　李久生，饶敏杰．喷灌施肥均匀性对冬小麦产量影响的田间试验评估 [J]．农业工程学报，2000，16 (6)：38－42.

[38]　隋方功，王运华．滴灌施肥技术对大棚甜椒产量与土壤硝酸盐的影响 [J]．华中农业大学学报，2001，20 (4)：358－362.

[39]　Alva A K，Mozaffri M. Nitrate leaching in a deep sandy soilas influenced by dry broadcast or fertiga-tion of nitrogen forcitrus production [C]//. Dahlia Greidinger International Symposium on Fertiga-tion. Israel，Technion－IIT，Haifa，1995：67－77.

[40]　Xi J G，Zhou J B. Leaching and transforming characteristics of urea－N added by different ways of fertigation [J]．Plant Nutrition and Fertilizer Science，2003，9 (3)：271－275.

[41]　李久生，饶敏杰，李蓓．喷灌施肥灌溉均匀性对土壤硝态氮空间分布影响的田间试验研究．农业工程学报．2005，21 (3)：51－55.

[42]　高鹭，胡春胜，毛仁钊．喷灌条件下土壤 NO_3^-－N 含量的空间变异性研究．土壤学报．2004，41 (6)：991－995.

[43]　王小龙．喷灌条件下沙土地速效养分移动特性研究．河南职技师院学报．2001，29 (4)：28－30.

［44］ 魏新平．漫灌和喷灌条件下土壤养分运移特征的初步研究．农业工程学报．1999，15（4）：83－87.

［45］ 郭大应，谢成春，熊清瑞，等．喷灌条件下土壤中的氮素分布研究．灌溉排水．2000，19（2）：76－77.

［46］ 刘坤，陈新平，张福锁．不同灌溉策略下冬小麦根系的分布与水分养分的空间有效性．土壤学报．2003，40（5）：697－693.

［47］ 李涛．微灌施肥节水节肥技术［J］．科技致富向导，2013，（7）：28－29.

［48］ 李劲德，刘雪峰．设施农业微灌施肥系统选型配套研究［J］．北京水务，2011，（1）：34－37.

［49］ 李久生，张建君，薛克宗．滴灌施肥灌溉原理与应用［M］．中国农业科学技术出版社，2003.

［50］ 张承林，郭彦彪．灌溉施肥技术［M］．北京：化学工业出版社，2006.

第八章 微灌工程规划设计

第一节 微灌工程规划

微灌工程规划是微灌工程设计的前提，因为它关系到微灌工程的修建是否合理，包括技术上是否可行及经济上是否合算。微灌工程规划应符合当地水资源开发利用、农村水利、农业发展及园林绿地等规划要求，并与灌溉设施、道路、林带、供电等系统设施和土地整理规划、农业结构调整及环境保护等规划相协调。

一、微灌工程规划任务与原则

微灌工程的一般规定及任务主要有：

勘测和收集基本资料，包括水源、气象、地形、土壤、植物、灌溉试验、能源与设备、社会经济状况和发展规划等方面的基本资料。在平原区灌溉面积大于 $100hm^2$，山丘区灌溉面积大于 $50hm^2$ 的微灌工程，应分阶段进行规划和设计。根据当地自然条件、社会和经济状况等，论证工程的可行性与必要性。根据当地水资源状况和农业生产、乡镇工业、人畜饮水等用户的要求进行水利计算，确定工程的规模及微灌系统的控制范围。根据水源位置、地形和作物种植状况，合理布置引水、蓄水、提水工程、微灌枢纽位置及骨干输配水管网。提出工程概算及规划报告，选择微灌典型地段进行计算，用扩大技术经济指标估算出整个工程的投资、用工用材。规划成果应绘制在不小于 1/5000 的地形图上，并提出规划报告。

进行微灌工程规划设计时，应该树立系统工程的观念、因地制宜的观念和突出效益的观念。遵循以下基本原则：

（一）可行性研究编制原则

1. 与有关规划协调一致

微灌工程规划应在调查项目区自然、社会经济和水土资源利用现状基础上，根据农业生产、生态保护对灌溉的要求进行规划，微灌工程规划应与当地所制定的经济发展规划、生态保护规划、农业发展规划和节水灌溉发展规划协调一致。

2. 对项目水源保证进行充分论证

对拟建微灌工程所用水源的水量、水质情况必须进行充分论证。地表水源应重视洪水期的泥沙问题；地下水必须论证清楚项目区真实可靠的补给量、可开采量和单井出水量。特别是干旱地区，工程规模应控制在水资源条件允许范围之内，必须避免建设无水源保证工程和使生态环境遭到破坏的工程。

3. 扬长避短，突出效益

任何技术都有其一定适用条件，微灌也不例外，在进行微灌工程规划时必须坚持扬长避短原则。我国地域辽阔，不同地区的自然气候差异很大，经济发展水平不一，规划应从实际出发，实事求是，充分考虑自然资源和社会经济条件的可能与需要。同时要认真进行方案比选，找出最佳方案。因地制宜、扬长避短、减轻劳动者的劳动强度、突出效益是进行微灌工程规划的最基本原则。

4. 注意与其他用水需求相结合，与农业节水措施相配套

规划时应综合考虑项目区内农田、林带和畜牧、水产、居民用水等其他用水方面的要求，使其他用水不受影响并尽量做到相互结合发挥综合效益。微灌工程措施应与节水农艺措施、节水管理措施相配套，以发挥最大的节水效益。

5. 经济、社会、环境效益综合考虑，环境效益优先

微灌工程规划必须坚持经济、社会、环境效益综合考虑，环境效益优先的原则。特别是生态脆弱的干旱地区。经济效益主要体现在节水、节能、省工、省地、增产、增效等方面；社会效益主要表现在缓解农业、工业、生活、生态用水矛盾，微灌工程兼顾向当地乡镇工业和人畜用水供水等；环境效益表现为保护水资源，控制地下水位下降，防止超采地下水，降低灌溉定额，防止化肥农药污染地下水等。

（二）微灌工程设计的基本原则

1. 工程设计应与规划相一致

微灌工程可行性研究报告批准之后，即应作为设计的依据。可行性研究阶段所确定的工程规模、投资规模、工程类型、主要设计参数、水源工程等主要内容，在设计中应于可行性意见报告相一致。设计中如发现可行性研究报告中有不合理之处，特别是工程规模、投资规模、工程类型等有大的方案改变，必须报项目审批单位同意修改重新审批后方可进行设计，不能擅自改动可行性研究报告中的主要内容。

2. 工程设计应严格按《微灌工程技术规范》[1]进行

规范标准是技术上的法律法规，《微灌工程技术规范》是在总结国内外大量工程实践和科学试验基础上经过国内权威微灌专家严格审查编制出来的，进行微灌工程设计时必须严格按照规范进行，所有技术参数选取、计算公式选用应遵照规范的规定。由于规范反映的是一定时代的技术水平和技术要求，如在设计中发现规范不能适应新技术发展或规范有不完善之处，应在设计中加以说明，并在规范的修订中提出相应的修改意见。

3. 工程设计必须紧密结合实际，追求低成本高效益

微灌工程是一种地域性强、涉及面广的涉农工程。不同地区的自然条件不同、经济条件不一，作物种类繁多、栽培条件不同，必须紧密结合实际情况因地制宜地进行设计。针对不同作物、不同栽培条件的微灌设备种类也很多，应该与之相对应。作物栽培还有管理等方面的要求，应在充分掌握微灌设计基本原理的基础上根据实际情况灵活运用，当出现矛盾时应权衡利弊有取有舍。在保证工程质量的前提下，低成本、高效益并方便管理是必须坚持的重要原则。

4. 坚持灌溉与栽培技术的协调统一原则，充分发挥最大的水效益

灌溉技术与栽培技术相互协调一致才能最充分地发挥水效益。微灌是一种局部灌溉技术，只对作物根系供水；而作物不但要求根系土壤中有充分的水分供应，某些生育阶段对冠层空气湿度也有一定要求。不同的灌溉方法湿润土体面积和造成的近地层空气湿度不同。微灌情况下应适当密植，只有这样才能保证作物冠层空气湿度要求。微灌系局部灌漑，施水范围有限作物种植方式应适当改变，采取科学的株行距以保证作物根系水分供应并减少毛管用量，降低工程造价。

5. 工程设计应达到满足施工需要的深度要求

工程设计是微灌工程规划设计的最终阶段，它是为工程项目实施服务的，设计深度应达到满足施工要求的深度。规划阶段主要解决的是规模和方案等可行性和必要性问题，只作典型设计；设计阶段解决的是工程项目的实施问题，必须进行全面设计。例如，设计阶段所提供的图纸必须满足施工放线的要求；对工程所有的材料设备型号、规格和数量必须满足招标和采购的要求等。

二、微灌工程规划设计基本资料搜集

微灌工程规划通常应搜集准确可靠的基本资料并尽可能进行分析论证，主要包括自然条件资料、生产状况资料和社会经济状况资料三大类，只有基本资料准确、齐全、可靠，才有可能做出正确、合理、符合实际的工程规划设计。因此，必须对项目区进行基本资料的实地调查、勘测、收集、整理工作。

（一）自然资料的搜集

1. 地理位置

地理位置资料包括经纬度、海拔高程及规划、设计有关的自然地理特征等。

2. 地形资料

地形资料是进行工程规划设计的最主要资料，地形资料一般用地形图反映，进行微灌工程规划设计时要收集或测量绘制比例适合、绘制规范的地形图。灌溉面积在 $333\sim667hm^2$ 以上的微灌工程，规划布置图宜用 $1/5000\sim1/10000$ 比例尺的地形图；灌溉面积超过 $667hm^2$ 的微灌工程可用更小比例尺的地形图；灌溉面积小于 $333hm^2$ 的微灌工程宜用 $1/2000\sim1/5000$ 比例尺的地形图。规划阶段典型设计和设计阶段设计用地形图，地形平坦情况下的一般微灌系统，宜采用 $1/000\sim1/2000$ 比例尺地形图；若地形比较复杂或低压微灌系统，宜采用 $1/500\sim1/1000$ 比例尺地形图。

（二）土壤与工程地质资料

1. 土壤资料

土壤资料主要包括土壤质地、土壤容重、田间持水量、土壤孔隙率、土壤渗吸速度、土层厚度、土壤 pH 值和土壤肥力等。对于盐碱地，还包括土壤盐分组成、含盐量、盐渍化及次生盐碱化情况、地下水埋深和矿化度等。

土壤质地是指在特定土壤或土层中不同大小类别的矿物质颗粒的相对比例。土壤结构是指土壤颗粒在形成组群或团聚体时的排列方式。土壤质地与结构两者一起决定了土壤中水和空气的供给状况，是影响微灌情况下土壤水分分布和湿润模式的最主要和基础因素。土壤质地分类是根据砂粒、粉粒与黏粒的不同组合进行的。国际上通常采用的土壤质地分类标准是美国制和国际制，我国以前多采用苏联或中国土壤质地分类标准，20 世纪 90 年代以后开始采用美国制作为土壤质地的分类标准。土壤质地可以通过采集项目区土样委托有关单位土壤实验室进行颗粒分析测定，或向当地农业、水利部门调查，收集以往土壤质地测定资料，从中分析确定项目区土壤质地；也可通过现场简易方法大致判断确定土壤质地。

土壤容重系指单位体积自然干燥土壤的重量，单位为 g/cm³。土壤容重可以反映土壤的孔隙状况和松紧程度，它是计算土壤孔隙度、估算土壤水分和养分储量及评价土壤结构性等的基本参数。土壤容重应实测确定。

土壤孔隙度即土壤孔隙的体积占整个土壤体积的百分数。土壤孔隙是水分、空气的通道和贮存场所，因此土壤孔隙的数量和质量在农业生产和农业工程中极为重要。土壤空隙度一般不直接测定而是由土壤比重与容重计算得出。即

$$土壤孔隙度 = \frac{土壤比重 - 土壤容重}{土壤比重} \times 100\%$$

土壤田间持水量是在灌溉条件或降水条件下，田间一定深度的土层中所能保持的最大毛管悬着水量。当土壤含水率超过这一限度时，过剩的水分将以重力水的形式向下渗透。田间持水量包括稀湿水、薄膜水和毛管悬着水，其数量是三者数量的总和。田间持水量是划分土壤持水量与向下渗透量的重要依据，也是指导灌溉的重要依据。土壤田间持水量的大小主要取决于土壤质地、结构、孔隙状况、松紧状况、耕作条件及有机质含量等。由于土壤田间持水量受土壤性状的影响较大，加上土壤水分的不断运动，测定条件的差异也较大，因此测得的数值往往出入较大。为了力求数值尽量可靠，如条件许可，应就地测定。

土壤渗吸速度即单位时间入渗土壤的水层厚度。土壤渗吸速度与土壤质地、结构状况、孔隙度、耕作状况及土壤原始含水量等因素密切相关。在灌溉过程中土壤渗吸速度是变化的。开始由于土壤比较干燥吸水很快，随着土壤水分的增加渗吸速度逐渐减小，最后趋向一个稳定数值。土壤稳定渗吸速度见表 8-1[2]。

表 8-1　　　　　　　　　　　　不同质地土壤的稳定渗吸速度

土　壤　质　地	渗吸速度/(mm/h)	土　壤　质　地	渗吸速度/(mm/h)
砂土	20	壤黏土	10
砂壤土	15	黏土	8
壤土	12		

2. 工程地质资料

对于山地微灌工程系统，骨干管线以及蓄水池等，可能遇到复杂的地质条件，应依据地形地貌等情况作必要的调查分析，以便采取相应的工程措施。

（三）气象资料的搜集

气象资料包括项目区的降水、蒸发、气温、湿度、日照、积温、无霜期、风速风向、冻土深度、气象灾害等与灌溉密切相关的农业气象资料。气象资料是确定作物需水量和制定灌溉制度的基本依据。

从当地气象台站获得的降水资料包括项目区历年的平均降水量、月平均降水量、旬平均降水量、季节降水量特征等。当实测资料不具备或不充分时，可根据当地降水量等值线图进行查算。当进行作物需水量计算时，需选用作物生育期内的逐日、逐旬或逐月降水量，还要考虑历年最大降水量及发生的日期等。

蒸发资料包括项目区的多年平均年蒸发量、月蒸发量、最大日蒸发量、历年最大蒸发量及发生的日期等。必须指出的是气象站所记录的蒸发资料是采用一定口径蒸发皿所观测

的水面蒸发值，水面蒸发量的大小与水面面积有关，水面面积越大，单位面积蒸发量越小；反之则大。因此，气象站所记录的蒸发资料并非实际的水面蒸发量，更不是真实的蒸发量，它实际表述的是蒸发能力或称蒸发势。我国气象站以前多采用口径 20cm 的 E_{20} 和口径 80cm 的 E_{80} 蒸发皿，目前统一采用口径 601mm 的 E_{601} 蒸发皿；欧美发达国家多用口径 102cm 的 A 级蒸发皿。不同口径蒸发皿蒸发量观测值间必然存在一定的比例关系，不同地区折算系数不尽相同。大面积水体的水面蒸发量可用式（8-1）计算求得。在当地缺乏作物需水量资料时，可利用水面蒸发资料估算作物需水量

$$E_h = kE_m \qquad (8-1)$$

式中　E_h——大面积水体水面蒸发量，mm；

　　　k——折算系数，应按当地气象台站所确定的系数加以换算。缺乏资料时可用表8-2 的折算系数进行换算；

　　　E_m——蒸发皿观测的蒸发量，mm。

表 8-2　　　　　　　　　　蒸发皿多年平均月、年折算系数 k 成果表

蒸发皿	月折算系数												年折算系数
	1月	2月	3月	4月	5月	6月	7月	8月	9月	10月	11月	12月	
E_{601}	1.04	0.96	0.92	0.87	0.94	0.94	0.99	1.00	1.03	1.07	1.10	1.07	0.99
E_{20}	0.89	0.86	0.73	0.66	0.71	0.71	0.78	0.81	0.89	0.99	1.00	0.97	0.82
E_{80}	1.02	0.92	0.86	0.82	0.84	0.86	0.91	0.93	0.98	1.08	1.09	1.09	0.94

气温直接影响作物生长所需的灌水量和灌溉系统设计。当计算作物需水量时，应选用日或旬或月多年平均气温、平均最低和平均最高气温。湿度分绝对湿度和相对湿度。绝对湿度系指空气中的水汽含量，当采用重量单位时以 g/m^3 表示；当采用压力单位时以 Pa 表示。相对湿度系空气绝对湿度与同一时刻（同一温度）的饱和水汽含量之比。当计算作物需水量时，需选用典型年的逐日、逐旬、逐月相对湿度或平均水气压

$$N = e/G \times 100\% \qquad (8-2)$$

式中　N——相对湿度；

　　　e——绝对湿度，g/m^3；

　　　G——饱和水汽含量，g/m^3。

不同温度条件下的饱和水汽含量见表8-3。

表 8-3　　　　　　　　　　不同温度条件下的饱和水汽含量

$t/℃$	-30	-20	-10	0	10	20	30
$G/(g/m^3)$	0.5	1.1	2.4	4.8	9.4	17.3	30.4

日照是阳光照射在地面上的每日时间长短。当计算作物需水量时，选用按日或旬或月统计日照小时数后按日或旬或月天数平均。

积温是作物在其他生活因子得到满足情况下，完成生长发育周期所要求的日平均温度

的总和。一般包括年平均积温、大于 0℃积温和大于 10℃积温。

无霜期指露地作物不受霜降影响的首尾时间。应收集年平均无霜期天数、早霜和晚霜的日期。

风速风向是条田防护林设计的重要依据，他直接影响到微灌管网的布置以及作物栽培方式和微头的布设。当计算作物需水量时，需用 2m 高处旬或月的平均风速、白天平均风速和夜晚平均风速，若系其他高度处测得的风速，则应用式（8-3）进行换算

$$v_2 = v_z(2/Z)^{0.2} \tag{8-3}$$

式中　　v_2——2m 高处的风速，m/s；

　　　　v_z——Zm 高处的风速，m/s；

　　　　Z——v_z 的测量高度，m。

冻土深度是指温度在 0℃或 0℃以下，因冻结而含冰的各种土层深度。微灌工程规划设计必须知道项目区的最大冻土层深度，以确定选用何种材质管道及其埋设深度。

（四）水源资料的搜集

水源资料系指为工程项目提供水源的水库、河流、渠道、塘坝、井泉等的逐年供水能力，年水量、水位变化情况，水质、水温、泥沙含量变化情况，特别是灌溉季节的供水、应水情况。对于地表水源，包括取水点的水文资料，即取水点的年来水系列及年内旬或月的分配资料。对于没有现成观测资料的小水源，应根据水源特点进行调查、测量并取样化验。对某些水源还需进行必要的产流条件调查，以分析来水的变化规律。对于以地下水为水源的微灌工程，应收集与项目区有关的地下水储量、可开采量、已开采量、地下水位多年变化情况、超采情况、年可供灌溉水量。收集地下水的化学成分及其含量。单井涌水量，静水位、动水位变化情况，含水层深度、含水层地质情况。单井出水量和动水位一般依据成井后抽水试验及以往使用情况进行确定；集中开采时必须考虑群井的影响；作为可供水量设计依据时，需分析补给源和区域性开采对井水出水量的影响。

水源水质包括水温和水中杂质含量，水温影响作物正常生长，也是进行输配水灌路水力计算的影响因素。微灌工程对水源水质有特殊要求，应对水源的水质进行化验分析，测定水源中的泥沙、污物、水生物、含盐量、氯离子的含量及 pH 值，以便决定采取相应的处理措施，保证微灌工程正常运行。

在所收集资料基础上经过分析计算，取得进行微灌工程规划设计所需的水量和水位，经与灌溉用水量平衡分析计算，确定微灌工程规模及系统所需设计压力和设计流量以及是否需要规划设计蓄、提、引水工程及泥沙处理工程以及相应的规模。当同一水源向几个部门供水时，应调查了解各用水部门的用水情况，以确定水源对微灌工程项目的供水能力。水源资料可向当地水利部门收集。水文资料可在水文站收集或使用当地的水文手册。

（五）农业与灌溉资料

1. 农业资料

作物分区应考虑到作物特点对微灌选型，管网布置和灌水管理上的不同要求。对于一年生的大田作物，收集作物种类、品种、栽培模式、耕作层深度、生长季节、种植比例、种植面积、种植分布图及轮作倒茬计划、条田面积和规格、防护林布设等。果树与大田作

物不同，果树应搜集树种、树龄、密度和走向等资料。另外，需调查搜集规划区能反映现状和规划实施后的作物产量与农业措施。

2. 灌溉资料

为进行灌溉制度设计，需搜集与灌溉制度设计有关的灌溉农业资料，包括需水量试验资料和灌水经验等资料，并注意听取栽培专家意见。

（六）其他资料的搜集

1. 社会经济状况

（1）按行政单位调查农业与非农业人口，土地面积，如山、川、丘陵、平原、塬，耕地面积，如水田、水浇地、旱地，林、果及农作物组成与水旱地比例，分项作物总产或产值比例，投资、成本、纯收入及按农业人口的平均收入等。

（2）牧、副业现状和发展计划，从业人数和收入等。

（3）生产管理体制，领导和技术力量。

（4）农产品市场价格，产品市场形势。

（5）建筑材料和设备来源、单价、运距、交通状况、运输方式等。

2. 现有水利设施

搜集过去进行过的规划、设计以及与规划区有关的流域或区域水利、农业规划，以及水资源普查、评价及自然灾害等资料，原有工程设施规模，完善程度、建设时间、投资、运行情况、能源条件、改建或扩建理由，有无可以调用的闲置设备、器材等。

三、水量平衡计算

为了确定微灌工程的规模，要根据微灌工程和其他用水单位的需水要求和水源的供水能力，进行平衡计算和分析。微灌工程的主要内容是向农作物提供灌溉用水，在利用微灌工程提供村、乡人畜生活用水的地方，人畜生活用水是必须首先保证的。乡村工副业用水的数量有时也相当大，平衡计算时要根据水源情况，遵循保证重点，照顾一般原则，统筹兼顾，合理安排。

（一）用水分析

1. 灌溉用水量

灌溉用水量是指为满足作物正常生长需要，由水源向灌区提供的水量。它取决于微灌的面积，作物种植情况，土壤，水文地质和气象条件因素。

（1）设计典型年的选择。按气象资料选取：灌溉用水量随着年降雨量及其分配情况而变化，因此各年的灌溉用水量不一样。在进行微灌规划时，必须首先确定一个典型的水文年，作为规划设计的依据。通常把这一典型的水文年称为设计典型年。根据设计典型年的气象资料计算出来的灌溉用水量称为设计微灌用水量。典型年的确定方法通常是根据历年降雨资料，用频率计算方法进行统计分析，确定几种不同干旱程度的典型年份。如中等年（降雨频率为 50%）、中等干旱年（降雨频率为 75%）及干旱年（85%～90%）等。以这些典型年的气象资料作为计算微灌用水量的依据。

用项目区年水面蒸发量（或主要作物灌水临界期的水面蒸发量）系列，以递增次序排列进行频率计算，选择频率和设计保证率相同（或相近）的年份作为设计代表年。

用年水面蒸发量与年降水量的差值（或主要作物灌水临界期两者的差值）组成系列，

以递增次序排列进行频率计算，选择设计代表年。

按来水量资料选择：用水源的来水量组成系列进行频率计算，选择频率和设计保证率相同（或相近）的年份作为设计代表年。采用此法时，应注意根据不同的水源类型对其供水量资料作认真分析，排除人为影响因素，以避免因没有考虑现状用水情况而造成的误差。

按用水量资料选择：利用本地区的灌溉试验与生产实践资料或利用水文气象资料推求历年作物需水量，并通过频率计算选择符合设计保证率的代表年。此法需要较长系列的灌溉试验或调查资料，一般不易获得，且对所得资料应作分析修正，以建立在同一基础上。如用气象资料推算历年作物需水量，则计算工作量较大。

按来水用水资料综合选择：用来水和用水的差值或用调节后的蓄水容积组成系列进行频率计算，并选择设计代表年。此法反映了灌溉设计保证率的真实涵义，但所需资料甚多，计算工作量甚大，工程规模较大的有条件项目区可以考虑采用。

目前微灌多用于果树、蔬菜等经济作物灌溉，对水分要求高，同时工程投资回收也比较快，因此微灌工程规划设计应采用较高的设计标准，建议采用频率为 $75\%\sim90\%$ 的水文年作为设计典型年。

（2）典型年灌溉用水量及用水过程。根据典型年有效降雨量和作物需水量可以计算出微灌的补充灌水强度，毛灌水强度和灌溉供水量可由以下公式计算。

微灌毛灌水强度为

$$I_m = \frac{I_j}{\eta_u} \tag{8-4}$$

微灌灌水量为

$$W = 0.667 I_j \cdot A \tag{8-5}$$

每株果树每日的毛灌水量为

$$W_e = 0.001 I_m dl = 0.001 \frac{I_j dl}{\eta_u} \tag{8-6}$$

式中　I_m、I_j——微灌毛、净灌水强度，mm/d；

　　　　η_u——灌溉水利用系数；

　　　　W——每日灌溉水量，m^3/d；

　　　　A——灌溉面积，亩；

　　　　W_e——每株树每日毛灌水量，$m^3/(d \cdot 株)$；

　　　　d、l——果树株距和行距，m。

2. 人畜生活及村乡工副业用水量

目前我国农村生活水平还比较低，特别是山丘地区，生活用水还有很多困难，工副业也比较少，因此，生活用水等可按人口及牲畜头数估算，以 $30\sim50L/(人 \cdot d)$ 来计算。

（二）供水分析

供水分析的任务是研究水源在不同设计保证率年份的供水量、水位和水质，为工程规划设计提供依据。微灌工程水源通常有以下几种类型。

1. 井水

井的出水量一般依据成井后抽水试验资粮进行确定。但是作为可供水量的设计依据，需分析其补给源和区域性开采对水井出水量的影响。配套是否合理也需要进行核实，如果不合适则应调整配套，并依据分析结果确定各阶段可靠地出水量。在出水量确定的基础上，还需确定能源条件对可供水量的影响，如供电保证率或柴油机日允许运行时间以及各种故障的影响，最后才能确定月或旬的来水量。

2. 泉水

小泉出水量一般都受降雨的影响，年内年际都可能有变化，但有滞后性，应根据降雨和出水调查资料分析确定典型年来水流量过程或分月分旬来水量。

3. 溪水基流

这类水源受降雨分布的影响更大，春季冰雪融化往往也有高峰来水，汛期洪水泥沙含量较大，一般没有实测系列资料，来水来沙过程需通过调查分析确定。

4. 河流、渠类水源

河、渠类水源还包括从水库取水的情况，取水方式多属提水，提水量占来水量的比例很少，供水分析的主要任务是明确提水条件及其影响因素，为规划设计提供可靠的设计参数。由于微灌系统与渠水系统可能存在作物组成和灌溉制度的不同，在供水时段上会有一定矛盾。因此，需要分析研究渠灌系统供水计划，保证程度，以便确定微灌系统相应保证率的可靠供水时段。渠水中多数都含有泥沙，也应分析确定。渠水水位一般变化不大，对于抽水站的设计可以忽略不计。有些河流水位变化幅度可能较大，应分析确定最高最低水位及枯水流量。有些小河流可能存在断流问题，应分析上下游用水情况及近期内可能兴建的工程情况，以便确定可靠的引水时段。从河道取水，泥沙问题可能更为突出，应依据有关资料分析确定，以便采取相应的处理措施。从大型水库提水的主要问题是水位变幅大，应重点分析变化特点和规律。

5. 塘、坝类水源

包括主要供给微灌工程用水的小型水库。水源以降雨后地面产流为主，供水分析的主要任务是研究产流条件及产流规律，以及工程条件对来水的调节控制能力，确定设计典型年可供水量。

对于已建工程，常以工程实际可供水量确定灌溉面积。因此，供水分析的任务是依据现有工程条件和建塘以后蓄水运用情况，分析不同水文年份实际产流和有关供水量影响因素，如工程控制调节能力和管理等，并确定典型年可供水量。对于待建工程，包括已建工程的水文分析计算，可参考有关水文书籍和水文手册等。

（三）来水、用水水量平衡计算

1. 井水

一般深井出流量比较稳定，平衡计算的目的主要是确定灌区面积，或校核水井出水量是否满足微灌用水要求。井水可灌面积为

$$A = \frac{Q_h t}{0.667 E_m} \tag{8-7}$$

式中 A——井水可灌面积，hm^2；

$\quad Q_h$——微灌用水井的出水流量，m^3/h；

$\quad E_m$——用平均作物耗水量最大值，mm/d；

$\quad t$——水井每天抽水小时数，h。

抗旱期间使用柴油机抽水，每天工作 18h，电动机每天工作 20h。

2. 泉水

许多山丘地区水源缺乏，常常利用小股山泉进行微灌。由于山泉流量小，一般必须经过调蓄才能满足微灌用水要求。水利计算的任务是确定可灌面积和蓄水池的容积。

$$A=\frac{36Q_w}{I_j} \qquad (8-8)$$

式中 A——山泉可灌面积，亩；

$\quad Q_w$——可供灌溉的泉水流量，m^3/h。

山泉调蓄容积为

$$V=1.3(0.667I_jAT-24Q_wT_i) \qquad (8-9)$$

式中 V——山泉调蓄容积，m^3；

$\quad 1.3$——蓄水有效系数；

$\quad T$——灌水周期，d；

$\quad T_i$——灌水延续时间，d。

3. 溪流

由于溪水流量变化大，水利计算的任务主要是确定可灌面积。计算时可选择供水临界期的流量和灌溉水量作为确定可灌面积的依据。所谓供水临界期是指溪水水量小而用水量大的时期。计算方法可按井水活泉水的方法进行。

4. 河、渠类水源

此类水源微灌用水量所占比例很小，一般无需进行水量平衡计算。

5. 塘、坝类水源

此类水源是由地面径流产生，水利计算的任务主要是确定灌溉面积或塘、坝的容积。如果塘、坝的激流面积足够大。

四、微灌工程总体布置

微灌工程布置的主要任务是规划灌区具体范围及分区界限，对水源取水、蓄水、供水首部枢纽工程进行总体布局，对骨干管线进行合理布设，必要时应对管材和管径进行选定。

（一）确定灌区范围

根据计划灌溉的作物和水利规划所确定的计划灌溉面积，选定进行微灌的范围，规划灌区界限。在划定灌区范围时，应根据水源、地形、土壤等条件综合考虑；使微灌与其他灌水方法取得密切配合，提高水资源利用率，扩大总的灌溉面积，减少工程投资，以便取得较高的综合效益。

（二）布置水源工程

水源工程即水源的取水、需水、供水建筑物和设施等。在布置水源工程时，水源的位置与地形非常重要，当存在若干可用水源时，应根据水源的水量、水位、水质以及微灌工程的要求进行综合考虑。通常在满足微灌水量、水质需要的条件下，优先选择距灌区最近的水源，以便减小输水干管的投资。在平原地区利用井水作为灌溉水源时，应尽可能将井打在灌区中心。蓄水和供水建筑物的位置应根据地形地质条件确定，必须有便于蓄水的地形和稳固的地形条件，并尽可能使输水距离短，在有条件的地区应尽可能利用地形落差发展自压微灌。

（三）布置系统首部枢纽和输水干管

微灌系统首部枢纽通常与水源工程布置在一起，但若水源工程距灌区较远，也可单独布置在灌区附近或灌区中间，以便操作和管理。对于除提供微灌用水外，还提供生活、工副业用水的水源，可以共用一条输水干管。

第二节　微灌系统设计

微灌系统的设计主要包括系统的布置，设计流量的确定，管网水力计算，以及泵站、蓄水池、沉淀池的设计等，最后提出工程材料、设备及预算清单、施工和运行管理要求。

一、微灌系统布置

微灌系统的布置通常是在地形图上作初步布置，然后将初步布置方案带到实地与实际地形作对照，并进行必要的修正。微灌系统布置所用的地形比例尺一般为 1/500～1/1000。在灌区很小的情况下也可在实地进行布置，但应绘制微灌系统布置示意图。首部枢纽的位置一般在规划阶段确定，系统设计阶段主要是进行管网布置。

（一）布置毛管和灌水器

毛管和灌水器布置主要取决于微灌作物栽培模式。对于微灌系统而言，毛管和灌水器的布置很关键。毛管的间距、灌水器的流量和位置的确定必须考虑一系列因素：作物特性、土壤性质、水质和农业技术等。以下介绍滴灌系统和微喷灌系统毛管和灌水器的一般布置形式。

1. 滴灌系统毛管和灌水器的布置

所有蔬菜作物都可用滴灌有效地灌溉。大田生产推荐采用工作可靠、价格低廉的一次性滴灌带，它解决了重复使用中的堵塞和保管等问题，铺设、管理、回收均十分方便；保护地栽培因为毛管铺设长度很短，推荐采用价格更低的专用小口径（6～8mm）滴灌带或滴灌管。

为了便于管理，毛管均铺设于地表。地膜栽培时铺于地膜下，铺设方向应与作物种植方向一致（顺行铺设），并尽量适应作物本身农业栽培上的要求（如通风、透光等）。滴灌施水、肥于作物根系附近，作物根系有向水肥条件优越处生长的特性（向水向肥性）。为节约毛管减少投资，应在可能的范围内增大行距、缩小株距，以加大毛管间距。毛管间距通常控制在 100～120cm，一般均采取宽窄行栽培，将毛管铺设于窄行正中的土壤表面；地膜栽培时毛管铺于地膜下，一条毛管控制两行（密植类作物可以控制一个窄畦）作物。蔬菜作物耗水量较大，对供水的均匀性要求较高，特别是保护地栽培，滴头间距宜采用小间距。主要蔬菜作物，包括草莓和大棚西瓜，参考毛管、滴头间距如表 8-4 所示。

表 8-4　　　　　　　　　　蔬菜作物参考毛管间距和滴头间距

作物名称	品种	行距/cm		株距 /cm	毛管间距 /cm	滴头间距/cm	
		窄行	宽行			保护地	大田
黄瓜	长春密刺	30	70	25	100	25～30	30～40
	津春 2 号	40	80	25	120		
	津绿 4 号	30	70	25	100		
番茄	金棚 1 号	30	50	25	80	25～30	30～40
	金棚 3 号	30	50	25	80		
	毛粉 802	40	80	30	120		
	加州大粉	40	80	30	120		
辣椒	茄红甜椒	30	60	30	90	25～30	30～40
	矮树早椒	30	60	25	90		
豆角	双季豆	30	70	20	100	25～30	30～40
	丰收 1 号	30	70	20	100		
大棚西瓜	早花	40	120	25	160	25～30	30～40
草莓	丹东鸡冠	30	70	20	100	25～30	30～40

注　滴头间距视土壤质地而定，质地轻取小值，质地黏重取大值。

　　甜瓜、西瓜是最适宜采用滴灌的作物，节水、省地、省工、防病、增产、提高品质的效果非常显著。一般均采用滴灌带，并配合以地膜栽培。采用宽窄行平种方式，将滴灌带铺设于窄行正中的土壤表面，上覆地膜。应根据不同品种长势和栽培方法的不同正确确定毛管间距，一般情况下可按表 8-5 选用。

表 8-5　　　　　　　　　　瓜类作物参考毛管间距和滴头间距

作物名称	品种熟性	作物行距/cm		作物株距 /cm	毛管间距 /cm	滴头间距 /cm
		窄行	宽行			
甜瓜	早	40	260	30～35	300	30～40
	中	40	260～310	35～40	300～350	30～40
	晚	40	310～410	40～45	350～450	30～40
西瓜	早	40	260～310	20～25	300～350	30～40
	中	40	310～360	25～30	350～400	30～40
	晚	40	360～410	30～35	400～450	30～40

注　1. 在中壤土和黏土上，窄行间距可增加到 50cm。
　　2. 滴头间距视土壤质地而定，质地轻取小值，质地黏重取大值。

　　葡萄、啤酒花和密植果树一般均采用单行毛管直线布置形式。因这均为多年生作物，葡萄和啤酒花还有开墩埋墩问题。为避免损伤毛管需埋墩前回收，开墩后重新铺设。推荐采用性能良好、不易破损、使用年限长、回收和铺设方便的大流道滴灌管。密植果树的毛管布置形式有铺设于地表和悬挂一定高度两种布置形式。毛管间距和滴头间距根据栽培模式和土壤质地而定，一般情况下可按表8-6选用。

表8-6　　　　　　　　　　葡萄、啤酒花和密植果树毛管间距和滴头间距

树 种		行距/m	株距/m	毛管间距/m	滴头间距/cm	
					幼年树	成年树
葡萄	棚架	3.0～3.5	1.0	3.0～3.5	50	50
	篱壁架	2.5～3.0	1.0	2.5～3.0	50	50
啤酒花		3.0～3.5	1.0	3.0～3.5	50	50
杏、李		3.0	2.0	3.0	50×150	50
桃		2.5	2.5	2.5	50×200	50
石榴		3.0	2.0	3.0	50×150	50
无花果		4.0	2.0	4.0	50×150	50
巴旦木		4.0	2.0	4.0	50×150	50
红枣		3.0	2.0	3.0	50×150	50

注　1. 为了节约幼林期水的无效消耗，滴头采用变间距布置。50×150表示变间距，滴头间距50cm、150cm交替变换（可在滴头间距50cm的滴灌管上每隔两个滴头堵两个滴头来实现）。即幼林期间，在间距50cm两滴头间栽树，树干两边25cm处各有一个滴头，一棵树有两个滴头供水。

　　2. 幼林长大后，将堵掉的两滴头打开，可使整个树行形成湿润带，一棵树由4个滴头供水。

（1）单行毛管带环状管布置。当滴灌中等间距果树和大间距成龄果树时，毛管和滴头的布置可采用绕树管的布设方式（图8-1），绕树管的布设方式是：顺种植行埋设一条毛管，毛管上装绕树管，滴头围绕树干环形均匀布设，距树干距离视果树的大小而定，一般50～100cm。对于中等间距果树，在黏重土壤上每棵树的四周至少需要4个滴头；在中等质地土壤上需5～6个滴头；新栽植的幼年果树，每棵树只需两个滴头，各离树干30～50cm。对于大间距老果园每棵树可能需要8～10个滴头；绕树毛管环形半境120～150cm。一般情况下可按表8-7选用。这种布置形式由于增加了环装管，使毛管总长度大大增加，因而增加了工程费用。

表8-7　　　　　　　　　　中等间距和大间距果树毛管间距

树 种	新 果 园			老 果 园		
	行距/m	株距/m	毛管间距/m	行距/m	株距/m	毛管间距/m
杏	4.0	3.0	4.0	6.0	6.0	6.0
桃	3.0	3.0	3.0	4.0	4.0	4.0
苹果	5.0	4.0	5.0	6.0	5.0	6.0
香梨	5.0	4.0	5.0	7.0	6.0	7.0
核桃	6.0	5.0	6.0	10.0	10.0	10.0
巴旦木	4.0	4.0	4.0	5.0	4.0	5.0
无花果	6.0	5.0	6.0	7.0	6.0	7.0
红枣	4.0	3.0	4.0	4.0	4.0	4.0

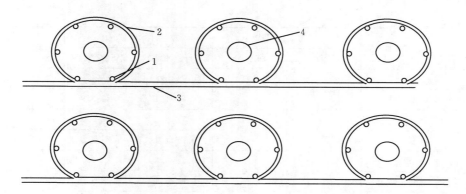

图 8-1 单行毛管带环状管布置

1—滴头；2—绕树环状管；3—毛管；4—果树

（2）双行毛管平行布置。中等间距果树也可采用双行毛管平行布置形式（图 8-2），沿树行两侧布置两条毛管，每棵树两边各布设 2～4 个滴头。这种布置形式毛管用量较多。行距较大、株距相对较小，毛管采用滴灌管情况下多采用这种布置形式。表 8-8 为双行毛管平行布置时毛管间距的参考。

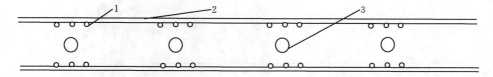

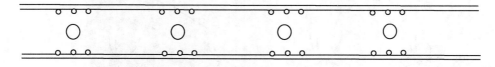

图 8-2 双行毛管平行布置

1—滴头；2—毛管；3—作物

表 8-8　　　　　　　　双行毛管平行布置时的毛管间距（参考）

树种	土壤质地	作物栽培模式		毛管间距/m		滴头间距/cm
		行距/m	株距/m	窄行（水溂）	宽行（旱溂）	
杏	砂土	4.0	3.0	0.7～0.8	3.3～3.2	40～50
	壤土、黏土			0.8～1.1	3.2～2.9	50～70
桃	砂土	3.0	3.0	0.7～0.8	2.3～2.2	40～50
	壤土、黏土			0.8～1.1	2.2～1.9	50～70
苹果	砂土	5.0	4.0	0.7～0.8	4.3～4.2	40～50
	壤土、黏土			0.8～1.1	4.2～3.9	50～70

树种	土壤质地	作物栽培模式		毛管间距/m		滴头间距/cm
		行距/m	株距/m	窄行（水淌）	宽行（旱淌）	
香梨	砂土	5.0	4.0	0.7~0.8	4.3~4.2	40~50
	壤土、黏土			0.8~1.1	4.2~3.9	50~70
核桃	砂土	6.0	5.0	0.7~0.8	5.3~5.2	40~50
	壤土、黏土			0.8~1.1	5.2~4.9	50~70
巴旦木	砂土	4.0	3.0	0.7~0.8	3.3~3.2	40~50
	壤土、黏土			0.8~1.1	3.2~2.9	50~70
无花果	砂土	6.0	5.0	0.7~0.8	5.3~5.2	40~50
	壤土、黏土			0.8~1.1	5.2~4.9	50~70
红枣	砂土	4.0	3.0	0.7~0.8	3.3~3.2	40~50
	壤土、黏土			0.8~1.1	3.2~2.9	50~70

（3）单行毛管带微管布置。当使用微管滴灌果树时，每一行树布置一条毛管，再用一段分水管与毛管链接，在分水管上安装 4~6 条微管，这种布置形式大大减少了毛管的用量，加之微管价格低廉，因此减少了工程费用。该布置方式可用于灌溉果树和盆栽作物（图 8-3 和图 8-4）[3]。

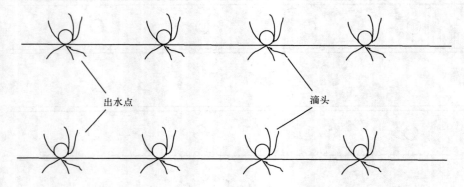

图 8-3　果树单行毛管带微管布置

以上各种布置方式中毛管均沿作物行向布置，在山丘地区一般采用等高种植，故毛管是沿等高线布置的。对于果树，滴头与树干的距离通常为树冠半径的 2/3。此外，毛管的长度直接影响灌水的均匀度和工程费用，毛管长度越长，支管间距越大，支管数量越少，工程投资越少，但灌水均匀性越低。因此，布置的毛管长度应控制在允许的最大长度以内，而允许的最大长度应满足设计均匀度的要求，并有水力计算确定。

2. 微喷灌时毛管和灌水器的布置

根据作物和所使用微喷头的结构与水力性能，常见的微喷灌毛管和灌水器的布置形式与滴管布置形式相似。毛管沿作物行向布置，毛管的长度取决于微喷头的流量和均匀度的要求，应由水力计算决定。由于微喷头喷洒直径及作物种类的不同，一条毛管可控制一行作物，也可控制若干行作物。

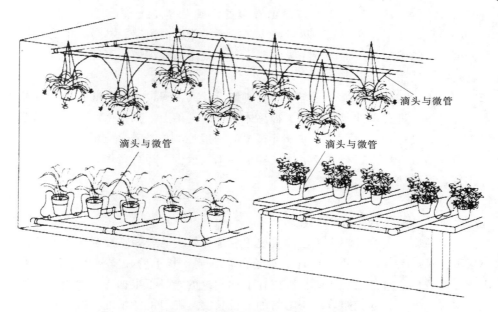

图 8-4　温室盆栽作物毛管、微管与滴头布置

3. 毛管和灌水器布置应注意的问题

鉴于滴灌条件下作物根系的分布特点，严寒地区及多风地区，对易遭受风灾和冻害的多年生果树作物，特别是土壤质地较黏重的地方，在进行滴头布设时，必须注意以下问题：

（1）采取措施使土壤湿润区下移。在解决根系入侵和负压戏泥的前提下，最好采用地下滴灌系统，将滴头（出水口）埋设在一定土层深度；对于地面滴灌系统，可采用"砂管法"，使湿润区下移，引导根系下扎；对于冬季埋土的果树，同时可采用开沟穴值或深沟植、深穴植等栽培措施，使根系下移，增加保温土层深度。

（2）滴头（出水口）尽量对称布设。根系偏向一侧易被大风刮倒。因此，滴头布设时应做到尽量对称布设，而且应尽量照顾到主风方向布设滴头，以增强作物抗风能力。

（二）布置干管和支管

干管和支管的布置取决于地形、水源、作物分布和毛管的布置。其布置应达到管理方便，工程费用少的要求。在山丘地区，干管多沿山脊布置，或沿等高线布置。支管则垂直于等高线，向两边的毛管配水。在平地，干管和支管应尽量双向控制，两侧布置下级管道，以节省管材。

1. 干管布置

连接首部枢纽和支管的所有管道称微灌系统干管，视级数又分为总干管、干管、分干管等。

（1）一般原则。干管级数应因地制宜地确定。加压系统干管级数不宜过多，因为存在系统的经济规模问题，级数越多管网造价和运行时的能量损失越高。地形平坦情况下，根据水源位置应尽可能采取双向分水布置形式；垂直于等高线布置的干管，也尽可能对下一级管道双向分水。山丘地区，干管应沿山脊布置，或沿等高线布置。干管布置应尽量顺直，总长度最短，在平面和立面上尽量减少转折。干管应与道路、林带、电力线路平行布置，尽量少穿越障碍物，不得干扰光缆、油、气等线路。在需要与可能的情况下，输水总干管可以兼顾其他用水的要求。

（2）方法步骤。微灌系统干管布置已属典型设计或工程设计的范畴，应在规范所规定比例尺的地形图上进行设计。在微灌工程总体布置的基础上，根据微灌系统首部枢纽的位置和灌水小区的设计，在地形图上按干管布置的一般原则进行布置，拿出 2～3 个布置方案。对拿出的布置方案进行技术经济比较，根据工程造价、运行费用、管理是否方便等进行综合比较，择优选出采用方案。

2. 支管布置

连接毛管的上一级管路称为支管。

（1）一般原则。支管是灌水小区的重要组成部分，支管长短主要受田块形状、大小和灌水小区的设计有关。灌水小区设计的理论分析证明，长毛管短支管的滴灌系统比较经济，因此支管长度不宜过长；支管长度应在上述理论的指导下根据支管铺设方向的地块长度合理调整决定。支管的间距取决于毛管的铺设长度，在可能的情况下应尽可能加长毛管长度，以加大支管间距。为了使各支管进口处的压力保持一致，应在该处设置压力调节装置；或通过设计，在压力较高的支管的进口，采用适当加大水头损失的方法使各支管的工作压力保持一致。支管布置在地面易老化、受损；特别是大田作物微灌，支管方向与机耕作业方向垂直，地面布置对机耕作业的影响很大，塑料材质的支管在可能的情况下支管都应尽可能地埋入地下，并满足有关防冻和排水的要求。布设与地面的支管应采用搬运轻便、装卸方便、工作可靠、不易损坏、使用寿命长的管材。均匀坡双向毛管布置情况下，支管布设在能使上、下坡毛管上的最小压力水头相等的位置上。

（2）方法步骤。支管布置应在规范所规定比例尺的地形图上与干管布置同时进行设计。在毛管、灌水器的布置确定和灌水器选定情况下，根据田块实际情况，因地制宜地按前述原则布设支管，并进行灌水小区设计并进行优化。均匀坡双向毛管布置时，通过计算确定支管的具体位置。

二、灌水器选择

在微灌系统中，灌水器是否适用，直接影响工程的投资和灌水质量。选择灌水器时，应考虑以下因素。

（一）作物种类和生长阶段

不同作物对灌水的要求不同，如窄行密植作物，要求湿润条带土壤，湿润比高，可选多孔毛管、双控毛管；而对于高大的果树，株、行间距较大，一棵树需要绕树湿润土壤，如用单出水口滴头，常常要 5～6 个滴头，如选用多出水口滴头，只要 1～2 个滴头即可，也可用价格低廉的微管代替多出水口滴头。

（二）土壤性质

不同类型土壤，水的入渗能力和横向扩散力不同。对于轻质土壤，可用大流量的灌水器，以增大土壤水的横向扩散范围，而对于黏性土壤应选用流量较小的灌水器。

（三）灌水器流量对压力变化的反应

灌水器流量对压力变化的敏感程度直接影响灌水的质量和水分的利用率。层流型灌水器的流量对压力的反应比紊流型灌水器敏感得多。

（四）灌水器的制造精度

微灌的均匀度与灌水器的精度密切相关，在许多情况下，灌水器的制造偏差引起的流量变化，超过水力学引起的流量变化。因此设计应选用制造偏差系数较小的灌水器。

（五）灌水器流量对温度变化的反应

灌水气流量对水温反应的敏感程度取决于两个因素：①灌水器的流态，层流型的灌水器流量随水温变化而变化，而紊流型灌水器流量受水温的影响很小。因此，在温度变化较大的地区，应选用紊流型灌水器；②灌水器的某些零件的尺寸和性能易受水温影响，例如压力补偿滴头所用的人造橡胶片的弹性，可能随水温而变化，从而影响滴头的流量。

（六）灌水器抗堵塞性能

灌水器的流道或出水孔断面越大，越不易堵塞。但对于流量很小的滴头，过大的流道断面，可能因流速过低，使穿过过滤器的细泥粒在低流速区沉积下来，造成局部堵塞，使流量变小。

（七）价格

一个微灌系统有成千上万的灌水器，其价格的高低对工程投资的影响很大，设计时，应尽可能选择价格低廉的灌水器。

（八）清洗、更换方便

一种灌水器不可能满足所有的要求，在选择灌水器时，应根据当地的具体条件选择满足主要要求的品种和规格的灌水器。

三、微灌灌溉制度制定

微灌灌溉制度是指作物全生育期或全年每一次灌水量，灌水周期，一次灌水延续时间，灌水次数和全生育期或全年灌水总量。一次灌水量称为灌水定额，全生育期或全年灌水总量称为灌溉定额。合理的灌溉制度应与天气状况，土壤水分状况及作物生长状况紧密联系，不仅要保证作物高产、优质、低能耗，而且要考虑水分高效利用及可持续发展。

（一）作物需水量的确定

目前，作物蒸发蒸腾量（作物需水量）的直接测定方法主要有以下几种：蒸渗仪法、空气动力学法、涡度相关法、遥感法、土壤水量平衡法和波文比能量平衡法[4~7]。

蒸渗仪是一种装有土壤和植被的容器，同时测定蒸发和蒸腾。其原理是将蒸渗仪埋设于自然的土壤中，并对其土壤水分进行调控来有效地模拟实际的蒸散过程，再通过对蒸渗仪的称量，就可得到蒸散量。这种方法在农田蒸散研究中是最为有效和经济的实测方法。对于森林冠层以下小型植被及其土壤的蒸散以及林下土壤蒸发的测定上，蒸渗仪仍是最佳的选择。在时间尺度上，灵敏的蒸渗仪可以用于 1h 以内的蒸散量的测定。缺点是设计复杂，成本昂贵，器内植株的代表性对蒸发测定有影响，器内水分调节有困难。因此，其应用受到限制。

空气动力学法是 Thornthwaite 和 Holzman 于 1939 年利用近地边界层相似理论首次提出的，基于 Monin‐Obukhov（M‐O）相似理论，根据接近地层气象要素梯度和湍流扩散系数求出某一点的潜热通量。空气动力学法的优点在于避免了湿度要素的测定，进而提高计算精度，但由于需要较多的气象要素高程观测点才可以建立起风速、湿度的自相关回归函数，故观测数据量偏大。且公式推导是假定为均匀表面，一维稳定状态，这是实际田间情况的一种近似，如实际条件相差较大时，此公式计算效果不甚理想。

涡度相关方法首次由 Swinbank 在 1951 年提出，1961 年 Dyeri 做了第一台涡动量仪。后来经过一系列的改进，形成了今天的涡度相关仪。涡度相关技术的优点是能通过测量各种属性的湍流脉动值来直接测量它们的通量，不受平流条件限制，是各种方法中较精密而可靠的方法。在多数研究中，都是将涡度相关技术作为一种标准值，将其他的方法与它进行比较。但这种方法需要比较灵敏的仪器系数和较大量的数字处理，而且它是一种技术，并不涉及到通量输送过程的主要物理和生理因素。此外，涡度相关仪测量的是当地值，要获得面元上观测值需要建立观测网。

遥感方法主要是根据热量平衡余项模式求取蒸发蒸腾量，利用热红外遥感的多时信息获取不同时刻的地表温度，从而求得土壤热通量以此表达土壤湿度状况，并结合净辐射资料，推算大面积潜热通量与蒸发蒸腾值。目前 Brown 和 Rosenberg（1985）根据能量平衡、作物阻抗—蒸发蒸腾模型，成为热红外遥感温度应用到作物蒸发蒸腾模型的理论基础。Manuel 等以遥感获取的冠层温度为基础利用空气动力学公式和波文比能量平衡法对汽化潜热进行了很好的估算。

水量平衡法是通过测定区域内特定时段的降雨量、灌水量、径流量、土壤水变化量及入渗与地下水补给量等因子，根据水量平衡方程来计算腾发量。其优点是在非均匀下垫面和任何天气条件下都可以应用。该方法适用于计算不同区域的腾发耗水量，其精度依赖于各分量测定方法和技术的提高，如果农田内地势平坦，地面径流可减至最小，忽略不计。降雨量一般可用量雨筒测定。灌水量采用相应的量水设备进行测量。深层渗漏或地下水补给是公式中最难确定的项目。目前土壤含水量的测定的方法较多，有烘干法及仪器测定，TDR 即是一种连续、准确的测定方法，在蒸散测定方面得到广泛的应用。用田间水量平衡法测定 ETc 的主要问题在于公式中的各项需在整个生长季中必须反复进行测定，且地下水补给量或入渗量的确定较复杂。因此，不仅需要进一步提高其他分量的测定及计算结果，而且需要寻求计算或测定地下水补给或入渗的方法，才能使方法的应用前景广阔。另外，该方法不适用于计算日蒸发蒸腾量，只能测定较长时段的总腾发量，一般适用于测定一周或一周以上的水分运动。

波文比能量平衡法（即 BREB 法，简称波文比法），是英国物理学家 Bowen（1926）在研究自由水面的能量平衡时，依据表面能量平衡方程提出的。他认为，水分子的蒸发扩散过程与同一水面向空气中的热量输送过程是相似的。于是，他提出波文比的概念，即水面与空气间的乱流交换热量与自由水面向空气中蒸发水汽的耗热之比。在一给定表面，分配给显热的能量 H 与分配给潜热蒸发的能量的比值相对是常数。波文比能量平衡法虽然其理论基础可靠，由于其要求精确测定两个不同高度间的温差和水气压差，因此在一般的技术条件下是难以应用的，致使在过去的 60 多年里一些水文学家、气象学家、农学家避开这一历史难题另寻他路，这不但增加了问题的复杂性，同时也使准确性降低了许多。只是到了 20 世纪 80 年代末 90 年代初，随着高新科技的发展特别是集成电路，微型电子计算机及软硬件的飞速发展，使精确测定和连续记录两个高度间的温差和水汽压差成为现实，从而使利用波文比测定田间水分蒸发蒸腾的能量平衡法在农田水分蒸发蒸腾研究中的利用得以提高和发展。早在 1960 年，Tanner 就把 BREB 法与空气动力学作了比较。他认为 BREB 法的优点在于：①此法对梯度的测量和假设湍流交换系数 $Kh=Kw$ 的误差所导致的对 LE 的总误差，比空气动力学方法的误差小；②在没有平流热传输的条件下，在 BREB 法中，净辐射和土壤热通量之和，对估算感热和潜热的变化提供了一个合理的幅度；③BREB 法不需要测量风速廓线资料；④BREB 法对风浪区的要求不是很严格。

作物需水量的计算方法总体上可分为两大类：一是直接计算法，该方法是根据作物需水量及主要影响因子的实测数据，通过回归分析建立作物需水量与影响因素之间的经验公式，经过多年的研究，ETc 的计算方法进一步丰富和完善，计算方法多达几十种，如 Jensen - Haise 法（1974）、A 级蒸发皿法、Ivanov 法、Behnke - Makey 法、Stephens - Stewart 法、Blaney - Criddle（1950）、Hargreaves（1974）、Van Bavel - Bhsinger；另一类是通过参考作物蒸发蒸腾量与作物系数计算的方法，直接计算作物蒸发蒸腾量的方法均为经验公式，即采用主要气象因子与作物蒸发蒸腾量的经验关系进行估算。由于经验公式有较强的区域局限性，其使用范围受到很大限制，且不能清楚地表达作物需水的物理机理，并受到具体条件限制，不可盲目使用。在不受水分限制的条件下，作物的蒸发蒸腾量只与作物本身的生理特性和外界蒸发条件如气象因子等因素有关，此时国际上较通用的作物蒸发蒸腾量计算方法是通过参考作物蒸发蒸腾量计算作物各阶段蒸发蒸腾量的方法[8-9]。

以下给出西北干旱地区几种不同作物需水日变化实例，其作物蒸腾蒸发量日变化均由波文比能量平衡法确定[10]：

从图 8-5 可以看出，9 月中旬到 10 月中旬裸地的蒸发蒸腾量较小，平均日蒸发量为 1.88mm/d，最大值发生在秋浇之后，达 5mm/d，其原因可能是在秋浇之后，表土含水率增大，故蒸发蒸腾量变大。另外，图中 $ETc2-0.5$ 与 $ETc4-0.5$ 分别表示计算 ETc 时所用高度分别为 2m 与 0.5m 和 4m 与 0.5m 的温度与水汽压梯度，从图中可以看出，在两种情况下计算出的结果差别不大，其原因是裸地上面的大气温湿度没有受到作物的影响，其不同高度的值变化不大，不存在农田小气候的影响。

图 8-6 为西北干旱地区向日葵生育期内及收割后蒸发蒸腾量的逐日变化图，从图中可以看出，除苗期的前期之外，向日葵生育期总的需水量为 252mm，最大日蒸腾蒸发量发生在 7 月、8 月，平均日腾发量为 4.26mm，最大值为 6.0mm/d。本研究以油料向日葵为研究对象，此品种 6 月初播种，7 月中旬到 8 月中正处于向日葵现蕾期到花期，其需水量最大，达 149mm，占整个生育期需水量的 59.2% 左右，是向日葵的需水关键期。8 月下旬之后，向日葵进入成熟期，需水量总体上呈下降趋势，平均日腾发量为 2.57mm，整个成熟期腾发总量为 79.8mm，占总需水量的 31.7%。进入 10 月之后，作物收割，需水量进一步降低，由于降雨减少，蒸发量处于稳定状态。10 月下旬，秋浇使蒸发量呈上升趋势。

图 8-7 为小麦生育期内及收割后蒸发蒸腾量日变化趋势，从图 8-7 可以看出，除苗期之外，小麦整个生育期需水总量为 512.2mm；需水高峰期在 5 月下旬到 6 月下旬，即

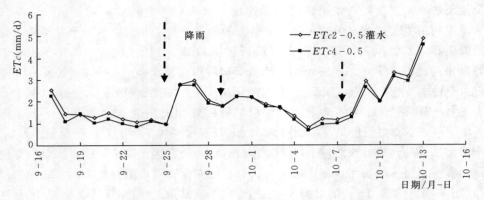

图 8-5　2003 年 9—10 月西北干旱地区裸地蒸发蒸腾量逐日变化

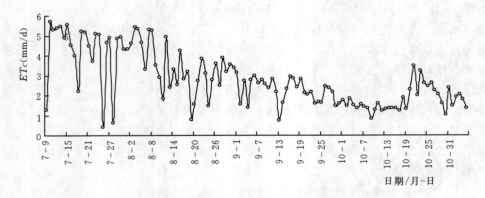

图 8-6　2004 年西北干旱地区葵花地蒸发蒸腾量逐日变化

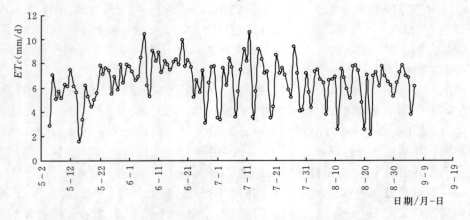

图 8-7　2005 年西北干旱地区小麦地蒸发蒸腾量逐日变化

小麦拔节及灌浆期，平均日需水量为 7.55mm，共需水 249.35mm，占整个生育期约 48.7%。5 月初，小麦进入分蘖期，平均日需水量为 5.2mm，共需水 82.97mm，占整个生育期需水量的 16.2%。6 月下旬到 7 月中旬为小麦乳熟到成熟期，平均日需水量为 6.43mm，共需水 180.05mm，占总需水量的 35.15%。7 月底到 9 月初，小麦收割之后，由于气温较高，蒸发量仍较大，平均蒸发量为 6.25mm/d。

　　图 8-8 为玉米全生育期及收割后蒸发蒸腾量的逐日变化图，从图中可以看出，整个生育期内，玉米需水规律总体呈抛物线。整个生育期需水总量为 607.9mm。5 月初到 6 月底为玉米苗期，日蒸发蒸腾量较小，平均日腾发量为 3.37mm，共需水量 176.36mm，占总需水量的 29.0%；6 月 26 日到 8 月 6 日为玉米拔节期到吐丝期，平均日需水量达到最大，为 5.73mm，共需水量 240.87mm，占总水量的 39.6%；8 月 6 日到 9 月 16 日为玉米乳熟到成熟期，平均日腾发量为 5.04mm，共需水 201.75mm，占总水量的 33.18%。另外，从图 8-8 还可以看出，采用不同高度的温、湿度梯度计算出 ETc 结果差异不大，尤其是在作物的苗期，其差别几乎可以忽略不计，只是在生育后期，其差异有所增大，其原因是作物冠层对周围气温及湿度产生影响所造成。本研究采用其二者平均值作为最终结果。

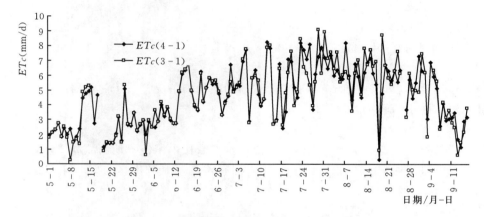

图 8-8　2006 年西北干旱地区玉米地蒸发蒸腾量逐日变化

（二）微灌灌溉制度的确定

1. 一次灌水量的计算

一次灌水量可由式（8-10）计算[1-2]。

$$I = v \cdot (\theta_f - \theta_w) \cdot h \cdot R/1000 \qquad (8-10)$$

式中　I——一次灌水量，mm；

　　　　v——土壤中可利用水量占土壤有效水量的比例，%，其值取决于土壤、作物和经济因素，一般为 30%～60%，对土壤水分敏感的作物，如蔬菜等，采用下限值，对土壤水分不敏感的作物，如成龄果树，采用上限值；

θ_f 和 θ_w——田间持水量和调位系数，$(\theta_f - \theta_w)$ 表示土壤中保持的有效水分；

　　　　h——微灌土壤计划湿润层深度，m，根据各地经验，各种作物的适宜土壤湿润层深度为蔬菜 0.2～0.3m，大田作物 0.3～0.6m，果树为 1.0～1.2m；

　　　　R——微灌土壤湿润比，%，其值取决于作物种类及生育阶段，土壤类型等因素。

2. 灌水时间间隔的确定

　　两次灌水时间间隔即灌水周期取决于作物、水源和管理情况。北方果树灌水周期约 3～5d，大田作物约 7d 左右。灌水周期可按式（8-11）确定

$$T = \frac{I}{ET} \qquad\qquad (8-11)$$

式中 T——灌水周期，d；

       I——微灌一次灌水量，mm；

     ET——作物实际耗水量，mm/d。

3. 一次灌水持续时间的确定

一次灌水持续时间可由式（8-12）确定

$$t = \frac{I D_i D_p}{\eta Q} \qquad\qquad (8-12)$$

式中 t——一次灌水持续时间，h；

      I——一次灌水量，mm；

    D_i——灌水器间距，m；

    D_p——毛管间距，m；

    η——灌溉水利用系数，其值为 0.9～0.95；

    Q——灌水器流量 L/h。

该公式适合于单行毛管直线布置，灌水器间距均匀情况，对于灌水器间距非均匀安装的情况，可取灌水器间距的平均值。

4. 灌水次数与灌水总量

采用微灌技术，作物全生育期或全年的灌水次数比采用传统地面灌溉要多，据我国实践经验，北方果树通常一年灌水 15～30 次，但在水源不足的山区有时一年仅灌 3～5 次，灌水总量即对各次灌水求和。

四、微灌系统工作制度确定

微灌系统的工作制度通常分为续灌、轮灌和随机供水三种情况。不同的工作制度要求系统的流量不同，因而，所需工程费用也不同。在确定工作制度时，应根据作物种类，水源条件和经济状况等因素进行合理地选择。

（一）续灌

续灌是对系统内全部管道同时供水，灌溉面积内所有作物同时灌水的一种工作制度。其优点是每株作物都能得到适时灌水；灌溉供水时间短，有利于其他农事活动的安排。缺点是干管流量大，增加工程的投资和运行费用；设备的利用率低；在水源流量小的地区，将缩小灌溉面积。因此，在灌溉面积小的灌区，例如几十亩至近 100 亩的果园，种植单一的作物可采用续灌的工作制度。

（二）轮灌

为了减少工程投资，提高设备利用率，增加灌溉面积，对于大型的微灌系统，通常采用轮灌的工作制度。将支管分成若干组，由干管轮流向各组支管供水，而支管内部则同时向毛管供水。

1. 轮灌组划分原则

轮灌组的数目应满足作物需水要求，同时使水源的水量与计划灌溉的面积相协调，每个轮灌组控制的面积应尽可能接近相等，以便水泵工作稳定，提高动力机和水泵的效率，减少能耗；轮灌组的划分应照顾农业生产责任制和农田管理的要求。例如，一个轮灌组包括若干片责任地，尽可能减少农户之间的用水矛盾，并使灌水与其他农业技术措施，如施肥、修剪等得到较好的配合；通常一个轮灌组管辖的范围应集中连片，轮灌顺序可通过协商自上而下或自下而上进行，为了减少输水干管的流量，也可采用插画操作的方法划分轮灌组。

2. 确定轮灌组数目

根据作物需水要求，系统轮灌组数目划分如下：

固定式系统

$$n \leqslant \frac{hT}{t} \tag{8-13}$$

移动式系统

$$n \leqslant \frac{hT}{mt} \tag{8-14}$$

式中　n——允许轮灌组的最大数目；

　　　h——一天运行的时间，h；

　　　T——灌水时间间隔，d；

　　　t——一次灌水延续时间，h；

　　　m——一条毛管在所管辖的面积内移动的次数。

实践表明，轮灌组数目过多，会造成农户之间的用水矛盾。按上面公式计算的轮灌组数目为允许的最多轮灌组，设计时应根据具体情况确定合理的轮灌组数目。

3. 轮灌组划分方法

通常在支管的进口安装闸阀和流量调节装置，使支管所管辖的面积成为一个灌水基本单元，称为灌水小区。一个轮灌组可包括一条或若干条支管，即包括一个或若干个灌水小区，也就是支管分组供水，支管内部同时供水。

（三）随机供水

采用系统轮灌工作制度的缺点是易造成各轮灌组之间的用水矛盾，但实际上全灌区每个农户不可能都同时用水，如果用续灌的工作制度，系统的设计流量又可能偏大，故可采用随机供水的工作制度。这种工作制度类似于城市自来水系统的工作制度，即假定每个用户的用水都不是确定的时间，但从总体上讲，服从某一统计规律，随机供水系统的流量大小介于续灌和轮灌之间。

五、微灌系统流量计算

（一）毛管流量

毛管进口流量为

$$Q_m = \sum_{i=1}^{n} q_i \tag{8-15}$$

式中　Q_m——毛管进口流量，L/h；

　　　n——毛管上的灌水器数目；线源灌水器为毛管长度，m；

　　　q_i——毛管上的灌水器流量，L/h；线源灌水器为单长流量，L/(h·m)。

若毛管上灌水器平均流量（线源灌水器为平均单长流量）为 $\bar{q}$，则

$$Q_m = n\bar{q} \tag{8-16}$$

如果根区在一次灌水延续时间内用最小流量可以得到完全灌溉，则

$$Q_m = \frac{nq_{\min}}{\eta} \tag{8-17}$$

式中　$q_{\min}$——毛管上灌水器最小流量，L/h；线源灌水器为单长流量，L/(h·m)；

　　　　η——灌溉水利用系数。

为简化计算，可将灌水器设计流量视为灌水器平均流量计算毛管流量，即

$$Q_m = nq_a \tag{8-18}$$

式中　q_a——毛管上灌水器设计流量，L/h。

（二）支管流量

1. 单向分水

任一段支管 P 的流量为

$$Q_{ZP} = \sum_{i=N}^{P} Q_{mi} \qquad P=N,N-1,\cdots 1 \tag{8-19}$$

式中　Q_{mi}——第 i 条毛管进口流量，L/h；

　　　　N——支管上最末一条毛管号。

支管进口流量（$P=1$）为

$$Q_Z = \sum_{i=N}^{1} Q_{mi} \tag{8-20}$$

同毛管一样，因为沿支管压力水头的变化，毛管进口无压力流量调节设备情况下，事实上各毛管进口的流量也是不一样的。为简化计算，将 nq_a 视为个毛管进口的平均流量，则

$$Q_Z = N(nq_a) \tag{8-21}$$

2. 双向分水

任一段支管 P 的流量为

$$Q_{ZP} = \sum_{i=N}^{P} (Q_{miz} + Q_{miy}) \qquad P=N,N-1,\cdots 1 \tag{8-22}$$

式中　Q_{miz}、Q_{miy}——分别为第 i 条毛管左边毛管和右边毛管的进口流量，L/h。

支管进口流量（$P=1$）为

$$Q_Z = \sum_{i=N}^{1} (Q_{miz} + Q_{miy}) \tag{8-23}$$

为简化计算，将 nq_a 视为个毛管进口的平均流量，则

$$Q_Z = N(n_{左} q_a + n_{右} q_a) = N(n_{左} + n_{右})q_a = N(nq_a) \tag{8-24}$$

式中　$n_{左}$、$n_{右}$——分别为左右侧毛管上的灌水器数；

　　　　n——整条毛管上的灌水器数。

（三）干管流量

1. 采用轮灌方式的微灌系统

为了减小干管尺寸，一般均采用轮灌方式进行设计。如图 8-9 所示，干管上有 8 条

支管，Ⅰ～Ⅷ为田块编号，若分为 4 个轮灌区进行轮灌，且轮灌区划分如下：

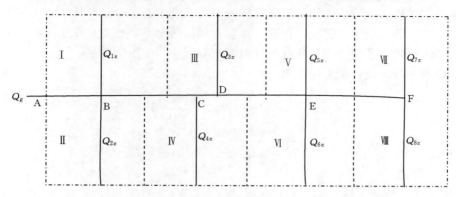

图 8-9　轮灌方式示意图

第 1 轮灌区：Ⅰ＋Ⅷ。

第 2 轮灌区：Ⅱ＋Ⅶ。

第 3 轮灌区：Ⅲ＋Ⅵ。

第 4 轮灌区：Ⅳ＋Ⅴ。

各段干管的流量如下：

第 1 轮灌区浇水时：

$$Q_{AB} = Q_{1z} + Q_{8z}$$

$$Q_{BF} = Q_{8z}$$

第 2 轮灌区浇水时：

$$Q_{AB} = Q_{2z} + Q_{7z}$$

$$Q_{BF} = Q_{7z}$$

第 3 轮灌区浇水时：

$$Q_{AD} = Q_{3z} + Q_{6z}$$

$$Q_{DE} = Q_{6z}$$

第 4 轮灌区浇水时：

$$Q_{AC} = Q_{4z} + Q_{5z}$$

$$Q_{CE} = Q_{5z}$$

干管的设计流量如下：

Q_{AB} 取 $(Q_{1z} + Q_{8z})$、$(Q_{2z} + Q_{7z})$、$(Q_{3z} + Q_{6z})$、$(Q_{4z} + Q_{5z})$ 当中最大者；

Q_{BC} 取 $(Q_{3z} + Q_{6z})$、$(Q_{4z} + Q_{5z})$ 当中最大者；

Q_{CD} 取 $(Q_{3z} + Q_{6z})$；

Q_{DE} 取 Q_{8z}、Q_{7z}、Q_{6z}、Q_{5z} 当中最大者；

Q_{EF} 取 Q_{8z}、Q_{7z} 当中最大者。

2. 随机取水方式的微灌系统

按轮灌方式供水设计的干管，比较经济。但当系统中有多个用户情况下，常感使用不便。特别是在当前农业生产普遍实行联产承包责任制情况下，各用户在用水时间上常常发生矛盾。要求设计成各用户无论什么时候需要，都可进行灌溉的系统。

随机取水干管流量一般采用克莱门特（Clement）公式进行计算：

$$Q = xQ_r \tag{8-25}$$

$$x = \frac{1}{r}\left[1 + U\sqrt{\frac{1}{n_i} - \frac{1}{n}}\right] \tag{8-26}$$

式中　Q——随机取水情况下干管或系统的流量，L/h；

$\quad\quad x$——系数；

$\quad\quad Q_r$——按连续灌溉推求的干管或系统流量，L/h；

$\quad\quad r$——系统运行系数，$r = C/24$，C 为干管每日的工作小时数。对于滴灌，r 一般不小于 0.667，对于温室大棚应取更大值，建议取 0.917；

$\quad\quad U$——系统运行保证率参数（表 8-9），对于滴灌，保证率一般选用 95%～99%，相应的 U 值是 1.635～2.327，建议温室大棚取大值；

$\quad\quad n_i$——干管上同时供水的支管数，$n_i = Q_r/Q_z \cdot r$，Q_z 为支管流量，L/h；

$\quad\quad n$——干管上的支管总数。

表 8-9　　　　　　　　　　　　　　参　数　U　值

系统运行保证率	参数 U	系统运行保证率	参数 U
70	0.525	95	1.645
80	0.842	99	2.327
85	1.033	99.9	3.09
90	1.282		

克莱门公式是假定从干管上分水的全部支管都是具有相同的运行频率和流量而推导出来的。实践中，一般情况下都将各支管控制面积规划成完全一样并种同种作物外，如遇各支管流量不一样情况，可将支管分组。流量一样或接近一样的分为一组，按小组进行计算，得出小组流量，然后将各小组流量相加即为干管设计流量。

六、微灌管道水力计算常用公式

（一）沿程水头损失计算

实际使用的滴灌系统管路，其水流流态几乎均为光滑紊流。推荐采用勃拉休斯（Blasius）公式

$$h_f = \frac{1.47\nu^{0.25}Q^{1.75}}{d^{4.75}}L \tag{8-27}$$

式中　h_f——水头损失，m；

$\quad\quad \nu$——水的运动黏度（运动黏滞系数），cm²/s，由表 8-10 确定；

$\quad\quad Q$——流量，L/h；

$\quad\quad L$——管道长度，m；

$\quad\quad d$——管道内径，mm。

表 8 - 10 不同水温时的运动黏度（黏滞性系数）

水温/℃	$\nu/(cm^2/s)$	水温/℃	$\nu/(cm^2/s)$
0	0.0178	20	0.0101
5	0.0152	25	0.0090
10	0.0131	30	0.0080
15	0.0114	35	0.0066

（二）多孔出流管的沿程水头损失计算

因为毛管和支管均属多孔出流管，为简化计算，先假设所有的水流都通过管道全长，计算出该管路的水头损失，然后再乘以多孔系数。目前，全等距、等流量多孔管的多孔系数近似计算通用公式是克里斯琴森（Christiansen）公式。

$$F=\frac{N\left(\dfrac{1}{m+1}+\dfrac{1}{2N}+\dfrac{\sqrt{m-1}}{6N^2}\right)-1+x}{N-1+x} \qquad (8-28)$$

式中　F——多口系数；

　　　N——管道上出水口数目；

　　　m——流量指数，层流 $m=1$，光滑紊流层流 $m=1.75$，完全紊流 $m=2$；

　　　x——进口端至第一个出水口的距离与孔口间距之比。

表 8 - 11 管道多口系数 F 值表

N	m=1.75		N	m=1.75		N	m=1.75	
	x=1	x=0.5		x=1	x=0.5		x=1	x=0.5
2	0.650	0.533	15	0.398	0.377	28	0.382	0.370
3	0.546	0.456	16	0.395	0.376	29	0.381	0.370
4	0.498	0.426	17	0.394	0.375	30	0.380	0.370
5	0.469	0.410	18	0.392	0.374	32	0.379	0.370
6	0.451	0.401	19	0.390	0.374	34	0.378	0.369
7	0.438	0.395	20	0.389	0.373	36	0.378	0.369
8	0.428	0.390	21	0.388	0.373	40	0.376	0.368
9	0.421	0.387	22	0.387	0.372	45	0.375	0.368
10	0.415	0.384	23	0.386	0.372	50	0.374	0.367
11	0.410	0.382	24	0.385	0.372	60	0.372	0.367
12	0.406	0.380	25	0.384	0.371	70	0.371	0.366
13	0.403	0.379	26	0.383	0.371	80	0.370	0.366
14	0.400	0.378	27	0.382	0.371	100	0.369	0.365

【例 8 - 1】　有一滴灌支管，内径 $D=32mm$，管长 $L=120m$，上面有 20 个出水口，出水口的间距 $S=6m$，每个出水口的流量 $q=220L/h$，水温 $t=15℃$。试计算该支管的沿程水头损失。

解： 由表 8－10，当水温 $t=15℃$ 时，水的黏滞性系数 $\nu=0.0114$，$Q=20q=20\times 220L/h=4400L/h$，由式（8－27）得

$$h_f=\frac{1.47\nu^{0.25}Q^{1.75}}{d^{4.75}}L=\frac{1.47\times 0.0114^{0.25}\times 4400^{1.75}}{32^{4.75}}\times 120=9.72(m)$$

由表 8－11 知，$N=20$，则多口系数 $F=0.389(x=1)$，因此：

该支管沿程水头损失 $\Delta H=Fh_f=0.389\times 9.72=3.78(m)$。

（三）局部水头损失计算

在微灌系统中，各种连接管件：接头、旁通、三通、弯头、阀门等，以及水泵、过滤器、肥料罐等装置都产生局部水头损失。局部水头损失可采用式（8－29）进行计算。

$$h_j=\sum\xi\frac{V^2}{2g} \tag{8－29}$$

式中　h_j——局部水头损失，m；

V——管内平均流速，m/s；

g——重力加速度，$9.81m/s^2$；

ξ——局部损失系数，见表 8－12。

表 8－12　　　　　　　　　　　局部水头损失系数 ξ 值表

直角进口	0.5	渐细接头	0.1	分流三通	1.5
喇叭进口	0.2	渐粗接头	0.25	直流分三通	0.1～0.5
滤网	2～3	逆止阀	1.7	斜三通	0.15～0.30
带底阀滤网	5～8	全开闸阀	0.1～0.5	断面突大	$(1+\omega_2/\omega_1)2$
90°弯头	0.2～0.3	直流三通	0.1	断面突小	$(0.5-\omega_2/\omega_1)$
45°弯头	0.1～0.15	折流三通	1.5	出口	1

注　ω 为断面面积。

如有条件，干管上的局部水头损失最好进行计算确定。如参数缺乏，干支管的局部水头损失可按沿程水头损失的 5%～10% 计算，即局部水头损失扩大系数为 1.05～1.1；毛管的局部水头损失根据灌水器与毛管连接时其内壁的阻力情况，可取沿程水头损失的 10%～20%，即局部水头损失扩大系数取 1.1～1.2。水表、过滤器、施肥装置等产生的局部水头损失应使用企业样本上的测定数据。

第三节　基于遗传算法的微灌毛管水力解析及优化设计

毛管是向灌水器分配流量的微灌系统最末级管道，其投资在微灌系统投资中占有较大的比重，毛管的设计直接影响到微灌系统的灌水质量、造价及运行费用，因此，毛管的水力计算及设计是微灌系统设计的关键。目前国内外采用能坡线法[11]、有限元法[12-14]、退步法[15]、图解法[16]、经验系数法[17]及多孔管特征值法[18]等方法进行毛管的水力解析与计算。应用支毛管允许压力差优化分配法[19]、数学规划法[20-21]、有限元法[6,22]及遗传算法[23-26]等进行毛管的优化设计。本书在前人研究成果基础上，应用遗传算法理论和方法，提出一种新的微灌毛管水力解析及设计方法。

一、已知进口压力的毛管水力解析

毛管水力解析是在毛管管径及长度已知条件下，计算灌水器平均流量、灌水均匀度、水头损失及孔口压力、流量分布值，可以用来设计毛管入口水头或对已设计、铺设好的毛管进行校核与评价。

（一）数学描述

该问题是在已知毛管管径（d）、长度（l）、进口压力（h）及灌水器压力流量公式（$q=kh^x$）的情况下，求毛管上各灌水器的压力及流量，校核灌水器的平均流量及灌水均匀度。如图 8-10 所示，毛管上各灌水器的流量和压力可按以下（1）~（8）步骤与公式计算：

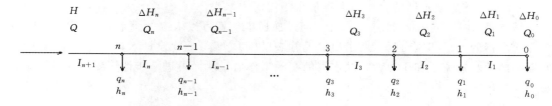

图 8-10　毛管水力计算示意图

（1）假定毛管末端孔口压力水头 h_0

$$h_{cmin} \leqslant h_0 \leqslant h_{cmax} \tag{8-30}$$

（2）计算末孔流量 q_0

$$q_0 = kh_0^x \tag{8-31}$$

（3）假定毛管末端无后续管道出流，则毛管 0-0 管段流量 $Q_0 = 0$。

（4）计算毛管 0~1 管段流量

$$Q_1 : Q_1 = Q_0 + q_0 \tag{8-32}$$

（5）计算毛管 0~1 管段水头损失 ΔH_1

$$\Delta H_1 = af \frac{Q_1^m}{d^b} S_1 + S_1 I_1 \tag{8-33}$$

（6）计算末端第二孔口（即编号为 1）的孔口压力水头 h_1 及流量 q_1

$$h_1 = h_0 + \Delta H_1 \tag{8-34}$$

$$q_1 = kh_1^x \tag{8-35}$$

（7）用同样方法计算其他孔口的压力水头 h_i 及流量 q_i

$$Q_i = Q_{i-1} + q_{i-1} \tag{8-36}$$

$$\Delta H_i = af \frac{Q_i^m}{d^b} S_i + S_i I_i \tag{8-37}$$

$$h_i = h_{i-1} + \Delta H_i \tag{8-38}$$

$$q_i = kh_i^x \tag{8-39}$$

（8）计算毛管入口压力 H

$$H = h_n + af \frac{Q^m}{d^b} S_{n+1} + S_{n+1} I_{n+1} \tag{8-40}$$

式中　q_i、h_i——各灌水器的出流量（L/h）及入口压力，m；

Q_i——毛管各管段的流量，L/h；

I_i——毛管各管段的地形坡度（下坡为负）；

S_i——毛管上各灌水器的间距，m；

a——局部水头损失加大系数；

f、m、b——与管材有关的水头损失计算系数；

k——灌水器流量系数；

x——灌水器流态指数；

H——毛管入口压力，m；

h_{cmin}、h_{cmax}——灌水器的允许最大和最小工作压力水头，m。

从（1）~（8）可知，假定一个 h_0，通过逆递推，就可以求出一个毛管入口压力 H 及全部灌水器的流量和压力，当所求出的毛管入口压力 H 与毛管设计入口压力 H_d 相等时，所得到的灌水器流量和压力就是灌水器的实际工作值，从而可进一步计算灌水器平均流量及灌水均匀度。

灌水器平均流量

$$\overline{q} = \frac{1}{n+1} \sum_{i=0}^{n} q_i \qquad (8-41)$$

灌水器均匀系数

$$C_u = 1 - \frac{\Delta \overline{q}}{\overline{q}} \qquad (8-42)$$

$$\Delta \overline{q} = \frac{1}{n+1} \sum_{i=0}^{n} |q_i - \overline{q}| \qquad (8-43)$$

式中　C_u——微灌均匀系数；

$\Delta \overline{q}$——灌水器流量平均偏差，L/h；

n——毛管上灌水器的个数。

上面描述的毛管计算方法是退步法的基本思路，需要通过试算求解，计算工作量大，精度也难以保证，本书应用遗传算法求解。

（二）遗传算法模型

1. 构造适应度函数

一般情况下，遗传算法的适应度函数是由问题的目标函数转化而成的。由前面的数学描述可知，毛管的水力解析可以归结为求解毛管末端孔口压力问题。应用遗传算法进行进口压力已知毛管水力解析时，可以将毛管末端孔口压力作为种群中的个体，种群中的每一个个体都代表一种可能的解，只有当所求解出的毛管入口压力 H 与毛管设计入口压力 H_d 的差值为 0 的解才是所要求解的最后结果。因此，可构造如下的目标函数：

$$f(h_0) = \min \left| H_d - \left(h_n + af \frac{Q^m}{d^b} S_{n+1} + S_{n+1} I_{n+1} \right) \right| \qquad (8-44)$$

$$h_{cmin} \leqslant h_0 \leqslant h_{cmax}$$

目标函数 $f(h_0)$ 表示了计算值和设计值的绝对差值，能够反映由一个毛管末端压力 h_0（优化变量）值所计算出的解的优劣程度，目标函数的值越小则表示问题的解越优。但遗传算法一般给优秀解赋予一个高的适应度，使其在遗传进化过程中获得较大的生存繁殖机会。因此，需将上述最小化的目标函数进行变换，形成遗传算法的适应度函数，使适应度函数高的值对应于目标函数的优秀解，采用倒数构造法形成如下适应度函数

$$Fit = \frac{1}{1+f(h_0)}$$

(8－45)

式中 Fit——适应度函数。

只要已知一个 h_0，由（1）～（8）即可求出 h_i、q_i 及 h_n、Q_n，也就可以求出一个 Fit 值。随机生成一系列 h_0 作为初值，应用遗传算法的高度并行、随机及自适应全局搜索特性，搜索到使 Fit 获得最小值的 h_0 及其计算结果，就是所要求解的结果。上面所构造的适应度函数，使函数值分布在区间（0，1）之间，缩小了函数值的分布范围，有利于体现种群的平均性能。

2．编码

该遗传算法的优化变量为毛管末孔压力 h_0，是一个连续的实数变量，其值域为灌水器的工作压力范围。若采用二进制编码，在进行遗传操作时，需要将变量的实数值进行二进制编码，而进行毛管水力计算时则需要将二进制串还原为相应的变量值，存在编码和还原问题，增加了计算工作量和程序的复杂性。二进制编码还存在连续变量离散化带来的映射误差，当个体编码串较短时，可能达不到精度要求，个体编码串较长时，算法的搜索空间急剧扩大，搜索效率降低。而且二进制编码往往会形成一定的编码冗余，当遗传算法进行交叉或变异操作时所产生的个体有可能就会超出解的值域范围。因此，考虑计算方便及精度要求，采用实数编码方式。

3．遗传操作

遗传算法有三个基本遗传操作步骤：选择、交叉和变异。

选择是建立在群体中个体适应度评价基础上的，本书算法采用竞赛规模为2的锦标赛选择法，随机从种群中选择两个个体，将最小的个体选作父个体，重复这个过程直到完成个体的选择。

交叉是在交叉概率 P_c 控制下，将所选择的父个体随机配对分别进行交叉运算，产生子代个体。由于采用了实数编码方式，交叉操作也采用实数交叉方式。对于任意两个可行域内的个体 X_1、X_2，其任意线性组合 $\lambda X_1 + (1-\lambda) X_2 (0 \leqslant \lambda \leqslant 1)$，一定也位于解的可行域内。对任意两个已配对好的父个体 X_1、X_2，随机生成两个 [0，1] 间的实数 λ，则 $\lambda X_1 + (1-\lambda) X_2$ 和 $\lambda X_2 + (1-\lambda) X_1$ 都具有父个体 X_1、X_2 的遗传基因，可以作为交叉后的子个体，从而实现交叉操作，而且这样的遗传操作也可以使解向量限制在可行解域内。

由于采用实数编码方式，变异操作比较简单。在变异概率 P_m 控制下，随机选择个体，在解的可行域内随机产生新的值替换原个体的值，采取实值变异的方式生成新个体。

（三）遗传算法实现

上述遗传算法可按照如图 8－11 所示流程实现。

（四）模拟计算

为上述的模型及方法编程，以表 8－13 的数据，按图 8－10 所示对孔口及管段进行编号，应用上述遗传算法，取种群规模为30，最大遗传代数为20，进行模拟计算。要计算

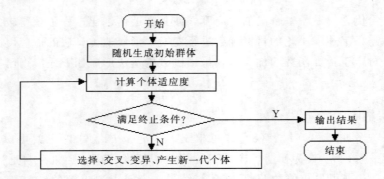

图 8-11　遗传算法程序框图

毛管灌水均匀度、平均流量、最大和最小孔口压力、进口压力等典型值，首先要计算出毛管上所有孔口的压力和流量。由于毛管灌水器数量较多，若将每个灌水器的流量和压力计算结果都列表显示，需要很大的篇幅，所以将毛管上所有孔口的压力和流量计算结果以图 8-12 的方式列出，所计算出的典型值见表 8-14。

表 8-13　　　　　　　　　　　　　　　　模拟计算基本数据表

k	x	d	s	I	H_d	q_d	C_{ud}	n
0.528	0.6	16	0.3	−0.01	10	—	—	200

表 8-14　　　　　　　　　　　　　　　　模拟计算及校核结果表

	d/mm	H/m	$\bar{q}$/(L/h)	C_u	n	h_0/m	q_0/(L/h)	h_n/m	q_n/(L/h)	h_{min}/m	q_{min}/(L/h)	h_{max}/m	q_{max}/(L/h)
计算	16	10.000	2.0593	0.9947	200	9.7314	2.0679	9.9956	2.1014	9.5595	2.046	9.9956	2.1014
校核	16	10.000	2.0593	0.9947	200	9.7314	2.0679	9.9956	2.1014	9.5595	2.046	9.9956	2.1014

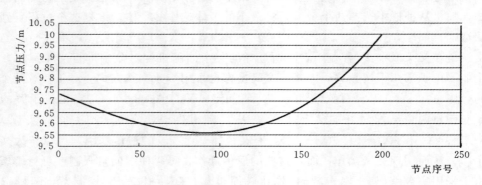

图 8-12　毛管孔口压力曲线图

以遗传算法计算所得结果的 h_0 值为初值，从毛管末端开始采用逆递推法逐段进行计算，可以计算出毛管各孔口的压力和流量，对遗传算法计算的结果进行校核，同样由于毛管灌水器数量较多，只将典型值结果列于表 8-14 进行对照。

由图 8-12 可知，毛管压力曲线是一条光滑的曲线，最大压力（h_{max}）出现在毛管进口，然后压力逐渐降低，至第 90 和第 91 孔口处压力最小（h_{min}），其后逐渐增加。这与毛管的水力特性完全一致，毛管沿地面下坡方向铺设时，由于毛管流量沿程减小，水头损失降比也沿程减小，当毛管水头损失降比大于地面坡降时，毛管压力曲线沿程下降，但下降的梯度沿程减少；当毛管水头损失坡降等于地面坡降时，毛管压力降至最低点；当毛管水头损失坡降小于地面坡降时，毛管压力曲线呈上升趋势。

该算法程序运行时间 1s，表 8－14 的校核结果表明，计算结果的精度可以达到 0.001％以上，模拟计算得到的毛管进口水头 H 与毛管设计进口水头 H_d 相同，计算结果也完全满足设计条件的要求，说明算法的求解速度快，计算精度和可靠性高。

二、单向毛管极限长度优化

毛管极限长度的优化，是在已知毛管管径（d）、灌水器设计流量（q_d）及设计灌水均匀度（c_{ud}）的条件下，求出使灌水器平均流量等于灌水器设计流量、灌水器灌水均匀度不小于设计均匀度的毛管最大铺设长度。

（一）数学描述

$$\max \quad n \tag{8-46}$$

$$\text{s. t.} \quad \frac{1}{n+1}\sum_{l=0}^{n}q_i - q_d = 0 \tag{8-47}$$

$$1 - \frac{\Delta \overline{q}}{\overline{q}} \geqslant C_{ud} \tag{8-48}$$

q_i、h_i 的计算方法如图 8－10 和式（8－30）～式（8－40），毛管极限铺设长度

$$l_{\max} = \sum_{i=1}^{n}s_i \tag{8-49}$$

（二）遗传算法模型

1. 构造适应度函数

根据前面的数学描述可构造如下的适应度函数：

$$Fit = \min\left\{n - \mu\left|\frac{1}{n+1}\sum_{i=0}^{n}q_i - q_d\right| - \mu\left|\min\left[0,\left(1-\frac{\Delta\overline{q}}{\overline{q}}\right)-C_{ud}\right]\right|\right\} \tag{8-50}$$

式中　$\mu\left|\dfrac{1}{n+1}\sum\limits_{i=0}^{n}q_i - q_d\right|$ 和 $\mu\left|\min\left[0,\left(1-\dfrac{\Delta\overline{q}}{\overline{q}}\right)-C_{ud}\right]\right|$——惩罚项；

μ——惩罚因子。

2. 编码

该遗传算法的优化变量为 n 和 h_0，考虑计算方便及精度要求，n 采用整数编码方式，h_0 采用四位小数的实数编码方式。

3. 遗传操作

选择操作与上节所介绍的相同，交叉和变异操作需要先随机选择变量，然后采用上节的方法实现交叉和变异操作。

（三）模拟计算

为上述的模型及方法编程，按图 8－10 所示对孔口及管段进行编号，以表 8－15 的数据应用上述遗传算法，取种群规模为 50，最大遗传代数为 30，惩罚因子 μ 为 10000，进行模拟计算，所得结果见图 8－13，典型值见表 8－16。采用退步法校核模拟计算结果，见表 8－16。

表 8－15　　　　　　　　　　　　　　模拟计算基本数据表

k	x	d	s	I	H_d	q_d	C_{ud}	n
0.780	0.596	16	0.3	-0.001	—	3.0	0.98	—

表 8－16　　　　　　　　　　　　　　模拟计算及校核结果表

	H /m	$\bar{q}$ /(L/h)	C_u	n	h_0 /m	q_0 /(L/h)	h_n /m	q_n /(L/h)	h_{min} /m	q_{min} /(L/h)	h_{max} /m	q_{max} /(L/h)
计算	10.5815	3.0	0.9801	187	9.2465	2.9364	10.5712	3.1803	9.2434	2.9358	10.5712	3.1803
校核	10.5815	3.0	0.9801	187	9.2465	2.9364	10.5712	3.1803	9.2434	2.9358	10.5712	3.1803

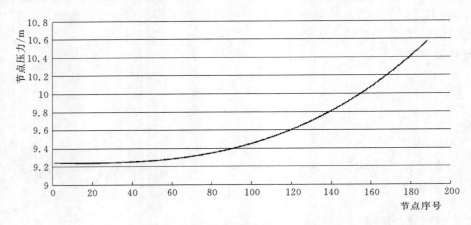

图 8－13　毛管孔口压力曲线图

由图 8－13 可知，毛管压力曲线是一条光滑的曲线，最大压力（h_{max}）出现在毛管进口，然后压力逐渐降低，至接近毛管末端的第 16 和第 17 孔口处压力最小（h_{min}），其后逐渐增加。与图 8－12 相比，毛管的最小压力孔口明显向毛管末端移动，这主要是因为本例题中的地面坡度为 -0.001，远大于图 8－12 例题的地面坡度 -0.01。

模拟计算得到的灌水器平均流量 $\bar{q}=3.0(\text{L/h})$，与灌水器设计流量 $q_d=3.0(\text{L/h})$ 相同，计算所得灌水均匀系数 $C_u=0.9801$，大于设计的 $C_{ud}=0.98$，说明计算结果完全满足设计条件的要求。

该算法程序运行时间为 2s，表 8－16 的校核结果与遗传算法模拟结果完全相同，计算结果的精度可以达到 0.01％以上，说明算法的求解速度快，计算的精度也很高，而且算法程序只需要输入基本的已知条件即可运行，具有很强的通用性。

三、双向毛管极限长度优化

毛管极限铺设长度是指毛管在满足水头偏差要求条件下，所能铺设的最大长度。双向毛管是指微灌管网系统中，毛管垂直布置于支管的两侧，水流由支管进入毛管后向两个相反的方向分流。坡地双向毛管极限长度的确定，是微灌双向毛管设计的一项重要内容，目前工程中尚没有成熟的计算方法，设计中大都采用平坡或单向毛管的设计方法，计算准确性和精度往往较差，不能精确、便捷地确定双向毛管的极限长度及最佳分流点位置，也难以保证毛管上灌水器的设计流量及灌水均匀度的要求。本书在前人研究成果基础上，应用遗传算法理论和方法，提出一种坡地双向毛管极限长度优化设计方法。

（一）数学描述

坡地双向毛管极限长度的优化是在已知毛管管径、灌水器设计流量及设计灌水均匀度的条件下，寻求使灌水器平均流量等于灌水器设计流量、灌水均匀度不小于设计均匀度的毛管最大铺设长度及最佳分流点位置，并确定毛管进口压力及各灌水器流量和压力。

1．数学模型

毛管铺设长度等于各灌水器间距之和，在灌水器间距已知的情况下，毛管最大铺设长度可以归结为毛管极限孔数的优化，分流点位置是要确定左、右两侧毛管的长度（孔口数），除了使毛管满足设计要求外，还要使双向毛管的分流点处的压力相同。以图 8 - 14 对毛管孔口和管段进行编号，规定面向支管水流方向划分左右侧毛管，可构造如下数学模型

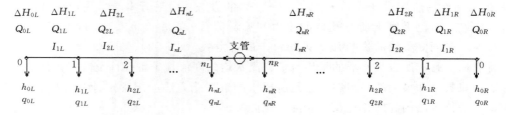

图 8 - 14　双向毛管水力计算示意图

$$\max \quad n = n_L + n_R + 2 \tag{8-51}$$

$$\text{s. t.} \quad \Delta C_u = 1 - \frac{\overline{\Delta q}}{\overline{q}} - C_{ud} \geqslant 0 \tag{8-52}$$

$$\overline{q} - q_d = 0 \tag{8-53}$$

$$\Delta H = \left| \left(h_{nR} + \alpha f \frac{Q_{nR+1}^m}{d^b} S_{nR+1} + I_{nR+1} S_{nR+1} \right) - \left(h_{nL} + \alpha f \frac{Q_{nL+1}^m}{d^b} S_{nL+1} + I_{nL+1} S_{nL+1} \right) \right| = 0 \tag{8-54}$$

$$h_{cmin} \leqslant h_{0L} \leqslant h_{cmax} \quad h_{cmin} \leqslant h_{0R} \leqslant h_{cmax}$$

其中

$$\overline{q} = \frac{1}{n_R + n_L + 2} \sum_{i=0}^{n_R} \sum_{j=0}^{n_L} q_{ij} \tag{8-55}$$

$$\overline{\Delta q} = \frac{1}{n_R + n_L + 2} \sum_{i=0}^{n_R} \sum_{j=0}^{n_L} |q_{ij} - \overline{q}| \tag{8-56}$$

式中　　　　C_u——灌水器灌水均匀系数；

$\overline{q}$、q_d——分别为灌水器平均和设计流量，L/h；

$\overline{\Delta q}$——灌水器流量平均偏差，L/h；

n——毛管总的孔口数；

ΔH——左、右两侧毛管的进口压力差，m；

n_L、n_R——分别为左、右侧毛管孔口数；

h_{nL}、h_{nR}——分别为左、右侧毛管入口第一孔口的压力水头，m；

Q_{nL+1}、Q_{nR+1}——分别为左、右侧毛管入口流量，L/h；

h_{0L}、h_{0R}——分别为左、右侧毛管末端孔口的压力水头，m；

d——毛管内径，mm；

I_{nL+1}、I_{nR+1}——分别为左、右侧毛管入口段地形坡度；

S_{nL+1}、S_{nR+1}——分别为左、右侧毛管入口段长度，m；

h_{cmin}、h_{cmax}——分别为灌水器的允许最大和最小工作压力水头，m；

α——局部水头损失加大系数；

f、m、b——与管材有关的水头损失计算系数；

i、j——分别为左右侧毛管上的灌水器编号。

2. 模型求解方法

首先假定一组左、右毛管孔口数及左、右两侧毛管末端孔口压力水头（n_L，n_R，h_{0L}，h_{0R}）的值，然后应用式（8-30）~式（8-40）的方法，由毛管末端采用逆递推方式，分别计算出左、右侧毛管上所有孔口的压力和流量值（q_{iL}、h_{iL}、q_{iL}、h_{iR}），由式（8-54）计算出左、右两侧毛管的进口压力差 ΔH，最后由式（8-52）、式（8-55）和式（8-56）计算出毛管上所有灌水器的平均流量、灌水均匀度值，满足设计及约束条件要求，并且左右孔口数之和最大的一组解，就是所要求的解。此方法应用常规计算程序难以完成，本书借助遗传算法的高度并行及全局搜索能力实现。

（二）遗传算法模型

1. 构造适应度函数

根据遗传算法优化计算的要求，需对上面的数学模型进行无约束化处理。采用罚函数法将数学模型转化为如下无约束形式的目标函数：

$$f(n_L,n_R,h_{0L},h_{0R})=\max\{(n_L+n_R)-\mu|\min[0,\Delta C_u]|-\mu|\bar{q}-q_d|-\mu\Delta H\} \quad (8-57)$$

式中　$\mu|\min[0,\Delta C_u]|$、$\mu|\bar{q}-q_d|$、$\mu\Delta H$——惩罚项。

目标函数 $f(n_L$，n_R，h_{0L}，h_{0R}）由优化目标函数与惩罚约束条件组成，表示了一组优化变量（n_L，n_R，h_{0L}，h_{0R}）所计算出的解的优劣程度。满足遗传算法对适应度函数非负的要求，也满足了遗传算法对适应度函数最大化的要求，使适应度函数高的值对应于目标函数的优秀解，能够直接作为适应度函数。

2. 编码规则

该遗传算法的优化变量为 n_L、n_R、h_{0L} 和 h_{0R}。n_L 和 n_R 为整数，毛管的铺设长度受灌水均匀度的制约，一般不会太长，n_L 和 n_R 值也不会太大，采用二进制编码方式，编码长度、计算工作量及复杂性都不会太大。

h_{0L}，h_{0R} 是连续的实数变量，其值域为灌水器工作压力范围，若采用二进制编码，在进行遗传操作时，需要将变量的实数值进行二进制编码，而进行毛管水力计算时则需要将二进制串还原为相应的变量值，存在编码和还原问题，增加了计算工作量和程序的复杂性。二进制编码还存在连续变量离散化带来的映射误差，当个体编码串较短时，可能达不到精度要求，个体编码串较长时，算法的搜索空间急剧扩大，搜索效率降低。而且二进制编码往往会形成一定的编码冗余，当遗传算法进行交叉或变异操作时所产生的个体有可能就会超出解的值域范围。因此，考虑计算方便及精度要求，采用四位小数的实数编码方式。

因此，本书遗传变量采用的是二进制和实数编码的混合编码方式。

3. 选择算子

本书遗传算法中，选择算子采用竞赛规模为 2 的锦标赛选择法。随机从种群中挑选两个个体，从中选择最好的个体做父个体，重复该过程直至完成个体的选择。

4. 交叉算子

交叉操作是在交叉概率 p_c 控制下，把两个父个体的部分结构加以替换重组而生成新个体的操作，其目的是为了能够产生优良的下一代个体。本书由于采用了二进制与实数编码的混合编码方式，交叉操作相应采用二进制单点交叉和算术交叉操作。首先以交叉概率 p_c 随机选择需要交叉的两个父个体，然后再随机选择需要交叉的变量，若选择的变量是 n_L 或 n_R，则进行二进制单点交叉操作，若选择的变量是 h_{0L} 或 h_{0R}，则进行算术交叉操作。

本书二进制单点交叉操作，是在所选择的变量编码串中随机设定一个交叉点，实行交叉时，将该点前面两个个体的编码进行互换，生成两个新的个体。

算术交叉是指由两个个体的线性组合而产生出两个新的个体。对于所选择的两个要交叉的变量 X_1、X_2，其任意线性组合 $\lambda X_1 + (1-\lambda)X_2 (0 \leqslant \lambda \leqslant 1)$，一定也位于解的可行域内。对任意两个已配对好的变量 X_1、X_2，随机生成两个 $[0, 1]$ 间的实数 λ_1、λ_2，则 $\lambda_1 X_1 + (1-\lambda_1)X_2$ 和 $\lambda_2 X_1 + (1-\lambda_2)X_2$ 都具有父个体 X_1、X_2 的遗传基因，可以作为交叉后的子个体，从而实现了交叉操作，而且这样的遗传操作也可以使解向量限制在可行解域内。

5. 变异算子

变异运算是指以一较小概率改变个体编码串中的一些基因位上的基因值，从而形成一个新的个体，改善遗传算法的局部搜索能力，维持群体的多样性，防止出现早熟现象。首先以变异概率 p_m 随机选择需要变异的两个父个体，然后再随机选择需要变异的变量，若选择的变量是 n_L 或 n_R，则进行二进制变异操作，若选择的变量是 h_{0L} 或 h_{0R}，则进行实值变异操作。

二进制变异是在所选择的变量编码串中，随机选定一位基因位上的基本值作变异运算，若选定的基因位上原有基因值为 0 则变异后为 1，反之，若原有基因值为 1 则变异后为 0。实值变异是在所选择的变量的可行域内随机产生新的值替换原变量的值，生成新个体。

6. 遗传算法流程

在 n_L，n_R，h_{0L} 和 h_{0R} 的可行域内随机生成一定规模初始群体作为第一代遗传群体，按照设计的遗传操作生成新一代群体，直至找到最优解或满足优化准则为止，算法过程可按如图 8-15 所示程序框图实现。

（三）实例计算

已知毛管管径 $d = 16\text{mm}$，沿毛管的地形

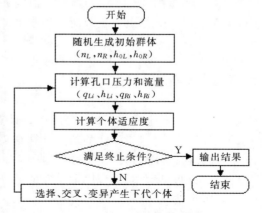

图 8-15　遗传算法程序流程图

纵坡 $I=-0.01$，下坡为负，灌水器设计流量 $q_d=2.7L/h$，设计灌水均匀度 $C_{ud}=0.98$，灌水器流量公式 $q=0.717h^{0.598}$。计算毛管极限长度，确定最佳分流点位置、各孔口的压力、流量和毛管进口压力。

按图 8-14 所示对孔口及管段进行编号，应用上述遗传算法，取种群规模为 100，最大遗传代数为 50，惩罚因子 μ 为 10000，进行模拟计算。

计算表明，满足设计灌水器流量、灌水均匀度及约束条件要求的毛管极限孔数为 393（左侧毛管孔口数为 179，右侧毛管孔口数为 214，毛管进口压力 10.1355m。现将最优解的毛管典型值列于表 1，孔口、压力关系显示于图 8-16。

表 8-17　　　　　　　　　　　　　　　　**最优解的典型值**

	d/mm	n	H/m	$\bar{q}$/(L/h)	C_u	h_0/m	q_0/(L/h)	h_n/m	q_n/(L/h)	h_{min}/m	q_{min}/(L/h)	h_{max}/m	q_{max}/(L/h)
L	16	178	10.1355	2.7	0.9803	8.5996	2.5962	10.1261	2.8627	8.5996	2.5962	10.1261	2.8627
R	16	213	10.1355			9.1084	2.6870	10.1261	2.8627	8.9767	2.6637	10.1261	2.8627

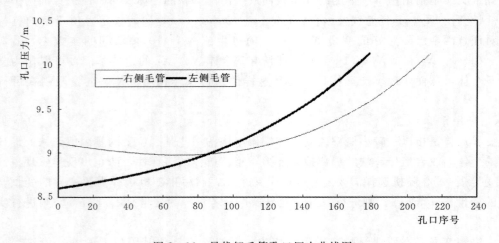

图 8-16　最优解毛管孔口压力曲线图

表 8-17 与图 8-16 说明算法不但能够计算出毛管的极限孔数，而且能够计算出毛管进口水头、最佳分流点位置及所有灌水器的流量、压力。表 8-17 模拟计算结果中，灌水器计算平均流量 $\bar{q}=2.7L/h$，与灌水器设计流量 q_d 相同，灌水均匀系数 $C_u=0.9803$，大于设计的 $C_{ud}=0.98$，左右侧毛管的进口压力也完全相同，说明计算结果是准确可靠的，并满足设计条件的要求。

图 8-16 最优管径毛管孔口压力曲线与坡地毛管水力特性吻合，该算法程序在一台奔腾 3-800 计算机上的运行时间为 10s，计算结果的精度可以达到 0.01% 以上，说明算法的求解速度快。对遗传算法的仿真计算结果，采用退步法进行了验证，结果完全相同不存在误差，说明计算的精度及可靠性也很高。只需要输入毛管的基本参数和灌水器设计流量和设计灌水均匀度，算法程序即可完成毛管极限长度的优化，具有很强的通用性。

（四）小结

本书提出的遗传模型与算法，以毛管铺设长度最大为目标，既能优化坡地双向毛管的极限长度，同时能确定毛管进口压力和最佳分流点位置，而且能计算出毛管上每个孔口的压力、流量，最大、最小、平均的压力、流量等特征值及孔口位置，压力偏差、流量偏差、灌水均匀度等灌水质量控制指标；以灌水器平均流量与灌水器设计流量差、灌水均匀度与设计均匀度差和上下坡毛管进口压力差为约束条件，能保证毛管严格按照设计要求工作，有效提高毛管设计的经济及技术合理性。算法程序只需要输入毛管设计要求的已知条件，就能自行运算出优化结果，具有很好的通用性和实用价值，也可用于优化非均匀坡、变管径、变间距和不同型号灌水器的坡地双向毛管。

第四节　树状管网遗传算法优化设计

微灌管网一般可以分为田间管网和干管管网，其中田间管网由支管与毛管组成，干管管网一般为树状管网，由主干管与分干管组成。田间管网的优化问题主要与田间管网允许灌水均匀度或流量偏差有关，微灌管网设计时，可以先根据允许灌水均匀度或流量偏差进行田间管网的设计，确定田间管网的尺寸及入口水头，然后再进行干管管网的设计。线性规划[27-28]、非线性规划[29-30]、动态规划[31-32]及微分法[33]是树状管网优化的传统方法，近年来遗传算法[34-43]、人工神经网络[44]及列队竞争算法[45]等优化方法相继被应用于解决树状管网优化问题，极大地促进了树状管网输水技术的应用与推广。

根据微灌系统的加压方式可以将微灌分为自压微灌和机压微灌，两种加压方式干管管网优化设计的方法也有所差异。干管管网由许多管段组成，若规定地面坡度、管段流量和管道承压力都相同的两个节点间的管道为一个管段，则对于长度较大的管段，管段内的管道可能需要变径才能达到优化设计的目标，而对于长度较小的管段，管段内采用一种管径的管道就能达到优化设计的目标。

如果同一管段间的地面坡度、管内流量、管道承压力相同，其管径也不应有太大的差异。通过对前人优化结果的分析发现，无论采用何种优化方法，其优化结果中组成各管段的管径不超过两种，管径也相差不大，一般为相邻的两种管径。也就是说，同一管段内最多采用两种管径，通过调整管段内两种管道的管径及管长，就能使管网中各节点的流量、压力、管道造价及运行费用达到优化状态。同时，施工安装过程中也不希望同一管段由过多的管径组成，一方面会增加施工的难度和费用，另一方面也会增加管道连接件的费用。因此，本节假定管网中每一管段最多只能由两种管径的管道组成，研究自压和机压树状管网优化设计的数学模型与方法。

一、自压树状管网优化

（一）建立数学模型

当利用水的重力为树状管网提供所需压力，管网是在没有外部能量供给的情况下运行，或者是利用水泵加压，水泵型号已经选定，管网能量消耗就基本是定值。此时，管网的首端入口水压已经确定，管网各节点的需求水压也是已知的，管网优化设计的任务是在满足管网各节点需求水压的情况下，寻求使管网一次性投入最低的各级管道的管径和管长最佳组合。以管网投资最小为目标函数，每一管段最多只能由两种标准管径的商用管道组成，可以建立如下的数学模型。

1. 目标函数

$$\min \quad F = \sum_{i=1}^{N} (C_{i1} S_{i1} + C_{i2} S_{i2}) \qquad (8-58)$$

式中 F——管网一次性投入，元；

S_{i1}、S_{i2}——第 i 管段第 1 和第 2 段管道的长度，m；

C_{i1}、C_{i2}——第 i 管段第 1 和第 2 段管道的单价，元/m；

    N——管网管段数。

2. 压力约束

各节点压力水头不得小于允许的最小需求水压。

$$h_{ck} = z_0 + H - \sum_{i=1}^{I(k)} \alpha k \frac{Q_i^{1.852}}{c} \left(\frac{S_{i1}}{d_{i1}^{4.871}} + \frac{S_{i2}}{d_{i2}^{4.871}} \right) - z_k - h_{k\min} \geqslant 0 \qquad (8-59)$$

式中 H——管网进口压力水头，m；

  h_{ck}——k 节点允许最低水压约束变量，m；

   z_0——管网进口地面高程，m；

   Q_i——第 i 管段流量，m³/h；

d_{i1}、d_{i2}——第 i 管段第 1 和第 2 段管道的内径，cm；

   z_k——k 节点的地面高程，m；

$h_{k\min}$——k 节点最小需求水压，m；

 $I(k)$——k 节点的父节点个数；

   α——局部水头损失放大系数；

   k——数值系数；

   c——"哈—威"系数。

3. 管径约束

$$1 \leqslant d_{i1} \leqslant M, \ 1 \leqslant d_{i2} \leqslant M \qquad (8-60)$$

式中 M——标准管径数。

4. 管长约束

$$S_{i1} + S_{i2} = l_i \qquad (8-61)$$

式中 l_i——第 i 管段长度，m。

5. 数学模型

将式（8-61）改写为 $S_{i2} = l_i - S_{i1}$，把 S_{i2} 代入式（8-58）、式（8-59）中，消除模型中的等式约束，可构造出如下自压树状管网优化数学模型。

$$\min \quad f(d_{i1}, d_{i2}, S_{i1}) = \sum_{i=1}^{N} [C_{i1} S_{i1} + C_{i2}(l_i - S_{i1})] \qquad (8-62)$$

$$\text{s. t.} \ h_{ci} = z_0 + H - \sum_{i=1}^{I(k)} \alpha k \frac{Q_i^{1.852}}{c} \left(\frac{S_{i1}}{d_{i1}^{4.871}} + \frac{l_i - S_{i1}}{d_{i2}^{4.871}} \right) - z_k - h_{k\min} \geqslant 0 \qquad (8-63)$$

$$1 \leqslant d_{i1} \leqslant M, 1 \leqslant d_{i2} \leqslant M \qquad (8-64)$$

式中符号意义同前。

（二）退火遗传算法

1. 约束条件处理

对约束条件的处理是遗传算法理论与应用研究中的热点问题之一，解决约束优化问题的关键是如何平衡来自目标函数最优化与满足约束条件这两方面的压力。目前的遗传算法主要采用罚函数法，其实际应用的难点在于如何设计适合问题的罚系数。由于增加了惩罚项，罚函数法评估函数与目标函数的形态存在差异，而且严重依赖罚系数，使得求解出现较大困难。为此，本文采用解的不可行度退火算法来处理约束条件，应用遗传算法进行最优解的搜索。一个解 x_i 的不可行度 $\phi(x_i)$ 定义如下：

$$\phi(x_i) = \sum_{j=1}^{J}\left[\min\{0, g_j(x_i)\}\right]^2 + \sum_{k=1}^{K}\left[h_k(x_i)\right]^2 \tag{8-65}$$

式中　g_j——问题的不等式约束；

　　　h_k——问题的等式约束。

这里不可行度 $\phi(x_i)$ 被定义为解 x_i 到可行域的距离，x_i 与可行域的距离越远则不可行度越大，反之就越小；当 x_i 为可行解时，不可行度为零。

利用不可行度函数 $\phi(x_i)$，采用模拟退火算法，对解 x_i 的不可行度进行优化调整，使其逐步逼近可行解，其算法描述如下：

Step1：选取目标函数的任意一个解 x_i 为初值，$k=0$；$t_0 = t_{\max}$。

Step2：若在该温度达到内循环停止条件，则执行 Step 3。否则在解的可行域内随即选择一个 x_j，计算 $\Delta\phi_{ij} = -[\phi(x_j) - \phi(x_i)]$，若 $\Delta\phi_{ij} > 0$，则 $x_i = x_j$；否则若 $\exp(\Delta\phi_{ij}/t_k)$ $>$ random$(0,1)$ 时，则 $x_i = x_j$，重复 Step 2。

Step3：$t_{k+1} = d(t_k)$，$k = k+1$；若满足停止条件，终止计算；否则回到 Step 2。

2. 构造适应度函数

为满足遗传算法对适应度函数最大化的要求，将上述数学模型中目标函数的最小化问题转化为最大化问题，可构造如下的适应度函数。

$$Fit = \frac{1}{1 + f(d_{i1}, d_{i2}, S_{i1})} \tag{8-66}$$

随机生成一系列 (d_{i1}, d_{i2}, S_{i1}) 作为初值，搜索使 Fit 获得最大值的 (d_{i1}, d_{i2}, S_{i1}) 值。

3. 编码

该遗传算法的优化变量为 (d_{i1}, d_{i2}, S_{i1})，共有 $3n$ 个优化变量，将管径 d_{i1}、d_{i2} 与其序号一一对应形成整数序列，采取符号编码方式，对 S_{i1} 采取实数编码方式。

4. 遗传操作

算法采用竞赛规模为 2 的锦标赛选择法进行选择操作，对变量 d_{i1}、d_{i2}、S_{i1} 进行算术交叉操作，对所有变量都采取实值变异操作。

5. 算法步骤

图 8-17 给出了模拟退火遗传算法优化自压树状管网的整体步骤与程序流程。

（三）仿真计算

1. 基本数据

本书以《水利学报》[44] 2002 年第 2 期的文献"自压式树状管网神经网络优化设计"

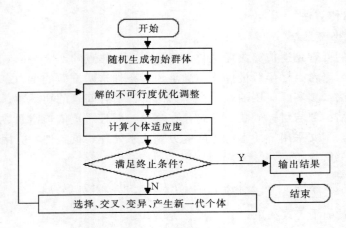

图 8-17 程序流程

（以下简称为"对照文献"）中的自压树状管网为例进行仿真计算。管网布置、节点、管段编号和管段流量如图 8-18 所示，管道管径及单价见表 8-18，节点地面高程及流量见表 8-19。节点出口最低需求水压为 30m，水源水面高程为 210m。

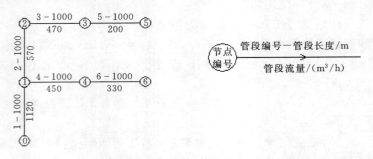

图 8-18 管网布置示意

表 8-18 管 道 单 价

管径/cm	2.54	5.08	7.62	10.16	15.24	20.32	25.40	30.48	35.56	40.64	45.7272	50.80	55.88	60.96
单价/元	2	5	8	11	16	23	32	50	60	90	130	170	300	550

表 8-19 节点地面高程及流量

节点序号	0	1	2	3	4	5	6
地面高程/m	150	160	155	150	155	160	165
节点流量/(m³/h)	—	100	100	120	270	200	330

为了与对照文献进行对比，本例管道局部水头损失按沿程水头损失的 10% 计算，沿程水头损失采用"哈—威"公式计算，$k=1.528\times10^4$，$c=130$。

2. 控制参数选取

以群体规模 200、交叉概率 0.9、变异概率 0.05、最大遗传代数 50 为基本遗传参数。不可行度进行优化调整以群体中每一个个体为解的初始值，初始温度 $t_0=\Delta\phi_{max}/\ln p_r$，$p_r=0.5$，$t_{k+1}=\lambda t_k$，$\lambda=0.8$；内循环终止条件是同温下迭代 5 次，外循环终止条件为

$\phi(x_i)=0$，或迭代 5 次。

3. 优化结果分析

将有关数据代入退火遗传算法模型进行优化计算，求得的优化结果见表 8-20，管网一次性投资为 435900 元，对照文献的计算结果为 435846.9 元，本书优化结果与对照文献结果基本一致。对照文献首先采用神经网络模型确定备选管径组，然后应用线性规划模型获得最终优化结果，模型及算法复杂，缺乏连贯性。本书的退火遗传算法只需要输入初始条件，程序就可以运行出计算结果，算法简单，具有较好的通用性。

表 8-20　　　　　　　　　　　　　　优 化 计 算 结 果 表

管段序号	本书优化结果			对照文献优化结果		
	选用管径/mm	管长/m	节点压力/m	选用管径/mm	管长/m	节点压力/m
1	45.72	1000	52.57	45.72	1000	52.57
2	40.64/35.56	448/552	36.88	40.64/35.56	224.64/775.36	36.1
3	35.56	1000	41.81	35.56	1000	42.89
4	35.56	1000	42.89	35.56	1000	41.04
5	35.56/30.48	337/663	30.00	35.56	1000	30.0
6	35.56/30.48	909/91	30.00	35.56/30.48	910.76/89.24	30.0
管网投资	435900			435846.9		

为克服随机因素对算法求解性能评估的干扰，将算法程序独立运行 100 次，比较计算结果与最优解的相对偏差，结果见表 8-21。本书 100 次的计算结果中，相对偏差小于 1% 的概率达到 55%，小于 5% 的概率达到 99%，说明算法计算结果稳定，具有很高的计算精度。

表 8-21　　　　　　　　　　　　　　计算结果与最优解相对偏差

相对偏差/%	<0.5	<1	<2	<3	<5	<6
出现次数/次	32	55	76	90	99	1

(四) 小结

本书假定各管段最多由两种标准管径的管道组成，建立了以管长、标准管径为优化变量的自压树状管网优化数学模型。利用解的不可行度概念处理约束条件，采用模拟退火算法优化解的不可行度，应用遗传算法进行优化计算，克服了罚函数法的困难，能够获得全局最优。所提方法优化变量少，解算法结果稳定，具有较高的求解效率和计算精度。算法程序只需输入已知条件既可运行，无需预先确定备选管径组，获得的管径为标准管径，也不需要进行圆整，可适用于较大规模自压树状管网的优化设计。也可以适用于水泵型号已选定，管网进口压力已确定的机压树状管网的优化。

二、机压树状管网优化

当机压树状管网水泵型号未定时，干管管网首端压力未定，此时管网优化设计一方面要考虑降低管网投资，另一方面又要降低运行费用，而两者大小是相互影响的。在其他因素都相同的情况下，要降低管网投资，则干管的管径小水头损失大，所需水泵的扬程大，系统的运行费用就将增加。反之若要降低运行费用，就要增大管径，则管网的一次性投入将增加，那么如何选择管道的直径和水泵的型号使系统的年费用最低，就构成了机压树状管网的优化设计问题。

（一）建立数学模型

当利用动力为输水管网提供所需压力，管网优化设计的任务是在满足管网各节点需求水压的情况下，寻求使管网年费用最低的各级管道的管径和管长最佳组合，确定水泵扬程。以管网年费用最小为目标函数，每一管段最多只能由两种标准管径的商用管道组成，可以建立如下的数学模型。

1. 目标函数

$$\min \quad F = \left[\frac{r(1+r)^Y}{(1+r)^Y - 1} + B\right]\sum_{i=1}^{N}(C_{i1}S_{i1} + C_{i2}S_{i2}) + \frac{ETQH}{367.2\eta} \tag{8-67}$$

式中　F——管网年费用，元/年；

$\quad\quad Y$——折旧年限，年；

$\quad\quad r$——年利率，%；

$\quad\quad B$——年平均维修费率，%；

S_{i1}、S_{i2}——分别为第 i 管段第 1 和第 2 段管道的长度，m；

C_{i1}、C_{i2}——分别为第 i 管段第 1 和第 2 段管道的单价，元/m；

$\quad\quad E$——电价，元/(kW·h)；

$\quad\quad T$——水泵年工作小时数，h；

$\quad\quad Q$——水泵流量，m³/h；

$\quad\quad H$——水泵扬程，m；

$\quad\quad \eta$——水泵效率，%；

$\quad\quad N$——管网管段数。

2. 压力约束条件

$$h_{ck} = z_0 + H - h_b - \sum_{i=1}^{I(k)}\alpha f Q_i^m\left(\frac{S_{i1}}{d_{i1}^b} + \frac{S_{i2}}{d_{i2}^b}\right) - z_k - h_{k\min} \geqslant 0 \tag{8-68}$$
$$(k=1,2,\cdots,N)$$

$$h_{mk} = z_0 + H - h_b - \sum_{i=1}^{I(k)}\alpha f Q_i^m\left(\frac{S_{i1}}{d_{i1}^b} + \frac{S_{i2}}{d_{i2}^b}\right) - z_k - h_{k\max} \leqslant 0 \tag{8-69}$$
$$(k=1,2,\cdots,N)$$

式中　h_{ck}、h_{mk}——分别为管段允许最小压力和管道承压力约束变量，m；

$\quad\quad z_0$——水源水面高程，m；

$\quad\quad h_b$——底阀及吸水管水头损失，m；

$\quad\quad \alpha$——局部水头损失加大系数；

f、m、b——与管材有关的水头损失计算系数；

$\quad\quad Q_i$——第 i 管段流量，m³/h；

d_{i1}、d_{i2}——第 i 管段第 1 和第 2 段管道的内径，mm；

$\quad\quad z_k$——k 节点的地面高程，m；

$h_{k\min}$、$h_{k\max}$——k 管段允许最小水头和管道允许最大水头，m；

$I(k)$——k 节点的父节点个数。

3. 管长约束条件

$$S_{i1} + S_{i2} = l_i \tag{8-70}$$

式中 l_i——第 i 管段长度，m。

4. 管径约束条件

$$d_{\min} \leqslant d_{i1} \leqslant d_{\max}, d_{\min} \leqslant d_{i2} \leqslant d_{\max} \tag{8-71}$$

将式（8-70）改写为 $S_{i2} = l_i - S_{i1}$，把 S_{i2} 代入式（8-67）～式（8-69）中，消除模型中的等式约束，并将待选标准管径由小到大排序，可构造出如下机压树状管网优化数学模型：

$$\min \quad f(H, d_{i1}, d_{i2}, S_{i1}) = \left[\frac{r(1+r)^y}{(1+r)^y - 1} + B\right] \sum_{i=1}^{N} \left[C_{i1}S_{i1} + C_{i2}(1 - S_{i1})\right] + \frac{ETQH}{367.2\eta}$$

$$\tag{8-72}$$

$$\text{s. t.} \quad h_{ck} = H + z_0 - h_b - \sum_{i=1}^{I(k)} \alpha f Q_i^m \left(\frac{S_{i1}}{d_{i1}^b} + \frac{l_i - S_{i1}}{d_{i2}^b}\right) - z_k - h_{k\min} \geqslant 0 \tag{8-73}$$

$$h_{mk} = H + z_0 - h_b - \sum_{i=1}^{I(k)} \alpha f Q_i^m \left(\frac{S_{i1}}{d_{i1}^b} + \frac{l_i - S_{i1}}{d_{i2}^b}\right) - z_k - h_{k\max} \leqslant 0 \tag{8-74}$$

$$d_1 \leqslant d_{i1} \leqslant d_M, d_1 \leqslant d_{i2} \leqslant d_M \tag{8-75}$$

式中 M——待选标准管径数。

（二）退火遗传算法

1. 约束条件处理

对约束条件的处理是遗传算法理论与应用研究中的热点问题之一，解决约束优化问题的关键是如何平衡来自目标函数最优化与满足约束条件这两方面的压力。目前的遗传算法主要采用罚函数法，其实际应用的难点在于如何设计适合问题的罚系数。由于增加了惩罚项，罚函数法评估函数与目标函数的形态存在差异，而且严重依赖罚系数，使得求解出现较大困难。为此，本书采用解的不可行度退火算法来处理约束条件，应用遗传算法进行最优解的搜索。一个解 x_i 的不可行度 $\phi(x_i)$ 定义如下：

$$\phi(x_i) = \sum_{j=1}^{J} \left[\min\{0, g_j(x_i)\}\right]^2 + \sum_{k=1}^{K} \left[h_k(x_i)\right]^2 \tag{8-76}$$

式中 g_j、h_k——问题的不等式约束和等式约束。

这里不可行度 $\phi(x_i)$ 被定义为解 x_i 到可行域的距离，x_i 与可行域的距离越远则不可行度越大，反之就越小；当 x_i 为可行解时，不可行度为零。利用不可行度函数 $\phi(x_i)$，采用模拟退火算法，对解 x_i 的不可行度进行优化调整，使其逐步逼近可行解，具体方法见上节。

2. 构造适应度函数

为满足遗传算法对适应度函数最大化的要求，将上述数学模型中目标函数的最小化问题转化为最大化问题，可构造如下的适应度函数

$$Fit = \frac{1}{1 + f(H, d_{i1}, d_{i2}, S_{i1})} \tag{8-77}$$

3. 编码

该遗传算法的优化变量为 $(H, d_{i1}, d_{i2}, S_{i1})$，共有 $3N+1$ 个优化变量，将管径 d_{i1}、d_{i2} 与其序号一一对应形成整数序列，采取符号编码方式，对 H 和 S_{i1} 采取实数编码方式。

4. 遗传操作

算法采用竞赛规模为 2 的锦标赛选择法进行选择操作，对变量 H、d_{i1}、d_{i2}、S_{i1} 进行算术交叉操作，对所有变量都采取实值变异操作。

（三）仿真计算

1. 基本数据

本书以《水利学报》2003 年第 7 期的文献 "模糊线性规划在微灌干管管网系统优化中的应用"[46]（以下简称为 "对照文献"）中的机压微灌管网为例进行仿真计算。管网布置、管长、流量、节点和管段编号如图 8-19 所示，采用聚乙烯管，管道单价见表 8-22，节点地面高程见表 8-23。管道承压力 0.8MPa，支管入口所需压力水头 12.6m，水源地面高程 $z_0 = 11.4\text{m}$。$y = 15$ 年，$E = 0.6$ 元/(kW·h)，$\eta = 60\%$，$r = 7\%$，$B = 3\%$，$h_b = 7\text{m}$。

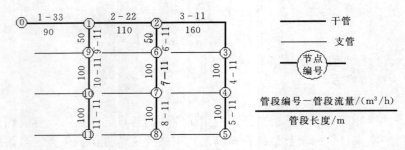

图 8-19　管网布置示意图

表 8-22　　　　　　　　　　　　**管 道 单 价 表**

管径/mm	10	12	15	20	25	32	40	50	65	80	100
单价/(元/m)	0.40	0.48	0.70	1.54	1.84	2.80	3.60	5.54	8.80	11.80	16.40

表 8-23　　　　　　　　　　　　**节 点 地 面 高 程**

节点序号	0	1	2	3	4	5	6	7	8	9	10	11
地面高程/m	11.4			17.7	19.0	18.7	15.9	16.6	16.7	14.0	14.5	14.9

2. 控制参数选取

以群体规模 200、交叉概率 0.9、变异概率 0.05、最大遗传代数 50 为基本遗传参数。不可行度优化调整以群体中每一个个体为解的初始值，初始温度 $t_0 = \Delta\phi_{\max}/\ln p_r$，$p_r = 0.5$，$t_{k+1} = \lambda t_k$，$\lambda = 0.8$；内循环终止条件是同温下迭代 5 次，外循环终止条件为 $\phi(x_i) = 0$，或迭代 5 次。

3. 优化结果分析

将有关数据代入退火遗传算法模型进行优化计算，求得的优化结果见表 8-24。本书计算的管网年费用为 2472.38 元/年，水泵扬程为 36.88m。对照文献计算的最优扬程为 36.64m，管网年费用为 2459.44 元/年，与本书优化结果基本一致。

表 8-24　　　　　　　　　　　　　　优化计算结果表

管段序号	本书优化结果			对照文献优化结果		
	选用管径/mm	管长/m	节点水头/m	选用管径/mm	管长/m	节点水头/m
1	100	90		100	90	
2	80	110		80	110	
3	65	160	18.17	65	160	
4	65	100	13.80	65	100	
5	65/50	54/46	12.67	65/50	50/50	
6	65	50	20.09	65	50	
7	65/50	52/48	15.44	65/50	53/47	
8	50	100	12.63	50	100	
9	50	50	23.65	50	50	
10	50	100	18.17	50	100	
11	50	100	12.78	50	100	
水泵扬程/m	36.88			36.64		
管网年费用/(元/年)	2472.38			2459.44		

为克服随机因素对算法求解性能评估的干扰，将算法程序独立运行 100 次，比较计算结果与最优解的相对偏差，结果见表 8-25。本书 100 次的计算结果中，相对偏差小于 1% 的概率达到 61%，小于 5% 的概率达到 100%，说明算法计算结果稳定，具有很高的计算精度。

表 8-25　　　　　　　　　　　计算结果与最优解相对偏差

相对偏差/%	<0.5	<1	<2	<3	<5
出现次数/次	28	61	91	98	100

（四）小结

本书假定各管段最多由两种标准管径的管道组成，建立了以管长、标准管径为优化变量的机压树状管网优化数学模型。利用解的不可行度概念处理约束条件，采用模拟退火算法优化解的不可行度，应用遗传算法进行优化计算，克服了罚函数法的困难，能够获得全局最优。所提方法优化变量少，解算法结果稳定，具有较高的求解效率和计算精度。算法程序只需输入已知条件既可运行，无需预先确定备选管径组，获得的管径为标准管径，也不需要进行圆整，可适用于较大规模机压树状管网的优化设计。

第五节　微灌系统过滤装置优化选型与配置

合理配置与设计过滤装置不仅是保证微灌系统正常运行、延长工程使用寿命、提高灌水质量的一个关键措施，也是降低微灌系统造价与运行能耗的一个重要途径。微灌工程中过滤器的清洁压降一般为 3m 以下，但多级组合过滤装置往往超过 3m，有的甚至达到 10m[47]。对于一个水泵扬程为 30~40m 的微灌系统，如果按照 3~10m 的水头损失估算，过滤装置的能耗约为微灌系统能耗的 10%~30%。过滤装置投资占微灌系统投资的 5%~15%。据 2009 年 8 月召开的第八次全国微灌大会统计，我国已发展微灌 $6.7 \times 105\text{hm}^2$。研究微灌过滤装置的优化选型与配置方法，有益于降低微灌工程能耗与造价。国内对于微灌过滤器的过滤机理、水力性能的研究较多[48-57]，过滤装置配置与选型主要是依据各类过滤器适用条件、过滤质量等提出过滤器类型与型号的选择方法[58-61]，尚未见有以造价或能耗为目标的过滤装置优化选型与配置方法的研究。本书根据微灌系统过滤器组合形式与工作特性，建立以年费用最小为目标的单体过滤器优化选型与单级组合过滤装置优化配置的数学模型，提出一种简单实用的微灌过滤装置优化选型与配置方法。

一、优化选型与配置方法

目前微灌过滤装置的选配是根据灌水器类型与水源的水质情况选择过滤器的类型，然后根据微灌系统的工作压力、流量等确定过滤器规格型号。然而，根据工作压力、流量选择过滤器，往往有若干规格的过滤器能够满足使用要求。选择不同规格的过滤器，其造价、水头损失、运行能耗等均有所差别，当选择大规格尺寸的过滤器时，水流通过过滤器的水头损失小，能量消耗也就小，但造价较高，反之则造价低、能耗高，难以使过滤装置的年费用达到最小状态。

微灌系统中常用的过滤器主要有旋流水沙分离器、砂石过滤器、筛网或叠片过滤器 4 种类型，以单体、单级组合与多级组合的形式应用于工程实际，本书根据过滤装置组合形式的结构与工作特性，以年费用最小为目标，研究其优化选型与配置方法。过滤装置的年费用包含造价和能耗两个部分，能耗主要是水流通过各级过滤器及其连接管道时的水头损失，过滤装置水头损失可由式（8-78）计算。

$$H_f = k_1 Q^2 + k_2 \frac{f Q^m}{D^b} L \tag{8-78}$$

式中 H_f——过滤装置水头损失，m；

      Q——通过过滤器的流量，m^3/h；

      k_1——过滤器水头损失系数；

      k_2——考虑连接管道局部水头损失的放大系数，取 1.05~1.1；

  f、m、b——与管材有关的水头损失计算系数；

      D——连接管道的内径；

      L——连接管道长度。

（一）单体过滤器优化选型

对于一些中、小型的微灌系统，有时仅需要一个单体过滤器，就能满足过滤要求。单体过滤器的类型可根据灌水器类型与水源的水质情况进行选择，规格型号需要进行经济技术比较才能确定。以年费用最低为目标，可建立式（8-79）所示的单体过滤器优化模型

$$\min \quad F = \min\left(r_1 C_1 + r_2 C_2 + \frac{ETQH_f}{367.2\eta}\right) = \min(r_1 C_1 + r_2 C_2 + pQH_f) \tag{8-79}$$

式中　　F——过滤器年费用，元/a；

r_1、r_2——过滤器与连接管道的年折旧率；

C_1、C_2——过滤器与连接管道的造价，元；

E——电价，元/(kW·h)；

T——过滤器年工作小时数，h；

η——水泵机组运行效率，%；

p——过滤器单位流量、单位水头损失的单位电费，$p=ET/(367.2\eta)$，元/kW。

式 (8-79) 中的参数与过滤器型号及其通过的流量有关，选定一个规格型号的过滤器就能计算出该过滤器的年费用。一般情况下，当过滤器类型选定后，能够供微灌系统选择的单体过滤器规格型号不会很多，由式 (8-79) 可以方便地计算出所有待选过滤器的年费用，则年费用最小的过滤器就是最优的选择。

（二）单级组合过滤装置优化配置

工程实际中，一些微灌系统需要一种类型的过滤器组合使用，才能满足过滤要求。一般是由若干个相同规格型号的单体过滤器并联形成的过滤装置，单体过滤器是组成过滤装置的基本单元。当单体过滤器规格型号选定后，过滤装置的造价为各单体过滤器造价之和，过滤装置的水头损失为单体过滤器的水头损失，过滤装置的年费用表示如下：

$$F=N(r_1C_1+r_2C_2)+pQH_f \qquad (8-80)$$

式中　　N——单体过滤器数量。

单级组合过滤装置工作时，通过每个过滤器的流量基本相同，一个过滤器的流量为 Q/N，则过滤器的水头损失为

$$H_f=k_1\left(\frac{Q}{N}\right)^2+k_2\frac{fL}{D^b}\left(\frac{Q}{N}\right)^m \qquad (8-81)$$

单级组合过滤装置的优化模型为

$$\min \quad F=\min\left[N(r_1C_1+r_2C_2)+p\left(k_1Q^3N^{-2}+k_2\frac{fL}{D^b}Q^{m+1}N^{-m}\right)\right] \qquad (8-82)$$

式 (8-82) 中只有 N 是未知变量，过滤装置优化配置实际上是寻求过滤器最优组合数量。式 (8-82) 就成为一元函数求极小值的问题，一元函数极小值的获得，需要求解函数一阶、二阶导数。

$$F'(N)=r_1C_1+r_2C_2-p\left(2k_1Q^3N^{-3}+mk_2\frac{fL}{D^b}Q^{m+1}N^{-(m+1)}\right) \qquad (8-83)$$

$$F''(N)=p\left(6k_1Q^3N^{-4}+m(m+1)k_2\frac{fL}{D^b}Q^{m+1}N^{-(m+2)}\right) \qquad (8-84)$$

由式 (8-84) 可知，当 $N>0$ 时，$F''(N)>0$；由式 (8-83) 可知，当 $r_1C_1+r_2C_2=p\left(2k_1Q^3N^{-3}+mk_2\frac{fL}{D^b}Q^{m+1}N^{-(m+1)}\right)$ 时，$F'(N)=0$。通过试算得到使 $F'(N)=0$ 的 N 值，那么 N 就是式 (8-82) 的极小值点。由于过滤器组合数量应为整数值，由式 (8-82) 计算 $F[\text{INT}(N)]$ 与 $F[\text{INT}(N)+1]$，值小者为实际最优方案。

$$\begin{cases} N^*=\text{INT}(N), & \text{当 } F[\text{INT}(N)]\leqslant F[\text{INT}(N)+1]\text{时} \\ N^*=\text{INT}(N)+1, & \text{当 } F[\text{INT}(N)]>F[\text{INT}(N)+1]\text{时} \\ N^*=1, & \text{当 INT}(N)=0 \text{ 时} \end{cases} \qquad (8-85)$$

式中　N^*——过滤器最优组合数量。

微灌工程实际应用时，如果已经选定组成过滤装置基本单元的单体过滤器规格型号，那么由式（8-81）～式（8-85）可以直接获得最优组合数量。当单体过滤器规格型号与组合数量均未确定时，可以先由式（8-85）求出每一种待选过滤器的最优组合数量，形成待选组合过滤装置序列。然后由式（8-81）计算出每一个待选组合过滤装置的年费用，则年费用最小的组合配置就是最优结果。

（三）多级组合过滤装置优化配置

工程中多级组合过滤装置往往有两种选择与配置方式。①在过滤器厂家已经组合配置好的过滤装置中进行选择，过滤装置中每一级过滤器的规格型号和数量都是由厂家设计确定，并定型生产，用户只能按照整体进行选择。在这种情况下，过滤装置的优化只能进行优化选型，可以按照单体过滤器优化选型的方法进行选择。②自行选择各级过滤器规格型号和数量，并进行优化组合。这时可以按照单级组合过滤装置优化配置的方法，优化设计每一级过滤装置，然后按照要求将各级过滤装置连接成多级过滤装置即可。

二、优化算例

选用 Y 型塑料滤网过滤器进行水处理，待选过滤器规格型号与单价见表 8-26。过滤器与连接管材按 10 年静态折旧，年折旧率 $r_1 = r_2 = 0.1$，电价 $E = 0.5$ 元/（kW·h），水泵机组效率 $\eta = 0.6$。为方便清洗与维护，过滤器两端各连接一个塑料球阀、一个外丝直接、0.5m 长硬塑料管与一个弯头，连接管材、管件的规格与价格见表 8-26。对于硬塑料管，$f = 0.948 \times 10^5$，$m = 1.77$、$b = 4.77$，$k_2 = 1.1$。若灌溉定额为 3600m³/hm²，微灌系统年运行时间约为 1200h。经计算，单位电费 $p = 2.723$ 元/kW。分别以微灌系统流量 $Q = 3m³/h$ 和 $Q = 10m³/h$，按照单体过滤器与单级组合过滤装置两个算例进行优化设计。

（一）以微灌系统流量 $Q = 3m³/h$，按照单体过滤器进行优化选型

由式（8-80）计算表 8-26 中所有待选过滤器的年费用，得到 3/4″过滤器的年费用为 37.46 元/年，1″过滤器的年费用为 24.81 元/年，1.5″过滤器的年费用为 21.91 元/年。其中，1.5″过滤器为最优选择。

表 8-26　　　　　　　　待选过滤器规格型号与单价

规格	推荐流量 /（m³/h）	水头损失系数 k_1	单体过滤器造价 C /元	连接管材管件								小计
				塑料球阀 2 个		外丝直接 2 个		硬塑料管 1m		弯头 2 个		
				规格	复价 /元	规格 /mm	复价 /元	规格 /mm	复价 /元	规格 /mm	复价 /元	
3/4″	3	0.293	119.9	3/4″	6.2	25×3/4″	1.36	25	5.44	25	1.70	14.7
1″	5	0.119	132.6	1″	10.0	32×1″	2.00	32	7.06	32	2.46	21.52
1.5″	10	0.017	165.5	1.5″	20.0	50×1.5″	4.44	50	12.00	50	4.00	40.44

微灌工程实际中，一般会选择额定流量与微灌系统流量相同的 3/4″过滤器。应用本书优化方法选择过滤器，年费用降低 41.5%。

（二）以微灌系统流量 $Q = 10m³/h$，按照单级组合过滤装置进行优化设计

由式（8-85）计算表 1 中每一种待选过滤器的最优组合数量，由式（8-82）计算出

每一个待选组合过滤装置的年费用，计算结果见表 8 - 27。

表 8 - 27　　　　　　　　　　　单级组合过滤装置优化配置

规　格	组合数量 N	最优组合数量 N^*	F/（元/年）
3/4″	5.0882	5	99.58
1″	3.5532	4	82.04
1.5″	1.6715	2	52.81

　　由表 8 - 26 可知，2 个 1.5″过滤器的组合为最优配置，年费用为 44.71 元/年。微灌工程实际中，一般会选择 2 个 1″或 1 个 1.5″过滤器的组合，年费用分别为 112.32 元/年和 67.05 元/年。应用本文优化方法选择过滤器，年费用分别降低 53.0% 和 21.2%。

三、小结

　　根据微灌系统过滤器组合形式与工作特性，以年费用最小为目标，建立了单体过滤器优化选型与单级组合过滤装置优化配置的数学模型，应用枚举法与一元函数极值求解方法获得模型最优解，提出微灌系统过滤装置的优化选型与配置的步骤与方法。所提出的优化选型与配置模型表达形式简单，所需计算参数少，易于获得最优解，具有简便实用的特点。算例分析中，应用单体过滤器优化选型方法选择过滤器，年费用降低 41.5%。应用单级组合过滤装置优化方法配置过滤器，年费用可降低 53.0% 或 21.2%，说明过滤装置的优化选型与合理配置能够有效降低过滤装置的运行费用。

　　流量范围、清洁压降、工作压力是过滤器选型的主要参数，而相同流量范围、工作压力的过滤器，不同厂家的产品价格、水头损失往往差异较大。由于缺乏统一的标准，生产厂家在过滤器研发、生产中难以平衡产品造价与水头损失的关系。本书研究成果为生产厂家提供了以年费用最低为目标的过滤器优化模型与方法，生产厂家可以根据其过滤器的造价与水头损失关系，按照本文所述方法寻找最优匹配方案，研发、生产出年费用最小的过滤器产品与组合装置。过滤装置优化选型与配置方法的提出，不但能够优化微灌系统过滤装置，还能够为过滤器产品的研发与生产提供参考依据，有助于降低微灌系统运行费用，发挥微灌工程最佳效益。

参　考　文　献

［1］　微灌工程技术规范［S］. 北京：中国计划出版社，2009.

［2］　傅琳，郑耀泉，董文楚. 微灌工程技术指南. 水利电力出版社．1988.

［3］　张志新，滴灌工程规划设计原理与应用［J］. 中国水利水电出版社，2007.

［4］　刘钰，Perire LS，Teixeira J L. 参照腾发量的新定义及计算方法对比［J］. 水利学报，1997，
　　　　（6）：27 - 33.

［5］　许迪，刘钰. 测定和估算田间作物腾发量方法研究综述. 灌溉排水，1997，16（4）：54 - 59.

［6］　Doorenbos J，Pruitt W O. Crop water requirements. FAO Irrigation and Drainage Paper 24，Roma，1977.

［7］　Allen S J. Measurement and estimation of evaporation from soil under sparse barley crops in northern
　　　　Syria［J］，Agric Forest Meteorol，1990，49：291 - 309.

［8］　刘贤赵，康绍忠. 不同光照条件下作物蒸腾量计算的研究. 水利学报，2001（6）：45 - 49.

［9］　樊引琴，蔡焕杰．单作物系数法和双作物系数法计算作物需水量的比较研究．水利学报，2002，3：50－54.

［10］　闫浩芳，史海滨．内蒙古河套灌区不同作物腾发量及作物系数的研究．［D］．呼和浩特：内蒙古农业大学，2008.

［11］　I-pai Wu，Harris M. Gitlin. Energy gradient line for drip irrigation laterals［J］．Journal of the Irrigation and Drainage Division，1975，101（4）：323－326.

［12］　Bralts V F，Segerlind LJ. Finite element analysis of drip irrigation submain units［J］．Transactions of the ASAE，1985，28（3）：809－814.

［13］　Haghighi K.，Bralts V F. Finite element formulation of tee and bend bomponents in hydraulic pipe network analysis［J］．Transactions of the ASAE，1988，31（6）：1750－1758.

［14］　Yaohu Kang，Nishiyama S. Analysis and design of microirrigation laterals［J］．Journal of Irrigation and Drainage Engineering，1996，122（2）：75－82.

［15］　康跃虎．微灌系统水力学解析和设计［M］．西安：陕西科学技术出版社，1999.

［16］　李蔼铿．多口出流管道水力设计的微机诺谟图原理的研究［J］．水利学报，1994（2）：1－8.

［17］　张国祥．微灌毛管水力设计的经验系数法［J］．喷灌技术，1991（1）：4－8.

［18］　张国祥．微灌毛管水力学研究［J］．喷灌技术，1990（2）：9－16.

［19］　魏秀菊．平坦地形时微灌设计单元内允许压差在支毛管上的合理分配［J］．喷灌技术，1995（3）：16－18.

［20］　白丹．微灌田间管网的优化［J］．水利学报，1996（8）：59－64.

［21］　白丹．微灌管网系统优化设计［J］．农业机械学报，1997（4）：63－68.

［22］　郑纯辉，康跃虎，王丹．满足灌水器平均流量和灌水均匀度的微灌系统优化设计方法［J］．干旱地区农业研究，2005（1）：28－33.

［23］　王新坤，蔡焕杰．微灌坡地双向毛管最佳支管位置遗传算法优化设计［J］．农业工程学报，2007，23（2）：31－35.

［24］　王新坤．微灌等量出流毛管管径遗传算法优化设计［J］．中国农村水利水电，2009，（2）：74－76.

［25］　王新坤．基于遗传算法的微灌坡地双向毛管管径优化［J］．农业机械学报，2007，38（9）：108－111.

［26］　王新坤，蔡焕杰．微灌毛管水力解析及优化设计的遗传算法研究［J］．农业机械学报，2005，36（8）：55－58.

［27］　白丹．树状给水管网的优化［J］．水利学报，1996（11）：52－56.

［28］　Morgan D R，Goulter I C. Optimal urban water distribution design［J］．Water Resources Research，1985，21（5）：642－652.

［29］　蒋履祥．喷灌管网系统的管径优化设计［J］．喷灌技术，1989（1）：7－11.

［30］　Lansey K E，Mays L W. Optimizations model for water distribution system design［J］．Journal of Hydraulic Engineering，1989，115（10）：1401－1418.

［31］　刘子沛．用离散管径的动态规划法优化树状管网［J］．喷灌技术，1986（3）：33－36.

［32］　王新坤，程冬玲，林性粹．单井滴灌干管管网的优化设计［J］．农业工程学报，2001（3）：41－44.

［33］　魏永曜．微分法求树状管网各管段的经济管径［J］．喷灌技术，1983（3）：38－42.

［34］　Goldberg D E，Koza J R. Genetic algorithms in pipeline optimization［J］．Journal of Computing in Civ. Engrg，1987，1（12）：128－141.

［35］　Halhal D G，Walters A S，Quazar D. Water network rehabilition with structured messy genetic algorithm［J］．Journal of Water Resources Planning and Management，1997，123（3）：137－146.

[36] 吕鉴，贾燕兵．应用遗传算法进行给水管网优化设计 [J]．北京工业大学学报，2001，27 (1)：91-95.

[37] 邹林，马光文，丁晶．给水管网管径优化设计的遗传算法 [J]．四川大学学报（工程科学版），1998，2 (1)：1-6.

[38] 王圃，衡洪飞，岳健．基于退火遗传算法的给水管网优化 [J]．中国给水排水，2007，23 (1)：60-63.

[39] 王新坤．基于模拟退火遗传算法的自压树状管网优化 [J]．水利学报，2008，39 (8)：1012-1016.

[40] 王新坤，蔡焕杰．多重群体遗传算法优化机压树状管网 [J]．农业工程学报，2004，20 (6)：20-22.

[41] 王新坤，蔡焕杰．基于自适应遗传算法的串联管道优化 [J]．灌溉排水学报，2004，(3B)：176-177.

[42] 王新坤．基于不可行度的机压树状管网退火遗传算法优化 [J]．农业机械学报，2009，40 (09)：63-67.

[43] 王新坤．基于混合编码遗传算法的机压微灌干管管网优化 [J]．西北农林科技大学学报，2009，37 (9)：209-213.

[44] 周荣敏，买文宁，雷延峰，等．自压式树状管网神经网络优化设计 [J]．水利学报，2002 (2)：66-70.

[45] 付玉娟，蔡焕杰．基于列队竞争算法的重力输配水管网优化设计 [J]．农业机械学报，2008，39 (6)：117-122.

[46] 白丹，李占斌，宋立勋．模糊线性规划在微灌干管管网系统优化中的应用 [J]．水利学报，2003 (7)：36-41.

[47] 顾烈烽．滴灌工程设计图集 [M]．北京：中国水利水电出版社，2005：63-235.

[48] 肖新棉，董文楚，杨金忠，等．微灌用叠片式砂过滤器性能试验研究 [J]．农业工程学报，2005，21 (5)：81-84.

[49] 翟国亮，陈刚，赵红书，等．微灌用均质砂滤料过滤粉煤灰水时对颗粒质量分数与浊度的影响 [J]．农业工程学报，2010，26 (12)：13-18.

[50] 刘焕芳，王军，胡九英，等．微灌用网式过滤器局部水头损失的试验研究 [J]．中国农村水利水电，2006，(6)：57-60.

[51] Xiao Xinmian, Dong Wenchu, Pan Lin, et al. Computational simulation of hydraulic characteristics for laminated sand filter [J]. Transactions of the CSAE, 2008, 24 (8): 1-5.

[52] 叶成恒，范兴科，姜珊．高含沙水流条件下过滤系统水力性能试验研究 [J]．节水灌溉，2010，(1)：16-18.

[53] 翟国亮，陈刚，赵武，等．微灌用石英砂滤料的过滤与反冲洗试验 [J]．农业工程学报，2007，23 (12)：46-50.

[54] 郑铁刚，刘焕芳，宗全利．微灌用过滤器过滤性能分析及应用选型研究 [J]．水资源与水工程学报，2008，(19) 4：36-39.

[55] 宗全利，刘焕芳，郑铁刚，等．微灌用网式新型自清洗过滤器的设计与试验研究 [J]．灌溉排水学报，2010，29 (2)：78-82.

[56] 邱元锋，董文楚，罗金耀．微灌用水力旋流器试验研究 [J]．灌溉排水学，2008，27 (5)：18-20.

[57] 叶成恒，范兴科，姜珊．离心叠片与离心筛网过滤系统性能比较试验 [J]．中国农村水利水电，2010，(2)：73-78.

[58] 王军，刘焕芳，成玉彪，等．国内微灌用过滤器的研究与发展现状综述 [J]．节水灌溉，2003，

(5)：34－35.

[59]　仵峰，宰松梅，翟国亮，等．高含沙水滴灌技术研究［J］．节水灌溉，2008，(12)：57－60.

[60]　韩丙芳，田军仓．微灌用高含沙水处理技术研究综述［J］．宁夏农学院学报，2001，22（2）：
　　　　63－69.

[61]　中华人民共和国水利部．GB/T 50485—2009 微灌工程技术规范［S］．北京：中国计划出版
　　　　社，2009.